中国第八次北极科学考察报告

THE REPORT OF 2017 CHINESE NATIONAL ARCTIC RESEARCH EXPEDITION

——首次环北冰洋环境调查

徐 韧 主 编

何剑锋 刘焱光 副主编

海洋出版社

2019年·北京

图书在版编目(CIP)数据

中国第八次北极科学考察报告——首次环北冰洋环境调查 / 徐韧主编. —北京：海洋出版社，2019.5

ISBN 978-7-5210-0349-9

Ⅰ. ①中… Ⅱ. ①徐… Ⅲ. ①北极－考察报告－中国 ②北冰洋－海洋环境－科学考察－研究报告 Ⅳ. ①N816.62 ②X145

中国版本图书馆CIP数据核字(2019)第080860号

责任编辑：白　燕
责任印制：赵麟苏

海洋出版社 出版发行
http://www.oceanpress.com.cn
北京市海淀区大慧寺路8号　邮编：100081
北京新华印刷有限公司印刷　新华书店经销
2019年5月第1版　2019年5月北京第1次印刷
开本：889mm×1194mm　1/16　印张：22.25
字数：619千字　定价：220.00元
发行部：010-62132549　邮购部：010-68038093　总编室：010-62114335

编写组

主　编：徐　韧

副主编：何剑锋　刘焱光

编　委：

第1章	徐　韧	何剑锋			
第2章	袁东方	陈志昆	刘　凯	敖　雪	刘　健
第3章	何剑锋	刘　健	文洪涛	刘炎光	杨春国
	宋普庆	夏寅月			
第4章	刘　健				
第5章	杨清华	李春华	郝光华	李　群	王江鹏
第6章	林丽娜	马小兵	彭景平	吴浩宇	李　群
	章向明				
第7章	高金耀	张　涛	杨春国	李文俊	孙　毅
	施兴安				
第8章	杨燕明	文洪涛	周鸿涛		
第9章	颜金培	李　伟	林红梅	林　奇	
第10章	白有成	李扬杰	赵香爱		
第11章	蓝木盛	乐凤凤	宋普庆	李　海	崔丽娜
第12章	刘焱光				
第13章	于　涛	黄德坤	林　静	邓芳芳	王荣元
	纪建达				
第14章	穆景利	方　超			
第15章	祁　第	李　伟	林红梅	林　奇	
第16章	朱　兵				
第17章	徐　韧	何剑锋	刘焱光		

前 言

在全球气候变化愈加剧烈的背景下，北极由于海冰快速消融和年际波动性增加，使其成为气候和环境变化研究领域的关键和热点区域。北极气候变化对包括我国在内的北半球中低纬度国家的气候环境有着重要的影响，夏季海冰快速消融导致的北极航道适航性增加以及北极资源的开发也将给我国的社会经济发展带来新的机遇和挑战。因此，探索北极、认知北极、促进北极的和平与可持续发展，关乎我国未来的可持续发展，也是建设海洋强国的重要举措。另外，由于自然变化和人类活动对气候系统影响的相互叠加，北极气候变化愈发复杂，北冰洋环境和生态系统的多样性、敏感性、稳定性及其对气候变化的响应与反馈研究，海洋脱氧酸化与碳循环变化，人工核素与新兴污染物在北极水体中的分布及其生态影响，冰下海洋声场环境特征等领域的研究期待取得突破，借此以提升我国参与全球治理及极地事务的能力和话语权。

北极航道的显著优势是缩短了亚欧、亚美之间的航运距离和时间，但是北极复杂的冰情和多变的天气条件严重限制和影响了航道的开发利用。与此同时，北冰洋的海冰覆盖和气候条件恶劣，导致高精度地球物理资料极为匮乏，也在一定程度上限制了北极航道和海底空间的综合利用，我国在这一领域的勘探仍是空白。北冰洋碳循环对全球变化的响应与反馈是海洋“物理泵”和“生物泵”共同作用的结果，由于海冰融化，大气中的二氧化碳大量融入海洋上层，加上环流系统和生物地球化学过程改变，加速了北冰洋的酸化，评估北极地区碳源汇格局改变一直是国际关注的热点。

北极和亚北极区域长期以来受到包括地面核试验的大气落下灰以及核废料后处理厂液态废水排放输入等多种来源的人工放射性物质的污染影响，但我国对北极/亚北极区域海洋放射性活度水平及其变化趋势尚不掌握。而作为重要的新兴污染物，海洋塑料垃圾，特别是直径小于 5 mm 的“微塑料”，对海洋环境、渔业资源、旅游业和公众健康等的威胁已日渐凸显，已逐渐成为当前全球治理体系的重要内容之一。北极区域是受人类活动影响较小的区域，维护其生态环境稳定，免受外源污染是北极国家及国际社会的共同义务，掌握北极地区关键海域的塑料垃圾尤其是微塑料的赋存状况非常必要。

另外，在海洋物理研究领域，自冷战以来，美国、苏联（俄罗斯）、加拿大等国在北极地区开展了大量的物理学观测与调查，近年来，德国、挪威等相关国家也加强了对北极的海洋声学研究，其研究形式已由过去的实验性调查向定点持续观测和系统考察转变。我国的北极海洋声学研究才刚刚起步，如何有效提升我国对极区声场环境的认知，将极地声学理论与实验研究相结合，亟待做出以我为主的探索。

综上所述，虽然经历了 7 次北极综合科学考察，我国科学家在北极的物理海洋、大气与海冰、海洋地质与地球物理、海洋生物和海洋化学等学科领域有了深入认识，但研究区域长期被限制在北冰洋—太平洋扇区，且缺乏系统性的长期监测和观测，

这对我国北极科学考察的系统性和业务化提出了更高要求。

国家海洋局审时度势，组织了中国第八次北极科学考察业务化调查，实施探索北极航道和北冰洋环境业务化调查与监测任务。考察将在完成传统的大气—海冰—海洋基础环境要素调查的基础上，突出应用，针对北极航道适航性、海洋脱氧酸化、人工放射性核素水平、新兴污染物、水声环境、精细化海底地形地貌等开展业务化监测。在获取第一手调查资料与观测数据的同时，进一步提升我国对北极的认知水平，助推经北冰洋连接欧洲的蓝色经济通道和建设“冰上丝绸之路”等国家战略构想的实施，服务于我国生态安全和国民经济可持续发展。

2017 年 7 月 20 日考察队暨“雪龙”号科学考察船从上海极地考察国内基地码头起航，7 月 31 日由白令海峡进入北冰洋，8 月 2 日至 8 月 8 日在北冰洋公海区开展了短期冰站作业，8 月 16 日完成北极中央航道历史性的穿越，8 月 21 日至 8 月 23 日开展北欧海区作业，8 月 30 日至 9 月 6 日首航北极西北航道，9 月 11 日至 9 月 19 日在楚科奇海台区开展多波束海底地形地貌测量，9 月 23 日由白令海峡出北冰洋完成环北冰洋航行，并于 9 月 25 日在白令海完成最后一个站位调查后返航，于 10 月 10 日抵达上海极地考察国内基地码头。航程逾 2 万 n mile，共历时 83 d。

本次考察队总人数为 96 名，包括管理和后勤保障人员 18 人 [领队兼首席科学家 1 人、副领队 2 人（1 人兼任首席科学家助理）、党办主任 1 人、首席科学家助理 1 人；气象保障 3 人；宣传报道 4 人；科考保障 5 人；随队医生 1 人]，科考人员 38 人、船员 40 人。考察队有女队员 13 人，占总人数的 14%。

本次考察业务化调查主要在北冰洋太平洋扇区、中央区和大西洋扇区的 6 个作业区域开展，除各类走航观测与采样外，重点断面与定点考察作业主要在白令海、楚科奇海与加拿大海盆、北冰洋中央作业区（中央航道沿线）、北欧海、拉布拉多海、巴芬湾等海域开展。

考察期间，考察队紧紧围绕：①北极航道海洋环境综合调查；②北冰洋海洋脱氧酸化和生物多样性调查与评价；③人工核素调查与评价；④新兴污染物微塑料和海漂垃圾调查与评价；⑤重点海域水声环境调查与评价共 5 项重点任务，科学决策，安全、顺利、圆满完成了各项考察任务。开展了走航定点气象、大气成分、海气通量、海表皮温、海水 pH、大气和海表 CO_2 分压、人工核素、海漂垃圾和海底地形地貌等要素的走航监测 / 观测 / 探测，在白令海、楚科奇海 / 楚科奇海台、加拿大海盆、北冰洋中心公海区、北欧海等海域开展了船基和冰基综合科学考察，同时还新增拉布拉多海、巴芬湾海域等调查区域，积累了第一手的珍贵样品、数据和资料。

本次考察紧紧围绕建立长期观测 / 监测的北极业务化调查要求，以满足国家战略需求与国际海洋治理话语权为指导方针，克服天气、海况、海冰等不利因素，开

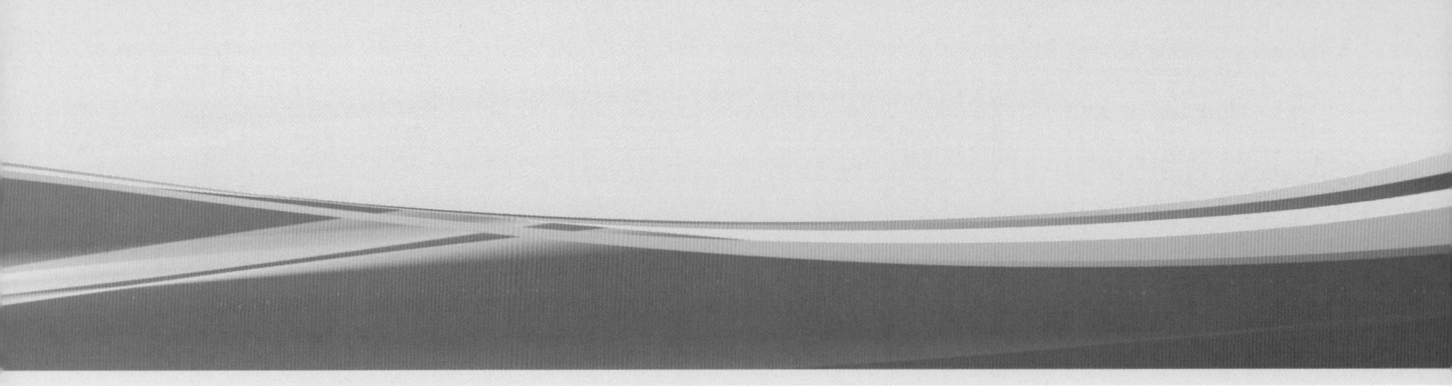

展了多学科海洋断面立体协同观测。考察队开展了大气、冰区海冰、海洋公海区和经所属国批准的专属经济区全程走航观测，实施了 7 个冰站调查，完成了 8 条海洋断面共 58 个站位的海洋调查作业，在冰区布放了 9 套各型冰浮标和 1 套漂移自动气象站，回收并布放 2 套深水潜标和 1 套浅水潜标，布放了 7 套海洋表面漂流浮标，同时获取了大量的北冰洋海洋 / 海冰环境第一手观测数据、样品和影像资料，包括：采集了总计 2.08 TB（3.6 亿条）的各类观测分析数据及逾 5 000 份各类样品，作为北极考察新增项目累计完成 17 760 km 的海底地形地貌数据采集，初步构建了北极及亚北极海域的业务化监测体系。主要成果亮点包括：

（1）首次开展北极业务化调查和环北冰洋考察，在北冰洋公海区增设了跨越马克洛夫海盆—阿蒙森海盆—南森海盆以及加拿大海盆—楚科奇海台 2 条大断面，海洋站位总数为 18 个；

（2）历史性穿越北极中央航道，在北冰洋公海区全程开展综合科学调查完成 7 个冰站和 8 个海洋站位的数据和样品采集，并布放了 9 套各型冰浮标、1 套漂移自动气象站和 1 套海洋潜标；

（3）首航北极西北航道，开展中加西北航道环境联合调查，在巴芬湾西侧陆坡区完成 1 400 km^2 的海底地形地貌调查；

（4）首次在北极地区开展多波束海底地形地貌测量，共采集多波束资料 17 760 km，并完成 3 个区块总面积达 1.6×10^4 km^2 的地形地貌测量；

（5）首次将海洋塑料垃圾和人工核素监测拓展到北极和亚北极地区，合计采集了 74 个走航和 39 个定点海洋调查站位的样品；

（6）加强了成果的凝练与总结，共完成 6 份专报和 2 份专报素材，编制了北极冰区和无冰区 2 份调查技术规程，编写了《中国第八次北极科学考察报告》。

本报告全面总结了本次考察任务完成情况，展示了各个学科考察工作取得的主要进展和分析评价成果。本报告的出版是全体考察队员和编写人员的智慧和心血结晶，作为首席科学家，谨向参加中国第八次北极科学考察的全体同仁，向给予本科学考察大力支持的各级领导、专家和有关组织管理单位和参加单位表示崇高的敬意和衷心感谢！

由于水平所限，不足和错误之处，敬请读者批评指正！

中国第八次北极科学考察队

首席科学家 徐韧

2018年1月

目 录

第1篇 绪 论 / 1

第2篇 航道环境调查 / 29

CHINARE

第1篇 绪论

第1章 概 况

1.1 背景和意义

在全球气候变化愈加剧烈的背景下，北极由于海冰快速消融和年际波动性增加，使其成为气候和环境变化研究领域的关键和热点区域。北极气候变化对包括我国在内的北半球中低纬度国家的气候环境有着重要的影响，夏季海冰快速消融导致的北极航道适航性增加以及北极资源的开发也将给我国的社会经济发展带来新的机遇和挑战。因此，探索北极、认知北极、促进北极的和平与可持续发展，关乎我国未来的可持续发展，也是建设海洋强国的重要举措，更是负责任大国对世界的应有贡献。另外，由于自然变化和人类活动对气候系统影响的相互叠加，北极气候变化愈发复杂，北冰洋环境和生态系统的多样性、敏感性、稳定性及其对气候变化的响应与反馈研究，海洋脱氧酸化与碳循环变化，人工核素与新兴污染物在北极水体中的分布及其生态影响，冰下海洋声场环境特征等领域的研究期待取得突破，借此以提升我国参与全球治理及极地事务的能力和话语权。

北极航道的显著优势是缩短了亚欧、亚美之间的航运距离和时间，但是北极复杂的冰情和多变的天气条件严重限制和影响了航道的开发利用。与此同时，北冰洋的海冰覆盖和气候条件恶劣，导致高精度地球物理资料极为匮乏，也在一定程度上限制了北极航道和海底空间的综合利用，我国在这一领域的勘探仍是空白。北冰洋碳循环对全球变化的响应与反馈是海洋“物理泵”和“生物泵”共同作用的结果。由于海冰融化，大气中的二氧化碳大量融入海洋上层，加上环流系统和生物地球化学过程改变，加速了北冰洋的酸化，评估北极地区碳源汇格局改变一直是国际关注的热点。

北极和亚北极区域长期以来受到包括地面核试验的大气落下灰以及核废料后处理厂液态废水排放输入等多种来源的人工放射性物质的污染影响，但我国对北极 / 亚北极区域海洋放射性活度水平及其变化趋势尚不掌握。而作为重要的新兴污染物，海洋塑料垃圾，特别是直径小于 5 mm 的“微塑料”，对海洋环境、渔业资源、旅游业和公众健康等的威胁已日渐凸显，已逐渐成为当前全球治理体系的重要内容之一。北极区域是受人类活动影响较小的区域，维护其生态环境稳定，免受外源污染是北极国家及国际社会的共同义务，掌握北极地区关键海域的塑料垃圾尤其是微塑料的赋存状况非常必要。

另外，在海洋物理研究领域，自冷战以来，美国、苏联（俄罗斯）、加拿大等国在北极地区开展了大量的物理学观测与调查。近年来，德国、挪威等相关国家也加强了对北极的海洋声学研究，其研究形式已由过去的实验性调查向定点持续观测和系统考察转变。我国的北极海洋声学研究才刚刚起步，如何有效提升我国对极区声场环境的认知，将极地声学理论与实验研究相结合，亟待做出以我为主的探索。

综上所述，虽然经历了7次北极综合科学考察，我国科学家在北极的物理海洋、大气与海冰、海洋地质与地球物理、海洋生物和海洋化学等学科领域有了深入认识，但研究区域长期被限制在北冰洋—太平洋扇区，且缺乏系统性的长期监测和观测，这对我国北极科学考察的系统性和业务化提出了更高要求。

国家海洋局审时度势，组织了中国第八次北极科学考察业务化调查，实施探索北极航道和北冰洋环境业务化调查与监测任务。考察将在完成传统的大气—海冰—海洋基础环境要素调查队基础上，突出应用，针对北极航道适航性、海洋脱氧酸化、人工放射性核素水平、新兴污染物、水声环境、精细化海底地形地貌等开展业务化监测。在获取第一手调查资料与观测数据的同时，进一步提升我国对北极的认知水平，助推经北冰洋连接欧洲的蓝色经济通道和建设“冰上丝绸之路”等国家战略构想的实施，服务于我国生态安全和国民经济可持续发展。

1.2 考察目标与内容

作为我国北极科学考察的首次业务化调查航次，经前期的详细讨论，考察队编制了《中国第八次北极科学考察业务化调查实施方案》（以下简称《实施方案》），确定了本次业务化调查的5项重点任务：

（1）北极航道海洋环境综合调查；

（2）北冰洋海洋脱氧酸化和生物多样性调查与评价；

（3）人工核素调查与评价；

（4）新兴污染物微塑料和海漂垃圾调查与评价；

（5）重点海域水声环境调查与评价。

各项任务的考察目标与内容概述如下。

1.2.1 北极航道海洋环境综合调查

利用“雪龙”船船载走航观测设备获取北极航道沿线的海洋气象要素（风速、风向、气温、气压、相对湿度、能见度、海—气通量、大气探空剖面等）数据、表层海水温度和盐度数据以及冰区海冰参数（密集度、厚度、皮温、形态等）数据。在重点海域开展断面海洋水文观测和锚碇潜标长期观测。依托短期冰站布放冰基浮标，获取海冰/冰下上层海洋长期连续观测数据。在定点和走航作业过程中，布放表面漂流浮标（Argos）和抛弃式温深仪（XBT），获取关键海域表层流场分布和上层海洋温盐特征。综合分析本次考察与历史数据，对北极中央、西北航道环境及适航性进行综合评估。

在北极中央航道和西北航道沿线进行多波束地形地貌调查，采集航道内的多波束水深数据，并选择典型区域进行多波束全覆盖地形地貌调查。采用XBT与CTD相结合的方法，进行声速剖面测量，用于多波束数据采集和处理中的声速改正，完成多波束测量数据进行现场编辑、处理和成图工作。

1.2.2 北冰洋海洋脱氧酸化和生物多样性调查与评价

（1）海洋脱氧酸化调查：重点海域断面调查、走航海水化学观测、冰站海冰化学观测、大气化学调查和沉积物捕获器潜标回收与布放等。重点海域断面海洋化学调查主要开展海水样品的悬浮物、硝酸盐、铵盐、活性磷酸盐、活性硅酸盐、POC、C和N同位素、HPLC色素等要素测量。其中，走航海水化学主要开展表层pH、表层NO_3^-、叶绿素、有机碳/碳及其稳定同位素以及色素观测；海冰化学主要开展冰芯、融池和10 m以浅冰下水的采样与多参数化学分析，获得冰芯—冰水界面—冰下水中的化学要素的垂直分布；大气化学调查重点获取气体、气溶胶离子成分、重金属、大气悬浮颗粒物、气溶胶有机污染物样品。在楚科奇海回收并重新布放沉积物捕获器，获取颗粒物沉降样品。

（2）生物多样性调查：海洋基础生产力观测和生物多样性采样，海洋基础生产力调查主要开展表层走航和定点断面的营养盐、叶绿素观测；生物多样性采样主要采集微小型浮游生物、鱼类浮游生物和底栖生物采样；同时，通过冰站现场观测和冰芯等样品采集，开展海冰环境和海冰生物多样性调查。

1.2.3 人工核素调查与评价

人工核素调查主要包括 5 部分内容：① 重点海域深层水样人工核素调查；② 走航表层水样人工核素调查；③ 走航大气气溶胶核素调查；④ 沉积物人工核素调查；⑤ 短期冰站表层积雪核素调查。其中，走航表层海水和重点海域深层海水人工核素调查核素包括 ^{3}H、^{90}Sr、^{134}Cs、^{137}Cs、^{226}Ra、^{228}Ra。沉积物人工核素调查核素包括 ^{40}K、^{90}Sr、^{134}Cs、^{137}Cs、^{226}Ra、^{228}Ra、^{228}Th、^{238}U。走航大气气溶胶核素调查核素包括 ^{7}Be、^{134}Cs、^{137}Cs 和 ^{210}Pb。短期冰站表层积雪核素调查核素包括 ^{7}Be、^{134}Cs、^{137}Cs 和 ^{210}Pb。

1.2.4 新兴污染物微塑料和海漂垃圾调查与评价

海漂垃圾观测主要是走航观察水体中、大型漂浮垃圾的分布与组成情况，包括塑料瓶类、泡沫类、塑料袋类、网（渔）具类、橡胶类、木制类等海漂垃圾。海洋微塑料调查主要获得表层水体、表层沉积物和优势生物物种生物体样品，开展微塑料丰度、组成和区域分布特征的测量与分析。

1.2.5 重点海域水声环境调查与评价

主要开展海洋环境噪声场观测、冰下声传播试验和北极生物声散射层特性走航调查等作业。北极海洋环境噪声场调查主要获取短期的冰下噪声特征，并在沉积物捕获器潜标上加载声学信号测量单元，开展海洋环境噪声的定点长期观测。北极冰下声传播试验在冰站作业期间实施，以冰站（或黄河艇）和“雪龙”船为调查平台，开展定点的冰下声传播试验，研究不同距离的两点间的冰下声传播损失大小和短时起伏。北极海洋生物声散射层特征调查将基于船载 ADCP 的走航观测数据，进行声学信号处理和信息提取，开展北极调查海域的生物声散射层深度变化调查和特征研究。

1.3 考察海区、站位与完成工作量

1.3.1 考察海区

本次考察业务化调查主要在北冰洋太平洋扇区、中央区和大西洋扇区的 6 个作业区域开展，除各类走航观测与采样外，重点断面与定点考察作业主要在白令海、楚科奇海与加拿大海盆、北冰洋中央作业区（中央航道沿线）、北欧海、拉布拉多海、巴芬湾等海域开展（图 1-1）。

1.3.2 调查站位设置

根据本次考察的航线规划和重点作业海域区划，在白令海设置了 B 和 BS 两条、共计 11 个调查站点的作业断面，在楚科奇海和加拿大海海盆区设置了 P、R 和 CC 三条、共计 26 个调查站点的作业断面，在北冰洋中央区沿中央航道区设置了包括 8 个站点的 N 断面，在北欧海设置了 BB 和

AT 两条、共计 14 个调查站点的作业断面，在拉布拉多海设置了一个综合考察站点，各作业断面和调查观测站点分布见图 1-2。

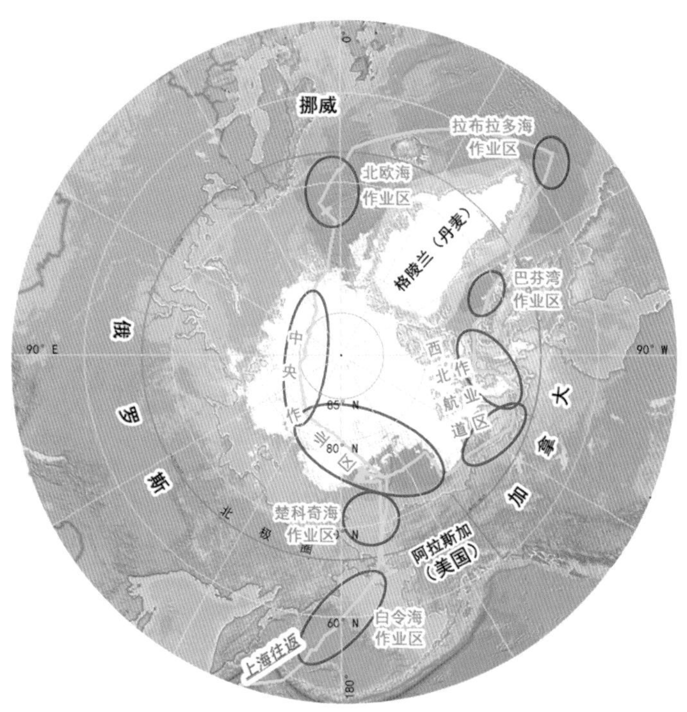

图 1-1 中国第八次北极科学考察业务化调查主要考察海域

Fig.1-1 Main investigation areas of the 8th CHINARE cruise

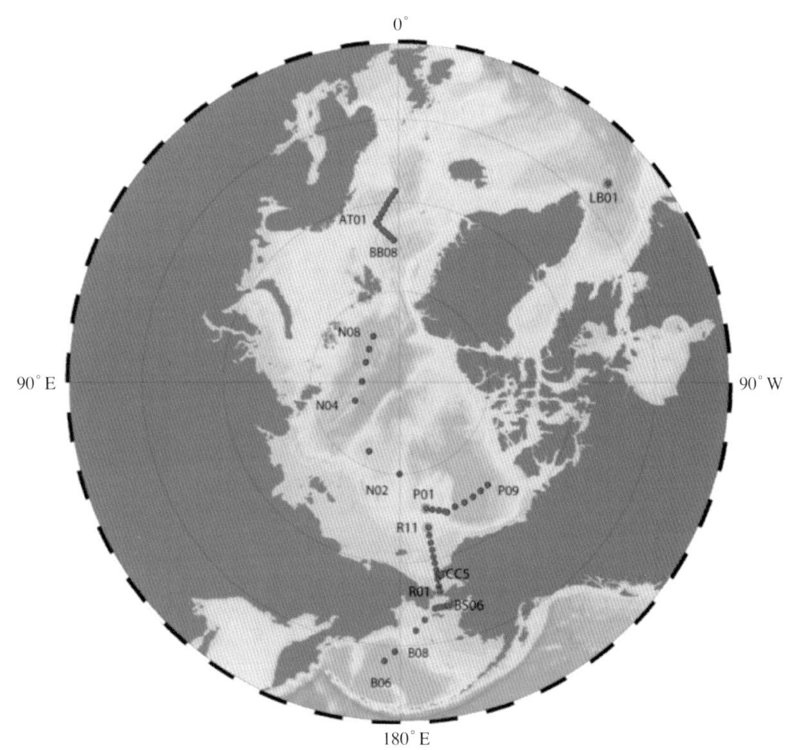

图 1-2 中国第八次北极科学考察断面与定点考察站位分布

Fig.1-2 Investigation transects and stations of the 8th CHINARE cruise

表层水文、气象、海冰走航和人工观测以及地形地貌探测在“雪龙”船航行期间按考察队要求开展作业，作业海域详见第 2 篇相关章节。另外，根据海冰情况和与加拿大合作的需求，在北欧海、巴芬湾和楚科奇海设置了 3 个面积不等的全覆盖多波束地形地貌探测区块，区块位置图详见第 2 篇地形地貌章节。

1.3.3 完成工作量

本次考察自 2017 年 7 月 20 日从上海极地考察国内基地码头起航，航程逾 2 万 n mile，共历时 83 d。考察期间，考察队紧紧围绕考察目标，科学决策，安全、顺利、圆满完成了各项考察任务。开展了走航定点气象、大气成分、海气通量、海表皮温、海水 pH、大气和海表 CO_2 分压、人工核素、海漂垃圾和海底地形地貌等要素的走航监测 / 观测 / 探测，在白令海、楚科奇海 / 楚科奇海台、加拿大海盆、北冰洋中心公海区、北欧海等海域开展了船基和冰基综合科学考察，同时还新增拉布拉多海、巴芬湾海域等调查区域，积累了第一手的珍贵样品、数据和资料。考察队获取的主要观测数据和样品统计见表 1-1 ～表 1-4，各项考察任务的具体完成情况分述如下。

表1–1 走航主要观测数据和样品统计

Table 1–1 Statistic of acquired underway observation data and samples

考察内容	定点气象观测（站）	卫星遥感影像（轨）	人工海冰观测（组）	CO_2 分压观测 (MB)	海水总碱度（组）	pH 分压观测 (MB)	海漂垃圾观测（站）	人工核素样品（个）	生物多样性样品（个）	探空气球（个）	多波束地形 (km)	磁力测线 (km)
总数	255	955	642	5	6 000	5	27	42	23	34	17 700	2 076

表1–2 定点调查站位统计

Table 1–2 Statistic of accomplished investigation stations

单位：个

内容	短期冰站	基础环境 CTD	LADCP 剖面	人工核素采样	温深剖面 / XBT	声速剖面 /SVP	微塑料拖网	浮游动物拖网	底栖生物拖网	沉积岩芯采样	表层沉积采样	声传播试验	海底热流
总数	7	58	51	130	12	30	19	20	4	10	8	8	7

表1–3 潜标/冰浮标回收与布放统计

Table 1–3 Statistic of buoys retrieved and redeployed

单位：个

内容	水文潜标回收	生化潜标回收	水文潜标布放	生化潜标布放	物质平衡冰浮标	温度链浮标	海冰漂移浮标	漂移自动气象站	表面漂流浮标
总数	2	1	2	1	3	5	1	1	6

表1–4 定点调查站位数据和样品量统计

Table 1–4 Statistic of data and samples collected in the investigation stations

内容	CTD 水文 (MB)	LADCP 剖面 (MB)	声传播调查 (GB)	微塑料网样（份）	生物网样（份）	冰芯样 (m)	沉积岩芯样 (m)	表层沉积样	核素分析样（份）	生物多样性（份）	营养盐分析样（份）	POC/ HPLC 样（份）
总数	550	230	7.86	19	24	126	34.6	8	68	822	1 947	552

1.3.3.1 北极航道环境综合调查

重点关注北极中央航道和西北航道及其周边海域，开展了气象与海冰观测、海底地形地貌探测、海洋水文观测等业务化调查任务。

气象和海冰观测主要在“雪龙”船走航和短期冰站作业期间开展。其中走航气象观测，获得 255 个人工定点气象观测记录，12.0 万条常规气象观测数据，34 个大气探空剖面观测记录，955 轨卫星遥感影像数据，10.0 GB 海气通量（潜热、感热和二氧化碳通量）观测数据；走航海冰观测获得冰区全程观测数据，共计 642 组人工观测数据，710.0 万条红外海表温度观测数据，67.0 万条 EM31 冰厚观测数据，894.9 GB 的冰情视频和 63.1 GB（22 500 帧）冰情照片观测数据。在中央航道冰区开展了 7 个短期冰站作业，并依托冰站布放了 9 枚冰基浮标，其中包括冰面气象站浮标 1 枚，海冰物质平衡浮标 3 枚，气—冰—海温度链浮标 5 枚，获得雪厚和冰厚打孔观测数据 22 个。

海底地形地貌探测主要在中央航道和西北航道沿线开展，并选择典型区域开展全覆盖地形地貌调查。多波束探测完成测线长度达到 13 790.9 km，获得原始数据 1 063 GB，后处理成果数据 28.7 GB；完成 41 个站位的声速剖面测量，其中 CTD 站位同步测量 30 个，XBT 测量 11 个；楚科奇海、挪威海、巴芬湾重点海域的全覆盖多波束调查获得 1.6×10^4 km^2 精细化海底地形地貌图像。

1.3.3.2 海洋脱氧酸化调查

海水化学完成重点海域的走航 pH 观测，获得约 5 M 的数据，完成 32 个站位水样采集，获取 1 822 个海水样品。硝酸盐、活性磷酸盐和活性硅酸盐现场采集和分析完成 32 个站位，均采集了 394 个样品；亚硝酸盐和铵盐现场采集和分析完成 10 个站位，均采集了 122 个样品；颗粒有机碳（POC）及颗粒有机氮（PON）采样共完成 27 个站位，采集了 257 个样品；HPLC 色素采样共完成了 32 个站位，采集了 139 个样品。在 6 个短期冰站进行了海冰化学调查，获得冰芯 126 m。成功回收了第七次北极科学考察期间布放在楚科奇海的 1 套沉积物捕获器潜标并再次布放。

大气化学调查共获得 5 M 的海表 / 大气 CO_2 分压和 6 000 个海表总碱度走航观测数据；在白令海、楚科奇海及北欧海等重点海域完成 45 个站位的海水样品采集，获取溶解氧以及海洋碳酸盐系统参数数据 446 个；采集 125 份各类气溶胶样品；并利用船载气溶胶自动走航观测系统和气溶胶质谱仪获取了逾 3 万个组分分析数据和 4 800 组粒径 / 溶度分析数据。

1.3.3.3 海洋生物多样性调查

生物多样性调查开展了 23 次走航生物多样性采样；完成叶绿素站位 54 个、初级生产力站位 13 个、微型和微微型浮游生物调查站位 46 个站位调查、鱼类浮游生物水平拖网调查站位 20 个，底栖生物拖网调查站位 4 个；海冰生物调查共完成了 6 个冰站的样品采集，获取冰芯 82 根、总长累计 126 m。共获取微微型浮游植物和异养细菌丰度数据 400 组，采集了叶绿素、微型生物多样性、浮游动物和鱼类等分析样 1 500 余份。

1.3.3.4 人工放射性核素水平调查

本次调查主要在白令海公海区、楚科奇海、北冰洋中央航道公海区、北欧海公海区等重点海域开展。重点海域垂向海水放射性核素水平调查完成 14 个站位 71 个样品的采集，完成了 142 个样品的 ^{90}Sr（碳酸盐）、^{134}Cs、^{137}Cs（磷钼酸铵）沉淀富集预处理；走航表层海水中人工放射性核素水

平调查完成 38 个站位的样品采集，完成了 76 个样品的 ^{90}Sr（碳酸盐）、^{134}Cs、^{137}Cs（磷钼酸铵）沉淀富集预处理；沉积物放射性核素水平调查完成 8 个站位表层沉积物样品采集；走航气溶胶放射性核素水平调查采集膜样品 20 张；海水镭同位素调查完成 18 个站位深层水样（84 个样品）和 38 个站位表层海水样品采集；另外，还采集了 5 个短期冰站的表层积雪样品，完成了 10 个样品的 ^{7}Be、^{210}Pb（氢氧化铁）和 ^{134}Cs、^{137}Cs（磷钼酸铵）沉淀富集预处理。

在北极—亚北极—北太平洋海域共计完成了 42 个走航表层海水站位和 22 个重点海域深层水站位调查，采集了海水样品 130 份，总采样体积达到了 9.0 m^3；采集走航大气气溶胶样品 33 个，表层沉积物样品 6 份和插管柱状样品 4 份，以及 5 个短期冰站的表层积雪样品。

1.3.3.5 新兴污染物微塑料和海漂垃圾调查

海漂垃圾观测在日本海、鄂霍次克海、白令海和北冰洋共获得了 27 组监测数据，其中丰度最高出现在济州岛至朝鲜海峡海域，最低为楚科奇海北部海域，垃圾种类主要为塑料泡沫、塑料袋和塑料瓶。海洋微塑料监测共完成了包括北冰洋冰区、北欧海和戴维斯海峡等海域在内共 19 个站位的海洋微塑料表层水体拖网作业；采集了 8 个站位的表层沉积物和 4 个站位的底栖生物样品；同时采集了航渡 32 个站位的表层水体微塑料，获得了 330 μm、250 μm 和 125 μm 三个不同孔径的 96 份样本。

1.3.3.6 重点海域水声环境调查与评价

调查内容包括航船水下辐射噪声水平、声传播损失以及冰源和风浪噪声等，共开展了 1.3 km、5.3 km、10.4 km、12.6 km、16.1 km、19.6 km 和 22.4 km 七个距离共 8 个站位的水声传播试验，获得高质量的浮冰区水下噪声数据累计约 8 h。现场试验结果表明，现有小型声源即可实现 22.4 km 以内的水声传播；浮冰区水下噪声源特性不同于中低纬度大洋，冰区噪声源以冰的破裂、碰撞、消融等为主，而中低纬度大洋的噪声源以风浪为主，频谱特性也存在很大的差异。此外，还获得了北极部分海域生物声散射层在极昼条件下的变化规律及分布特征。

1.4 考察日程和作业航段

1.4.1 考察日程和航线

2017 年 7 月 20 日考察队暨“雪龙”号科学考察船从上海极地考察国内基地码头起航，7 月 31 日由白令海峡进入北冰洋，8 月 2 日至 8 月 8 日在北冰洋公海区开展了短期冰站作业，8 月 16 日完成北极中央航道历史性的穿越，8 月 21 日至 8 月 23 日开展北欧海区作业，8 月 30 日至 9 月 6 日首航北极西北航道，9 月 11 日至 9 月 19 日在楚科奇海台区开展多波束海底地形地貌测量，9 月 23 日由白令海峡出北冰洋完成环北冰洋航行，并于 9 月 25 日在白令海完成最后一个站位调查后返航，于 10 月 10 日抵达上海极地考察国内基地码头。图 1-3 所示为本次考察全程的航线图。

本次考察“雪龙”船航行路线为：上海—东海—日本海—鄂霍次克海—白令海—楚科奇海—北冰洋公海区（楚科奇海台、马克洛夫海盆、阿蒙森海盆、南森海盆）—北欧海—拉布拉多海—西北航道—北冰洋公海区（加拿大海盆、楚科奇海台）—楚科奇海—白令海—西北太平洋—日本海—东海—上海。本次考察历时 83 d，总航程逾 2 万 n mile，其中冰区航行 2 035 n mile。

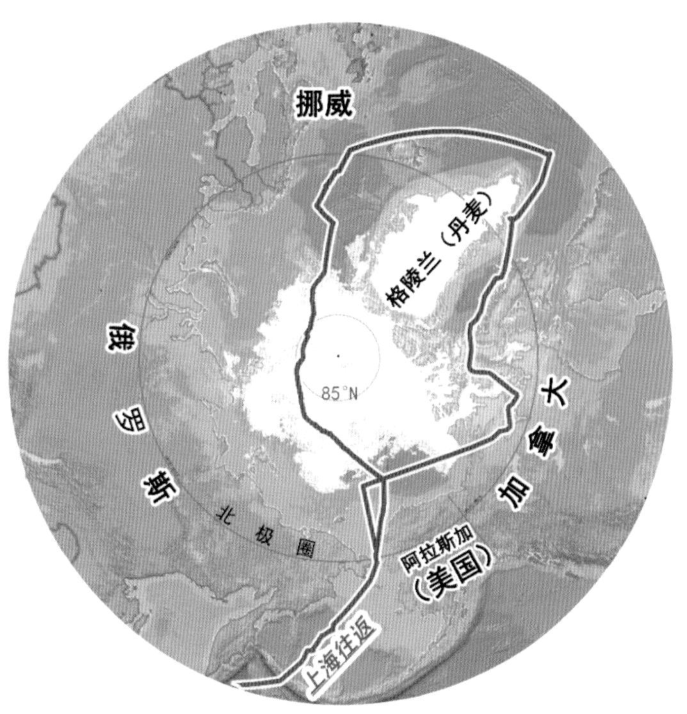

图 1-3 中国第八次北极科学考察“雪龙”船航行路线示意图
Fig. 1-3 Ship track of R/V Xuelong in the 8th CHINARE cruise

1.4.2 作业航段

考察队充分把握本次环北冰洋科考的重大机遇，自起航始便开始了船基的走航观测和采样，在太平洋扇区的白令海和楚科奇海公海区船基的海洋水文观测、潜标回收、人工核素、微塑料取样等定点考察作业陆续开展，在北冰洋中央冰区公海区开展了各任务的船基、冰基综合科学考察，在大西洋扇区的北欧海、拉布拉多海以及加拿大北极群岛水域除开展既定的考察任务外，还与加拿大科学家合作开展了巴芬湾和西北航道的走航多波束海底地形探测，在加拿大海盆和楚科奇海台区重点开展全覆盖海底地形探测和断面定点综合科考，回程的过程中，在楚科奇海和白令海美国专属经济区内完成了传统断面和站点的综合考察。本次科考全程可分为 7 个作业航段，每个作业航段的基本情况见表 1-5。

表1–5 第八次北极科学考察作业航段及完成情况统计
Table 1–5 Statistic of different investigation periods and field works

航段划分与时间	调查海域	主要任务完成情况
航段 1 （7 月 11—18 日）	白令海峡以南的北太平洋海域 （上海 — 白令海峡）	走航气象和水文观测、抛弃式 XBT 投放，白令海公海区 B 断面 2 个站点的综合调查和水文潜标回收
航段 2 （7 月 11—27 日）	北冰洋中央航道沿线 （白令海海峡 — 弗拉姆海峡）	回收沉积物捕获器潜标 1 套，N 断面 8 个站位的综合调查，海冰、气象观测。7 个冰站作业。抛弃式 XBT 投放
航段 3 （7 月 28 日—8 月 10 日）	北欧海公海区 （弗拉姆海峡 — 冰岛东部）	走航气象和水文观测、抛弃式 XBT 投放，BB 断面和 AT 断面共计 14 个站位综合科考作业。捕获器浮标布放
航段 4 （8 月 10—18 日）	拉布拉多海 （冰岛东部 — 努克港 — 巴芬湾）	完成了 1 个站位的水文和柱状沉积物采样作业，接加拿大科学家和冰区引航员

航段划分与时间	调查海域	主要任务完成情况
航段 5 （8 月 18—29 日）	西北航道水域 （巴芬湾至阿蒙森湾）	巴芬岛东侧全覆盖海底地形地貌探测，航道地形探测，走航气象、海冰观测。抛弃式 XBT
航段 6 （8 月 29 日—9 月 7 日）	白令海峡以北海域 （加拿大海盆—楚科奇海）	P 断面、R 断面、CC 断面 25 个站点综合科考作业，2 个站位底栖生物作业。回收 1 套水文潜标，布放 1 套沉积物捕获器潜标和 2 套水文潜标。楚科奇海区块全覆盖地形地貌探测。抛弃式 XBT、Argos 浮标投放
航段 7 （9 月 7—9 日）	白令海峡以南北太平洋海域 （白令海峡—上海）	BS 和 B 断面 9 个站点的综合科考作业，2 个站位底栖生物作业。抛弃式 XBT、Argos 浮标投放

1.5 考察队组成

中国第八次北极科学考察队总人数为 96 名，包括管理和后勤保障人员 18 人［领队兼首席科学家 1 人、副领队 2 人（1 人兼任首席科学家助理）、党办主任 1 人、首席科学家助理 1 人；气象保障 3 人；宣传报道 4 人；科考保障 5 人；随队医生 1 人］，科考人员 38 人、船员 40 人。考察队有女队员 13 人，占总人数的 14%；中共党员 53 人，占总人数的 55%；队员年龄最大 59 岁，最小 24 岁，平均年龄 36.1 岁；有汉族 87 人、满族 5 人、回族 1 人、朝鲜族 1 人、彝族 1 人、畲族 1 人，少数民族比例为 9.4%。有本科及以上学历的队员 65 人（博士 19 人，硕士 23 人，本科 23 人），占总人数的 67.7%。

56 名管理、后勤和科考队员来自国内 17 家单位，其中国家海洋局局属单位 52 人，分别来自国家海洋局极地考察办公室、中国极地研究中心、国家海洋局东海分局、南海分局、北海分局、海洋信息中心、海洋技术中心、海洋环境监测中心、海洋环境预报中心、卫星海洋应用中心、第一海洋研究所、第二海洋研究所、第三海洋研究所和中国海洋报社；局外单位 4 人，分别来自新华社、中央电视台和上海东方医院。40 名船员中有 38 人来自中国极地研究中心，其他 2 人分别来自中波船员公司和南通航运职业技术学院。全体考察队员信息见附件。

考察队实行在临时党委领导下的领队与首席科学家负责制。临时党委有成员 7 人，设党委书记 1 人，副书记兼办公室主任 1 人，下设综合队、科考一队和科考二队 3 个党支部。临时党委设有党委办公室，主要工作职责为全面贯彻落实国家海洋局党组布置的各项工作，负责组织开展党员有关文件的学习和宣传，制订学习计划，负责各党支部工作布置，组织全体考察队员学习和开展其他活动。考察队临时党委组成及具体分工见表 1-6。

表1-6 考察队临时党委组成及分工
Table 1-6 List of 8th CHINARE leaders and their task

职务	姓名	工作单位	分工
临时党委书记、领队，首席科学家	徐 韧	中国极地研究中心	全面负责临时党委、考察队工作，对考察任务和考察安全负主要领导责任
临时党委副书记、党办主任	陈永祥	中国极地研究中心	协助书记开展工作，分管党的组织、思想、作风和宣传工作，负责党办的全面工作，负责考察队文体活动，完成书记交办的其他工作

续表 1-6

职务	姓名	工作单位	分工
临时党委委员、副领队，首席科学家助理	何剑锋	中国极地研究中心	负责考察队的业务化调查、科考工作及外事工作，负责调查科考的质量管理工作，负责组织编写周报、专报及其他技术报告，完成领队交办的其他工作
临时党委委员、副领队	沈　权	中国极地研究中心	负责考察队的安全和保密工作，负责船舶航行安全咨询工作，承担文体活动组织工作，完成领队交办的其他工作
临时党委委员、首席科学家助理	刘焱光	国家海洋局第一海洋研究所	负责外业作业安全、环境卫生的监督检查工作，协助编写周报、专报及其他技术报告，完成领队交办的其他工作
临时党委委员	于　涛	国家海洋局第三海洋研究所	负责科考实验室安全、环境卫生的监督检查工作，负责妇女工作，协助编写周报、专报及其他技术报告，完成领队交办的其他工作
临时党委委员、船长	朱　兵	中国极地研究中心	全面负责"雪龙"船船员思想政治工作，负责船舶安全、航行保障，根据现场实施计划的要求，配合各项科考任务的实施，负责考察队生活保障和后勤服务工作，完成领队交办的其他工作

综合考虑考察内容、作业区域和作业方式，考察队下设大气海冰调查队、地球物理调查队、环境监测一队、环境监测二队、舯部甲板作业队和艉部甲板作业队 6 个专业科考队，具体负责考察队管理和各项科考任务的现场实施。各专业科考队组成及具体分工见表 1-7。

另外，为贯彻落实国家海洋局相关文件及局领导指示精神，落实《中国第八次北极考察总体任务方案》，确保考察任务安全、圆满完成，丰富考察队业余文化娱乐生活，结合考察工作的具体情况，考察队还成立了保密委员会、北极大学、秘书组、新闻报道组、生活保障组、妇女工作组、医疗保障组、安全应急组、质量监督组、环境卫生监督组、文体娱乐组等内设组织机构。

表1-7　考察队各专业科考队组成及主要工作

Table 1-7　List of group leaders and their task

专业队名称	队长	成员	主要工作
大气海冰调查队	杨清华	李春花、郝光华、王江鹏	走航和冰站大气海冰调查作业
地球物理调查队	高金耀	张涛、杨春国、李文俊、孙毅、施兴安	海底地形地貌、地磁探测和热流观测
环境监测一队	于　涛	杨燕明、黄德坤、文洪涛、林奇、林红梅	人工核素、海洋酸化及生物多样性监测，海洋声学环境调查
环境监测二队	穆景利	李杨杰、赵香爱、乐凤凤、蓝木盛、崔丽娜、陆茸、马新东	微塑料采样、基础环境要素监测
舯部甲板作业队	李　群	章向明、林丽娜、马小兵、彭景平、吴浩宇、周鸿涛、白有成、李伟、钱伟鸣	海洋水文观测和海水样品采集
艉部甲板作业队	刘焱光	宋普庆、李海、王荣元、方超	海洋沉积物采样、浮游生物拖网、底栖生物拖网

第1章 概况　第一篇 绪论

第 2 章　支撑保障

2.1　考察支撑保障

2.1.1 “雪龙”船

“雪龙”号极地科考破冰船（图 2-1）是目前我国唯一一艘专门从事南北极科学考察的破冰船，隶属于国家海洋局，担负着运送我国南、北极考察队员和考察站物资的任务，同时又为我国的大洋调查提供科考平台。

图 2-1 “雪龙”船在北冰洋
Fig. 2-1　R/V Xuelong icebreaker in the central Arctic Ocean

“雪龙”船自 1993 年从乌克兰购进以来，共进行了 3 次较大规模的改造，先后完成了 20 次南极科学考察和 7 次北极科学考察任务。船上共有 120 个床位，2 个公用餐厅；舯部配备有 CTD 绞车、生物水文绞车和 π 架；艉部配备有 10 000 m 地质绞车、3 000 m 生物绞车和 A 架，可满足甲板面作业的需求；500 m^2 余实验室面积，并配备有超纯水仪、营养盐自动分析仪、超低温冰箱等设备，可开展多学科样品预处理和分析；120 m^2 余的多功能学术报告厅，可满足科考队员学术交流之需。配备先进的通信导航设备、数据处理中心、安保监控中心、机舱自动化控制系统和科考调查设备，拥有能容纳 2 架直升机的机库和和 1 个停机坪。

"雪龙"船主要技术参数见表 2-1。

表2-1 "雪龙"船主要技术参数

Table 2-1 Main technical parameters of R/V Xuelong icebreaker

参 数	参数值	参 数	参数值
总长	167.0 m	最大航速	17.9 kn
型宽	22.5 m	续航力	20 000 n mile
型深	13.5 m	主机 1 台	13 200 kW
满载吃水	9.0 m	副机 3 台	3 × 1 140 kW
总吨	15 352 T	净吨	4 605 T
满载排水量	21 025 T	载重量	8 916 T

该船属 B1* 级破冰船，能以 1.5 kn 航速连续破厚度为 1.2 m（含 0.2 m 雪）的冰。

2.1.2 船载甲板机械

包括舯部的水文生物绞车、CTD 绞车和 π 架，艉部的生物水文绞车、地质绞车、A 架（图 2-2）和折臂吊机等。具体参数见表 2-2。

表2-2 "雪龙"船甲板机械主要技术参数

Table 2-2 Main technical parameters of frame and winch onboard of Xuelong

名称	型号	用途	参数	参数值
舯甲板水文生物绞车	HYJ1-3B	用于收放水文生物考察设备	安全工作负载	2.2 t
			最大线张力	2.75 t
			绳线速度	≤ 1.2 m/s
			钢绳直径	9.5 mm
			绳端负载工作水深	3 000 m
			绞车外形尺寸	2.0 m × 1.8 m × 2.3 m
			工作环境温度	−25 ～ +45℃
舯甲板 CTD 绞车		用于 CTD 投放、回收	安全工作负载	3.4 t
			最大线张力	4.25 t
			绳线速度	1.6 m/s
			电缆直径	8 ～ 9 mm
			绳端负载作业深度	6 000 m
			绞车外形尺寸	2.7 m × 2.0 m × 2.0 m
			工作环境温度	−25 ～ +45℃
舯甲板 π 架		配合绞车进行舯部作业	动态安全工作负载	2.5 t
			最大动态负载	4.5 t
			吊臂变幅角度	0° ～ 71°
			折臂角度	0° ～ 81°
			两腿内宽	3.20 m
			滑轮下端高度	3.80 m
			总跨距（舷外 + 舷内）	5.00 m
艉甲板 A 架		配合绞车进行艉部作业	静态安全工作负载	20 t
			动态安全工作负载	4 t
			最大动态负载	5 t
			两腿内宽	6.3 m
			吊点距船艉 / 船舷	4.0 m（舷外 / 舷内）
			滑轮下端高度	4.0 m
			全程变幅时间	60 s（舷内至舷外）
			电机泵组功率	40 kW

续表 2-2

名称	型号	用途	参数	参数值
艉甲板地质绞车		进行地质采样等作业	安全工作负载	13.5 t
			最大线张力	16.9 t
			绳线最大速度	1.5 m/s
			钢绳直径	16 mm
			绳端负载作业深度	8 000 m
			工作环境温度	−25 ~ +45℃
艉甲板生物拖网绞车		用于艉部浮游生物拖网等作业	安全工作负载	5 t
			最大线张力	6.25 t
			绳线速度	1.4 m/s（最大）
			钢绳直径	12 mm
			绳端负载工作水深	3 000 m
			绞车外形尺寸	2.9 m × 2.5 m × 2.3 m
			工作环境温度	−25 ~ +45℃
艉甲板折臂伸缩吊机		船艉甲板作业区及直升机甲板吊装或配合其他作业	安全工作负载	5 t（$R \leqslant$ 10 m）
			最大回转半径	10 m（艉甲板）
				9 m（直升机甲板）
			钢绳直径	15 mm
			起升速度	0 ~ 23.5 m/min
			变幅速度	0.03 r/s
			臂架全程伸缩时间	48 s
			回转速度	0.1 r/s
			回转角度	>360°
			工作环境温度	−25 ~ +45℃
			工作时船允许倾角度	纵 ±2°，横 ±5°

图 2-2 “雪龙”船艉部 A 形架

Fig. 2-2 The A-Fram of R/V Xuelong icebreaker

2.1.3 船上实验室

2.1.3.1 物理数据间

位于“雪龙”船舯部右舷，实用面积约 60 m^2，实验台面约 22 m^2。实验室拥有下放式声学多普勒流速剖面仪（Lowered ADCP）、温深盐仪（CTD）、CTD 液压绞车、回声探测系统（Echo Sounder 80）、万米测深仪（EA-600）等先进物理海洋学仪器设备。实验室可开展海洋环流动力学、海洋波动与混合、南北极海流、水团、地形等方面的研究。

2.1.3.2 海洋化学实验室

位于“雪龙”船舯部右舷，实用面积约 28 m^2，实验台面约 9 m^2。实验室拥有密理博分析级纯水仪（Millpore）、10 L 玫瑰分层采水器、大洋表层海水采集与处理系统等仪器设备。实验室可开展南北极海水营养盐、二氧化碳、溶解氧、同位素、碳通量等方面的研究。

2.1.3.3 生物实验室

位于“雪龙”船舯部左舷，实用面积约 46 m^2，实验台面约 20 m^2。实验室拥有 -80℃超低温冰箱、电子恒温鼓风干燥箱、光学显微镜、Turner 荧光计（美国）、Forma 光温程控培养箱（美国）、Sanyo 无菌操作室（日本）、超净工作台、电子分析天平等仪器设备。可开展南北极海洋浮游生物、游泳生物、底栖生物和海洋生态等方面的研究。

2.1.3.4 干湿通用实验室

位于“雪龙”船船舯部左舷，实用面积约 20 m^2，实验台面约 7 m^2。实验室拥有气瓶间、大体积大气采样器等仪器设备。可开展海—气界面、真光层 / 深层大洋界面、海水 / 沉积物界面等碳氮通量和气溶胶等方面的测量和评估工作。

2.1.3.5 通用分析实验室

位于“雪龙”船船舯部负一楼左舷，实用面积约 28 m^2，实验台面约 8 m^2，是另一个化学实验室。拥有 Alpkem 自动营养盐分析仪（美国）、低温冰箱、电子恒温鼓风干燥箱等仪器设备，为海洋化学提供了实验分析平台和储存样品条件。

2.1.3.6 分析化学实验室

位于“雪龙”船舯部负一楼左舷，实用面积约 30 m^2，实验台面约 6 m^2。实验室有表层水供水装置，可直接进行表层海水化学分析研究。提供分析实验平台，进行海水同位素示踪、天然颗粒物含量分析等研究。

2.1.3.7 艉部干湿结合实验室

位于“雪龙”船艉甲板，实用面积约 60 m^2，具有地质样品分样平台、样品存储冷藏库，能有效处理和存放长达 6 m 的柱状沉积物样品，对海洋地质学调查起到十分重要的作用，为我国极地大洋地质调查做出过突出贡献。

2.1.3.8 表层海水采样间

位于“雪龙”船舯部负二楼，通过这套系统既能对“雪龙”船航经水域的大洋表层海水温度、盐度、叶绿素等常规基础数据进行监测，又能将表层海水源源不断地泵向“雪龙”船各个实验室进行各项特殊指标参数的测量。独创性的冲冰功能保证了整套系统在南北极冰区恶劣的环境条件下依然能即时泵取珍贵的表层水样。

2.1.4 科考信息系统

科考信息系统可以实现气象预报信息网络发布，增加时间统一系统，建立科考电子海图综合显示平台，为各专业科考任务的安全实施提供实时、有效的现场数据；提高各个作业面数据和样品采集的准确性和有效性；实现科考作业主要设备的实时监视；实现科考作业现场作业的实时监视；实现各作业点的有效配合、便于各个部位的作业站点信息互通，提高作业效率、提高作业安全。科考信息系统主要包括以下两个部分。

2.1.4.1 科考显示系统

本系统通过 4 个 46 吋大屏显示科考监控图像（图 2-3），科考电脑图像及所有固定安装的科考设备（EA600、CTD911、ADCP、鱼探仪）VGA 输出的图像。船艏部，艉部两个 LED 大屏可正常显示船舶航行数据采集系统采集的航行数据。

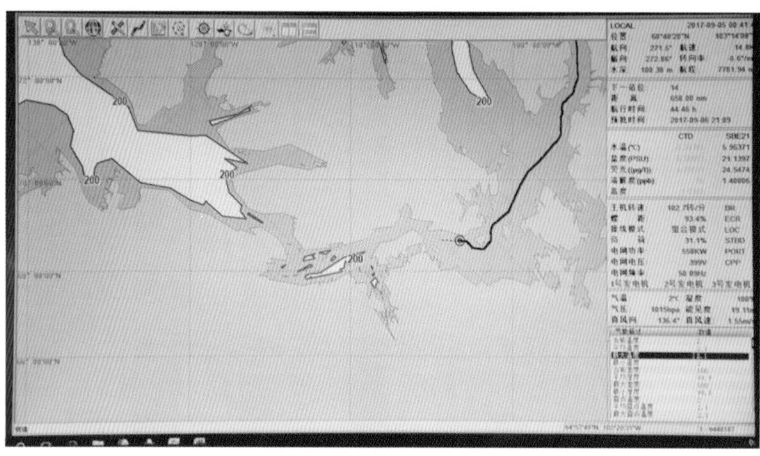

图 2-3 “雪龙”船配备的科考显示系统
Fig. 2-3 Scientific parameter display system onboard of R/V Xuelong

2.1.4.2 科考现场监控系统

科考现场监控系统可实现对船舶周围，主要机器场所，作业区域及作业设备等的视频信号采集，显示和保存，实现多画面同时显示，单画面全屏显示，自动切换显示各监视现场的功能（图 2-4）。

图 2-4 “雪龙”船科考现场监控系统
Fig. 2-4 Monitoring system onboard of R/V Xuelong

2.1.5 重要支撑成果

（1）高效、快速地回收潜标 3 套，施放潜标 3 套。

（2）为考察队提供了物理、化学、生物、地质等 8 个实验室和低温库、表层海水供水系统 SBE21、万米测深仪 EA600、ADCP，超纯水系统等实验基础设施，设备全程安全无故障运行。采集全程走航 ADCP 等基础数据 20 GB，EA600 单波束地形影像资料 27.6 GB。

（3）保障完成 CTD 站位作业 58 个，地质调查重力柱作业 10 个，安全运行 CTD 绞车 90.78 h、142 km；万米绞车 28.62 h、46.8 km。累计采集水样 12 500 L、沉积岩芯 37.64 m。

（4）全程保障 SeaBeam 3020 多波束系统顺利运行，在多波束发生故障期间，主导完成对其检修工作，完成全覆盖测区约 16 000 km^2，采集地形资料 1 407 GB。

2.2 气象和海冰预报保障

国家海洋环境预报中心（简称预报中心）承担了中国第八次北极科学考察气象和海冰预报保障工作。除现场保障外，预报中心国内团队通过邮件为考察队提供最新的实时预报保障产品。

气象保障的现场执行人员为陈志昆和刘凯，海冰保障的现场执行人员为李春花、杨清华和郝光华。

2.2.1 气象预报保障

随船气象保障工作的主要任务是利用“雪龙”船气象观测数据及其他气象资料分析并制作航线天气预报，为“雪龙”船的安全航行、短期冰站作业、大洋科考、潜标回收与释放、小艇作业提供相应的气象保障。

中国第八次北极科学考察是首次环北冰洋考察，考察覆盖区域为历次考察之最，给航行气象保障提出了更高的要求。预报中心根据第八次北极考察的航行计划，利用 2005—2016 年 NCEP/NCAR 的大气再分析数据，分析了 7—10 月北极地区的大气环流和气候背景特征，明确了环北极航线上可能出现的重要天气系统。从 2005—2016 年 7—10 月位势高度分布图（图 2-5）可以看出在北极地区对流层中部存在一个极涡，随着时间的推移，特别是在深秋和初冬季节（9—10 月）极涡强度明显增强，导致北极气旋的发生频率增加、强度增强，受其影响而产生的大风浪和海雾将对船舶航行和科考作业带来不利影响。图 2-6 是北极地区 2005 年至 2016 年 7—10 月海平面气压场分布图，可以发现格陵兰岛附近一直被极地高压控制，在 8—10 月高压强度逐渐增强，格陵兰西侧戴维斯海主要盛行偏南风，而格陵兰岛东侧的格陵兰海主要盛行偏北风。在中高纬度太平洋海域，夏季受副高控制，导致白令海、楚科奇海附近风速较小，而副高后部的偏南气流容易在北上途中凝结成雾影响船舶航行。8—10 月，半永久性系统冰岛低压和阿留申低压逐渐增强，受其影响在北欧海和白令海海域会有较差海况，影响船舶航行。

由上可知，北极科学考察期间海雾和北极气旋所产生的较差海况是影响船舶和作业安全的主要气象因素。气象保障团队积极收集各种预报资料，准确分析天气形势，准确的预报保障为各项科学考察的有序、顺利实施提供了良好的决策依据。7 月 29 日在白令海进行 3 000 m 潜标回收作业，由于前一天持续的海雾过程，能见度很低，队上对作业时间段的天气现象和能见度极为关注，现场保障小组密切关注天气形势的变化，及时给出了潜标回收布放的作业窗口。在中央航道航行期间，气象保障小组及时收集各种最新的气象预报资料，一次次准确地给出了适合冰站和其他科考作业的时间窗口，提醒可能的风雪和海雾天气过程，为冰站及其他科考作业的顺利完成提供了坚实的气象保障。“雪龙”船在高纬密集浮冰区航行时，需要及时掌握前方水道、融池和冰厚的具体状况，而北极海雾导致的低能见度容易影响驾驶员的判断。气象保障小组克服高纬通信不畅的困难，每天坚持收集尽可能丰富的气象资料，为“雪龙”船穿越北极中央航道提供了及时、准确的冰区气象导航服务。在即将首次完成穿越西北航道进入波弗特海进行调查之前，气象保障团队及时预报了原定航线所在海域的强气旋活动，当时受极地冷高压南伸与波弗特海海域气旋配合的影响，若按原定航线进行断面作业，“雪龙”船届时将遭遇 9 ～ 10 级，阵风 11 ～ 12 级的偏东风，涌浪将高达 5 ～ 6 m。气象保障小组及时建议修改航线，北抬避开气旋影响严重的区域。考察队果断调整作业计划，确保了船舶安全和科学调查的顺利实施。

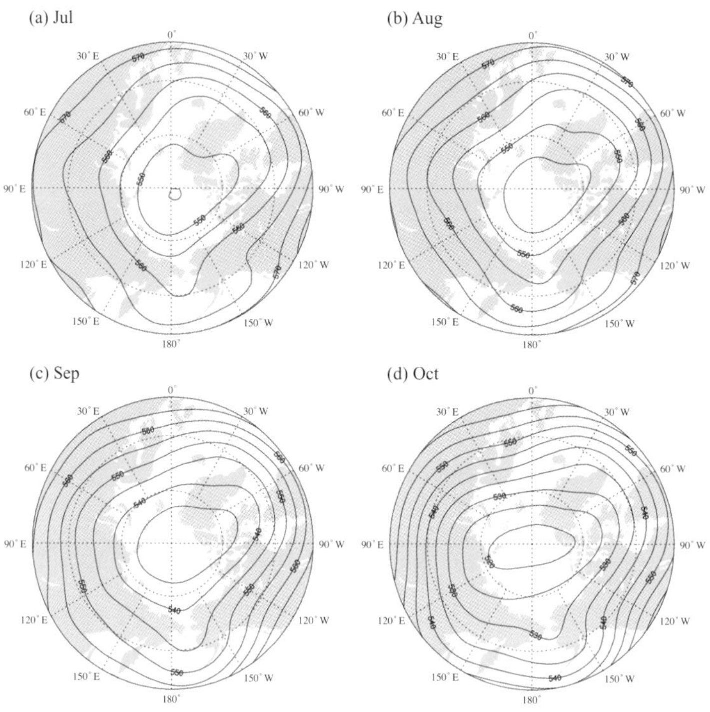

图 2-5 2005—2016 年北极地区 500 hPa 位势高度分布

Fig.2-5 Mean 500 hPa geopotential height of whole Arctic from 2005 to 2016

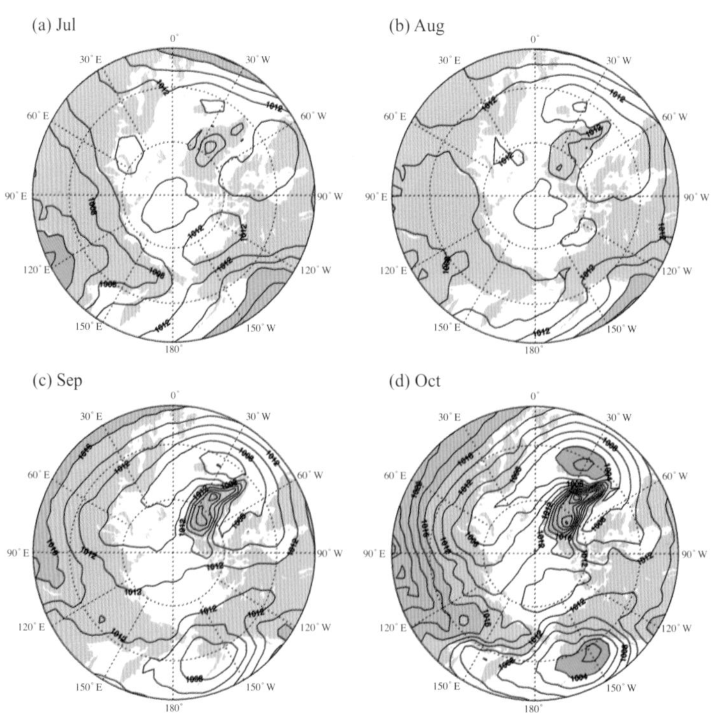

图 2-6 2005—2016 年北极地区气压场分布

（图中绿色区域是低于 1 005 hPa 的区域，粉色区域是高于 1 015 hPa 的区域）

Fig.2-6 Mean sea level pressure of whole Arctic from 2005 to 2016

(Green shows the area lower than 1 005 hPa, magenta shows the area higher than 1 015 hPa)

具体工作完成情况如下。

（1）利用 BGAN 设备接收日本气象传真图、美国 NOAA 涌浪预报图、欧洲中心气象数值预报图、西班牙气象数值预报图、中央气象台台风路径预报图、日本气象厅台风路径预报图等资料共计 1 500 余张，利用专属系统收集精细化预报格点数据 100 多套。

（2）每天进行 3 次（00 时、06 时、12 时，世界时，下同）观测，共完成 228 次常规气象观测。

（3）每天发布“雪龙”船航线 48 h 天气预报和海况预报，共计 83 份。

（4）当航线及作业区域可能遭遇恶劣天气系统时，负责加密收集气象信息并组织相关材料，向考察队汇报介绍天气形势演变并给出气象窗口，为队领导制定科学安全的计划安排提供信息支持。

（5）进行气象设备的日常维护和气象资料的实时处理。

本次北极考察期间经历了多次 6 级以上的大风过程：

（1）在“八北”去程经过西北太平洋期间，受出海低压与西北太平洋上高压配合的影响，“雪龙”船位于冷暖气流交汇的锋区，25 日 00 时（世界时，下同）到 27 日上午，“雪龙”船所在海域的实况风力由偏南风 6 级，增强到 7 ~ 8 级，最大风速为 17 m/s，涌浪达到 2.8 ~ 3.5 m，并伴有较强的降水和雾，能见度最差时不足 1 km。随后随着“雪龙”船继续向东北方向航行，“雪龙”船一直位于低压前部，受气旋前部偏南暖湿气流的持续影响，27 日下午至 28 日，“雪龙”船实况为西南风 6 ~ 7 级，最大风速为 15 m/s，并伴随持续的轻雾过程，能见度主要在 3 ~ 8 km。随着气旋东移减弱，直到 28 日下午，此次温带气旋对“雪龙”船的影响才结束，过程持续 4 d，是第八次北极科考期间“雪龙”船遇到温带气旋持续时间最长的一次过程，现场保障小组准确地预报了过程的强度和起止时间。

（2）在楚科奇海域作业期间，7 月 31 日至 8 月 1 日，受气旋前部偏南暖湿气流的影响，“雪龙”船位于该气旋的东南部，有偏南风 6 级，最大风速 11 m/s，浪高达到 1.0 ~ 1.5 m，并伴有阵雨和轻雾，能见度较差，最差时不足 1 km。

（3）8 月 6 日，“雪龙”船在北冰洋浮冰区内进行短期冰站作业，受北冰洋气旋后部冷空气的影响，“雪龙”船遭遇 6 级，阵风 7 级的西北风，最大风速达 12 m/s，由于在浮冰区内，只有 0.5 m 左右的风浪，对船舶航行没有影响。

（4）8 月 7—8 日，“雪龙”船持续进行短期冰站作业，作业区一直有气旋影响，“雪龙”船位于气旋底部，出现 6 ~ 7 级的西—西南风，最大风速 12 m/s，并伴有降雪和轻雾，能见度在 5 ~ 10 km，由于“雪龙”船位于浮冰区，没有涌浪产生。

（5）8 月 9—11 日，最后两个冰站作业结束。“雪龙”船受北冰洋强气旋与高压配合的影响，出现了 7 ~ 8 级的北—西北风，最大风速达 16 m/s，同样位于浮冰区，涌浪很小只有 0.1 ~ 0.5 m，由于受气旋后部偏北的干冷气流影响，天气以多云—阴天气为主，能见度为 10 km 左右。气旋强度较强加上“雪龙”船位于锋区，此次气旋过程持续时间较长。

（6）在挪威海海域航行期间，受气旋后部冷锋的影响，8 月 17 日，“雪龙”船所在海域有西北风 6 级，阵风 7 级，最大风速为 14 m/s，同样在浮冰区，涌浪较小，并伴有阵雪和轻雾，能见度为 3 ~ 8 km。

（7）8 月 20—21 日，在北欧海海域航行期间受气旋后部与高压配合的影响，“雪龙”船所在海域有偏北风 6 ~ 7 级，最大风速为 14 m/s，多云，能见度为 15 ~ 20 km，随着“雪龙”船驶出浮冰区进入清水区，涌浪逐渐增大，此次过程涌浪为 2.0 ~ 2.5 m。

（8）8 月 22—23 日，同样在北欧海航行期间受弱低压槽的影响，“雪龙”船所在海域先后有西南风 6 级转偏北风 6 级，最大风速为 12 m/s，涌浪在 2.0 ~ 2.5 m，阴有阵雨，能见度低于 10 km。

（9）8 月 27 日，在进入戴维斯海峡之后受气旋后部冷空气的影响，“雪龙”船所在的海域有西北风 6 ~ 7 级，最大风速为 15 m/s，涌浪较大，在 2.8 ~ 3.2 m，多云，能见度较好，在 15 km 以上。

（10）8 月 30—31 日，“雪龙”船在格陵兰岛西侧的戴维斯海峡航行，受气旋前部偏南暖湿气流的影响。由于格陵兰大陆高压的阻挡作用，气旋在较暖的洋面上持续时间较长，易在海峡内增强，对船舶航行造成重要的影响。随着戴维斯海峡气旋加深增强，航线海域有偏南风 7 ~ 8 级，转西北风 7 ~ 8 级，最大风速为 16 m/s，涌浪在 2.5 ~ 3.0 m，并伴有降水和轻雾，能见度最差时只有 1 km。

（11）9 月 7—8 日，受极地冷高压南伸与波弗特海海域气旋配合的影响，“雪龙”船所在海域仍有东北风 7 ~ 8 级，最大风速 16 m/s，伴有 2.0 ~ 2.5 m 的涌浪。天气以阴天为主，能见度较好。

（12）9 月 13—15 日，在楚科奇海域进行断面作业期间，受到较强气旋的影响，“雪龙”船位于气旋北部，“雪龙”船所在的海域有东北风 7 ~ 8 级，阵风 9 级，最大风速 18 m/s，此次过程所产生的涌浪为 3.2 ~ 3.6 m，为此次科考过程中遇到的最大涌浪，并伴有阵雪和轻雾，能见度较差，在 3 ~ 8 km。

（13）9 月 16—17 日，继续在楚科奇海域进行断面作业，受东移气旋的影响，“雪龙”船所在海域有东南风转偏南风 6 ~ 7 级，最大风速 14 m/s，由于之前受偏南向涌浪的影响，此次涌浪并不是很大，在 1.8 ~ 2.3 m，并伴有阵雪和轻雾能见度较差，在 3 ~ 8 km。

2.2.2 海冰预报保障

“雪龙”船 7 月 20 日从上海出发，预报中心对 2017 年 7 月下旬和 8 月上旬北极冰情进行了预测，预计该阶段北极全区域海冰范围与气候态相比为偏少年份，尤其东北航道区域海冰明显偏少，为科考队制定科考和航行计划提供了参考。航行期间，预报中心每日监测冰情变化，为科考队提供多源（微波、MODIS、SAR；见图 2-7，图 2-8，图 2-9）海冰遥感图像、海冰密集度数值预报等海冰产品，并首次发布了海冰厚度和海冰漂移数值预报产品（图 2-10），及时为科考队提供最新的海冰信息，共计提供 18 期专题服务信息和 170 余幅海冰遥感专题图。

Arctic Sea Ice Concentration (2017–07–30)

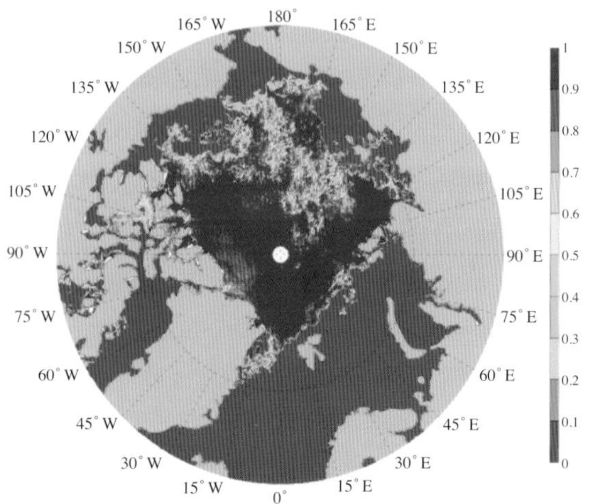

图 2-7　2017 年 7 月 30 日与 2016 年同期海冰密集度对比

Fig.2-7　Comparison of sea ice concentration between July 30, 2017 and July 30, 2016

(Data source: https://seaice.uni-bremen.de)

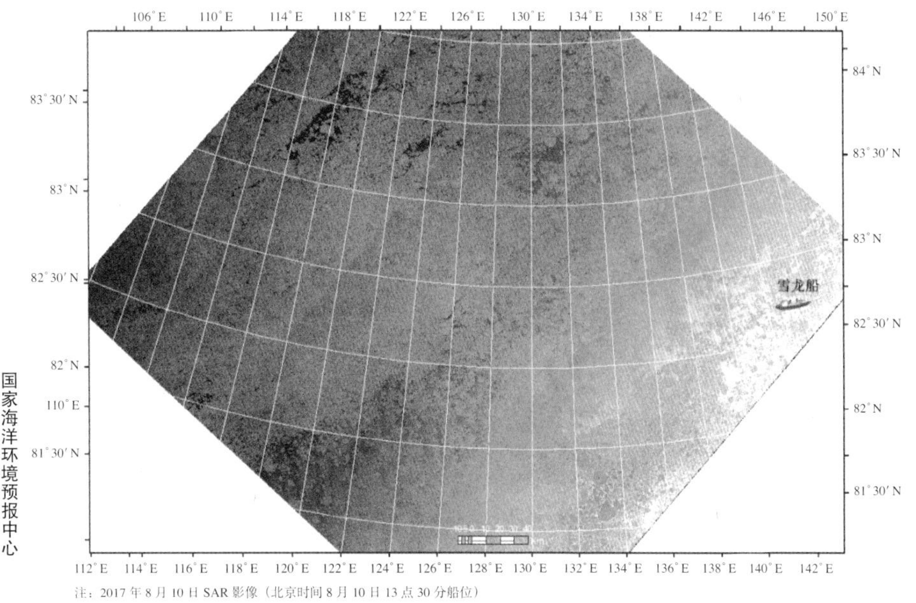

图 2-8　2017 年 8 月 10 日中央航道区域 SAR 海冰遥感影像
Fig.2-8　SAR image of sea ice at the CAP area on August 10, 2017
(Data source: http://www.polarview.aq)

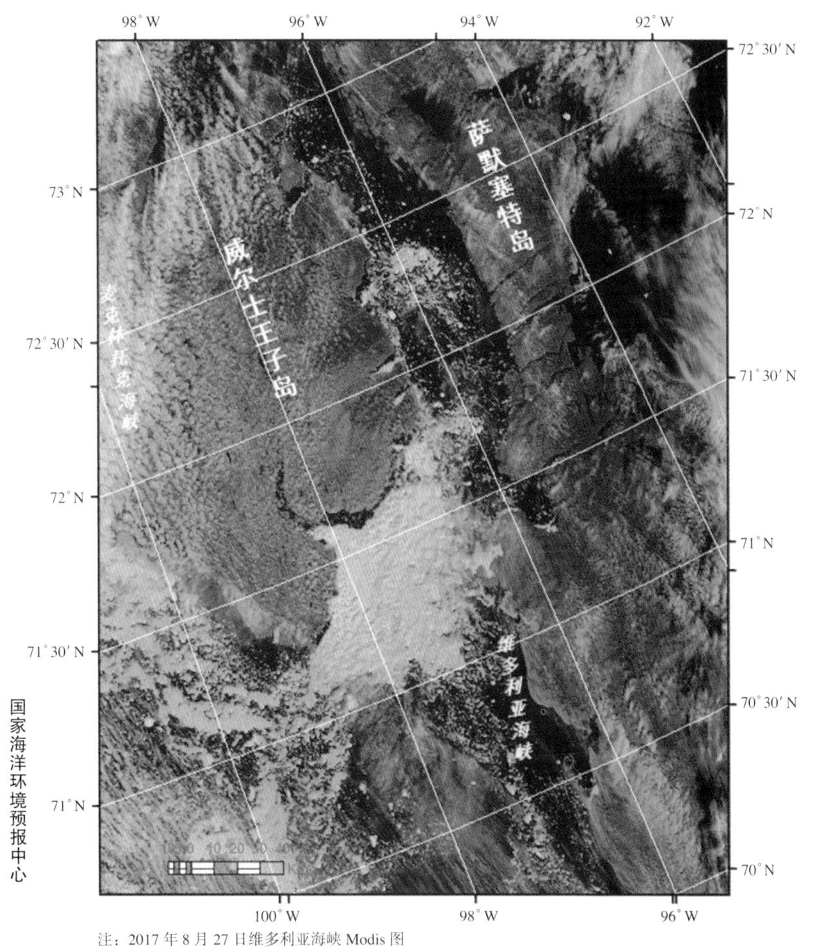

图 2-9　2017 年 8 月 27 日西北航道区域 MODIS 海冰遥感影像
（数据来源：https://lance.modaps.eosdis.nasa.gov）
Fig.2-9　MODIS image of sea ice at the NWP area on August 27, 2017
(Data source: https://lance.modaps.eosdis.nasa.gov)

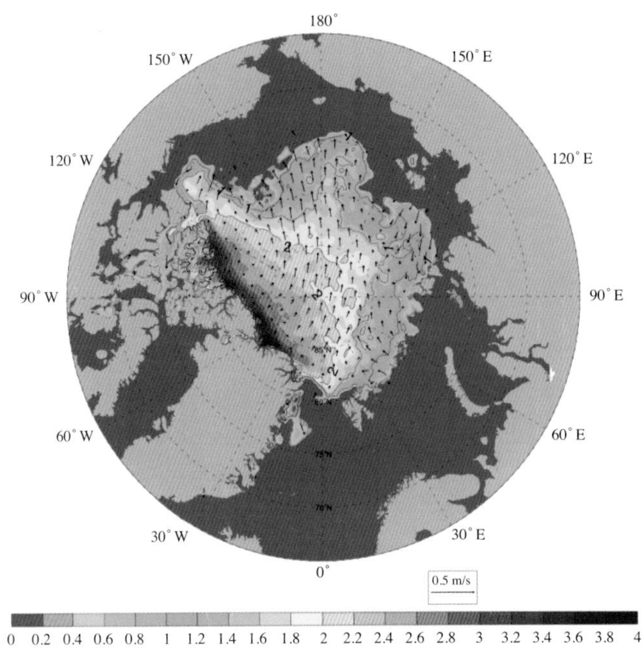

图 2-10　预报中心发布的冰厚和冰速数值预报产品（起报日期：2017 年 8 月 9 日）

Fig.2-10　Sea ice thickness and drift numerical forecast issued by NMEFC (Forecasting date: 12:00, August 09, 2017)

根据海冰服务信息，计划作业点 S01 点（74.737° N，159.537° W）区域基本无冰，科考队临时决定提前到该点回收沉积物捕获器（原计划 9 月返程时回收）；8 月 2 日，根据海冰密集度和冰厚预报图，结合高分辨海冰卫星遥感图，科考队决定向西北高纬方向航行寻找冰站，8 月 3—9 日顺利完成 7 个冰站科考任务；在结束冰站作业后，根据预报中心提供的卫星遥感实况和冰厚、冰速等预报信息，结合海冰现场观测实况，并综合考察效率等方面考虑，考察队临时党委决定启用备选的高纬航线，改为从冰厚相对较薄的区域穿越北冰洋高纬公海区并开展科考作业；8 月 8 日“雪龙”船航线前方 130° ~ 135° E 的海冰预报结果显区域高纬多年厚冰将向南移动，“雪龙”船航线前方（82.5° N，130° E）附近区域海冰将在未来 96 h 内（即 8 月 9—12 日）逐渐增多增厚，根据预报，考察队及时调整了航行计划，改为无作业快速通过该片海域，从而规避了潜在的厚冰围困风险，顺利地从俄罗斯 200 n mile 专属经济区外海域穿越北冰洋。海冰预报产品的现场应用表明，冰厚预报与现场观测结果较为吻合。该海冰厚度数值预报产品为“雪龙”船首次成功穿越北冰洋中央航道提供了重要参考。

2017 年 9 月 1—6 日“雪龙”船在西北航道南线航行期间，海冰主要集中在皮尔海峡和维多利亚海峡，预报中心对该区域冰情进行了重点分析，现场预报人员与加拿大引航员积极沟通，了解当地海冰和冰山分布特点，获取加方实时冰情资料，为科考队及时提供相关冰图与最新海冰信息，为“雪龙”船安全顺利首航西北航道提供了有效保障。此外，在 2017 年 9 月 7 日后续北冰洋海洋作业期间，预报中心及现场预报人员综合国内资源、美国冰中心、加拿大冰服务中心以及国家卫星海洋应用中心船载卫星系统获取的卫星遥感数据等多源数据，为作业区规划提供了有效的信息参考，科考队根据海冰信息及时调整作业区至无冰区，保证了科考作业的安全和高效。

预报保障工作中也遇到了一些问题，如：① 在北冰洋高纬冰区航行期间，无法保证与外界的通信联系，“雪龙”船与外界处于准失联状态，我们无法获取国内发来的最新海冰和气象信息，对航行和作业规划带来一定的影响和被动，建议未来加强高纬区域船舶航行通信能力建设；② 不同分辨率、不同类型海冰遥感数据和不同来源产品对同一区域冰情分析结果存在差异，需要结合现场观测冰情进行综合客观分析，建议今后加强海冰现场观测及实时数据的传输能力；③影响船舶冰区航行的主要因素包括海冰密集度、厚度、强度（与气温、海水盐度等有关）、速度、浮冰大小和大气水平能见度等综合因子，因此建议后续加强大气—海冰—海洋多要素综合预报研究与应用工作。

2.3 信息网络保障

2.3.1 网络通信

1）网络服务

目前“雪龙”船网络以海事五代星系统为主，四代星系统为辅，两套系统通过负载均衡的方法融合到一起，保证了在没有五代星信号的时候以四代星系统作为补充，同时在高纬度地区以铱星OPENPORT作为补充。

在此次北极考察过程中，高纬度地区无海事卫星信号10 d左右，期间由铱星承担数据回传接收；其他时间海事卫星系统承担了200余GB的流量，担负了全船的邮件收发、电话手机通信、数据回传接收、日常通信等业务。

2）移动基站服务

本航次首次使用移动基站，队员通过该基站同国内进行联系，开放时间50余天，在高纬地区因网络问题暂时关闭20余天。

3）固定电话服务

本航次启用了包括四代星FBB电话，五代星GX电话，铱星OPENPORT固话，铱星移动电话，F站电话，IP网络电话。这些电话系统互为补充，保障了整个航次的通信业务。

4）海信通

本航次全程提供海信通服务，但由于高纬地区受海事卫星信号影响，期间20余天存在通信不畅问题，其余时间保障了考察队员同国内的联系。

2.3.2 信息系统

1）“雪龙”门户网站

本航次应用的“雪龙”门户网站为新版系统，在本航次过程中出现了一些系统Bug，但在船端均完成了系统修复。每天负责各类新闻信息的发布，累计发布信息800余条。航次期间将FTP进行了重新梳理，发布了各种文档、视频、照片等资料。

2）“航行动态”系统

本航次应用的“航行动态”系统为新建系统，通过“航行动态”系统发布准实时海冰数据，在“雪龙”船穿越中央航道、西北航道期间起到了巨大作用，尤其在8月9—17日穿越中央航道关键时刻，只有航行动态系统有最新的海冰数据，为“雪龙”船提供了精准的冰区导航服务。同时，及时更新了作业站位、专属经济区信息，保障考察队各项作业的顺利开展。

第 3 章　质量管理

3.1　执行项目概述

中国第八次北极科学考察是我国实施的首个业务化调查航次，受到极地考察管理部门的高度重视。为保证第八次北极科学考察业务化调查的成果质量，加强航次质量管理，中国第八次北极科学考察队（以下简称考察队）成立了质量保障组，负责本航次的质量控制与管理。质量保障组的组织结构如下。

质量保障组组长：何剑锋

质量保障组成员：刘健、文洪涛、刘炎光、杨春国、宋普庆、夏寅月

3.2　主要工作内容

本航次质量管理工作主要包括：

航次之前：在航次之前组织各调查专题项目负责单位参加第八次北极科学考察试航。组织考察队员参加中国第八次北极科学考察质量管理和数据、资料成果管理培训，并要求各调查专业做好调查仪器设备的检定校准等工作。

航次期间：开展“雪龙”船船载仪器设备的操作规程进行学习和培训，制定和颁布了《中国第八次北极科学考察业务化调查质量监督管理规定》，开展各单位各专业调查过程中的质量监督检查，要求各专业在考察报告中详述质量控制方法及过程。

3.3　具体实施过程及完成情况

（1）为了保证第八次北极科学考察的顺利开展，中国极地研究中心组织了各调查专题项目负责单位参加第八次北极科学考察试航，试航日期为 2017 年 7 月 6—14 日，所有试航仪器设备均经标定。

（2）国家海洋标准计量中心和中国极地研究中心于 2017 年 7 月 15 日在上海组织考察队员参加了中国第八次北极科学考察质量管理和数据管理培训，学习“八北”质量控制与监督管理方案、极地科学考察有关规定以及考察数据、资料成果的汇交和管理要求等。

（3）各调查单位完成对本航次调查仪器设备的检定校准，并提交检校报告。部分仪器设备在作业过程中还开展了比测，比如 CTD 就开展了多个站位的双探头比测。

（4）起航后至第一个调查站位的航渡期间，考察队制定了具体的质量监督管理规定，即《中国第八次北极科学考察业务化调查质量监督管理规定》。该规定包含 4 章 11 条，具体内容如下。

①第一章　总则，包括：第一条　为加强中国第八次北极科学考察业务化调查（以下简称八北）的质量监督管理工作，确保本次调查任务的完成质量，特制定本办法。第二条　本办法适用于参与中国第八次北极科学考察业务化调查任务的各专业调查队。

②第二章　组织机构及职责，包括：第三条 “八北”质量监督组为中国第八次北极科学考察队内设组织机构，具体负责本次考察的质量监督管理工作。其主要职责是：a. 负责制定质量监督要求、监督各业务化调查过程；b. 审核各专业调查队的质量工作报告，监督成果质量；c. 分析整理质量工作状况，编制“八北”质量工作报告；d. 组织开展技术交流活动和质量咨询工作。

③第三章　质量监督的主要内容，包括：第四条　科考人员应经过相应技术培训，具备有效的专业资格。第五条　调查使用的仪器设备应按符合以下规定：a. 海洋调查仪器设备的生产厂家应具有有效的《制造计量器具许可证》，标准物质生产厂家应具有国家批准的有效资质证书；b. 新购置的海洋调查仪器设备（包括标准物质）均应经过验收合格；c. 海洋调查设备在使用时应具备有效的检定或校准证书；采用比测、自校的设备，应确保其量值满足计量法规的有关要求。第六条　作业甲板和实验室的工作环境和设施，应满足质量、环保和安全要求，并建立相应的规章制度，保障和规范内部管理。第七条　获得的数据、资料和报告应执行统一的技术标准，满足可靠性、完整性、规范性的要求。

④第四章　质量监督的实施，包括：第八条　质量监督检查采取定期、不定期与抽查相结合的方式进行。定期质量监督检查在调查开始、中期和结束前按规定的时间进行全面的质量监督检查；不定期质量监督检查和抽查则在调查过程中根据质量工作的需要，对选择的项目或人员、实验场所等进行的监督检查。第九条　各专业调查队和“雪龙”船实验室在接受质量监督检查时，应积极支持和配合质量监督检查工作，实事求是地汇报项目质量工作情况，并提供检查所需要的文件和资料，允许对有关场所进行检查和记录。第十条　在监督检查中发现的问题以书面形式通知被检查的调查队，要求其采取措施并在规定的期限内进行整改。若发现重大质量问题，应在第一时间上报考察队。第十一条　各专业调查队应按时间和任务，编制质量工作报告，提交至质量监督组。质量监督组经审核、汇总整理后，向考察队递交质量工作报告。

（5）无论各专业自带的仪器设备，还是“雪龙”船科考平台的公共仪器设备均制定了详细的操作规程。起航后至第一个调查站位的航渡期间，考察队组织相关调查队员对这些仪器设备的操作规程进行学习和操作培训，从而保障调查数据质量。

（6）质量保障组定时或不定时对各单位各专业的调查任务进行了质量监督检查，检查范围包括外业考察原始记录、外业考察操作规程、外业考察工作日志、外业考察班报表、外业考察样品存储情况及记录等。对检查中出现的问题及时督促改正。

（7）考察队严格要求各调查专业执行《中国第八次北极科学考察业务化调查质量监督管理规定》，对本专业调查任务进行质量控制，并在考察报告中对质量控制方法及过程进行详细说明和论述。

第4章 样品与数据管理

4.1 执行项目概述

中国第八次北极科学考察设立数据管理员岗位，具体职责为现场考察的元数据注册、数据收集、整理等工作，同时还承担航次期间档案收集和整理工作。本航次现场执行人为刘健。

4.2 主要工作内容

根据本航次现场数据协调与管理共享工作预案，本次现场数据管理工作主要包括：

（1）制定现场工作方案；在《质量管理培训会》上针对数据汇交与共享工作，向考察队员介绍数据汇交流程和数据共享情况。

（2）开展数据质量检查，按照数据管理工作方案收集各项考察任务获得的各类原始观测数据和部分实验室分析数据，收集各考察任务执行人填写的《南北极考察样品、现场观测数据和样品分析数据注册表》和《南北极考察数据（集）提交表》，收集各考察任务现场记录表，收集本航次形成的各类考察档案资料。

（3）航次结束一个月后，开展仪器观测分析数据的汇交和元数据注册工作；航次结束两个月后，开展国内实验室样品分析数据的汇交和元数据注册工作。

4.3 现场实施过程

（1）航次开始之前，根据国家海洋局的《中国极地科学考察样品和数据管理办法（试行）》、《中国极地沉积物样品的管理、申请及使用条例》和《“南北极环境综合考察与资源潜力评估”专项管理办法》等文件的规定编制数据管理工作方案。

（2）考察开始阶段，数据管理员在“雪龙”门户网站的FTP中将数据管理工作要求、《南北极考察样品、现场观测数据和样品分析数据注册表》和《南北极考察数据（集）提交表》进行共享。

（3）在中央航道作业结束后，全面掌握各考察任务的执行情况，统计使用软件工具、技术文档、仪器标定情况、仪器操作手册，并获取部分样例数据。各任务负责人填写了《极地业务化工作团队登记表》《极地业务化观测仪器信息登记表》《极地业务化观测数据处理与质量控制说明》《极地业务化实验样品分析与质量控制说明》和《国内外相关数据库、实验样品分析和数据处理技术文档登记表》并汇交至数据管理员处。

（4）在全部作业完成后（走航观测和气象保障除外），根据中国第八次北极科学考察业务化调查资料成果管理工作方案的要求，开展数据汇交工作，各任务负责人填写《南北极考察样品、现场观测数据和样品分析数据注册表》和《南北极考察数据（集）提交表》，提交原始数据和部分分析成果数据（仪器观测分析数据和船上实验室分析数据）和相关采样记录。

（5）在“雪龙”船抵达锚地后，开展气象保障和“雪龙”船船载卫星遥感接收处理与海洋信息服务系统（船载 HY 卫星接收系统）的数据汇交工作，各任务负责人填写《南北极考察样品、现场观测数据和样品分析数据注册表》和《南北极考察数据（集）提交表》，提交原始数据和成果数据。同极地信息中心样品管理人员、考察队采样任务负责人共同完成沉积物样品分样。同时，根据档案文件的管理规定，收集本队次与极地办、极地中心和其他单位、组织的来往传真，考察队会议记录、工作日志、照片、视频素材、北极大学讲座材料等有保存价值的材料。

4.4 任务完成情况

4.4.1 数据汇交

中国第八次北极科学考察业务化调查航次期间共获得观测数据（原始数据和部分成果数据）约 2.46 TB，43 007 个数据集，约 3.6 亿条观测记录，详见表 4-1。各考察任务执行人填写《南北极考察样品、现场观测数据和样品分析数据注册表》和《南北极考察数据（集）提交表》，现场观测记录均已提交。文书档案、现场考察档案、实物档案、照片等声像档案按照档案管理规定进行汇交。

表4–1 考察数据汇交统计
Table 4–1 A list of the collected investigation data

类型	数据量	备注
CTD	556 MB	78 个数据集
LADCP	234 MB	56 个数据集
生物多样性	53.4 MB	451 个数据集
碱度走航数据	863 KB	62 个数据集
pCO_2 走航原始数据	6.15 MB	143 个数据集
叶绿素分析数据	102 KB	320 条记录
海冰厚度与皮温数据	172 MB	3 226 个数据集
海洋地球物理	1 408 GB	2 926 个数据集，有效水深点 357 663 250 条记录
水声环境调查数据	70.2 GB	35 335 个数据集
船载卫星接收系统	915 GB	730 个数据集
走航 GPS 数据	13 MB	195 133 条记录
走航测深仪数据	12.7 MB	194 247 条记录
走航表层海水自动传感器数据	11 MB	156 951 条记录
气象观测数据	133 GB	373 451 条记录
合　计	**2.46 TB**	**43 007 个数据集，约 3.6 亿条记录**

备注：（1）海冰物质平衡浮标、温度链浮标和冰站自动气象站数据实时传回国内，不在统计之内；
（2）气象观测数据包括人工观测、探空观测、自动气象站观测、SeaSpace 接收系统和大气成分观测数据。

4.4.2 样品管理

本次考察获得样品逾 5 000 份。海水样品、生物样品、冰芯样品根据业务化调查需要进行了现场分配。沉积物样品采集后由艉部甲板作业队队长负责保管，回国后存放在中国极地研究中心沉积物库，在国内进行分样。

4.4.3 档案汇交

收集电子档案 80.2 GB，包含实施方案、领导发言稿、工作日志、会议记录、视频照片、总结报告、汇报片、技术规程等内容。

收集纸质档案包括考察队任命文件、考察队发文 5 份、考察队发出传真 22 份、收到传真 9 份、队旗 3 幅。

CHINARE

航道环境调查 第2篇

第 5 章　气象与海冰

5.1　概述

30 多年来，北极海洋环境发生了快速变化，其中海冰范围剧减和厚度降低尤为显著，为北极航道开发利用创造了条件。北极航道的显著优势是缩短了亚欧、亚美之间的航运距离和时间。我国提出建设“冰上丝绸之路”战略，积极推动经北冰洋连接欧洲、北美的蓝色经济通道，但是北极复杂的冰情和多变的天气条件严重限制和影响航道的开发利用。为了掌握北极中央航道和西北航道的海洋环境特征，评估中央航道和西北航道的适航性，推进我国自主的北极高分辨率海洋环境数值预报系统开发，中国第八次北极科考队开展了北极航道气象与海冰业务化调查：沿航线开展了多手段的气象和海冰走航观测，释放了 34 枚探空气球；在冰区开展了 7 个短期冰站作业，并依托冰站布放了 9 枚冰基浮标，其中包括冰面气象站浮标 1 枚，海冰物质平衡浮标 3 枚，气—冰—海温度链浮标 5 枚。在国家海洋局和考察队临时党委的坚强领导和精心组织下，考察队和“雪龙”船密切配合，科学合理安排现场科考，考察队员顽强拼搏，顺利、圆满地完成了本次科考的气象和海冰考察任务。

5.2　调查内容

5.2.1　中央航道气象和海冰环境调查

利用“雪龙”船船载走航观测设备获取海洋气象要素（风速、风向、气温、气压、相对湿度、能见度、海—气通量、大气探空剖面等）数据，冰区海冰参数（密集度、厚度、皮温、形态等）数据。

依托短期冰站，布放冰基浮标，获取海冰 / 冰下上层海洋长期连续观测数据。

5.2.2　西北航道气象和海冰环境调查

利用“雪龙”船船载走航观测设备获取海洋气象要素（风速、风向、气温、气压、相对湿度、能见度、海—气通量等）数据，冰区海冰参数（密集度、厚度、皮温、形态等）数据。

5.2.3　北极航道环境综合评估

综合分析本次考察与历史数据，对北极中央、西北航道环境及适航性进行综合评估。

5.3 调查站位设置

5.3.1 船基走航观测

如图 5-1 所示，本航次的气象与海冰走航调查主要分中央航道和西北航道两阶段开展。第 1 阶段从 8 月 2—18 日，主要包括楚科奇海、马克洛夫海盆、阿蒙森海盆。第 2 阶段从 8 月 30 日至 9 月 7 日，主要包括戴维斯海峡、巴芬湾、维多利亚海峡、科罗内申湾、阿蒙森湾、波弗特海航段。

在整个航程期间进行了气象和海冰自动观测。除此之外，每日 3 个时次（根据船舶所在时区在 00 UTC、06 UTC、12 UTC 和 18 UTC 中进行选择）进行人工气象观测，在冰区开展连续 24 h 的海冰人工观测。在 72° N 以北的北冰洋海域进行走航 GPS 探空观测实验（图 5-2），通过 GPS 探空观测，获得了北极高纬密集浮冰区的大气气象要素的垂直分布数据。本次共进行了 34 次探空实验（成功 32 次，其中有 28 次高度超过 8 000 m），见表 5-1。

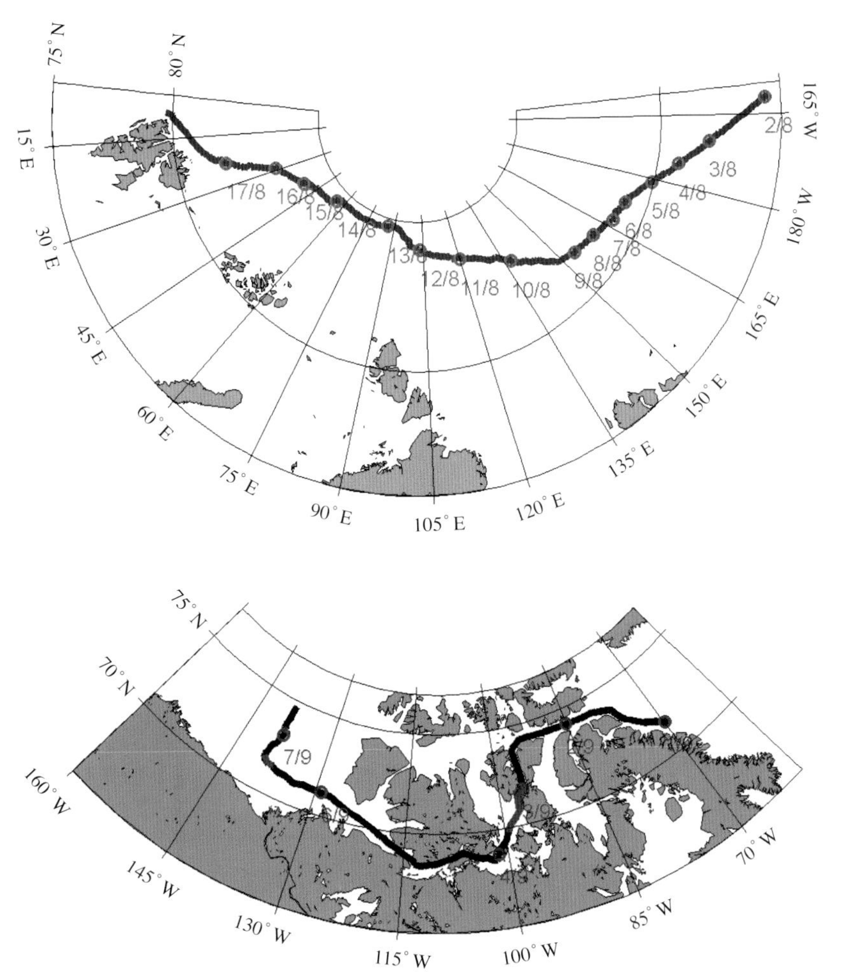

图 5-1 中央航道（上图）和西北航道（下图）走航观测区域以及“雪龙”船航迹
（蓝线表示有冰区域，黑线表示无冰区域）

Fig 5-1 The shipping routes of Xuelong at the Central Arctic Passage (CAP; top) and the North West Passage (NWP; bottom), blue indicates the sea ice area, while black shows the area without sea ice

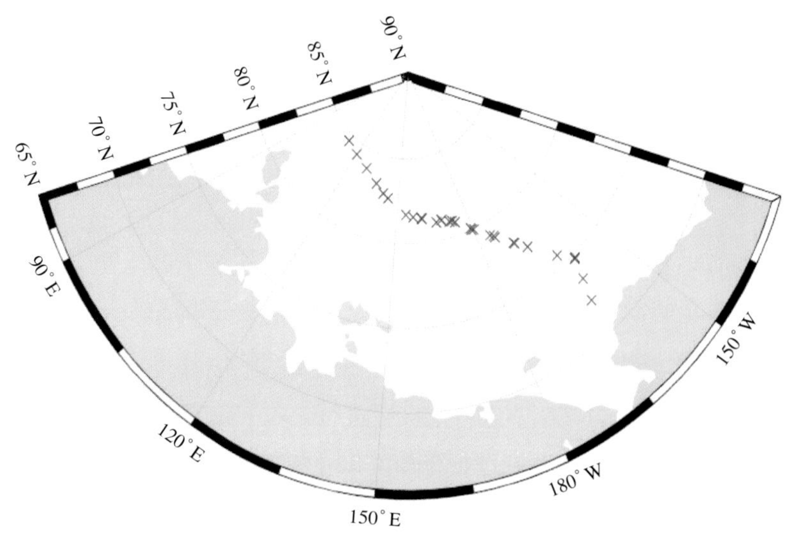

图 5-2 GPS 探空观测站位分布
Fig. 5-2 Observation sites of atmospheric radio soundings

表5-1 考察期间GPS探空时间、位置及探测范围
Table 5-1 The observation details of atmospheric soundings

时间（UTC）	经纬度（lat，lon）	最大高度（m）
8 月 1 日 00:00	72.15° N，161.41° E	17 550
8 月 1 日 06:00	73.46° N，160.88° E	3 500
8 月 1 日 12:00	74.74° N，159.46° E	8 200
8 月 2 日 00:00	74.73° N，158.45° E	20 550
8 月 2 日 06:00	74.78° N，158.67° E	20 300
8 月 2 日 12:00	75.65° N，161.70° E	22 250
8 月 3 日 00:00	77.20° N，166.78° E	22 600
8 月 3 日 06:00	77.91° N，168.21° E	22 650
8 月 3 日 12:00	77.98° N，169.97° E	22 300
8 月 4 日 00:00	78.88° N，173.83° E	9 300
8 月 4 日 06:00	79.00° N，173.58° E	19 750
8 月 4 日 12:00	79.15° N，174.62° E	7 950
8 月 5 日 00:00	79.95° N，178.24° E	21 600
8 月 5 日 06:00	80.00° N，179.45° W	21 350
8 月 5 日 12:00	80.09° N，179.26° W	21 700
8 月 6 日 00:00	80.79° N，174.53° W	19 750
8 月 6 日 06:00	80.90° N，173.43° W	23 550
8 月 6 日 12:00	80.94° N，172.58° W	20 000
8 月 7 日 00:00	81.15° N，169.35° W	9 350
8 月 7 日 06:00	81.16° N，169.45° W	22 950
8 月 7 日 12:00	81.01° N，167.23° W	20 100
8 月 8 日 00:00	81.45° N，161.28° W	18 450
8 月 8 日 06:00	81.48° N，160.93° W	19 850
8 月 8 日 12:00	81.50° N，161.06° W	3 250
8 月 9 日 00:00	81.50° N，157.39° W	19 100
8 月 9 日 12:00	81.73° N，154.04° W	18 250
8 月 10 日 00:00	82.59° N，144.86° W	6 950
8 月 10 日 06:00	82.82° N，141.95° W	9 609
8 月 10 日 12:00	83.26° N，137.33° W	10 900
8 月 11 日 00:00	83.87° N，129.39° W	20 200
8 月 11 日 12:00	84.28° N，120.18° W	10 500
8 月 12 日 00:00	84.59° N，111.06° W	23 000

注：表中高度均为海拔高度，计量单位：m。

5.3.2 冰基观测

如图 5-3 所示，本航次的短期冰站作业点位于楚科奇海和马克洛夫海盆区域，其中包括 7 个站，经纬度范围为 170° W ～ 155° E，78° ～ 82° N。

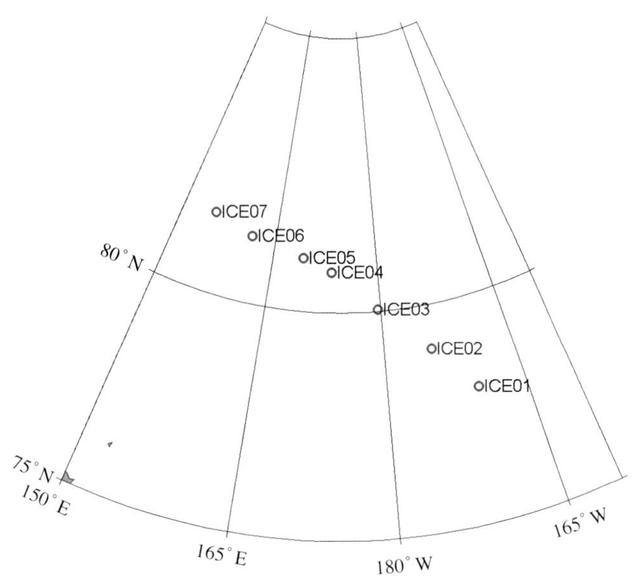

图 5-3 短期冰站站位分布
Fig. 5-3 The locations of 7 sea ice camps

5.4 调查仪器与设备

5.4.1 走航观测设备

观测海洋 / 海冰表面温度所使用的设备为德国 Heitronics 公司所生产的 KT19.82IIP 红外辐射计，该仪器接收测量物体发射的红外辐射，可实现对海洋 / 海冰表面温度值的观测。测温度范围为 −20 ～ 70 ℃，测量精度为 ±0.5 ℃ + 0.7%× 测量装置与被测物体温度差。红外辐射计的采样间隔为 1 s。仪器架设在驾驶台顶部，垂直向下，镜头轴线离开船体最外边缘 40 cm，镜头离水面 40 m。观测视场直径约 20 cm，能保证不受船体的影响（图 5-4）。

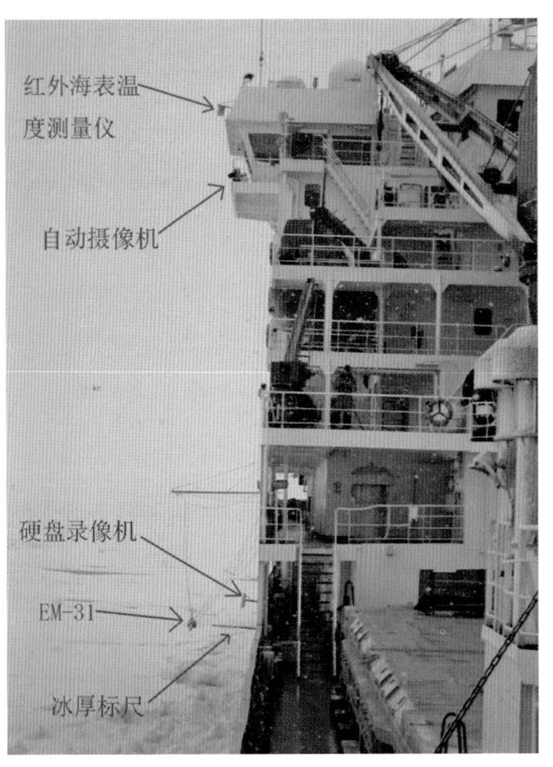

图 5-4 船基海冰综合观测系统
Fig.5-4 Comprehensive sea-ice monitoring system onboard R/V Xuelong

可视化冰厚监测方法为通过一层甲板的左舷离水面 7 m，垂直向下的 JVC 40 G 硬盘录像机记录破冰船撞翻浮冰的厚度断面（图 5-4）。通过比较海冰厚度断面与参照物（冰厚标尺）的像素比例来确定海冰厚度。考察船破冰时对冰脊会一定的破坏作用，侧翻厚度断面难以保持完整，因此，该技术记录的主要是平整冰的海冰厚度。

电磁感应海冰厚度测量所采用的设备为加拿大 Geonics 公司生产的 EM31-ICE 型电磁感应海冰厚度探测仪，其发射和接收天线线圈间距为 3.66 m，工作频率为 9.8 kHz。电磁感应方法探测海冰厚度的依据是海冰电导率与海水电导率之间存在明显的差异。海冰电导率的变化范围在 0 ~ 30 mSP/m 之间，而海水电导率 2 000 ~ 3 000 mSP/m 之间。因此与海水相比，海冰电导率可以忽略不计。工作时，EM-31 发射线圈产生一个低频电磁场（初级场），初级场在冰下的海水中感应出涡流电场，由此涡流产生一个次级磁场并被接收线圈检测和记录，从而对冰底面做出判断。船载电磁感应海冰厚度监测系统在 EM-31 的基础上，集成了激光测距仪、声呐测距仪、倾角仪等，通过现场信号网络传输方式传输数据。其中，激光测距仪和声呐测距仪测量仪器与冰面之间的距离，EM-31 测量仪器与冰底之间的距离，后者减去前者就可得到海冰加积雪层的厚度。倾角仪用于监测仪器姿态。船载 EM31 海冰厚度测量系统安装于“雪龙”船左舷前方（图 5-4），通过固定支架悬挂于离船体 8 m 左右的位置，测量系统通过固定支架下方离冰面 4 ~ 5 m 高度以获取最佳的海冰厚度测量数据（图 5-5）。

图 5-5 船载电磁感应海冰厚度监测系统
Fig 5-5 Sea-ice thickness monitoring system based on an electromagnetic induction device

船载气象观测设备采用 Vaisala Milos500 自动气象站，每 10 min 记录一次数据，存成 *.txt 文档，记录有：日期、时间、纬度、经度、气压、气温、露点温度、相对湿度、风向、风速等。在航道航渡期间 Vaisala 自动气象观测站工作基本正常，但因风传感器未安装加温装置致使气温低、湿度大时出现结霜冻结现象，人工观测时采用与船上其他风传感器对比的方法记录数据。此外，“雪龙”船还装有北京天诺基业 CR3000 自动气象站（图 5-6）。

图 5-6 “雪龙”船载自动气象观测站
Fig 5-6 Automatic weather station onboard R/V Xuelong

走航探空观测使用的设备为北京长峰科技有限公司所生产的 GPS 探空观测系统（图 5-6）。GPS 探空系统中温度测量范围为 –80 ～ + 40℃，分辨率 0.1℃，响应时间小于 2 s；风向和风速测量范围分别为 0 ～ 100 m/s 和 0 ～ 360°，分辨率分别为 0.1 m/s 和 1°，响应时间均为 1 s。GPS 探空系统的测量精度满足《中国气象局常规高空气象探测规范》。

“雪龙”船装载有美国 Seaspace 公司的卫星遥感接收系统。该系统可以接收 NOAA 系列卫星的可见光波段和红外波段的云图，用来监测船舶航行海域的局地天气实况（图 5-8）。

图 5-7　GPS 探空观测

Fig. 5-7　GPS radio sounding onboard R/V Xuelong

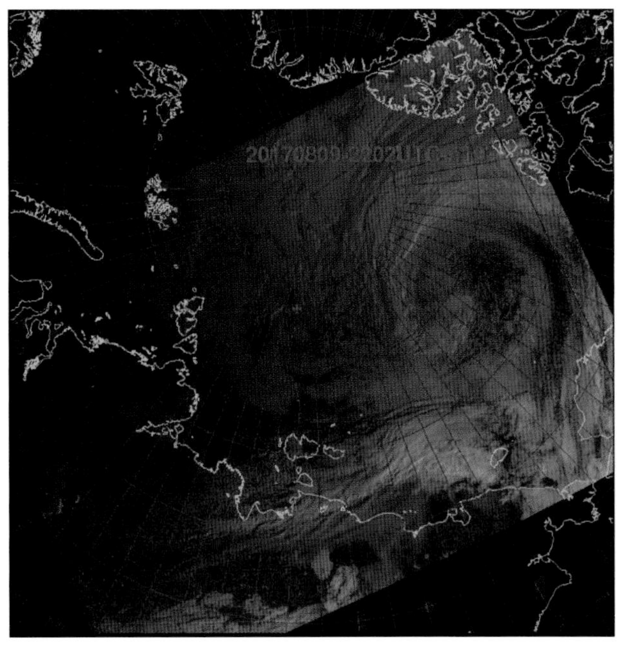

图 5-8　Seaspace 系统接收处理的 2017 年 8 月 9 日红外云图

Fig 5-8　Infrared cloud image received by the onboard Seaspace system on August 9, 2017

船载海气通量观测系统以陆地通量观测系统为基础，增加了姿态仪、GPS 等船体移动监测仪器，对船载特定环境进行坐标旋转以及经纬度修正，并专门利用相关软件进行数据分析与修正。同时，结合海洋高湿度、高盐度的特点，选用高质量的海洋型专用仪器设备，提供系统的海洋适用性和系统稳定性，有效提高通量观测数据的准确性。该系统由三维超声风速温度仪、水汽 CO_2 分析仪、船舶姿态传感器和数据采集器组成（图 5-9）。三维超声风速温度仪的数据经过船体运动修正后，与经过动态修正后水汽 CO_2 分析仪数据，进行协方差计算得到动量、感热、潜热和 CO_2 通量，其计算流程如图 5-10 所示，其主要技术指标见表 5-2。

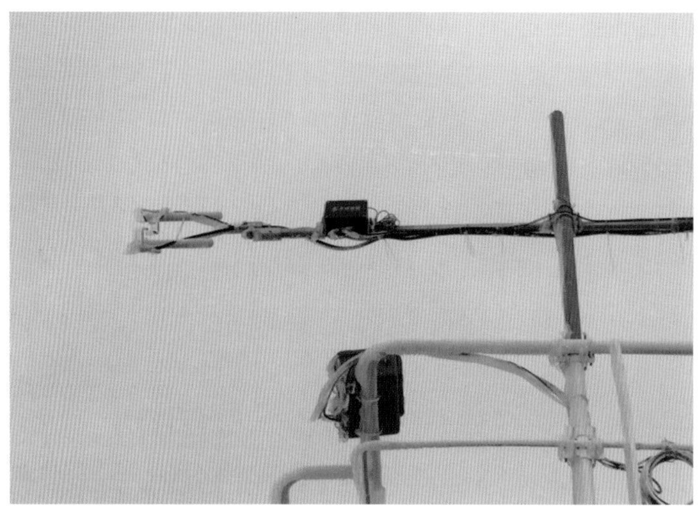

图 5-9 船载走航涡动通量
Fig. 5-9 Eddy flux measuring system onboard R/V Xuelong

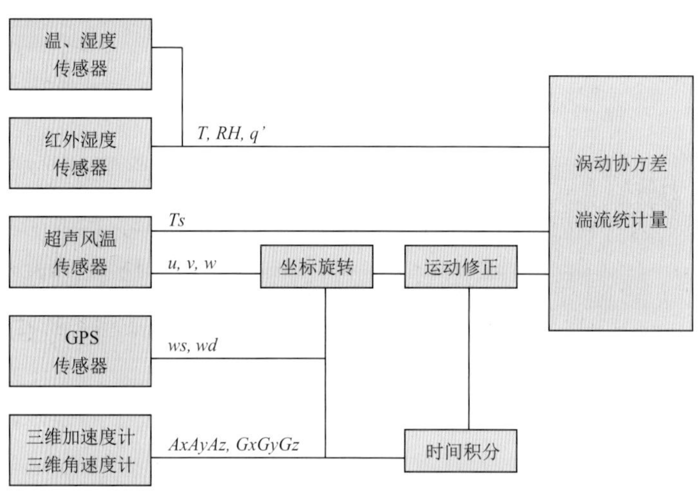

图 5-10 船载走航通量数据处理流程
Fig. 5-10 Flow chart for ship-born eddy flux processing

表5-2 走航通量传感器主要技术参数
Table 5-2 The main technical parameters for the eddy flux measuring system

传感器	主要指标
数采	最大扫描速率为 100 Hz
三维超声风速仪	风速量程：± 速量程：± 仪 ng，测量速率：1 ~ 60 Hz 可编程，瞬时测量分辨率：UZ，UY 是 1 mm/s RMS，UZ 是 0.5 mm/s RMS，C 是 15 mm/s (0.025℃) RMS，瞬时测量值可以制作成恒定信号，采样速率不影响噪声
二氧化碳	0 ~ 1 830 mg/m^3（0 ~ 1 000 ppm），零点温度漂移（最大）：±0.55 mg/(m^3·℃)(±0.3 μmol/(mol·℃)
水汽	0 ~ 44 g/m^3，零点温度漂移（最大）：±0.037 g/(m^3·℃)(±0.05 mmol/(mol·℃)
姿态仪	姿态朝向范围：3 轴都是 360 向，加速度范围：± 加速（标准加速度），陀螺计范围：± 标准加速度），长期漂移：通过补偿过滤消除
差分 GPS	上传速率：工厂设定为 1 s，1 ~ 900 s 可编程，精度 (95% 位置)：使用 GPS 标准位置服务小于 15 m
辐射	光谱范围：短波 300 ~ 2 800 nm，长波 4.5 ~ 4 200 nm，灵敏度：5 ~ 20 μV/(W·m^2)（短波）；5 ~ 15 μV/(W·m^2)（长波）

5.4.2 冰基浮标

5.4.2.1 冰基自动气象站

冰基自动气象站由中国气象科学研究院设计（图 5-11）。在 2 m 和 4 m 高度横臂上分别安装温湿度传感器（HMP45D，Vaisala）、风速风向传感器；在 2 m 高度安装总辐射观测表；在地表处安装气压传感器。所有传感器均接入 CR1000 (Campbell) 数据采集器，采样频率为 2 min，每 1 h 记录一组数据，通过卫星天线的数据发射系统将数据直接发往 Argos 卫星，在 Argos 网站可看到 / 下载实时数据。其详细技术指标见表 5-3。

图 5-11 冰基自动气象站

Fig. 5-11 Automatic weather station deployed at the ice camp

表5–3 冰站气象站传感器参数

Table 5–3 Specifications of the Automatic weather station at long–term ice station

名称	型号	测量范围	精度
低温数据采集器	CR1000-XT	–55 ~ 60℃	
气温传感器	Vaisala HMP155	–90 ~ 60℃	±0.01℃
相对湿度传感器	Vaisala HMP155	0 ~ 100%	3%
风速传感器	XFY3-1	0 ~ 95 m/s	0.1 m/s
风向传感器	XFY3-1	0 ~ 360°	±6°
气压传感器	Vaisala CS106	600 ~ 1 100 hPa	0.1 hPa
总辐射传感器	Li200x-L35	0 ~ 204.8 MJ	0.1 MJ/m^2

5.4.2.2 海冰物质平衡浮标（IMB）

海冰物质平衡浮标由太原理工大学设计和集成。结构示意图见图 5-12，实物图见图 5-13。IMB 浮标包括 1 个铂电阻气温传感器（Campbell Scientific 107 L，观测精度为 0.1℃），1 个气压计（Vaisala PTB210，观测精度为 0.01 mb），1 个观测积雪积累和融化的声呐（Campbell Scientific SR-50A，观测精度位 1 cm），1 个观测海冰底部生消的声呐（Teledyne Benthos PSA-916，观测精度为 1 cm），1 套传感器垂向间隔 10 cm 总长 4.5 m 的温度链（YSI Thermistors，观测精度为 0.1℃），1 个叶绿素传感器（Cyclops-7，观测精度为 0.025 μg/L），1 个溶解氧传感器（Aanderaa，观测精度为 8 μm），1 个数据采集器（Campbell CR1000），1 个锂电池组（14.68/152 Ah），1 个 GPS 定位系统，1 个铱星数据传输模块。浮标的工作环境温度范围为：−35 ~ 40℃，电池的设计寿命为 24 个月。数据的采样间隔为 4 h。声呐组件和温度链组件通过电缆与中心控制单元相连，电缆外壳装配有铝合金保护壳以防止北极熊等生物的破坏。声呐组件和中心控制单元均配有防融板，以防止直接搁置于冰面上影响海冰表面的消融损坏仪器。

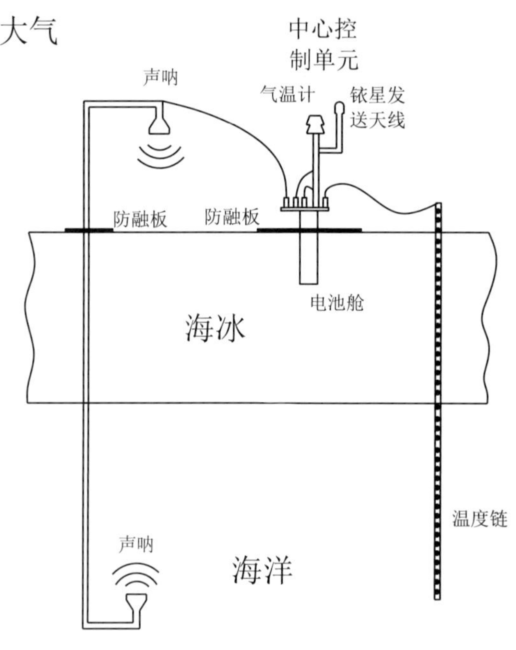

图 5-12 IMB 系统示意图
Fig.5-12 Sketch of Ice Mass Balance (IMB) Buoy

图 5-13 IMB 海冰物质平衡浮标
Fig.5-13 TUT Ice Mass Balance (IMB) Buoy

5.4.2.3 海冰温度链浮标

SIMBA 海冰温度链浮标由英国苏格兰海洋协会研制。如图 5-14 所示，SIMBA 海冰温度链浮标由温度链（热电阻），控制单元，GPS 接收机以及 9602 铱星发送模块组成。热电阻温度传感器的精度为 0.1℃。电池为 OPTIMA 固体蓄电池，设计寿命为 12 个月。一个温度链共装配 240 个热电阻温度传感器，传感器间隔为 2 cm。每隔 1 d，通过对温度链各温度探头加微量的脉冲热量，使得各测量点产生不同程度的升温，通过比较加热前后的测点温度，结合雪 / 冰 / 水比热容的差异判断积雪、海冰和海水的界面。此外，SIMBA 浮标还包括 1 个气压计和 1 个磁力计。布放于浮冰的实物图见图 5-15。

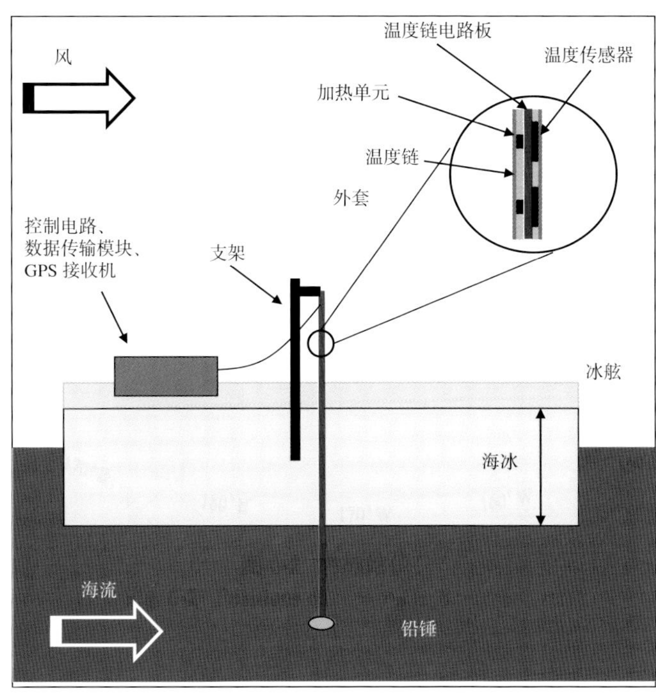

图 5-14 海冰温度链浮标系统示意图
Fig.5-14 Sketch of sea ice thermistor string

图 5-15 SIMBA 海冰温度链浮标
Fig.5-15 SIMBA ice thermistor string

5.5 调查方法

“雪龙”号考察船进入冰区后，根据《极地海洋水文气象、生物和化学调查技术规程》将海冰分三类进行记录，分别记录海冰的类型、密集度、厚度及大小，冰面积雪厚度以及融池覆盖率；其中，海冰厚度通过对比标志物和船侧翻冰的厚度得到，浮冰大小通过比较浮冰与船体的大小得到。观测在驾驶台实施，范围控制在视野半径 5 km 内。每隔 30 min 观测 1 次。

通过在驾驶台左侧安装自动摄影的相机对走航冰情进行连续记录；相机每隔 1 min 拍摄 1 次。通过一层左舷甲板距离水面 7 m，垂直向下的 JVC40G 硬盘录像机记录破冰船撞翻浮冰的厚度断面。通过比较海冰厚度断面与参照物的像素比例来确定海冰（主要是平整海冰）的厚度。

在二层甲板船头左侧安装电磁感应式海冰厚度观测系统的辅助支架，垂直于船体向外；将电磁感应式海冰厚度观测系统悬挂于辅助支架顶端，距离冰面高度 4 ~ 5 m（图 5-5）；通过 EM31 专用三防笔记本进行自动化采集，样频率 1 Hz。

红外辐射计架设在罗经平台左侧，在垂直方向上向外侧保持夹角 20° ~ 30°，镜头轴线离开船体最外边缘 40 cm，镜头离水面 40 m。观测视场直径约 20 cm，能保证不受船体的影响。航次开始后，接通电源，打开安装与专用三防电脑上的采集软件，进行自动化数据采集，观测频率为 1 Hz。

冰站作业期间布放海冰物质平衡浮标、海冰温度链浮标和自动气象站浮标，以获得不同厚度海冰的物质平衡过程以及冰面关键气象要素的季节变化过程。3 种浮标的布放步骤如下。

海冰物质平衡浮标的布放步骤：① 选择海冰长径不小于 2 km 的大块平整浮冰，冰厚应在 1.0 ~ 3.5 m 之间；② 按边长 1.5 m 等边三角形布置，分别钻出直径 5 cm（透），10 cm（透），25 cm（1.0 m）的冰孔；③ 将声呐杆插进直径 10 cm 的冰孔中，并实施逐节的装配；④ 将温度链插进直径 5 cm 的冰孔中，并实施逐节的装配；⑤ 装配中心控制单元并将其放进直径 25 cm 的冰孔中；⑥ 对温度链单元，声呐单元和中心控制单元实施连接；⑦ 对中心控制单元进行现场调试；⑧ 将浮冰布放处，尤其是表面声呐下的积雪整理平整，用积雪覆盖上连接电缆；⑨ 分别记录海冰厚度，冰舷高度，积雪厚度，表面声呐与积雪面的距离，处于积雪表面的温度探头次序，以及布放点位置等参数。

海冰温度链浮标的布放步骤：① 准备支撑支架和 2 kg 的铅块；② 选择平整浮冰为布置点；③ 钻出 5 cm 直径的冰孔；④ 将温度链连同铅块放进冰孔中，并固定在支撑支架上；⑤ 连接温度链和控制单元，并激活控制单元；⑥ 将浮冰布放处的积雪整理平整；⑦ 记录海冰厚度、冰舷高度、积雪厚度、处于积雪表面的温度探头次序，以及布放点位置等参数。

冰基自动气象站的布放步骤：① 自动气象站布放地点应选择海冰长径不小于 2 km 的大块平整浮冰；② 用直径 5 cm 的麻花钻钻孔测量雪厚和冰厚，保证海冰厚度不小于 1 m；③ 组装气象站支架，保证支架连接牢固；④ 分别安装风、温湿度、气压和辐射传感器，连接数据采集单元。应保证触感器拧紧、传感器和数采接线正确、航空插头处防水密封；若有两层（含）以上的风传感器，应保证两层风传感器的初始风向一致；⑤ 若自动气象站带有太阳能电池板，连接太阳能板和电池接线；⑥ 竖起支架，用直径 5 cm 的麻花钻在冰面间隔 120 麻花钻斜向 45° 打了 3 个孔用来固定地锚，用拉线将支架固定好。安装完成后调整立杆，使其保持与冰面垂直；⑦ 接上电源插头，连接手持单元，检查并确认自动气象站工作正常；⑧ 把电池和数据采集单元同气象站固定在一起，以抵御大风影响；⑨ 记录安装日期、时间、位置等相关信息。

同时，在冰站开展冰基海冰和积雪厚度观测，以进一步验证走航人工观测冰厚结果，分析走航人工观测的精度。

在整个航程期间进行气象自动观测，船载自动气象站自动采集各传感器数据，并实时显示和保存。除此之外，每日 3 个时次（根据船舶所在时区在 00 UTC、06 UTC、12 UTC 和 18 UTC 中进行选择）进行人工气象观测，观测项目包括："雪龙"船所在经纬度、航向、航速、气温、露点温度、气压、相对湿度、风向风速、能见度、天气现象、云状、浪高涌高等。

船载 Seaspace 卫星接收处理系统需要人工每天更新轨道报，该系统自动接收 NOAA-17、NOAA-18、NOAA-19 卫星遥感数据，并利用内置 PGS 程序进行数据的可视化处理和显示。当室外气温低于 0℃时，需要对卫星天线进行加热。当气温回升之后，及时关闭天线加热系统。

走航 GPS 探空观测是在飞机库顶进行室外作业。GPS 探空观测实验可以获取大气要素的垂直廓线数据，包括温度、湿度、风速、风向等。为了与全球探空观测站保持同步，应在世界时 00、06、12、18 等时次进行观测。在重点海域或者受到重点天气系统影响时，应该加密观测频次。在观测实验之前，进行对仪器的各个部件进行检查和检测。每天定时对氦气瓶的绑扎固定进行查验，并检测是否存在漏气的情况。在天气海况较为恶劣时进行观测，需要增加观测实验操作人员，确保观测人员和仪器的安全。由于观测实验需要在室外进行，观测时需要确保观测人员做好相应的安全防护措施。GPS 探空观测操作步骤如下：① 给气球充气。直至气球直径达到 1 m 为宜。② 对探空仪进行基测。打开基测箱，将探空仪与基测箱连接，对探空仪的温度、湿度传感器进行基测校准。基测完毕，断开探空仪和基测箱，并关闭基测箱。③ 探空仪卫星定位。将探空仪放置于室外无遮挡处，进行 GPS 定位。当软件显示锁定 6 颗卫星以上，即认为定位成功。④ 探空仪释放。将定位成功的探空仪悬挂于气球下方，开启接收机。测试探空仪数据的发送接收状态。等数据传输通畅之后，释放探空仪。⑤ 探空数据处理。探空仪释放 2 h 后，关闭接收机，及时将接收的数据进行处理、保存。

走航通量观测系统，航渡期间，利用船载涡动通量观测系统获取海—冰—气界面潜热、感热、CO_2 和动量通量。海气涡动通量观测系统连续观测风和物质浓度（三维风速，超声温度，二氧化碳浓度，水汽浓度，大气温度，大气压力）；高性能的惯性导航设备，主要观测三维超声风速仪的姿态及运动速度（三维欧拉角，NED 三维运动速度，NED 坐标转化矩阵），将三维超声风速仪测量的风速消除船体运动的影响，还原为真实的三维风速；同时系统可选配辅助观测验证设备，主要观测水平风速、风向、气温、相对湿度、海表面温度等多个观测要素。

海冰荷载及船体振动响应测量系统，利用海冰荷载及船体振动响应测量系统对船舶结构局部应变和振动响应进行连续测量。

5.6 质量控制

本航次获取的气象和海冰观测数据整体质量良好。在航次出发前，对所有传感器进行检定与校准，现场作业严格按照《中国第八次北极科学考察业务化调查实施方案》和《中国第八次北极科学考察业务化调查技术规程》实施。

国家海洋环境预报中心委托国家海洋计量站上海分站在 5 月 31 日对自动气象站温度、湿度、气压、风向风速等主要传感器进行了常规标定。自动气象站每 1 min 将采集的各传感器数据存储为 *.dat 的二进制原始文件。之后用 loggernet 软件将 *.dat 数据实时处理和可视化显示，并另存为 *.txt 和 *.xls 文档，记录有：日期、时间、纬度、经度、气压、气温、露点温度、相对湿度、风向、风速等，数据时间分辨率为 1 min、10 min、1 h 三种。

本次考察期间，自动气象站运行基本正常，整个航次只出现过 3 次数据异常的情况，主要如下：①8 月 12 日和 13 日由于气象室意外断电，自动气象站数据出现两次中断，但是通过现场保障人员及时维护，数据很快恢复正常。②在中央航道航行期间，上面的风传感器出现故障，出现风向风速错误。经过现场保障人员的初步判断是传感器结冰引发，保障人员及时登上罗经甲板进行敲冰作业，之后数据恢复正常。在意外断电和北冰洋结冰的短暂时期，将原始 *.dat 数据进行了保存和备份，以便后续数据更正处理。每日定时检修和维护自动气象站，并在人工气象观测时，进行数据人工比对。

预报中心于 2017 年 6 月中旬邀请 Seaspace 公司工程师对该系统进行了硬件维护和软件升级工作。在本次考察期间，Seaspace 系统工作稳定。

探空观测实验期间，实验人员严格按照操作规程实施观测实验。通过基测箱进行探空仪校准，并将校准结果记录存档。

此外，经现场实践和检查，存在的数据质量问题还有：

（1）船载 EM-31 观测数据还需要通过优化反演模型进一步修正；

（2）由于观测员经验差别，海冰和气象人工观测存在一定的主观辨识误差；

（3）冰区船体震动，以及北冰洋高湿度和冻雨致使通量传感器探头结冰，对船载通量观测精度产生影响。

5.7 任务分工和完成情况

5.7.1 任务分工

中国第八次北极科学考察气象和海冰考察主要由 7 名考察队员组成，分别来自国家海洋环境预报中心、中国极地研究中心和国家海洋技术中心，此外还有 6 名队员协助海冰浮标布放（表 5-4）。

表5-4 气象和海冰考察人员及航次任务情况
Table 5-4 Information of scientists from the floating debris and microplastics

序号	姓名	性别	单位	航次任务
1	杨清华	男	国家海洋环境预报中心	现场执行负责人
2	李　群	男	中国极地研究中心	负责海冰物质平衡浮标布放、EM31 冰厚和红外皮温走航观测
3	陈志昆	男	国家海洋环境预报中心	负责走航常规气象和大气探空观测，协助冰基气象站布放
4	郝光华	男	国家海洋环境预报中心	负责海冰温度链浮标和冰基气象站布放，协助海冰物质平衡浮标布放和走航海冰观测
5	李春花	女	国家海洋环境预报中心	负责走航海冰人工观测
6	刘　凯	女	国家海洋环境预报中心	联合负责走航常规气象和大气探空观测
7	王江鹏	男	国家海洋技术中心	负责海冰形态走航自动观测，参与海冰浮标布放和走航海冰观测
8	穆景利	男	国家海洋环境监测中心	协助海冰浮标布放
9	刘　健	男	中国极地研究中心	协助海冰浮标布放
10	牛牧野	男	国家海洋局极地考察办公室	协助海冰浮标布放
11	文洪涛	男	国家海洋局第三海洋研究所	协助海冰浮标布放
12	方　超	男	国家海洋局第三海洋研究所	协助海冰浮标布放
13	孙　毅	男	国家海洋信息中心	协助海冰浮标布放

5.7.2 任务完成情况

走航海冰观测获得冰区全程观测数据，共计642组人工海冰观测数据，710.0万条红外海表温度观测数据，67.0万条EM31冰厚观测数据，894.9 GB的冰情视频和63.1 GB（22 500帧）冰情照片观测数据。数据质量良好。

走航气象观测获得255个人工定点气象观测记录，12.0万条常规气象观测数据，34个大气探空剖面观测记录，955轨卫星遥感影像数据，10.0 GB海气通量（潜热、感热和二氧化碳通量）观测数据。

冰站作业时，共布放了3个海冰物质平衡浮标，5个海冰温度链浮标，1个自动气象站浮标。数据目前均正常；获得雪厚和冰厚打孔观测数据22个，数据质量良好。

表5-5总结了本航次海冰和气象各个观测项目的完成情况。

表5–5 海冰和气象观测项目完成情况

Table 5–5 Circumstantiality of sea ice and metrological observations

考察内容	实施计划	完成情况（完成工作量%）
走航人工海冰观测	沿航线实施	按实施计划完成（100%）
走航EM海冰厚度观测	沿航线实施	按实施计划完成（100%）
走航海/冰皮温观测	沿航线实施	按实施计划完成（100%）
走航海冰形态观测	沿航线实施	按实施计划完成（100%）
走航海冰—船舶相互作用观测	沿航线实施	按实施计划完成（100%）
走航常规气象观测	沿航线实施	按实施计划完成（100%）
走航卫星遥感观测	沿航线实施	按实施计划完成（100%）
走航海气通量观测	沿航线实施	按实施计划完成（100%）
走航大气探空观测	释放20次GPS探空	按实施计划完成，释放34次GPS探空（170%）
冰面海冰厚度钻孔	完成4个冰站，每个冰站实施至少一次观测	共完成7个冰站，短期冰站按实施方案完成，共获得22组数据（175%）
海冰浮标布放	布放物质平衡浮标2个，4个温度链浮标	布放了3个物质平衡浮标，5个温度链浮标，1个冰基漂移气象站（150%）

5.8 数据处理与分析

5.8.1 中央航道走航海冰和气象观测

“雪龙”船于8月1日自楚科奇海驶入北极冰区外缘，于8月18日自格陵兰海驶出北极冰区。图5-16示出了2017年8月1日（图5-16a）和8月17日（图5-16b）的北冰洋中央航道海冰密集度。对比可见，“雪龙”船走航期间，中央航道区域海冰持续减小，但受北极中央区强气旋的动力影响，北极中心区的密集浮冰持续向南侧输运，使得85°N以南的拉普捷夫海、东西伯利亚海的海冰密集度有所增大（图5-16c）。

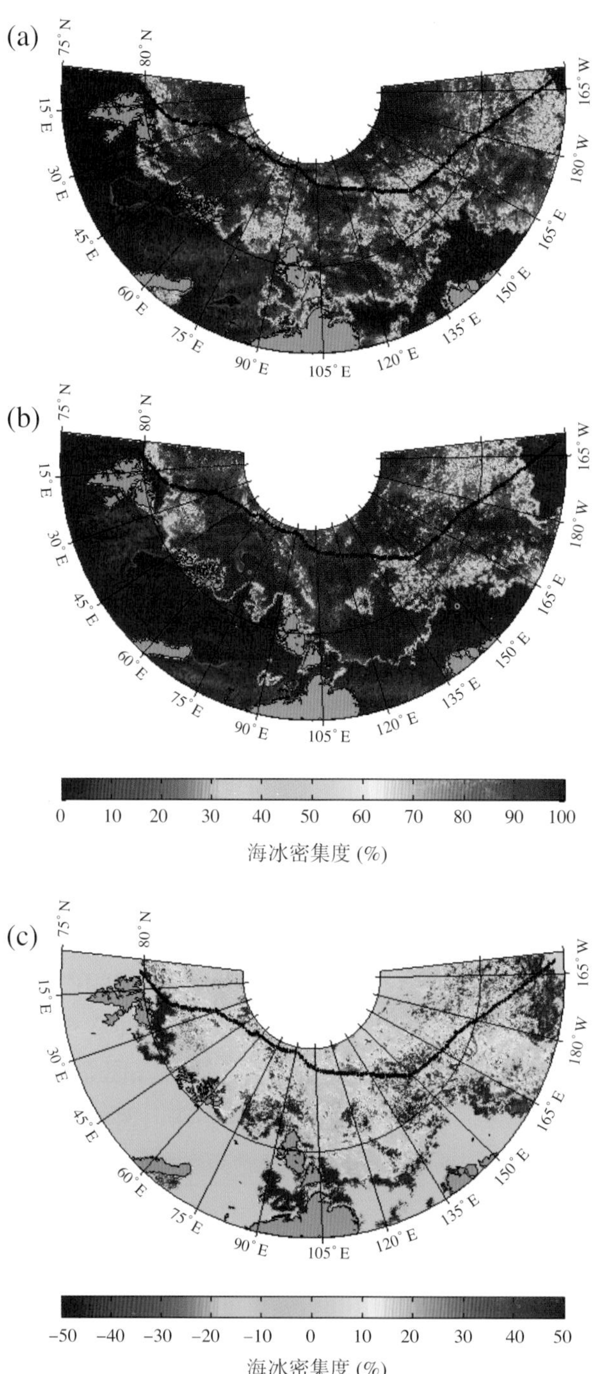

图 5-16 2017 年 8 月 1 日 (a) 和 8 月 17 日 (b) 的北极中央航道海冰密集度及其差异 (c)
Fig.5-16 Sea ice concentration of CAP on August 1 (a), August 17 (b), 2017 and the difference (c)

5.8.1.1 海冰环境观测特征

如图 5-17 和图 5-18 所示，中央航道走航期间的平均表面温度 −0.64℃，日平均最小值 −1.35℃，出现在 8 月 9 日，对应北极中央密集冰区；日平均最大值 0.31℃，出现在 8 月 18 日，对应格陵兰海海冰边缘区。海水的表面温度较高，显著高于冰点，而冰区的表面温度明显降低，接近冰点。走航期间的海表温度日变化显著，特别是进入冰区和驶出冰区的两个时期，除表面温度自身的日变化外，主要归因于海冰边缘区观测视场内海冰—融池—海水的高频交替出现。

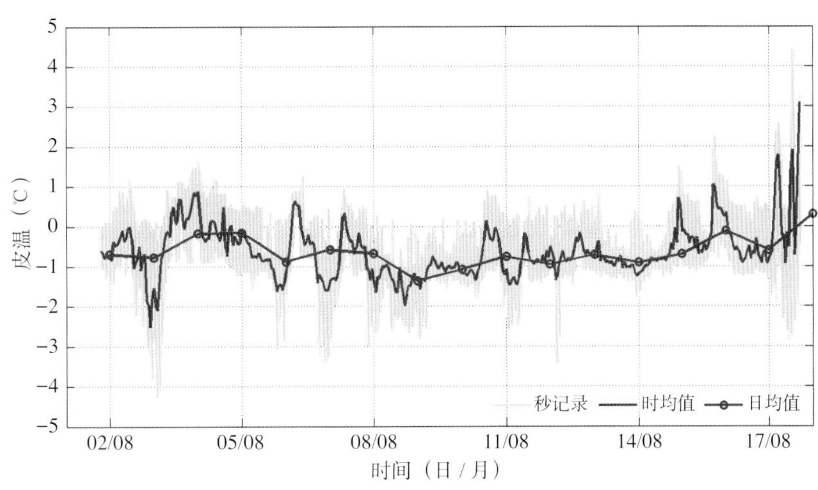

图 5-17　2017 年中央航道海表 / 海冰表面温度的变化
Fig.5-17　Time evolution of sea/ice surface temperature along the CAP

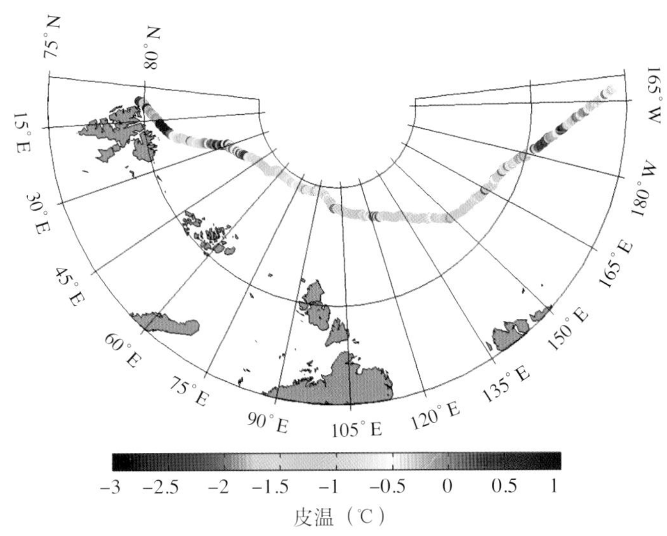

图 5-18　中央航道海水 / 海冰表面温度的空间变化
Fig.5-18　Variations of sea/ice surface temperature along the CAP

图 5-19 和图 5-20 给出了人工观测的中央航道沿线海冰密集度和厚度变化。总体而言，中央航道区域冰情较为复杂，时空变化大，75.5°～ 85.5°N 各纬度区域均有二年冰或多年冰分布。随着纬度升高，二年冰或多年冰比例和海冰厚度有增加趋势，但海冰密集度的增加趋势并不显著（图 5-19），且 85°N 以上高纬度冰区亦存在大范围海冰低密集度区域。

自 8 月 2 日 11:00（UTC）开始海冰人工观测，起始点为 161°52.200′W、75°31.320′N，海冰密集度为 3 成，冰厚 0.5 ～ 0.7 m；随着西北向行进，海冰密集度增大至 6 ～ 9 成，冰面多融透融洞，冰厚增加至 1.0 ～ 1.5 m。区域 160°E ～ 170°W、78° ～ 82°N 是短期冰站主作业区，该区域密集度多为 5 ～ 9 成，最大海冰密集度 8 ～ 10 成，以厚当年冰（1.3 ～ 1.5 m）和中等当年冰为主（冰厚 0.7 ～ 1.2 m），夹杂少量二年冰或多年冰（2.0 ～ 2.5 m），且二年冰或多年冰随纬度增加明显增多，最多时占比 2 ～ 3 成，偶见 4 m 厚多年冰，海冰脊化比例较多，海冰硬度明显增强；受天气降温过程影响，融池表面重新冻结，并有新雪覆盖。之后，随着西北向行进，海冰冰情变化很快，1 ～ 4 成的轻冰区和 7 ～ 9 成的重冰区交替出现。本次考察遭遇的第一个较严重冰情区域出现在 105° ～ 135°E、83° ～ 84.5°N 区域。该区域海冰密集度 6 ～ 9 成，多为 8 ～ 9 成，以厚当年冰（1.3 ～ 1.8 m）和二年冰或多年冰（2.0 ~ 3.0 m）为主，二年冰或多年冰占比 2 ~ 3 成，海冰硬度强；还在冰区中观测到几十座冰山（图 5-21）。这些冰山尺度多在百米量级，当出现降雪、海雾、能见度比较差时，对船舶航行安全具有较大威胁。之后，“雪龙”船基本沿西向行进，43° ~ 105°E、84.5° ~ 85.5°N 区域水面较多，冰情相对较轻，海冰密集度多为 3 ~ 4 成，局部 7 ~ 9 成，以厚当年冰（1.5 ~ 1.8 m）为主。转向西南方向行进，23.5° ~ 43°E、83° ~ 85°N 区域冰情较重，是“雪龙”船经过的第二个较严重冰区，海冰密集度 6 ~ 9 成，局部 8 ~ 9 成，以厚当年冰（1.3 ~ 1.8 m）为主，浮冰尺寸较大，多为千米级，表面融池较多，海冰脊化明显，“雪龙”船在该区域多次受阻。继续西南方向行进，19° ~ 23.5°E、81° ~ 83°N 区域的海冰逐渐减少，海冰密集度多为 3 ~ 5 成，局部 7 ~ 8 成，仍以厚当年冰（1.3 ~ 1.8 m）为主。9° ~ 19°E、79.4° ~ 81.0°N 区域是海冰边缘区，海冰密集度多为 3 ~ 5 成，局部 6 ~ 7 成，多为小浮冰和块浮冰，碎浮冰渐多，以厚当年冰（130 ~ 150 cm）为主，较多残留冰脊和二年冰或多年冰。“雪龙”船于 UTC 8 月 18 日 9:00，由 9°1.800′E、79°42.660′N 进入清水区。

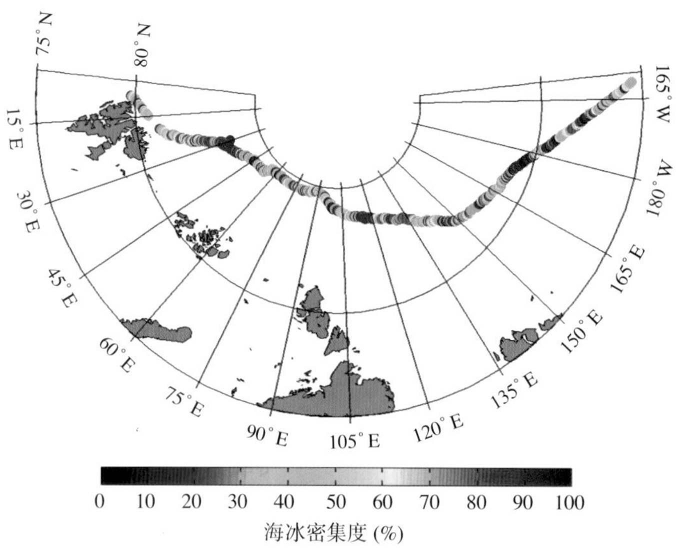

图 5-19 中央航道目测海冰密集度的变化
Fig.5-19 Variations of sea ice concentration along the CAP

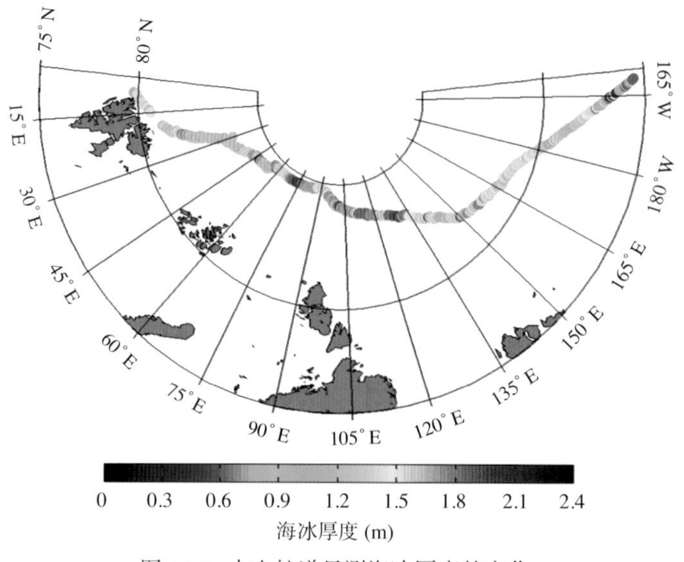

图 5-20 中央航道目测海冰厚度的变化
Fig.5-20 Variations of sea ice thickness along the CAP

从时间上看，总的海冰密集度在 8 月 6 日之前最高接近 100%，此时“雪龙”船航行在东西伯利亚海，6 日之后略有减少，6—14 日期间具有较大波动，密集度最少为 1 成，此时“雪龙”船航行在高纬度的北冰洋；14 日中午到 16 日中午密集度比较稳定，之后逐渐减少，此时“雪龙”船从高纬度北冰洋驶出，开始进入格陵兰海。相比而言，9 日之后第一种类型海冰，即较厚当年冰占比增加，而多年冰基本为 1 成左右，第一种类型的海冰厚度较之前变厚，基本维持在 1.5 m 左右，而多年冰冰厚基本维持在 2.5 m 左右。

图 5-21　84° N 观测到的冰山
Fig.5-21　Iceberg at 84° N, CAP

图 5-22 给出了 8 月 3 日 5 时到 10 日 18 时 EM-31 海冰厚度测量系统观测的海冰厚度随时间的高频变化。EM-31 海冰厚度与人工观测结果的时空变化趋势比较一致，但总体偏小，这是因为后者只侧重平整冰的厚度，是 3 种类型浮冰的加权平均值，且人工观测视野涵盖周围 5 km；而电磁感应观测频率较高（1 s），观测结果涵盖“雪龙”船沿途各种厚度的海冰。此外，由于 EM-31 同时记录了“雪龙”船航线的冰脊厚度，导致 120° ~ 135° E 区域的冰厚偏高。

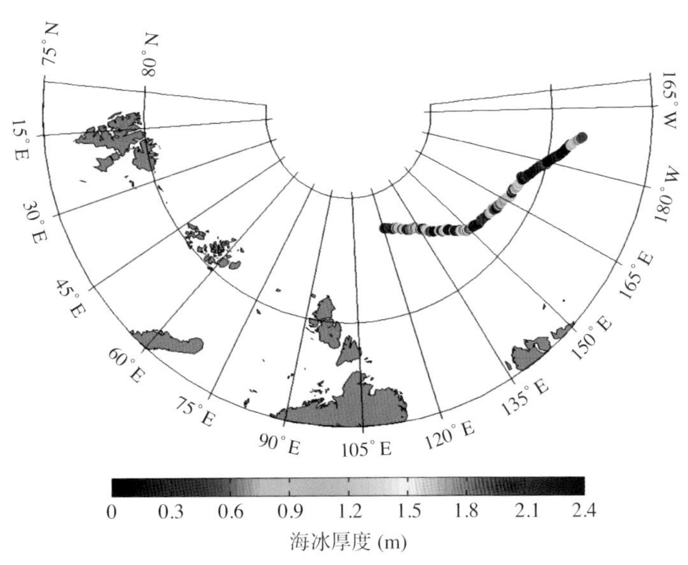

图 5-22　中央航道 EM-31 海冰厚度的变化
Fig.5-22　Variations of EM-31 sea ice thickness along the CAP

基于 EM-31 海冰厚度测量数据，我们计算了海冰的厚度分布特征（图 5-23）以及海冰厚度的累积概率密度分布（图 5-24）。由图 5-23 可以看出，主导海冰厚度在 0.5 m 以下，这与“雪龙”船航线选择有直接关系，即船舶航行期间尽可能选择开阔水域以减轻破冰压力。此外 0.5 ~ 1.0 m，1.0 ~ 1.5 m 两个厚度区域分布比较均匀，所占比重较高。从累积概率密度分布看，8 月 3—10 日期间，85% 的航段内，海冰厚度在 1.5 m 以下，75% 的航段在 1.0 m 以下，而 2 m 以上（含 3 m 以上的多年冰脊）的航段仅占 7% 左右，且从人工目测来看，海冰密集度较低，较厚的多年冰的存在并未对航行造成太大困难。

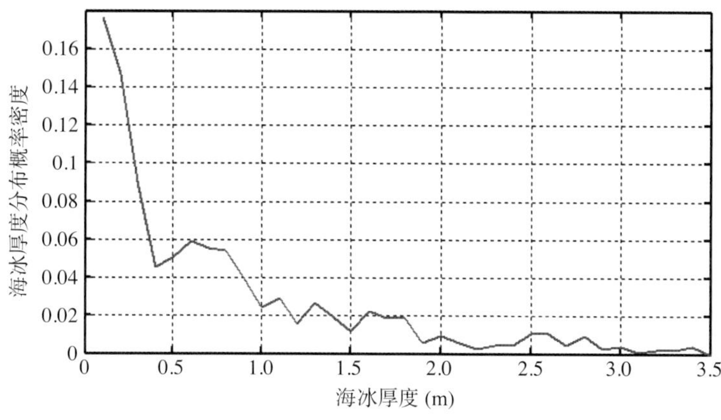

图 5-23 中央航道 EM-31 海冰厚度分布

Fig.5-23 Probability density of EM-31 sea ice thickness along the CAP

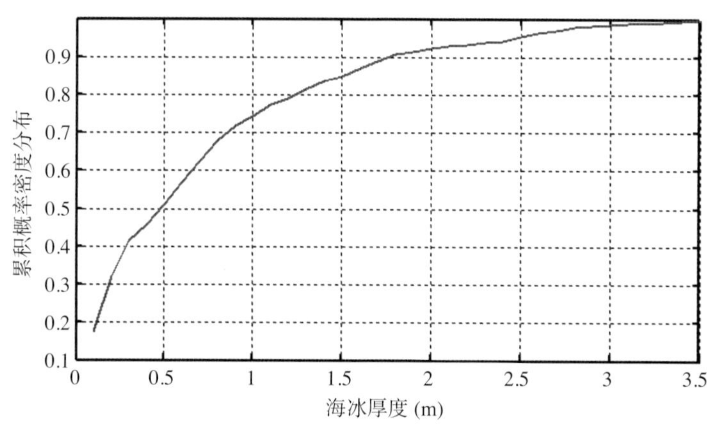

图 5-24 中央航道 EM-31 海冰厚度累积概率密度分布

Fig.5-24 Accumulated probability density of EM-31 sea ice thickness along the CAP

图 5-25 示出了“雪龙”船航速与海冰密集度及厚度的关系。“雪龙”船航速与海冰密集度和厚度呈显著负相关：随着海冰密集度的减少和厚度的增加，船速明显增加。在开阔水域，“雪龙”船的航速一般在 13 kn 以上，冰区的航行速度明显小于开阔水域：当海冰密集度达到 4 成、平均冰厚达到 1.4 m 时，航速下降到 10 kn 以下；当海冰密集度达到 7 成、平均冰厚达到 1.5 m 以上时，航速下降到 5 kn 以下；当海冰密集度达到 8 成，平均冰厚达到 1.6 m 以上时，“雪龙”船行进困难。

此外，船舶航行还受水道分布形式、浮冰大小和冰脊比例、融池覆盖率等的影响。例如，相对离散分布的水道，“雪龙”船更易在线性分布水道的海区航行；浮冰较大、冰脊较多时，“雪龙”船破冰时很难形成裂缝，并容易受到冰脊的阻碍；融池覆盖率的多少可直接影响浮冰的整体强度，多融池的浮冰易在“雪龙”船作用下发生破坏形成水道。

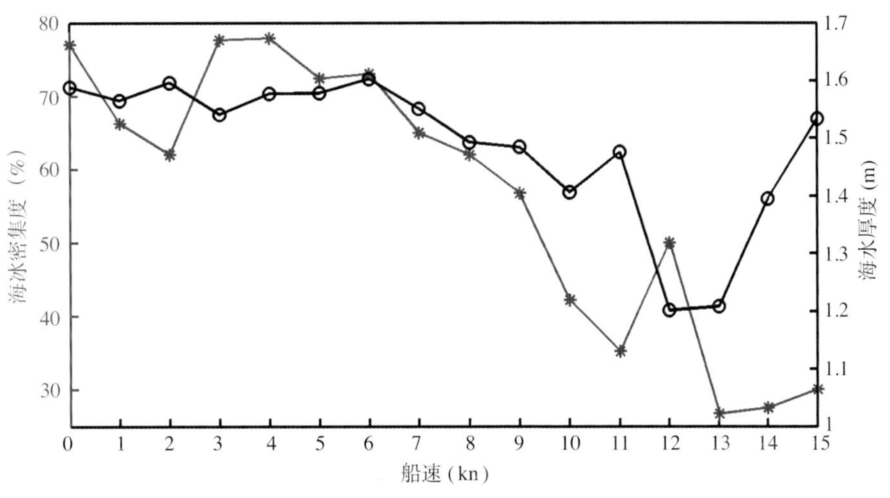

图 5-25 中央航道海冰密集度、厚度与船速的关系
Fig.5-25 Relationship of ship speed with different sea ice concentration and ice thickness along the CAP

图 5-26 显示出了中央航道冰区浮冰大小的变化。高纬密集冰区的浮冰大小显著高于海冰边缘区，海冰边缘区的浮冰大小多在几十米以下，75°N 以北、135°E 以东的浮冰平均大小多在 100 ~ 500 m 之间，135°E 以西的浮冰平均大小多在 500 ~ 2 000 m，最大浮冰大小达到 10 km，甚至更大。

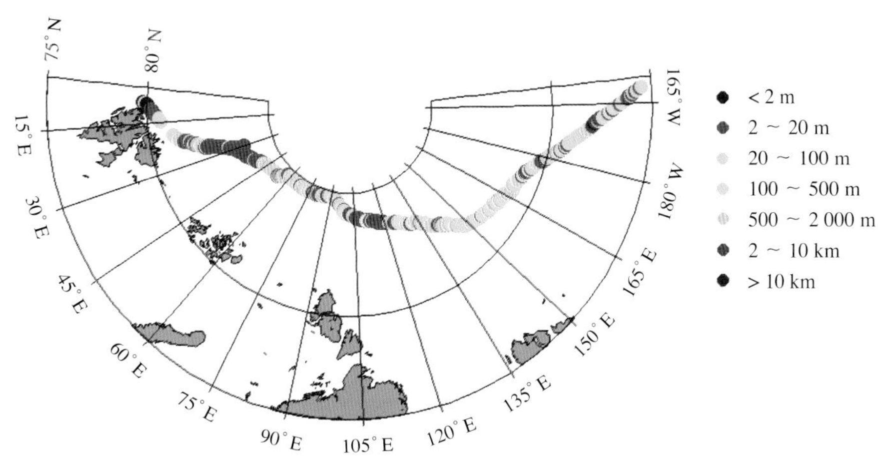

图 5-26 中央航道浮冰大小的变化
Fig.5-26 Variations of floe size along the CAP

图 5-27 示出了中央航道冰区融池覆盖率的变化。融池覆盖率与海冰所经历的融化期和浮冰大小及厚度有关。向北航段中，75° ~ 78°N 的海冰边缘区海冰密集度小，浮冰尺寸小，融池覆盖率低，多融透融洞；78° ~ 82°N 低海海冰密集度和浮冰尺寸较大，融池覆盖率较大；82° ~ 85°N、45° ~ 175°E 的中央冰区，由于受强气旋带来的冷空气影响，气温降低到冰点以下，很多融池重新冻结，并且融池表面覆盖有新雪层，因此观测到的融池覆盖率较低；20° ~ 45°E 的向南航段，对应较大的海冰密集度和浮冰尺寸，融池覆盖率再次增加；20°E 以西，随着浮冰尺寸变小，融池覆盖率再次降低，多融透融洞。

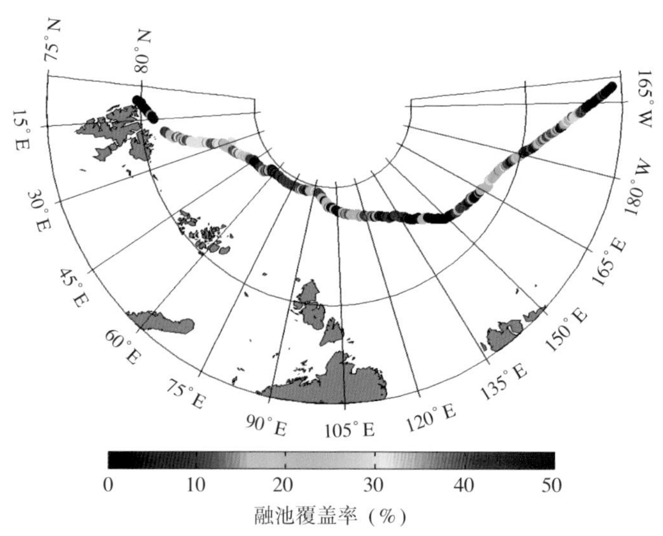

图 5-27 中央航道融池覆盖率的变化

Fig.5-27 Variations of melt-pond coverage over sea ice surface along the CAP

5.8.1.2 海洋气象环境观测特征

中央航道航行期间，由于海冰的阻隔和压迫，一般不会产生影响船舶安全的高海况。但绕极气旋产生的风雪和海雾常致使能见度急速降低，给船舶航行安全带来影响。

中央航道航行期间（8 月 1—18 日），1 日受气旋暖锋的影响，气温在 5℃以上，随着向中央高纬航行，气温快速降低。在中央航道高纬区域气温全程低于 0℃，最低为 -4.7℃（图 5-28）。图 5-29 示出了中央航道航行期间海平面气压的变化情况，航程时间气压多低于 1 010 hPa，说明在中央航道航行期间，绕极气旋是航线海域的最主要天气系统。受绕极气旋的直接和间接影响，航行期间风力达 6 级以上的天气过程有 3 次、风力达 5 ~ 6 级的天气过程有 2 次，其余时间风力均较小（图 5-30）；中央航道航行期间大多为西北风和西南风（图 5-31）。在偏北风和西北风影响期间，空气相对湿度降低，而具有偏南风向的风容易将相对暖湿的空气从低纬带向高纬，致使空气相对湿度增加（图 5-32）。当相对暖湿的气块带在高纬度相对寒冷的区域更加容易达到饱和，从而形成海雾或者降水，造成航线上的能见度快速降低（图 5-33）。同时，当云量较少，穿透大气层的太阳辐射大幅增加时，容易在清水区，形成辐射雾，而辐射雾具有显著的局地性，因此增加了航线上海雾出现的频次和不确定性，但因为其持续时间较短，一般不会对船舶航行造成很大影响。

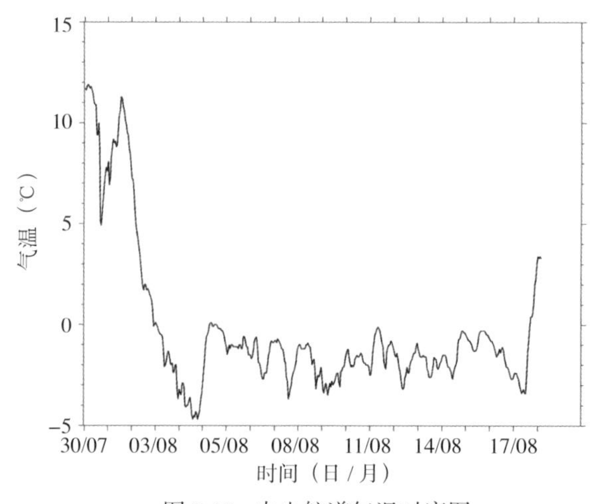

图 5-28 中央航道气温时序图

Fig.5-28 Variations of air temperature along the CAP

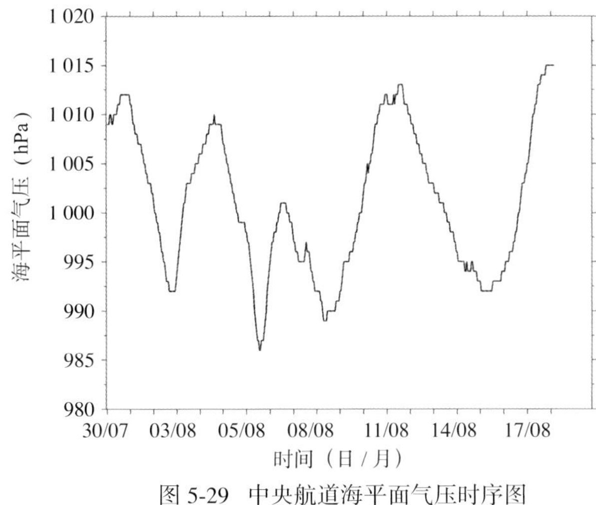

图 5-29　中央航道海平面气压时序图

Fig.5-29　Variations of sea level pressure along the CAP

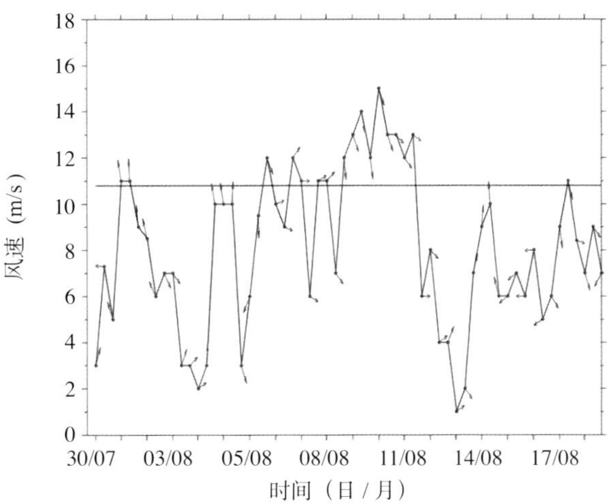

图 5-30　中央航道风速、风向时序图

（黑线为 6 级风下限）

Fig.5-30　Variations of wind speed and direction along the CAP

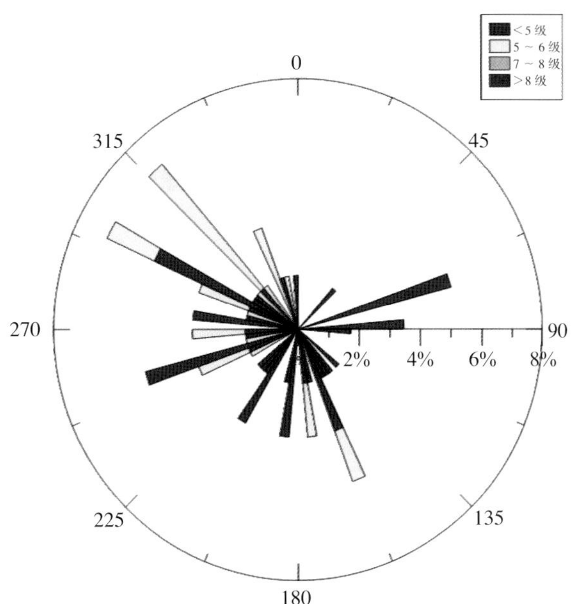

图 5-31　中央航道风速、风向玫瑰图

Fig.5-31　Statistics of winds along the CAP

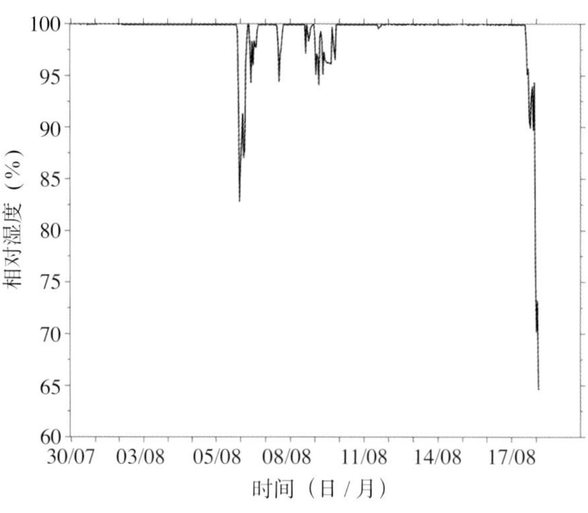

图 5-32　中央航道相对湿度时序图

Fig.5-32　Variations of relative humidity along the CAP

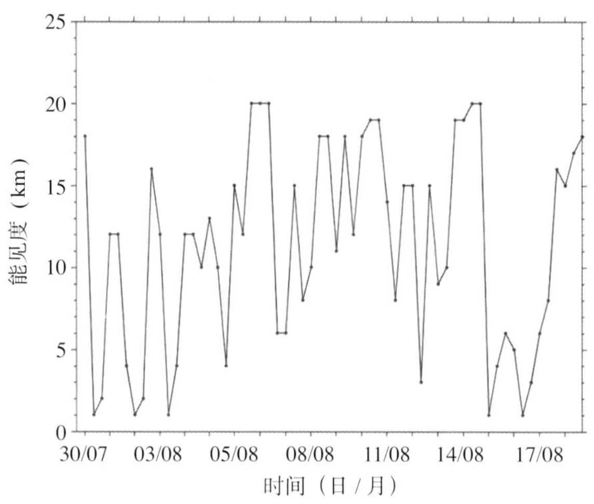

图 5-33　中央航道能见度时序图

Fig.5-33　Variations of horizontal visibility along the CAP

此次中央航道航行期间，经历的天气过程具体总结如下。

①8 月 2—3 日，“雪龙”船开始穿越中央航道，受弱低压底部的影响，先后有西北风 4 ～ 5 级转西南风 4 ～ 5 级，平均风速均不超过 7 m/s，伴随 0.5 ～ 1.0 m 的涌浪。3 日凌晨转为西南风后，由于暖湿气流流经较冷的海面形成平流冷却雾，造成航线能见度较差，能见度低于 5 km。②8 月 4—5 日，“雪龙”船位于气旋前部暖锋区，由于气旋强度较弱且与东部高压配合的形势不显著，等压线较松散，并没有造成较强的偏南风。“雪龙”船实况风力为偏南风 5 ～ 6 级，最大风速为 10 m/s，涌浪 0.2 ～ 0.6 m，伴随降水和雾，局地能见度较差，不足 1 km。③8 月 6 日，“雪龙”船在北冰洋浮冰区内进行短期冰站作业，受北冰洋气旋后部冷空气的影响，“雪龙”船遭遇 6 级，阵风 7 级的西北风，最大风速达 12 m/s，由于在浮冰区内，只有 0.5 m 左右的风浪，对船舶航行没有影响，天气以阴天天气为主，由于受偏北大风的影响，能见度为 20 km。④8 月 7—8 日，“雪龙”船持续进行短期冰站作业，作业区一直有气旋影响，“雪龙”船位于气旋底部，出现 6 ～ 7 级的西 — 西南风，最大风速 12 m/s，并伴有降雪和轻雾，能见度在 5 ～ 10 km，由于“雪龙”船位于浮冰区，没有涌浪产生。⑤8 月 9—11 日，最后两个冰站作业结束。“雪龙”船受北冰洋强气旋与高压配合的影响，作业区出现了 7 ～ 8 级的北 — 西北风，最大风速达 16 m/s，同样位于浮冰区，并没有产生显

著的涌浪。由于受气旋后部偏北的干冷气流影响，天气以多云—阴天气为主，能见度在 10 km 左右。气旋强度较强加上“雪龙”船位于锋区为主，此次过程持续时间较长。⑥8 月 12 日，“雪龙”船受弱高压控制，位于高压的北部，“雪龙”船所在海域的实况风力为偏西风 4 ~ 5 级，风速均小于 8 m/s，涌浪依然很小，白天以多云天气为主，能见度 15 km。12 日后半夜，伴随着航线西侧的弱低压东移，空气湿度不断上升，航线海域出现局地轻雾，能见度低于 5 km。⑦8 月 13 日，“雪龙”船受东移的弱低压影响，位于气旋北部，“雪龙”船所在海域的实况风力由偏西风 4 ~ 5 级转西北风 4 ~ 5 级，风速均低于 5 m/s，天气现象为多云转阴有轻雾，能见度为 10 km。⑧8 月 14 日，受弱低压前部偏南暖湿气流的影响，“雪龙”船所在海域有西南风 4 ~ 5 级，转偏南风 5 ~ 6 级，最大风速为 10 m/s。天气以多云—阴天气为主，能见度较好。⑨8 月 15 ~ 16 日，“雪龙”船位于绕极气旋的北侧，航线海域有偏东风 4 ~ 5 级，风速均不超过 8 m/s，伴有降水和轻雾，能见度以 1 ~ 6 km 为主。⑩8 月 17 日，受气旋后部冷锋的影响，“雪龙”船所在海域有西北风 6 级，阵风 7 级，最大风速为 14 m/s，同样在浮冰区，涌浪较小，并伴有阵雪和轻雾，能见度为 3 ~ 8 km。

探空观测数据可以用来分析航线上的大气垂直结构，包括近地表逆温层、对流层、平流层的结构特征。地表逆温层对地面的人类活动有直接的影响。对流层顶是对流层和平流层的过渡区间，对于对流层和平流层的物质和能量交换有着重要的作用。通常来说，对流层顶高度在赤道地区最高，可达 16 km，随着纬度的升高而逐渐降低。

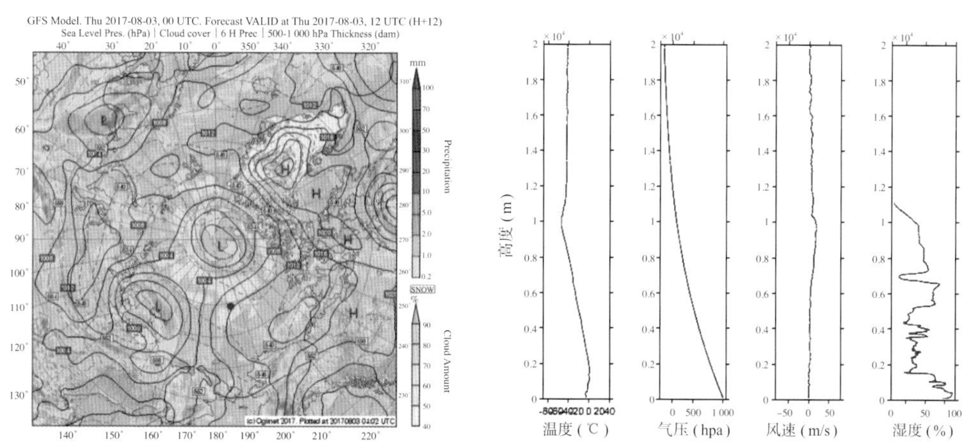

图 5-34　8 月 3 日 12 时 (UTC) 地面气压场和当地探空廓线图

（红点为观测站位位置）

Fig 5-34　SLP and profile of the radiosonde (1200 of 3rd AUG2017 UTC)

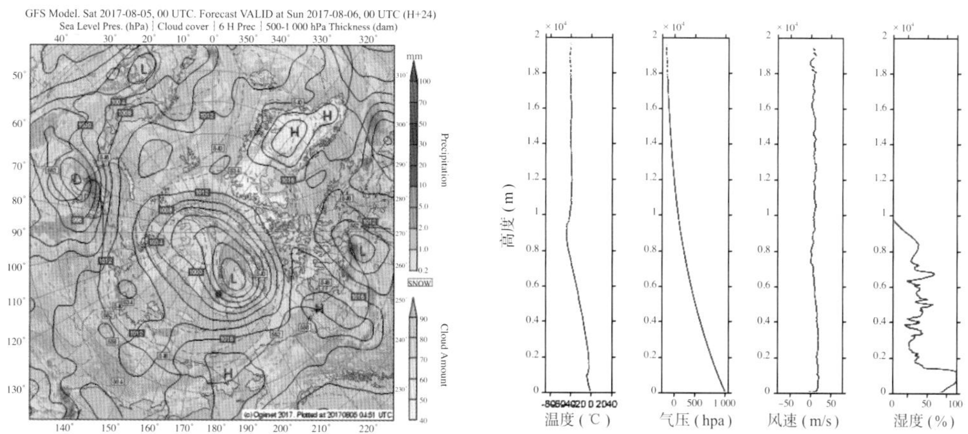

图 5-35　8 月 6 日 00 时 (UTC) 地面气压场和当地探空廓线图

（红点为观测站位位置）

Fig 5-35　SLP and profile of the radiosonde (0000 of 6th AUG 2017 UTC)

随着局地不同天气系统的演变，对流层顶高度也会发生变化。在受低压控制的阴雨天气，对流比较旺盛，对流层顶相对较低，一般在 6 ～ 8 km。而在受高压控制的晴好天气，对流较弱，对流层高度也相对较高，一般在 12 km 以上。如图 5-34 所示，在 8 月 3 日 12 时（UTC），观测站点位于弱气压场中，具体位于低压前部、高压后部，海平面气压为 1 012 hPa，地面风场为西南风 3 m/s。图 5-35 显示，在 8 月 6 日 00 时（UTC），观测站点受强北极气旋影响，海平面气压为 996 hPa，地面风场为西北风 12 m/s。从图中可以看出，随着气旋影响，对流层顶高度明显降低，由 10 km 降低至 8 km。对流层所对应的湿度层顶也明显降低，由 11 km 降低至 9 km。北极气旋是影响北极地区主要的天气系统，探空数据有助于我们深入研究北极的天气系统演变，增进对天气系统发展机理的理解，不断改进全球天气和气候模式。

5.8.2 西北航道走航海冰和气象观测

“雪龙”船于 8 月 30 日自戴维斯海峡驶入西北航道，于 9 月 7 日自波弗特海驶出冰区。图 5-36 示出了 2017 年 8 月 30 日和 9 月 6 日的北极西北航道的海冰密集度。对比可见，考察期间，西北航道中线和南线的海冰密集度都呈持续减小趋势。

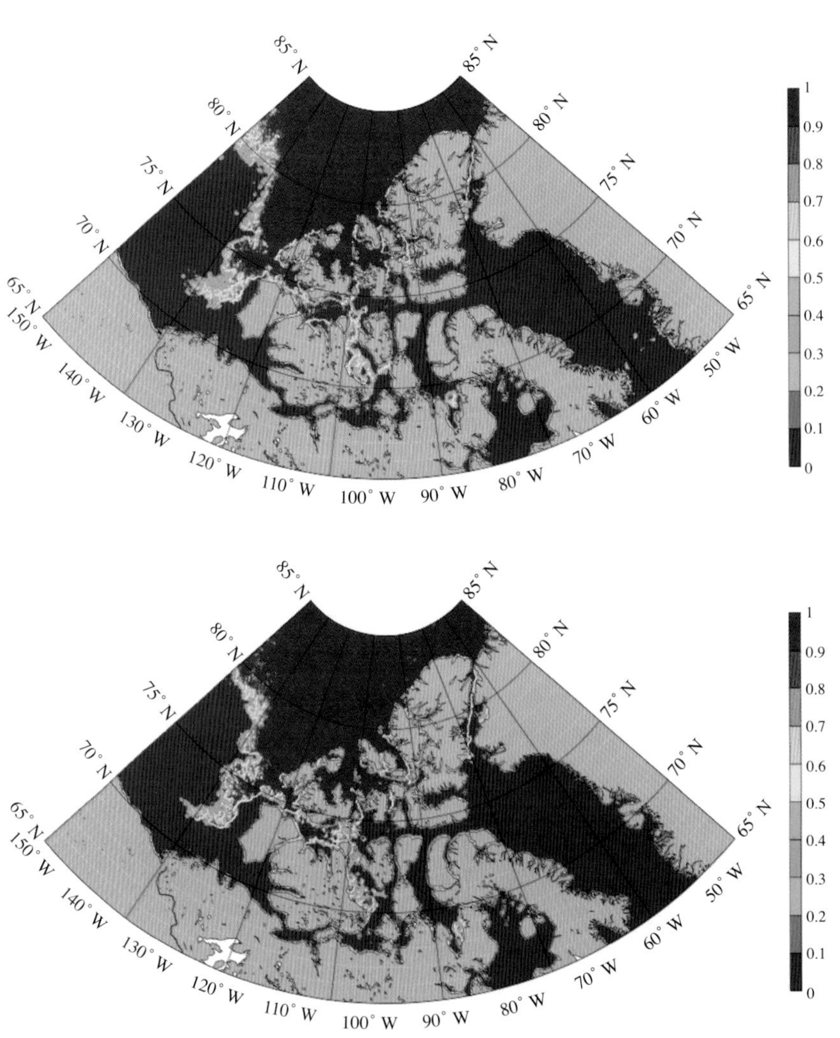

图 5-36 2017 年 8 月 30 日和 9 月 6 日的北极西北航道海冰密集度
Fig.5-36 Sea ice concentration of NWP on August 30 and September 6, 2017

5.8.2.1 海冰环境观测特征

如图 5-37 和图 5-38 所示，西北航道走航期间的平均表面温度 3.1℃，日平均气温最大值 6.9℃，出现在 9 月 5 日，此时船舶在加拿大大陆间的科罗内申湾航行，无海冰分布，且受大陆影响，气温和海表面温度较高；日平均气温最小值 0.4℃，出现在 9 月 7 日，此时船舶已经进入波弗特海，第二小值为 0.5℃，出现在 9 月 3 日，对应维多利亚海峡较多的海冰分布。

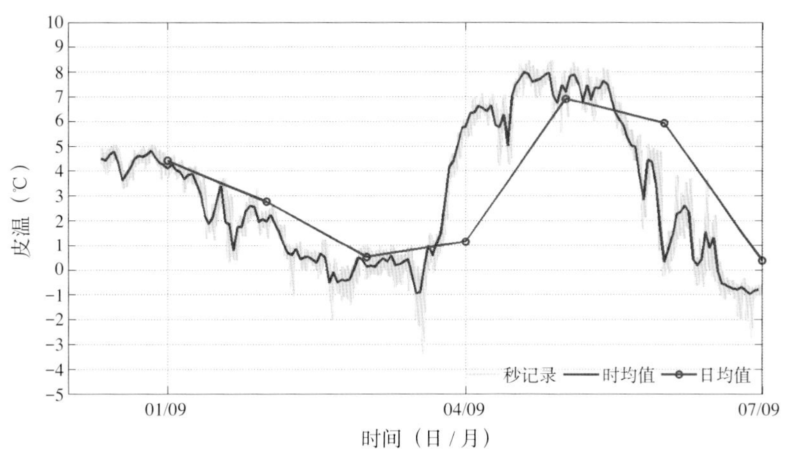

图 5-37　2017 年西北航道海表 / 海冰表面温度的变化

Fig.5-37　Time evolution of sea/ice surface temperature along the NWP

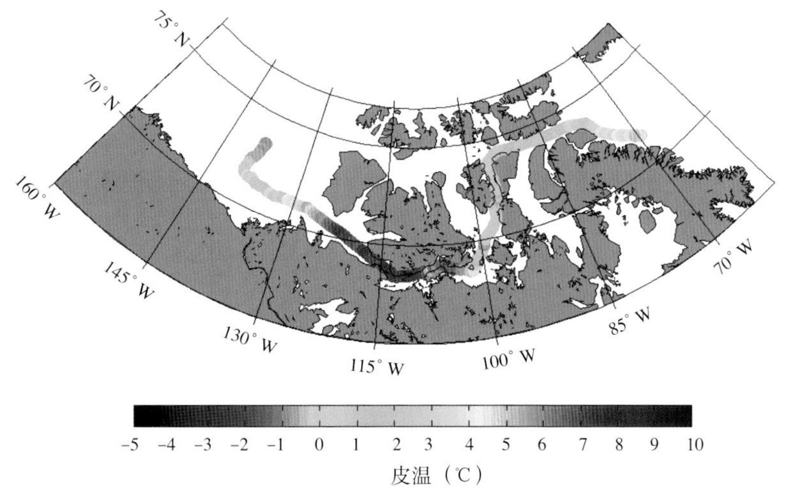

图 5-38　西北航道海表 / 海冰表面温度的变化

Fig.5-38　Variations of sea/ice surface temperature along the NWP

图 5-39 和图 5-40 给出了人工观测的西北航道沿线海冰密集度和厚度变化。考察队所走的南线冰情相对较轻，仅皮尔海峡和维多利亚海峡有较多的海冰，此外由于选择海冰较少的区域航行，现场观测到的密集度多为 1 ~ 3 成，最大密集度为 7 成，浮冰尺寸多在 20 ~ 100 m 之间（图 5-41）。但是，这些海冰多是从北极高纬漂移过来的两年冰或多年冰，厚度达 2 ~ 3 m，另外还包括一些 1 ~ 2 m 厚的当年冰。

此外，考察队在巴芬湾观测到几十座冰山（图 5-42），在兰开斯特海峡观测到少量小冰山。这些冰山尺度多在百米量级，是从格陵兰冰盖或附近冰川崩解、漂移过来的，船舶航行时需注意利用雷达监测附近区域冰山分布变化，特别是在出现海雾、能见度比较差的时候。

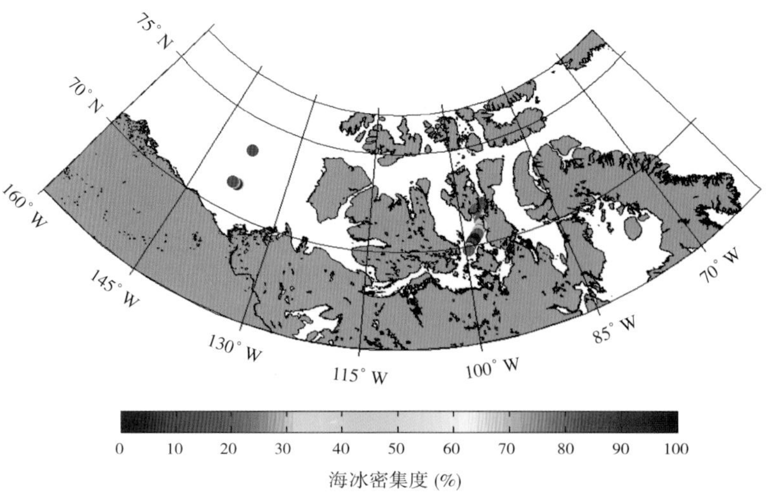

图 5-39 西北航道目测海冰密集度的变化

Fig.5-39 Variations of sea ice concentration along the NWP

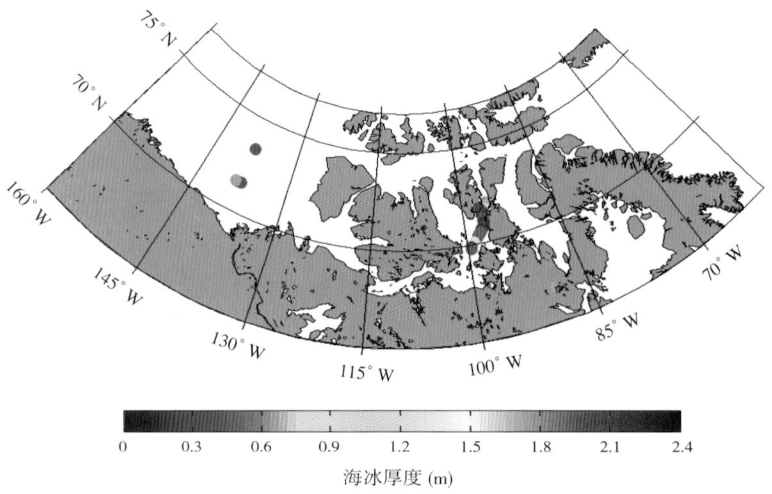

图 5-40 西北航道目测海冰厚度的变化

Fig.5-40 Variations of sea ice thickness along the NWP

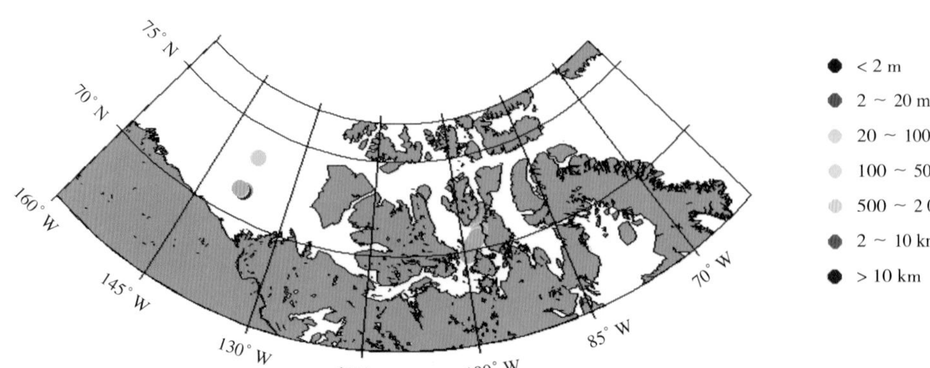

图 5-41 西北航道浮冰大小的变化

Fig.5-41 Variations of floe size along the NWP

图 5-42 西北航道巴芬湾冰山
Fig.5-42 Iceberg in Baffin Bay, NWP

5.8.2.2 海洋气象环境观测特征

利用 NCEP 再分析资料对 2010—2015 年西北航道气温、海浪等气象要素的气候态特征进行分析。根据西北航道地区的海陆分布特征和地理位置，将其划分为 5 个主要区域（图 5-43）：区域 1，波弗特海 + 阿蒙森湾，范围 145° ~ 120° W，70° ~ 74° N；区域 2，波弗特海北部，范围 145° ~ 120° W，74° ~ 77° N；区域 3，中部群岛区，范围 120° ~ 75° W，72° ~ 75° N；区域 4，巴芬湾，范围 75° ~ 60° W，70° ~ 75° N；区域 5，戴维斯海峡，范围 65° ~ 50° W，65° ~ 70° N。

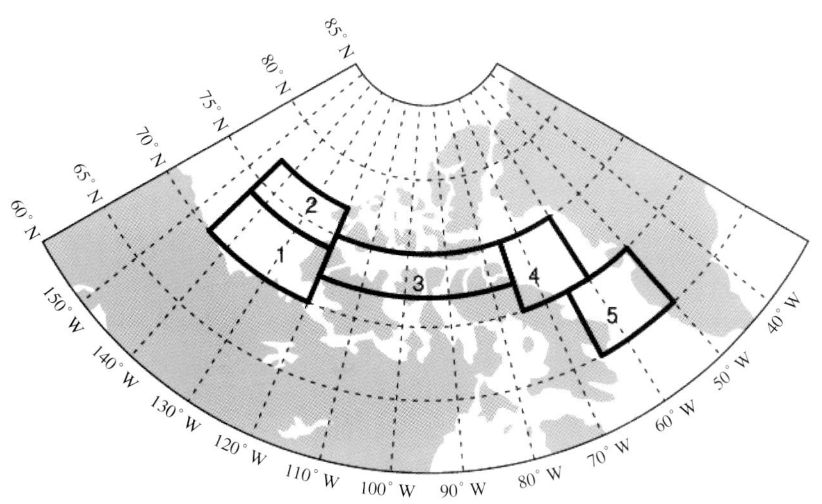

图 5-43 西北航道海陆分布特征和地理位置分布
Fig.5-43 Locations of the five sub-areas of NWP

西北航道 5 个区域的平均气温和涌浪变化均呈现出较为显著的 3 ~ 7 d 周期振荡。北太平洋的阿留申低压是一个半永久系统，经常有气旋自白令海生成或者爆发式发展。随着气旋不断东移会对西北航道区域 1 和区域 2 造成影响。一般海上气旋活动相较陆地更强，而当气旋经过区域 3 的众多岛屿时，由于能量耗散使得气旋强度减弱，在行进到区域 4 和区域 5 的海面之后，又会迎来另一次爆发式增强。格陵兰岛长时间被冷高压盘踞，容易阻塞区域 4 和区域 5 的气旋向东移动；而其西侧的偏南气流使得该区域气旋的气旋性涡度增强，使气旋容易在区域 4 和区域 5 长时间原地发展增强，同时气旋北部的偏东气流容易导致巴芬湾海冰向区域 3 的海峡漂移集中，影响西北航道通航。

图 5-44 和图 5-45 分别为西北航道西端区域和东端区域绕极气旋的数密度，从气候平均来看，西端区域的绕极气旋活动区主要分布在 74°N 以北的波弗特海北部，但是近 5 年以来，气旋活动的主要区域有所南移；东端区域的绕极气旋活动主要有两个中心，分别是巴芬湾的东北侧和巴芬岛的东南侧。近 5 年以来的平均状况和气候平均相比，北部的活动中心位置有所偏北，南部的活动中心有所偏南，两个气旋活动中心的位置进一步远离。

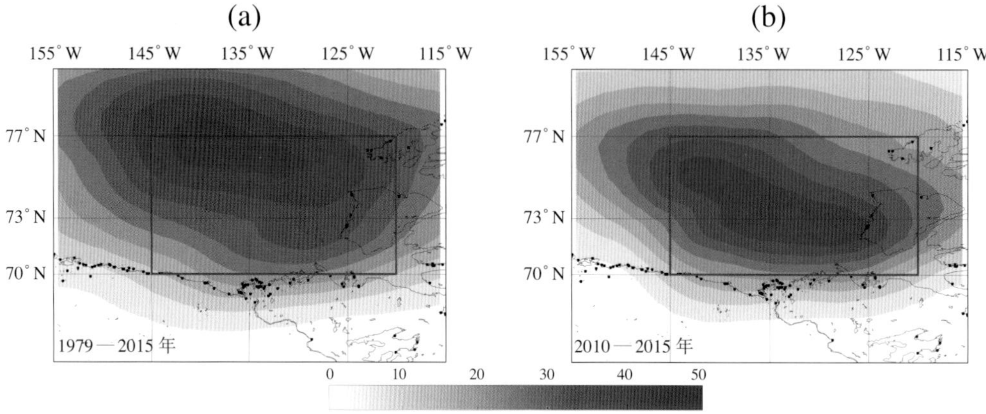

图 5-44　西北航道西端 7—10 月平均气旋密度分布
(a) 1979—2015 年；(b) 2010—2015 年
Fig.5-44　Distribution of mean Arctic cyclone density of West NWP in JUL-OCT
(a) 1979—2015; (b) 2010—2015

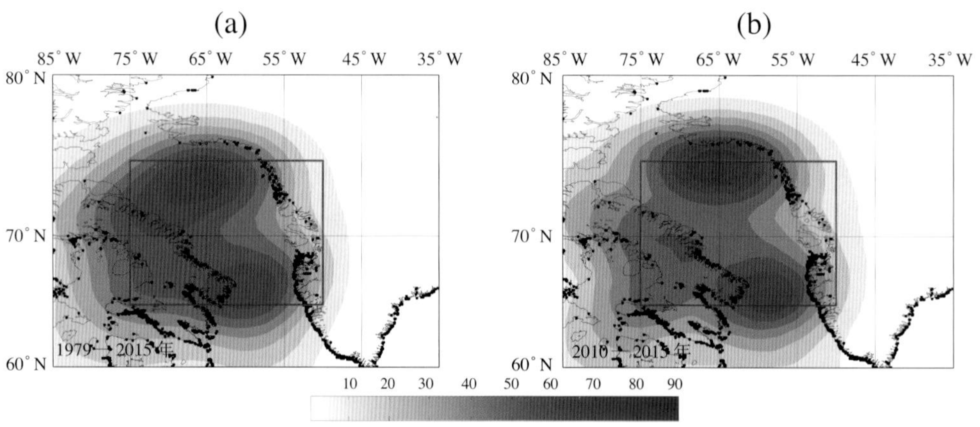

图 5-45　西北航道东端 7—10 月平均气旋密度分布
(a) 1979—2015 年；(b) 2010—2015 年
Fig.5-45　Distribution of mean Arctic cyclone density of East NWP in JUL-OCT
(a) 1979—2015; (b) 2010—2015

图 5-46 是 2010—2015 年近 5 年以来的气旋最低中心气压的密度分布。5-46a 是西端区域的分布情况；5-46b 是东端区域的分布情况。西端区域内的气旋强度较弱，未见中心气压在 980 hPa 以下的气旋活动，980 ~ 985 hPa 的气旋活动占 12%，1 000 hPa 以上的气旋个数占总比例的 70%左右，存在很多气旋最低气压值高于 1 010 hPa 的情况。东端区域内的气旋整体较西端区域内的气旋强度偏强，近 90%的中心气压分布在 990 hPa 以上，也存在一些气压在 980 hPa 以下的强气旋活动。这充分说明了海陆热力差异和格陵兰岛在该区域气旋阻塞加强中所扮演的重要作用。

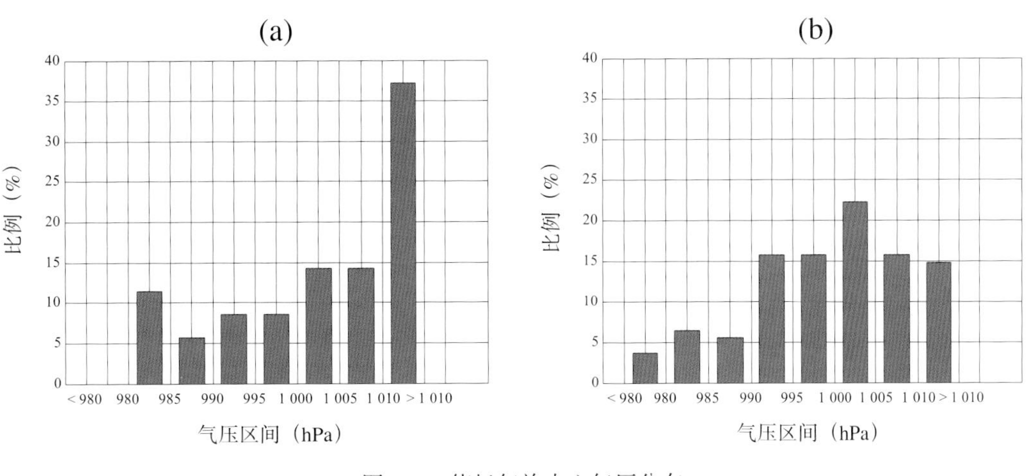

图 5-46 绕极气旋中心气压分布

(a) 西端；(b) 东端

Fig.5-46 Statistics of MSLP at Arctic cyclone center

(a) West NWP; (b) East NWP)

中国第八次北极考察西北航道航行期间（8 月 30 日—9 月 7 日），气温多在 0℃以上。最低温度为 –5.4℃（图 5-47），出现在受极地冷高压长时间影响的西北航道西端。图 5-48 显示了中央航道航行期间海平面气压的变化情况，航行期间受弱北极气旋和冷高压外围环流的交替影响。在西北航道主航道航行时，由于大气流场较弱，大部分时间风力均较小（图 5-49、图 5-50）。由于航道狭窄，水深较浅，不利于大涌浪的形成，因此很难形成威胁船舶航行的高海况。西北航道岛屿众多，相对湿度相比中央航道显著偏低（图 5-51）。低压前部偏南暖湿气流带来的平流雾是该地区海雾产生的唯一机制。航行大部分时间能见度在 12 km 以上（图 5-52），即海雾对船舶航行的影响相比中央航道显著减小。

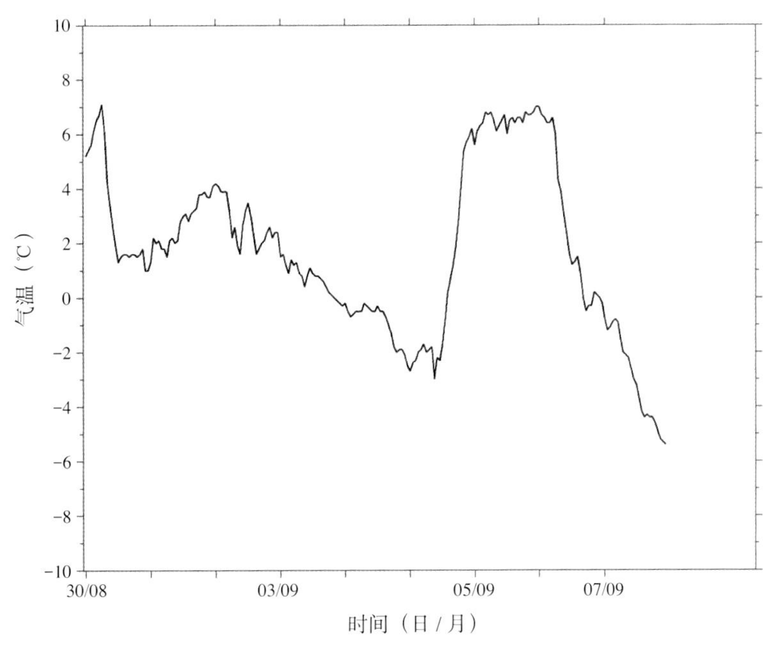

图 5-47 西北航道气温时序图

Fig.5-47 Variations of air temperature along the NWP

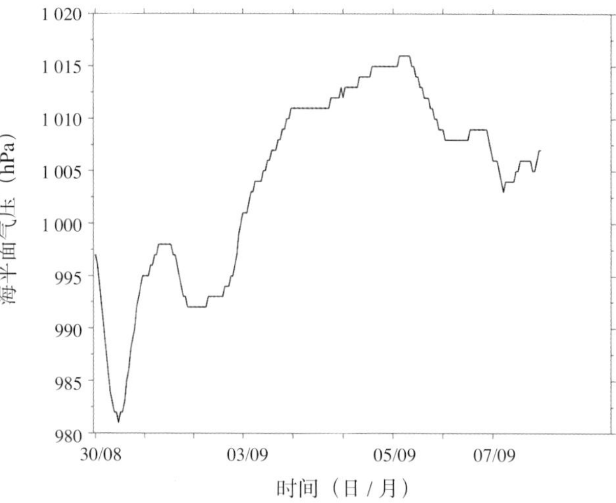

图 5-48　西北航道海平面气压时序图

Fig.5-48　Variations of sea level pressure along the NWP

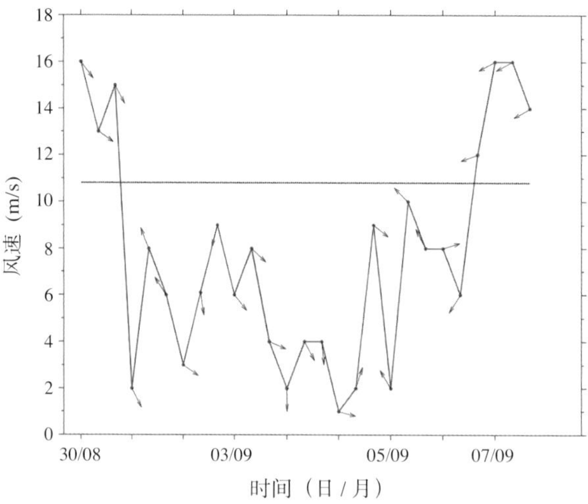

图 5-49　西北航道风速、风向时序图

（黑线为 6 级风下限）

Fig.5-49　Variations of wind speed and direction along the NWP

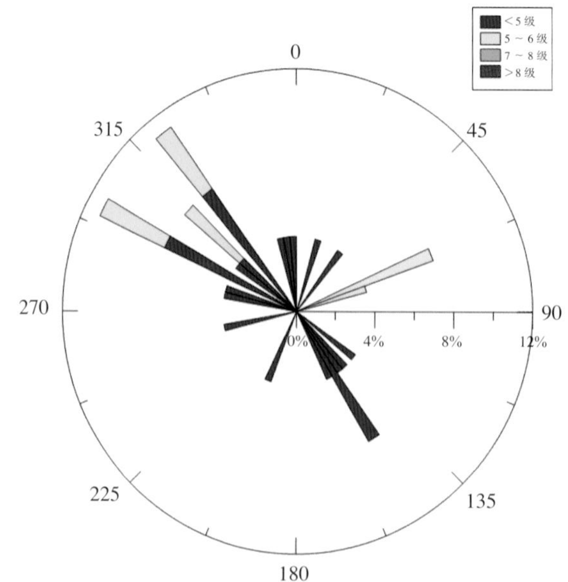

图 5-50　西北航道风速、风向玫瑰图

Fig.5-50　Statistics of winds along the NWP

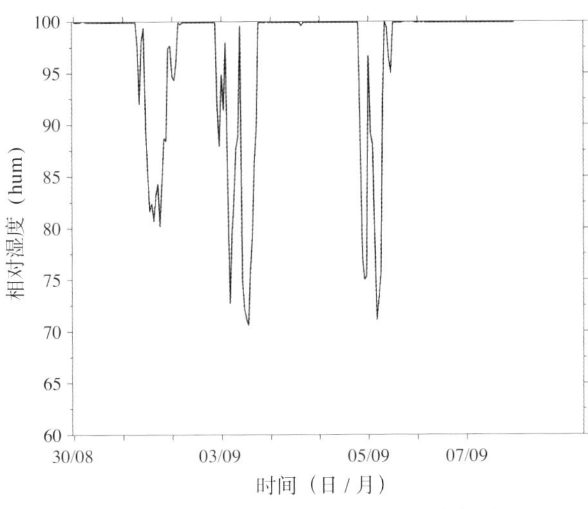

图 5-51 西北航道相对湿度时序图
Fig.5-51 Variations of relative humidity along the NWP

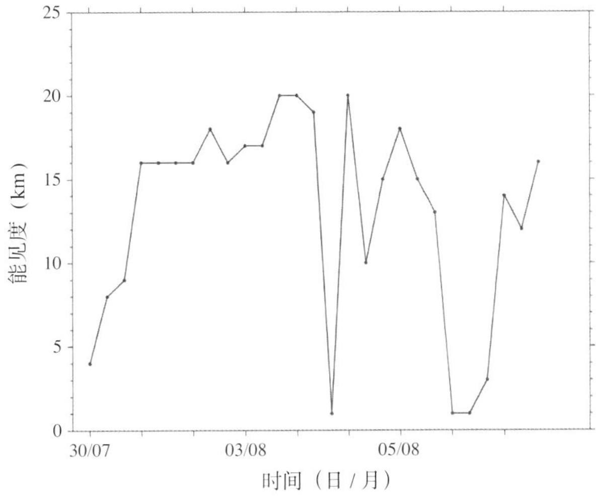

图 5-52 西北航道能见度时序图
Fig.5-52 Variations of horizontal visibility along the NWP

“雪龙”船在西北航道航行期间，遭遇6级以上的大风过程共有2次，总结如下。

（1）8月30—31日，“雪龙”船在格陵兰岛西侧的戴维斯海峡航行，主要受气旋前部偏南暖湿气流的影响。图5-53示出了8月30日11时Seaspace实况云图。受格陵兰大陆高压的阻挡作用，气旋在较暖洋面上持续时间较长，易在海峡内增强，对船舶航行产生重要影响。随着戴维斯海峡气旋加深增强，航线海域有偏南风7～8级，转西北风7～8级，最大风速为16 m/s，涌浪在2.5～3.0 m之间，并伴有降水和轻雾，能见度最差时只有1 km。

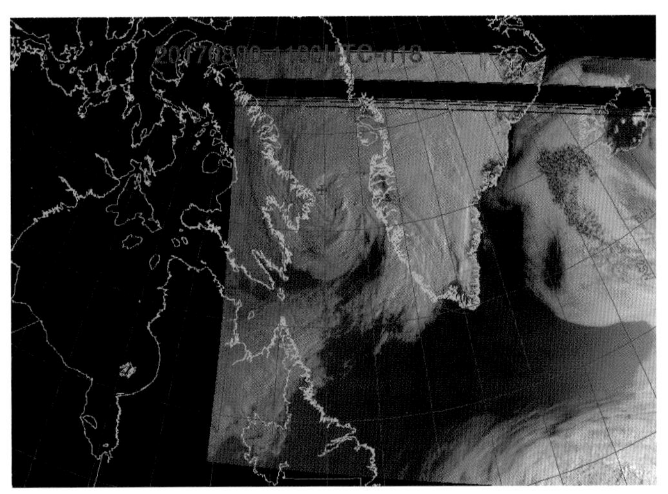

图 5-53 8月30日11时Seaspace实况云图
（图中红色五角星是“雪龙”船的位置）
Fig.5-53 Visible-band satellite image at 11:00 (UTC), August 30, 2017

（2）9 月 7—8 日，受极地冷高压南伸与波弗特海海域气旋的共同影响，“雪龙”船位于高压底部。图 5-54 示出了 9 月 7 日 23 时的 Seaspace 实况云图。由于气旋较强，若按原定航线进行断面作业，将遭遇 8 ~ 9 级、阵风 10 级的偏东风；“雪龙”船改为北上航线后，仍遇到东北风 7 ~ 8 级，最大风速 16 m/s，同时伴有 2.0 ~ 2.5 m 的涌浪。天气以阴天为主，能见度较好。

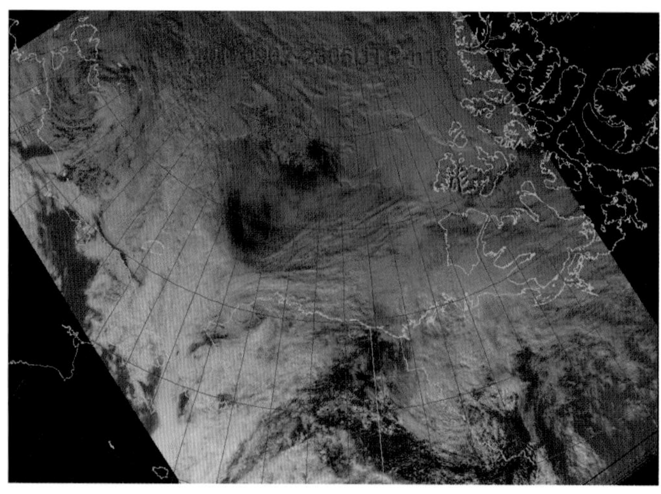

图 5-54　9 月 7 日 23 时 Seaspace 实况云图
（图中红色五角星是“雪龙”船的位置）
Fig.5-54　Visible-band satellite image at 23:06 (UTC), September 7, 2017

5.8.3　冰基海冰观测

5.8.3.1　钻孔冰厚和雪厚观测

基于黄河艇，本次考察共开展了 7 个冰站作业（图 5-55），钻孔 22 个。图 5-56 示出了 7 个冰站的平均雪厚、冰厚。7 个冰站的平均冰厚 156.7 cm，平均雪厚 11.0 cm。其中，冰站 ICE02 的平均冰厚最大，为 251 cm，该冰站所在浮冰由海冰重叠而成，总冰厚较厚，但由于冰况复杂，不适合布放海冰浮标；冰站 ICE05 的平均冰厚最小，为 118 cm。冰站 ICE06 的平均雪厚最大，为 19 cm，对应一次新的降雪天气过程；冰站 ICE01 的平均雪厚最小，仅有 5 cm 的硬雪层。

图 5-55　利用黄河艇开展第一个短期冰站作业
Fig.5-55　Field work at ICE01 ice camp by Yellow River boat

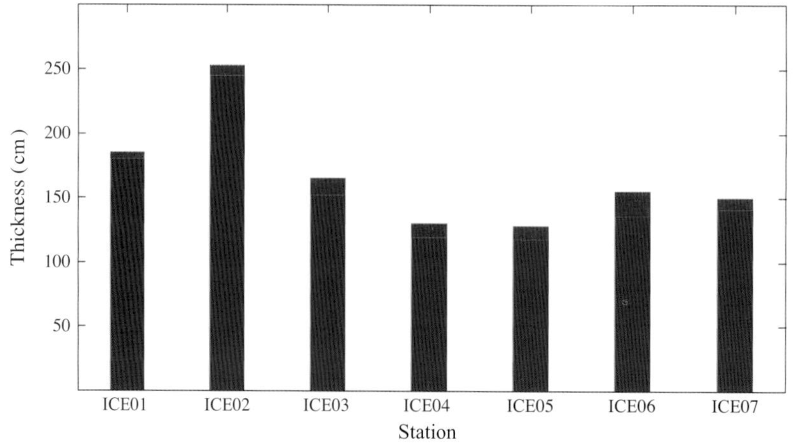

图 5-56　7 个短期冰站的平均雪厚和冰厚分布
Fig.5-56　Mean snow and ice thickness of the 7 ice camps

5.8.3.2 海冰物质平衡和漂移过程

图 5-57 给出了第八次北极考察期间布放的 3 套海冰温度链浮标漂移轨迹。这 3 套浮标的初始布放位置均位于波弗特涡和穿极漂流之间，有利于浮标的长期存活。但由于布放时处于北极浮冰快速融化期，因此 NMEFC 07 02 浮标于 2017 年 9 月 25 日丢失，仅观测了 54 d。根据当时的海冰密集度图像分析，该浮标位于海冰外缘线附近，海冰密集度较小，浮冰容易在动力作用（比如浪、潮汐等）和热力作用（比如反照率的正反馈等）下破碎或融化，最终导致浮标丢失。其余 2 套浮标，自布放后随浮冰向北漂移。

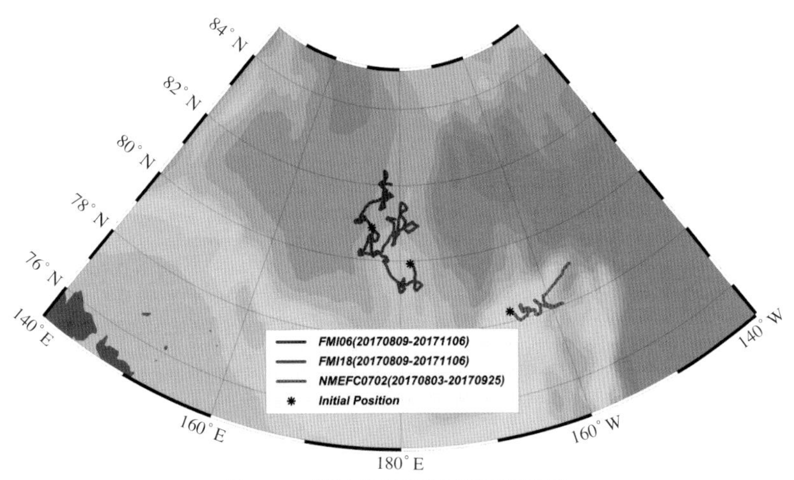

图 5-57 海冰温度链浮标漂移轨迹
Fig. 5-57 The drift path of the SIMBA

图 5-58 给出了第八次北极考察期间布放 3 套海冰温度链浮标的垂向温度剖面。其中 FMI06 浮标自 10 月 3 日之后温度数据出现异常。由图 5-58b 可以看出，北极浮冰厚度自 10 月中旬开始生长，这滞后于海冰范围增长约 1 个月。根据温度剖面数据，这 3 套浮标获取的温度数据质量较好，这将为后期反演北极夏季浮冰的消融规律提供数据支撑。

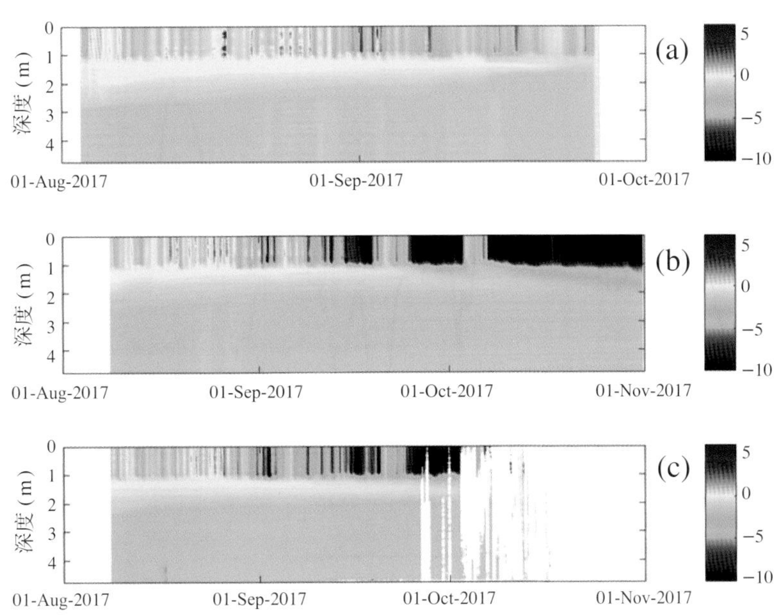

图 5-58 NMEFC 07 02 (a)、FMI18 (b) 和 FMI06 (c) 海冰温度链浮标温度剖面
Fig. 5-58 The profile for NMEFC 07 02 (a), FMI18 (a) and FMI06 (a)

5.8.3.3 漂移自动气象站

漂移自动气象站随着海冰的移动向东北方向（图 5-59），从最开始的安装位置（80°52′44.33″N, 173°31′53.22″E）移动至 10 月底的 82°N（82°0′54.9″N, 176°6′57.53″ E）。

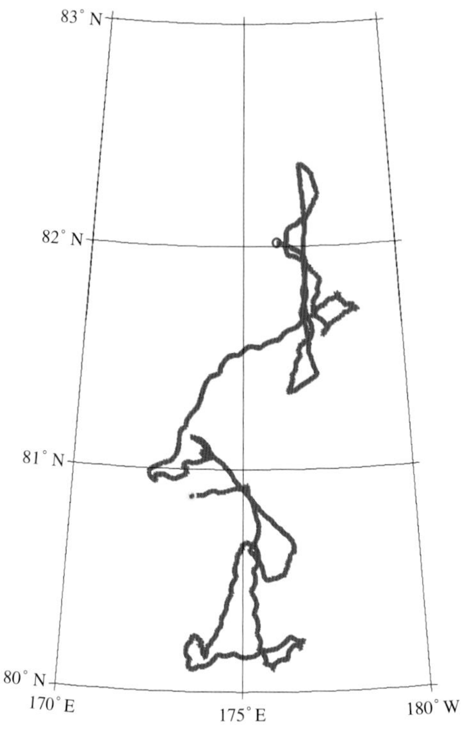

图 5-59 冰基自动气象站漂移路径
（黄圈为 8 月 6 日安装时开始位置，紫圈为 10 月 31 日位置）
Fig. 5-59 The drift path of the ice based AWS
(the yellow circle is the initial position; the red circle is the positon for 31 October)

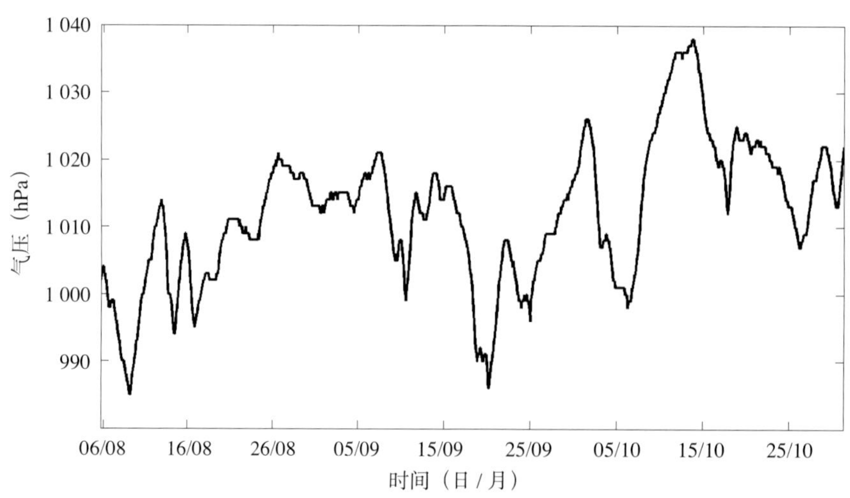

图 5-60 2017 年冰基自动气象站气压时序图
Fig. 5-60 Variations of sea level pressureof the ice based AWS

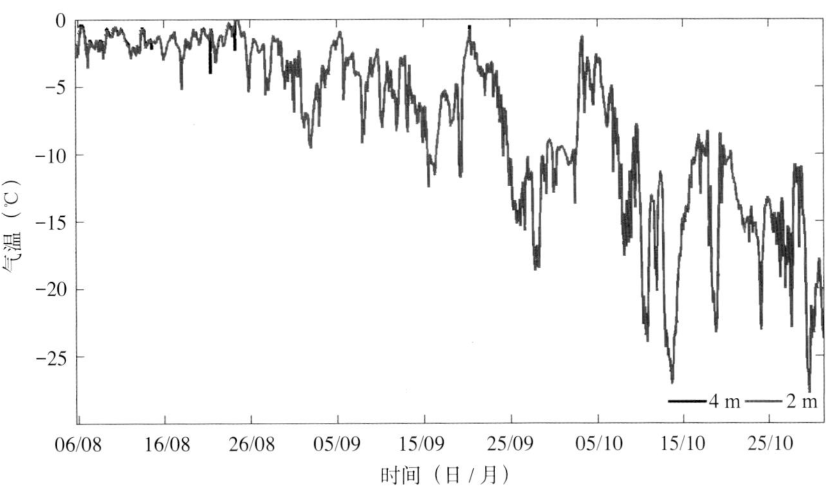

图 5-61　2017 年冰基气温时序图
Fig.5-61　Variations of air temperature of the ice based AWS

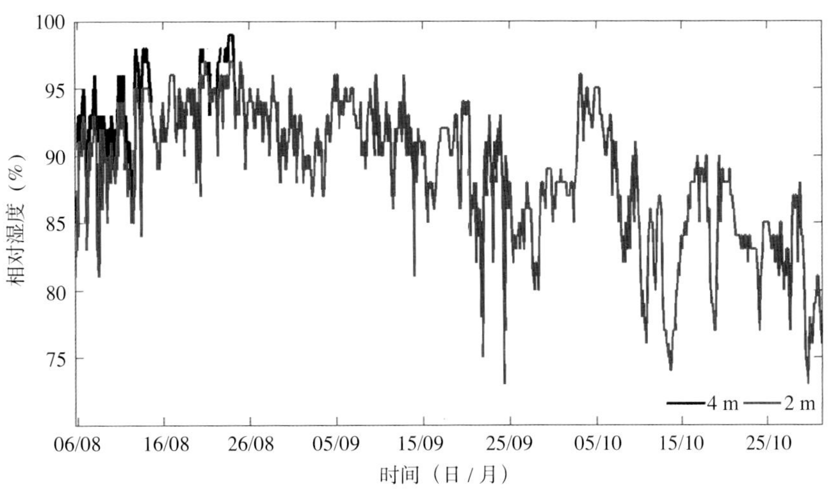

图 5-62　2017 年冰基相对湿度时序图
Fig.5-62　Variations of relative humidity of the ice based AWS

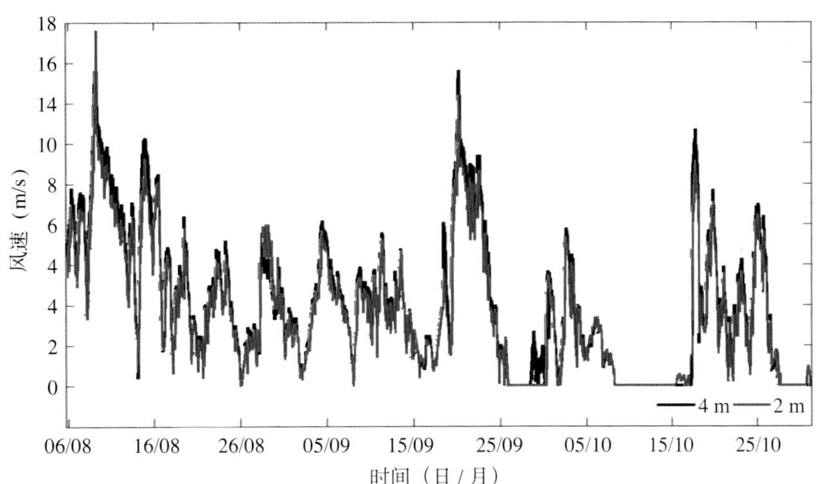

图 5-63　2017 年冰基风速时序图
Fig.5-63　Variations of wind speed of the ice based AWS

图 5-60 显示了观测期间（8 月 6 日—10 月 31 日）海平面气压的变化情况。受到高低压的交替影响，最高气压 1 038 hPa，平均气压 1 012 hPa，最低气压 985 hPa。冰基漂移自动气象站装有 4 m 和 2 m 两层温湿度和风速风向仪，但是 4 m 温湿度在 8 月 25 日停止工作。观测期间，气温呈减少趋势：0℃以下，最低温度为 –28.2℃（图 5-61），平均气温 –7.9℃，这与季节的交替有关。相对湿度在 9 月之前基本在 90% 以上（图 5-62），之后明显减少。由于大气流场较弱，大部分时间风力均较小（图 5-63），4 m 和 2 m 平均风速分别为 3.9 m/s 和 3.6 m/s，2 m 和 4 m 风速差别不明显，最大风速 17.7 m/s，超过 6 级风的天数仅有 10 d，大部分时间风速在 8 m/s 以下。

5.9 适航性分析

5.9.1 中央航道适航性分析

“雪龙”船中央航道航行于 8 月 1 日自楚科奇海进入北极冰区外缘，经由北冰洋公海，于 8 月 18 日自格陵兰海离开北极冰区，8 月 1 日和 17 日海冰密集度见图 5-16。走航期间中央航道区域海冰持续减小，但冰情较为复杂、时空变化大，其中 75.5°～85.5°N 各纬度区域均有多年冰分布。“雪龙”船航速随着海冰密集度和厚度的增加而显著下降。开阔水域航速一般超过 13 kn，冰区的航行速度则明显低于开阔水域：当海冰密集度达到 4 成、平均冰厚达到 1.4 m 时，航速低于 10 kn；当海冰密集度达到 7 成、平均冰厚达到 1.5 m 以上时，航速低于 5 kn；当海冰密集度达到 8 成、平均冰厚达到 1.6 m 以上时，“雪龙”船行进困难（图 5-25）。此外，船舶航行还受水道分布形式、浮冰大小和冰脊比例、融池覆盖率等因素的影响。“雪龙”船在线性分布水道的海区航行要易于离散分布水道海区；浮冰较大、冰脊较多时，“雪龙”船破冰时很难形成裂缝，并易受冰脊阻碍；融池覆盖率会影响浮冰的整体强度，多融池的浮冰易受“雪龙”船破冰出现水道。

在中央航道航行期间，绕极气旋是航线海域最主要的天气系统。受其直接和间接影响，航行期间风力达 6 级以上的天气过程有 3 次、风力达 5～6 级的天气过程有 2 次，其余时间风力均较小；中央航道航行期间多为西北风和西南风。相对暖湿的气块带在抵达高纬相对寒冷的区域时易达到饱和而形成海雾或降水，造成航线上的能见度快速降低。航行期间能见度变化见图 5-33。绕极气旋产生的风雪和海雾致使能见度急速降低，是影响中央航道船舶航行的主要灾害性天气现象。

5.9.2 西北航道适航性分析

“雪龙”船西北航道航行于 8 月 30 日自戴维斯海峡进入，经由南线，于 9 月 7 日自波弗特海离开。南线冰情相对较轻，仅皮尔海峡和维多利亚海峡有较多海冰，现场观测到的密集度多为 1～3 成，最大密集度为 7 成，浮冰尺寸多在 20～100 m 之间（图 5-36）。在巴芬湾观测到几十座冰山，在兰开斯特海峡观测到少量小冰山。尺度多在百米量级，源自格陵兰冰盖或附近冰川的崩解和漂移，在出现海雾、能见度比较差时，船舶航行时要特别注意利用雷达监测冰山分布。

在西北航道主航道航行时，由于大气流场较弱，大部分时间风力均较小，仅在西北航道两端遭遇了两次大风过程。由于航道狭窄、水深较浅，不利于大涌浪形成，海雾对船舶航行的影响也远低于中央航道。但受波弗特高压环流和格陵兰高压的阻隔，绕极气旋容易在西北航道两端发展增强而产生影响船舶航行的高海况。

5.10 小结

本航次基于“雪龙”号考察船、冰站、低层大气 GPS 探空以及冰基浮标首次对北冰洋中央航道和西北航道海冰和气象环境进行了多手段（含走航自动观测、GPS 大气探空观测、人工观测等）的业务调查。由于现有的中央航道区域观测数据极为稀少，获取的这些海冰和气象第一手观测数据非常珍贵，为我们综合分析评估中央航道的海冰和气象环境特征及适航性，以及对夏季的海冰卫星遥感和数值预报产品进行检验提供了重要的基础数据和参考依据。

在“雪龙”船和黄河艇的有力支持下，本航次利用有限的时间窗口，开展了 7 个短期冰站的高效作业，实现了 10 枚海冰基浮标（含 1 枚冰面漂移自动气象站，3 枚海冰物质平衡浮标，5 枚海冰温度链浮标，1 枚海冰漂移浮标）的成功布放，纬度跨越范围为 78.0° ~ 81.8° N，经度跨越范围为 155° E ~ 170° W。基于这些浮标观测数据，我们对北极中央航道区域的海冰和气象环境开展长期业务监测，分析海冰和气象环境的动力和热力变化特征，改进对北极海冰和气象环境的天气和气候尺度预报预测能力。

我们也应该看到，目前的北极海洋环境现场调查同业务化调查的要求相比仍有很大差距，如实时观测能力不足，可获取的现场实时观测数据少，海冰和气象走航观测的自动化程度不够等。在北极气候变化和海冰快速减少背景下，建议进一步提升我国的北极业务化现场观测能力，如：优化设置北极高纬业务化观测点，实现对多数现场观测数据的实时获取；建设船载大气探空自动化观测平台，升级船载海冰信息自动采集系统；扩大冰基浮标、潜标等长期观测平台的投放区域和投放数量，逐步建成北极海洋环境立体观测网，常年获取北冰洋气象、海冰和海洋实时观测数据等。

第6章　海洋水文

6.1　概述

中国第八次北极科学考察通过对中央航道、楚科奇海、楚科奇海台、加拿大海盆、白令海峡、白令海、北欧海等重点海域开展断面观测、锚碇潜标长期观测、走航观测和抛弃式观测，旨在了解北极航道及亚极地重点海域海洋水文基本环境信息，获取调查海域海洋环境变化的关键要素信息。为了解北极海洋变化对气候系统的反馈作用，建立重点海区的环境基线，为北极航道利用、资源开发和极地业务化工作的开展提供基础资料和保障。

本航次共完成58个站位的CTD作业，51个站位的LADCP作业，回收锚碇潜标2套，布放锚碇潜标2套，获取白令海陆坡区和楚科奇海370余天定点连续温、盐、流场数据，进行走航全程海水表层温盐观测，布放XBT11枚，布放Argos漂流浮标11枚。在水文组全体队员的共同努力下，顺利、圆满地完成了本次科考的海洋水文考察任务，部分工作超计划完成。

6.2　调查内容

1）重点海域断面调查

对中央航道、楚科奇海、楚科奇海台、加拿大海盆、白令海峡、白令海、北欧海等重点海域考察断面进行同步CTD/LADCP下放。

2）锚碇潜标长期观测

在白令海陆坡区和楚科奇海回收锚碇潜标2套，在楚科奇海台陆坡区和楚科奇海布放锚碇潜标2套，进行北上航线（白令海）和航道区海洋水动力环境特征定点长期连续观测。

3）走航观测

获取走航全程表层温度和盐度数据。

4）抛弃式观测

在定点和走航作业过程中，布放表面漂流浮标（Argos）和抛弃式温深仪（XBT），获取关键海域表层流场分布和上层海洋温盐特征，对典型现象和特征过程进行快速、即时追踪与观测。

6.3 调查站位设置

6.3.1 重点海域断面调查

物理海洋重点海域断面调查（CTD 和 LADCP）观测站位如图 6-1 所示。具体站位信息如表 6-1 所示。整个航次期间，在中央航道、楚科奇海、楚科奇海台、加拿大海盆、白令海峡、白令海、北欧海共进行了 58 个站位的 CTD 观测，其中，白令海 10 个，楚科奇海（台）20 个，加拿大海盆 5 个，中央航道 8 个，北欧海 14 个、拉布拉多海 1 个。18 个站位进行二次采水作业。另外进行了 51 个站位的同步流速剖面观测（LADCP）。

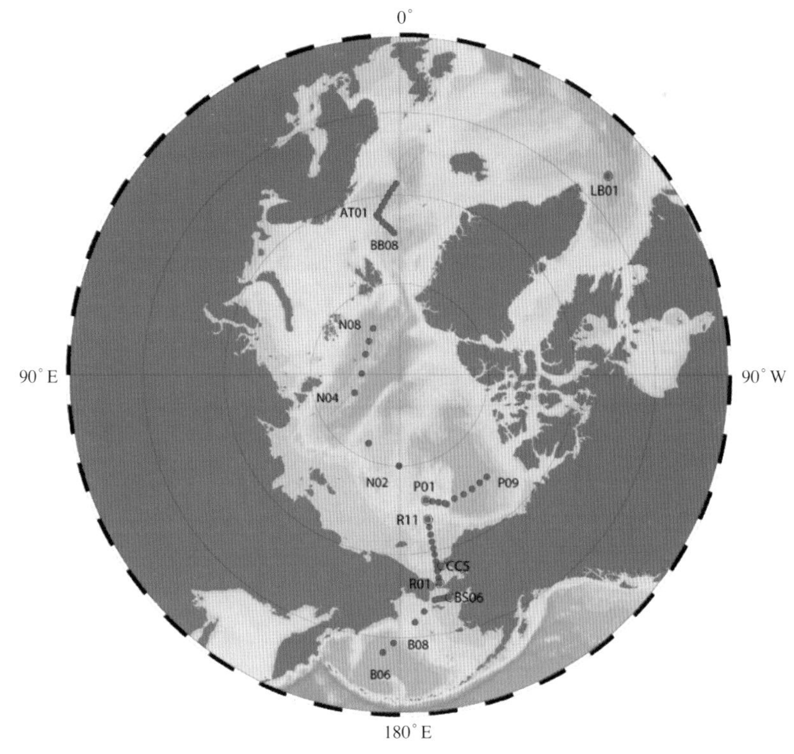

图 6-1 调查站位分布

Fig. 6-1 Positions of investigation stations

表6–1 中国第八次北极考察定点站位信息

Table 6–1 The station information of the 8th CHINARE

序号	日期	时间	站位	经度	纬度	水深（m）	作业内容
1	07—28	06:07	B08	176° 24.11′ E	58° 06.01′ N	3 754	★☆
2	07—29	11:06	B10	178° 46.49′ E	59° 21.00′ N	3 545	★
3	08—02	04:41	N01	159° 26.13′ W	74° 46.75′ N	1 859	★
4	08—05	10:07	N02	179° 32.97′ E	80° 01.89′ N	1 688	★
5	08—09	06:32	N03	155° 13.01′ E	81° 43.92′ N	2 746	★☆◆
6	08—12	00:13	N04	111° 05.09′ E	84° 35.81′ N	3 984	★☆◆
7	08—13	06:10	N05	87° 39.66′ E	85° 45.07′ N	2 737	★☆◆
8	08—14	04:45	N06	59° 34.72′ E	85° 36.21′ N	3 870	★☆◆
9	08—15	02:43	N07	43° 04.75′ E	85° 00.92′ N	3 960	★☆◆
10	08—16	01:19	N08	30° 18.15′ E	84° 07.99′ N	4 004	★☆◆
11	08—19	06:50	BB08	2° 20.25′ E	74° 19.98′ N	3 700	★☆◆
12	08—19	14:09	BB07	3° 19.86′ E	74° 00.17′ N	3 160	★☆◆

续表 6-1

序号	日期	时间	站位	经度	纬度	水深（m）	作业内容
13	08—19	20:22	BB06	4° 29.61′ E	73° 40.21′ N	3 138	★◆
14	08—20	00:33	BB05	5° 28.37′ E	73° 20.35′ N	2 192	★◆
15	08—21	00:20	BB04	6° 29.80′ E	73° 00.02′ N	2 299	★◆
16	08—21	04:23	BB03	7° 31.58′ E	72° 30.32′ N	2 548	★☆◆
17	08—21	09:07	BB02	8° 19.59′ E	72° 10.19′ N	2 567	★◆
18	08—21	13:41	AT01	6° 59.74′ E	71° 41.66′ N	2 873	★◆
19	08—21	20:07	AT02	5° 59.99′ E	71° 11.90′ N	3 045	★◆
20	08—22	00:43	AT03	4° 59.53′ E	70° 42.07′ N	3 153	★◆
21	08—22	05:18	AT04	4° 00.57′ E	70° 12.00′ N	3 179	★☆◆
22	08—22	13:12	AT05	3° 00.30′ E	69° 41.89′ N	3 226	★☆◆
23	08—22	19:33	AT06	2° 00.56′ E	69° 12.22′ N	3 230	★◆
24	08—23	00:04	AT07	1° 00.69′ E	68° 41.74′ N	2 923	★◆
25	08—27	14:59	LB01	46° 59.32 W	56° 19.62′ N	3 496	★◆
26	09—08	01:30	P09	138° 26.27′ W	74° 59.97′ N	3 563	★☆◆
27	09—08	11:04	P08	142° 32.79′ W	75° 00.01′ N	3 719	★☆◆
28	09—08	21:22	P07	146° 43.32′ W	74° 59.92′ N	3 780	★◆
29	09—09	06:29	P06	151° 11.33′ W	74° 59.94′ N	3 835	★☆◆
30	09—09	20:26	P05	155° 29.48′ W	74° 59.96′ N	3 842	★◆
31	09—10	06:50	P04	160° 12.24′ W	74° 59.58′ N	1 821	★☆◆
32	09—10	12:19	P03	162° 35.77′ W	75° 17.96′ N	2 047	★◆
33	09—10	19:18	P02	165° 16.31′ W	75° 34.69′ N	572	★◆
34	09—10	23:53	P01	168° 02.25′ W	75° 52.66′ N	235	★☆◆
35	09—20	13:29	R11	168° 49.26′ W	73° 44.04′ N	146	★☆◆
36	09—20	18:58	R10	168° 47.49′ W	72° 50.96′ N	62	★◆
37	09—20	23:30	R09	168° 54.96′ W	72° 00.45′ N	51	★◆
38	09—21	04:37	R08	168° 51.84′ W	71° 09.23′ N	48	★◆
39	09—21	08:38	R07	168° 50.90′ W	70° 20.88′ N	40	★
40	09—21	13:45	R06	168° 47.33′ W	69° 34.59′ N	53	★◆
41	09—22	03:37	R05	168° 49.32′ W	68° 48.55′ N	54	★
42	09—22	07:16	R04	168° 47.15′ W	68° 12.55′ N	59	★
43	09—22	11:19	CC5	167° 18.81′ W	68° 10.97′ N	50	★◆
44	09—22	12:14	CC4	167° 30.88′ W	68° 06.87′ N	52	★◆
45	09—22	13:29	CC3	167° 53.48′ W	68° 00.40′ N	52	★◆
46	09—22	14:38	CC2	168° 14.70′ W	67° 53.48′ N	57	★◆
47	09—22	15:53	CC1	168° 37.44′ W	67° 46.63′ N	50	★◆
48	09—22	16:59	R03	168° 54.36′ W	67° 40.13′ N	51	★◆
49	09—22	20:54	R02	168° 53.87′ W	66° 51.34′ N	48	★◆
50	09—23	01:00	R01	168° 50.85′ W	66° 11.37′ N	55	★◆
51	09—24	03:06	BS06	166° 59.79′ W	64° 19.63′ N	32	★◆
52	09—24	05:39	BS05	167° 48.24′ W	64° 18.13′ N	35	★◆
53	09—24	08:19	BS04	168° 35.92′ W	64° 19.53′ N	43	★◆
54	09—24	10:14	BS03	169° 23.86′ W	64° 19.44′ N	43	★◆
55	09—24	12:15	BS02	170° 11.76′ W	64° 19.77′ N	41	★◆
56	09—24	14:09	BS01	170° 59.41′ W	64° 19.79′ N	41	★◆
57	09—24	22:04	B17	173° 54.47′ W	63° 06.12′ N	76	★◆
58	09—25	06:06	B15	176° 24.64′ W	61° 54.08′ N	102	★◆

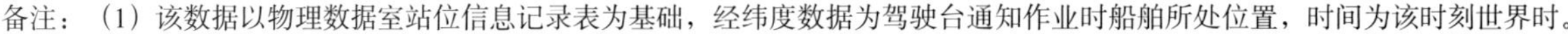

备注：（1）该数据以物理数据室站位信息记录表为基础，经纬度数据为驾驶台通知作业时船舶所处位置，时间为该时刻世界时。
（2）水深数据为船载测深仪数据加上 8 m 船体吃水深度。
（3）★ CTD 采水，☆ CTD 二次采水，◆ LADCP 观测。

6.3.2 锚碇潜标长期观测

白令海锚碇潜标回收位置为 178.37° E，58.74° N，水深 3 800 m。楚科奇海锚碇潜标回收位置为 168.94° W，69.55° N，水深 52 m，

楚科奇台陆坡区布放位置为 161.72° W，74.70° N，水深 1 886 m。楚科奇海锚碇潜标布放位置为 168.97° W，69.55° N，水深 52 m。

具体回收和布放位置如图 6-2 所示。

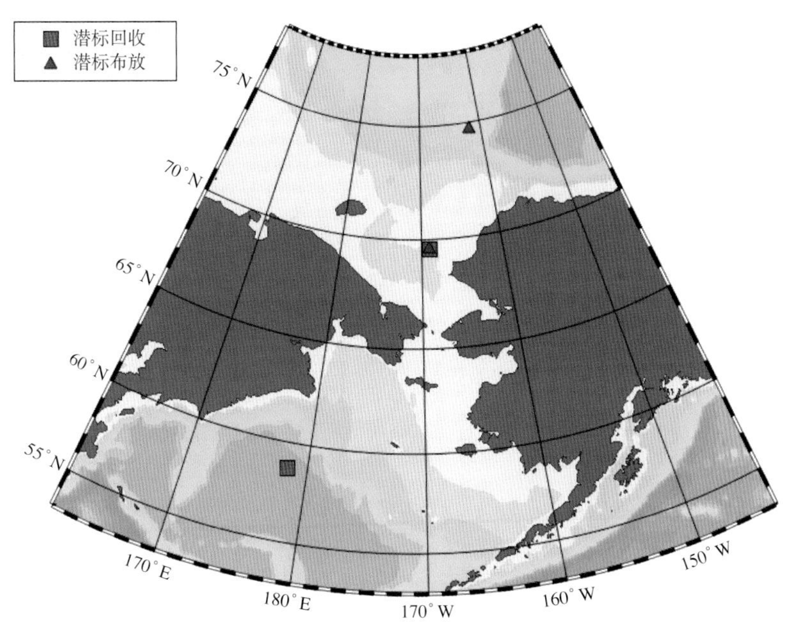

图 6-2 潜标站位分布

Fig. 6-2 Positions of rongrognsubbuoy stations

6.3.3 走航观测

走航表层温度和盐度观测航线如图 6-3 所示。

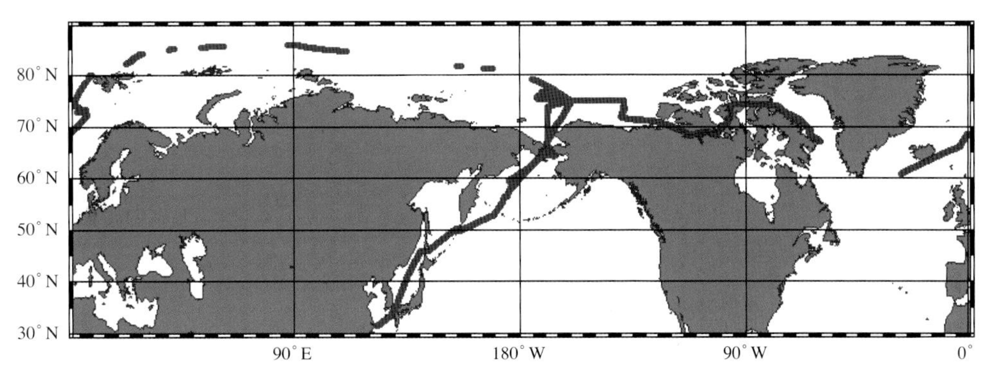

图 6-3 走航温盐观测航迹分布

Fig. 6-3 Track of underway observation of temperature and salinity in surface waters

6.3.4 抛弃式观测

6.3.4.1 Argos表层漂流浮标观测

中国第八次北极科学考察期间共布放了 11 套 Argos 表层漂流浮标，布放站位信息如表 6-2 和图 6-4 所示。

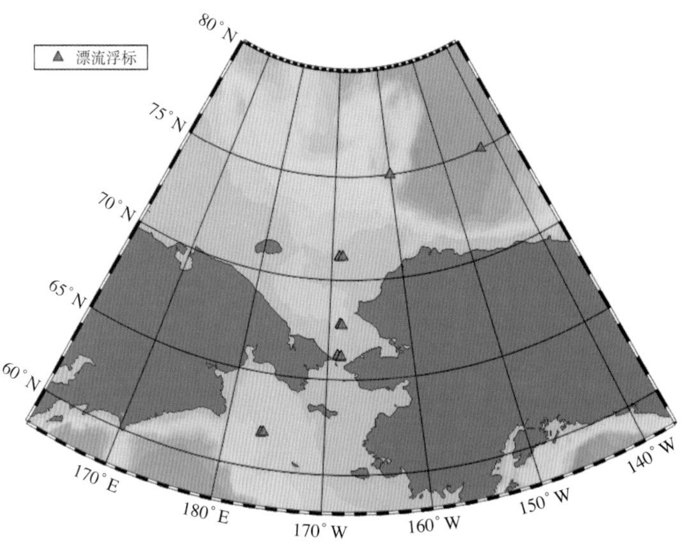

图 6-4 北极水域 Argos 表层漂流浮标布放位置
Fig. 6-4 Stations of the drifters in the Arctic waters

表6-2 Argos表层漂流浮标调查站位信息
Table 6-2 Information on the Argos deployment

测站名	浮标编号	经度（°E）	纬度（°N）	水深（m）	投放时间
P08	01	−142.63	74.99	3 719	09–08 13:28
P04	05	−160.03	74.98	1 931	09–10 06:00
R08	145 945	−168.86	71.15	48	09–21 04:50
R08	04	−168.86	71.15	48	09–21 04:50
CC1	145 751	−168.62	67.78	50	09–22 16:10
CC1	145 806	−168.62	67.78	50	09–22 16:10
R01	145 953	−168.85	66.19	55	09–23 01:30
R01	02	−168.85	66.19	55	09–23 01:30
R01	03	−168.85	66.19	55	09–23 01:30
B15	127 127	−176.41	61.90	102	09–25 06:30
B15	127 128	−176.41	61.90	102	09–25 06:30

6.3.4.2 抛弃式XBT观测

中国第八次北极科学考察期间共布放了 11 枚 XBT，布放站位信息如表 6-3 和图 6-5 所示。

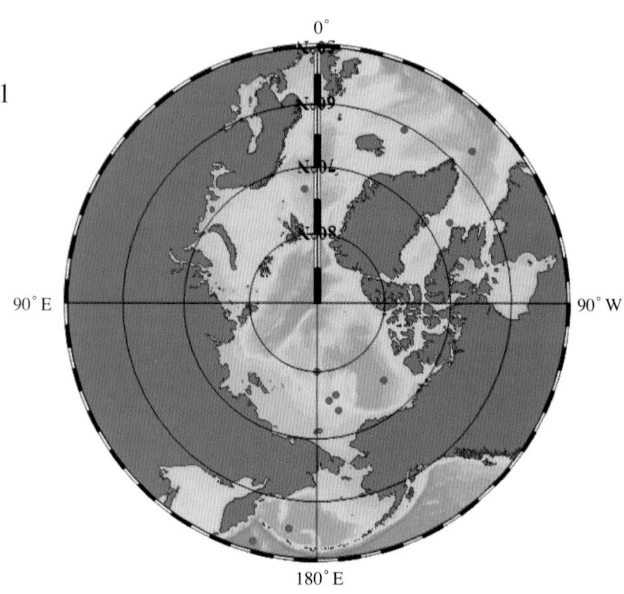

图 6-5 XBT 布放站位
Fig. 6-5 Positions of XBT stations

表6-3 XBT调查站位信息
Table 6-3 Information on the XBT deployment

序号	日期	时间	经度（°E）	纬度（°N）	水深 (m)	投放水深 (m)
1	07—26	11:03	164.55	51.60	5 600	780
2	07—27	12:03	172.75	55.05	3 844	780
3	08—01	08:25	−168.46	73.97	870	348
4	08—05	04:15	179.48	80.02	1 716	790
5	08—20	15:45	6.72	73.19	2 565	450
6	08—24	18:30	−27.09	60.85	1 336	788
7	08—26	12:32	−46.09	56.55	3 497	788
8	08—30	10:00	−59.48	66.76	915	760
9	09—08	00:57	−138.46	74.91	3 515	789
10	09—12	06:30	−172.85	75.61	1 538	789
11	09—15	04:12	−168.60	76.36	1 958	380

6.4 调查仪器与设备

6.4.1 重点海域断面调查

6.4.1.1 海鸟911 Plus CTD

重点海域断面观测的主要仪器之一为美国海鸟公司（SBE）生产的高精度温盐深测量系统——海鸟 911 Plus CTD 温盐深剖面仪。系统主要包括：双温双导探头，多种传感器探头的自容式主机系统、泵循环海水系统、专用通信电缆、固体存储器、RS232 接口和电磁采水系统。系统安装了双温度、双电导、溶解氧、压力、叶绿素和高度计 8 个传感器。主要技术参数如表 6-4 所示。

表6-4 海鸟911Plus CTD温盐深系统技术参数
Table 6-4 Specification of the seabird 911 Plus CTD

观测变量	测量范围	精度	24 Hz 分辨率
温度（℃）	−5 ~ +35	0.001	0.000 2
电导率 (S/m)	0 ~ 7	0.000 3	0.000 04
深度 (m)	0 ~ 6 800	0.015% 全量程	0.001% 全量程

图 6-6 海鸟 911Plus CTD 观测系统
Fig. 6-6 Seabird 911 Plus CTD system

图 6-7 CTD 作业工作照
Fig.6-7 CTD operation

6.4.1.2 声学多普勒海流剖面仪（Lowed-ADCP）

海流观测设备是由美国RDI公司生产，型号是WORKHORSE，SENTINEL，300 kHz，简称LADCP，在本航次中，使用的观测方式是与SBE 911 Plus CTD捆绑一起下放（图6-8），由“雪龙”船实验室提供。

图6-8 固定于CTD观测系统内的LADCP
Fig.6-8 LADCP tired on CTD observation system

声学多普勒海流剖面仪ADCP是20世纪80年代初发展起来的一种新型测流设备，它利用多普勒效应原理进行流速测量。在作业中，LADCP在下降和上升期间连续采集相对仪器的流速剖面。如果下放到最低点时可以收到海底的反射回波，数据处理可以使用改进的底跟踪模式，使数据的反演精度大大提高。

LADCP具有自容能力，数据存储于仪器内部记忆卡内，下放中由仪器内部电池提供工作电源，具体参数如表6-5所示。

表6-5 LADCP性能参数
Tabel 6-5 Specifications of LADCP

参数	参数值
层厚	0.2 ~ 16 m
层数	1 ~ 128层
工作频率	300 kHz
测量流速范围	±5 m/s（缺省）；±20 m/s（最大）
精度	±0.5% ±5 mm/s
速度分辨率	1 mm/s
最大倾角	15°
最大耐压深度	6 000 m

6.4.2 锚碇潜标长期调查

锚碇潜标搭载的仪器主要包括温盐深仪（CTD）、温深仪（TD）、声学多普勒流速剖面仪（ADCP）、单点海流计、沉积物捕获器、声学释放器等。

主要仪器的技术指标如下。

1）释放器

型号：IXSEA oceano 2500 universal；频率范围：8 ~ 16 kHz；声源级：(191±4) dB；相应距离：10 km；释放器额定深度：6 000 m（图6-9）。

图6-9 IXSEA oceano 2500 universal型释放器
Fig. 6-9 Releaser of IXSEA oceano 2500 universal

2）ADCP

图 6-10　WHS-150 型 ADCP
Fig. 6-10　ADCP of WHS-150

型号：WHS-150；耐压深度：1 500 m；测量范围：宽带模式 270 m，大量程模式 270 m；流速测量精度：±0.5% V ± 0.5 cm/s（其中 V 为流速）；流速分辨率：1 mm/s；流速范围：±5 m/s（缺省值），±20 m/s（最大值）；发射频率：1 Hz；内存：标准 256 MB 存储卡。

3）CTD

型号：SBE37-SM；温度测量范围：–5 ～ 35℃；温度分辨率：0.000 1℃；盐度（电导率）测量范围：0 ～ 70 mS/cm；盐度（电导率）分辨率：0.000 1 mS/cm；压力测量范围：250 m（塑料壳体）；压力分辨率：0.002% 满量程（图 6-11）。

图 6-11　SBE37-SM 型 CTD
Fig. 6-11　CTD of SBE37-SM

4）单点海流计

型号：Seaguard RCM9；耐压：350 m；流速测量范围：0 ～ 300 cm/s；分辨率：0.1 mm/s；平均精度：±0.15 cm/s；流向测量范围：0° ～ 360° 磁角；分辨率：0.01°；精确度：±5° 在 0° ～ 15° 倾角，±7.5° 在 15° ～ 50° 倾角（图 6-12）。

图 6-12　Seaguard RCM9 型单点海流计
Fig.6-12　Single point current meter of Seaguard RCM9

6.4.3　走航观测

走航海水表层温盐观测采用新购置的美国海鸟电子公司的 SBE 21 SEACAT 温盐计。该设备接入“雪龙”船新安装的表层海水自动采集系统，自动观测温度和盐度，在取水口处还装有一个温度探头（SBE 38）。主要技术参数如表 6-6 所示。

表6-6 SBE21 SEA CAT 温盐计技术参数
Table 6-6 Specification of the SBE21 SEA CAT

参数	量程	分辨率	精度
电导率	0 ~ 7 S/m	0.000 1 S/m	0.001 S/m
温度	–5 ~ 35℃	0.001℃	0.01℃
取水口温度	–5 ~ 35℃	0.000 3℃	0.001℃

6.4.4 抛弃式观测

6.4.4.1 Argos表层漂流浮标

本考察航次共使用了 3 种漂流浮标：2 种国产；1 种进口。

国产漂流浮标主要技术指标如下。

（1）测量参数见表 6-7。

表6-7 Argos主要技术参数
Table 6-7 Specifications of Argos

测量参数	测量范围	测量准确度
水温	2 ~ 35℃	±0.3℃
海流	拉格朗日法计算	

（2）数据存储与传输：利用 Argos 卫星进行系统定位、数据实时传输；用户根据浮标定位数据计算表层流速和跟踪海流走向。

（3）数据更新速度：Argos（1 次 /2 h）；

（4）环境要求：水深＞ 25 m；

（5）工作寿命：3 ~ 6 个月；

（6）维护周期：抛弃型仪器，不可维护。

图 6-13 国产铱星漂流浮标
Fig. 6-13 Domestic surface iridium drifts

图 6-14　投放进口铱星漂流浮标
Fig. 6-14　Deployment of import surface iridium drifts

6.4.4.2　抛弃式XBT观测

走航 XBT 观测在“雪龙”船后甲板作业，数据采集器为日本 TSK 公司的 TS-MK-150n 型。XBT 传感器为 TSK（Tsurumi-Seiki Co., LTD）公司生产的 T-7 型。船速为 15 kn 时，可以观测到 760 m 深度。主要技术参数如表 6-8 所示。

表6–8　XBT传感器主要技术参数
Table 6–8　Specifications of XBT

参数	量程	精度
温度	–2 ~ 35℃	±0.1℃
深度	1 000 m	2% 或 5 m

6.5　调查方法

6.5.1　重点海域断面观测

6.5.1.1　温盐深（CTD）观测

（1）作业至少需要 5 名操作人员，包括甲板工作员 3 名（其中 1 人兼任班长，1 人兼任 LADCP 操作员），CTD 操作员 1 名，绞车操作员 1 名。

（2）观测应在船舷的迎风面进行，以免电缆或钢丝绳压入船底。观测位置应避开机仓排污口及其他污染源。

（3）到站前 15 min，甲板操作人员就位，准备采水瓶。打开采水瓶的瓶盖，将采水瓶的挂钩与打水器相连，关闭出水口和进气阀门。

（4）到站前 5 min，开启观测设备。打开甲板单元以及软件，记录站位信息；开启绞车电源，检查并记录液压和绞车系统的相关信息。

（5）到站后，将 CTD 从采水间推到甲板上，准备就位。

（6）确认数据正常之后，利用折臂吊和绞车将 CTD 吊离底座，平移至船舷外，下放至水中。

（7）将仪器以约 30 m/min 的速度下放到 10 ～ 20 m 位置感温至水泵正常启动。随后将仪器慢速提至接近海面，然后重新下放。

（8）根据现场水深确定下放深度，下放速度在 0 ～ 200 m（极地海洋通常上层温盐结构较为复杂），以 30 m/min 的低速下放；在 200 m 以深，以 60 m/min 的速度下放。若船只摇摆剧烈，可适当增加下放速度，以避免在观测数据中出现较多的深度逆变现象。

（9）当仪器距底 100 m 时，减速至 30 m/min。当仪器距底 10 m 时（海况不好或海底地形不平坦的情况下，可选择离底 20 m），停止下放。

（10）仪器上升过程中，接近采水深度时提前减速，在到达设计深度时停车。待 CTD 停止并稳定后，采水。

（11）在仪器上提至离海表面 150 m 左右时，通知甲板作业人员准备回收，CTD 底座就位。利用折臂吊和绞车将 CTD 回收至甲板。关闭操作软件，保存相应的数据文件，确认所有工作都完成之后关闭甲板单元。

（12）CTD 的电导率传感器必须保持清洁。每次观测完毕，都须用蒸馏水（或去离子水）冲洗干净，不能残留盐粒和污物。用淡水冲洗包括 CTD 在内的各个仪器，防止海水的残余造成腐蚀和盐粒，影响以后观测。

（13）为保证测量数据的质量，取仪器下放时获取的数据为正式测量值，仪器上升时获取的数据作为水温数据处理时的参考值。

（14）获取的记录，应立即读取、查看和预处理。如发现缺测、异常数据时，应立即补测；如确定探头漂移较大，应检查探头系统，找出原因，并排除故障。

6.5.1.2 LADCP观测

（1）选择与 LADCP 仪器相兼容的计算机，在其上安装 LADCP 的相关软件；选择 COM 端口、波特率、奇偶校验和停止位；连接完成，建立电脑与 LADCP 的通信。

（2）按系统软件的提示依次进行仪器自检，保存自检文件。

（3）罗盘校测（磁性物质影响罗盘的初始位置，一旦更换电池包或存储模块，或有铁质物体置于仪器内部或周围后，必须进行罗盘校正），保存罗盘标定文件。

（4）清楚内存数据。

（5）导入配置文件，输入存储数据的站位名。

（6）断开与电脑的连接，插上水密插头。

（7）填写记录表格。

（8）与 CTD 一起下放观测。

（9）回收后连接电脑，读取本次观测数据。

（10）将获得的所有数据文件复制到另外一台计算机和活动硬盘中进行备份。

（11）收集所有的记录表格，并输入计算机，进行电子版存档。

（12）安排专职人员对数据进行初步处理，以尽早发现仪器和观测可能存在的问题。

6.5.2 锚碇潜标长期观测

6.5.2.1 锚碇潜标布放

1）前期准备工作

（1）提前做好海况、气象信息的收集，并进行跟踪监视。

（2）清理作业区。在布放前一个站位结束后清理后甲板。

（3）仪器设置：所有仪器在布放前 6 h 完成设置。

（4）起吊设备安全状态检查：采用设备安全工作状态检查，注意折臂吊的状态是否正常。

（5）人员核实与通知。对所有岗位工作人员进行核实，并通知大致作业时间及地点。

（6）设备安置。将所有需用设备安置在作业面或者作业面附近，视同一作业面上作业前的工作内容而定。

（7）起始作业位置确定。根据同一站点其他作业时船体的漂移情况，根据计划作业时间和理想布放位置确定起始作业位置，并通知驾驶室到达这一地点。

（8）声学设备关闭。鉴于船上其他声学观测设备（如万米测深仪、多波束等）会对潜标通信所用的声学释放器正常工作带来干扰，在作业点选择好以后关闭其他可能带来干扰的声学设备。

2）作业过程

整个作业采用先标后锚布放过程。除释放器、重块、ADCP 和沉积物捕捉器以外其他部件全部由回头绳的方式从后部出口放置海面。释放器、重块、ADCP 和沉积物捕捉器由释放钩布放。

（1）所有人员到位。

（2）人员安全措施检查。

（3）先把顶部浮球送下去，后面工作人员拉住绳子，控制下放速度。后续缆绳用锚桩固定。

（4）浮球下放后，继续下放绳子，用锚桩控制下放速度。小型仪器经过锚桩时先取下后面桩的固定，仪器绕过，然后再取下前面桩的固定，仪器绕过后绳子继续锚桩。

（5）断点以及仪器的连接一定要在前端的绳子出完之前准备。

（6）至 ADCP 和沉积物捕捉器等大型仪器时，先将仪器前端的绳子用船舷旁的圆环锚住。在起吊后，前面固定绳解开。利用地质绞车和 A 架配合起吊，下放至水面，释放钩释放。风力较大的情况可以加两条止荡绳。

（7）释放器起吊之前需将重块锚住，防止重块受到拖拽。释放钩连接释放器，利用 A 架和绞车转移到海面，释放钩脱钩。

（8）将释放器锚链前端从出水口顺出后，用释放钩吊起重块，至重块入水后，释放钩脱钩。

（9）重块入水后甲板单元连续定位，记录 GPS 和距离。

（10）定位过程完成后，通知驾驶室作业完成。

3）收尾阶段

（1）将设备、设备包装箱整理、归位。

（2）耗材、工具整理、安置，工作面的整理。

（3）协助其他作业设备的归位。这一部分需要其他作业组的协助。

（4）记录表的登录。

（5）出现的问题总结。

6.5.2.2 锚碇潜标回收

1）寻找目标

“雪龙”船到达作业点后关闭万米测深仪和多波束等声学设备，在后甲板尝试与声学释放器沟通。

若声学释放器能够叫通，则通过甲板单元与释放器之间的联系，确定锚碇观测系统现有状态（电量、姿态、测距），并通过三点测距实现对观测系统的准确定位。三点的选择尽可能距离锚碇观测点 1 ~ 2 km，定位的距离还应根据“雪龙”船的最小拐弯半径适当调整。

确定潜标准确位置后，大船启动前往该位置。大船抵达该位置后，将甲板单元移动到作业平台准备对释放器进行释放。对释放器发出释放指令之前，尽可能动员有关人员在船只的不同位置进行监视，以便尽早发现。对释放器发出释放指令，且应答释放成功以后，在加强对海面目视监测的同时，利用释放器不间断地进行联络，并根据距离变化信息适当进行作业平台的机动，并根据当时的风和流的情况大致估计出潜标出现的位置，争取尽快发现目标。

若声学释放器无法叫通，则“雪龙”船前往备用点进行上述操作。若在备用点仍无法叫通声学释放器，则“雪龙”船以作业点为圆心，以 5 n mile 为半径进行机动搜索，在机动搜索时应不断尝试与声学释放器的沟通。若仍旧无法叫通声学释放器，则放弃搜索，宣布搜索失败，建议取消潜标打捞工作，大船继续进行其他作业。

2）潜标捕获

根据海况不同，潜标捕获分为小艇和大船两种方式。若海况允许的话应尽量采用小艇捕获。一是因为小艇的机动能力较强，捕获时较为方便；二是因为在用大船捕获时经常会出现潜标挂在船尾螺旋桨处的情况，这种情况会加大回收的难度。

（1）小艇。若用小艇寻找到目标，小艇上的人员应尽量寻找到潜标的头部，则用小艇将潜标的头部牵引至后甲板，潜标在后甲板固定后开始打捞工作。

（2）“雪龙”船。大船寻找到目标后，驶向潜标位置。大船在潜标附近停车，依靠风和流的作用漂向潜标。在中甲板至后甲板的船舷处布置多个抛钩点对潜标进行抛钩捕获。若天气条件允许，还可用大吊将吊笼伸出进行捕获。

若捕获不成功，则大船掉头，驶向潜标位置，继续进行捕获，重复以上步骤直至成功捕获标体。

潜标捕获成功后，应及时进行固定。若用吊笼打捞成功，则应尽快将抛钩绳转移到船舷上，在船舷上用其他抛钩一起挂住潜标绳子，将潜标拉到船舷上进行固定。若在船舷上打捞成功，则直接在船舷上用其他抛钩一起挂住潜标绳子，将潜标绳子拉到船舷上进行固定。

潜标成功固定后，应将潜标牵引至后甲板。首先在后甲板利用抛钩将潜标打捞上来，利用锚桩将潜标固定。在后甲板固定后，将中甲板船舷处的潜标固定解开，利用牵引绳将潜标头部牵引至后甲板。牵引绳将潜标牵引至后甲板后，将牵引绳连接到绞缆机上并带上力，为打捞做准备。

若牵引点不是位于潜标头部，则应根据牵引点所处位置进行处理。可将牵引点先在后甲板进行固定，然后决定从潜标的哪端开始打捞。

3）潜标打捞

潜标打捞工作整体是以 3 000 m 生物绞车和万米地质绞车相互配合，绞缆机进行牵引共同完成的。

（1）大型仪器的打捞（包括沉积物捕获器、ADCP、释放器等）。

大型仪器前端都有浮球组，将浮球组绞至船舷边上时停止绞缆，在浮球前端的绳子上确定一个提拉点，用万米绞车将浮球提到空中，若此时的仪器仍在船舷之下，则在仪器前端确定一个提拉点，用 3 000 m 绞车继续提拉，直至将仪器提拉至甲板。人力将仪器后端的绳子拉上甲板一些，在锚桩处进行锚桩固定。卸掉仪器后端与绳子链接的卸扣，绳子链接到绞缆机上继续绞缆打捞。

（2）小型仪器的打捞（包括单点海流计、CTD、TD 以及温度传感器）。

当小型仪器在水中能看到时，停止绞缆，将潜标缆绳在锚桩上固定。依靠人力将小型仪器拉上甲板，在船舷处将潜标缆绳固定，并将仪器和夹子从缆绳上卸下。将锚桩处的固定解开，继续绞缆，缆绳带力后将船舷处的固定解开，继续进行回收工作。

（3）绳子的回收。

深水潜标缆绳的回收工作量很大。缆绳通过锚桩的导流连接到绞缆机，绞缆机将缆绳持续地拉回到甲板。缆绳通过绞缆机后可以直接缠到线辊上。

6.5.3 走航观测

（1）打开 SBE21 数据转换器上的电源。

（2）在水泵正常运行时，打开 OUT， SEAWATER IN 两个红色塑料阀门；关闭 FRESH WATER IN，DRAIN 两个红色塑料阀门。打开与 OUT 连接的铁制阀门。

（3）运行 SeaTerm.exe，点击“Connect”，出现“S >”。

（4）点击“Status”或键入“DS”，确认仪器的设置是否符合要求。

（5）键入“GL”，清除内存，并开始新记录。注意有不断更新的数码显示在“S>”之后，表示 SBE21 已经开始工作并记录数据（logging）。

（6）运行 SeaSave.exe，在“Realtime data”菜单下，点击“Start”。

（7）给定实时记录的文件名，一般用当天日期，如“20080120.hex”。

（8）正式投放前，键入文件名等。

6.5.4 抛弃式观测

6.5.4.1 Argos表层漂流浮标观测

（1）漂流浮标在布放前，要进行组装、测试，使用由厂家提供的测试信号器，进行测试。

（2）移开磁开关，浮标内部电源接通，用测试器在浮标体外进行检测，发出“鸣音”后，浮标正常工作。

（3）布放时，要求降低船速至 3 ~ 5 kn，一般在船后甲板布放最佳，也可在后甲板的左右船舷。

（4）布放时，2 ~ 3 人操作，要求作业人员穿救生衣，系上安全带，先将漂流袋（漂流帆布）全部展开，再逐段投入海水中，而后再放浮球或柱体入水，5 ~ 10 min 后在海水中呈现垂直状态。

（5）投放结束后，应及时填写漂流浮标观测记录表。

6.5.4.2 抛弃式XBT观测

抛弃式温深仪（XBT），探头型号 T-7，在极区投放要求海冰密集度小于 5，船速低于 15 kn。测量深度为 760 m，历时 123 s。操作步骤如下。

（1）在各部分安装连接正确后，接通电源（UPS 电源），然后开机。

（2）应用仪器公司提供的带有 XBT 控制器的专用计算机。

（3）开机后，应用仪器公司提供的软件菜单进行操作。

（4）XBT 探头投放前，输入探头编号、型号、日期、站号、经纬度，进入投放准备状态。

（5）应用手持发射枪或固定发射架（要求接地良好）安装 XBT 探头。

（6）拔出探头插销，探头入水，计算机将显示采集数据或绘制曲线。

6.6 质量控制

6.6.1 重点海域断面观测

6.6.1.1 温盐深观测（CTD）

本航次使用的海鸟 911 Plus CTD 系统安装了双温度、双电导、溶解氧、压力、叶绿素和高度计 8 个传感器。所有测站温、盐数据均进行了双探头测量数据对比，以开始作业的第一个测站 B08 和深水站位 P05 为例，表 6-9 为比测统计结果。主探头与次探头在 B01 站温度差值范围为 –0.006 3 ~ 0.058 5℃，电导率差值范围为 8.290 0 e–04 ~ 0.006 5 S/m；P05 站温度差值范围为 –0.047 2 ~ 0.034 6℃，电导率差值范围为 –0.001 8 ~ 0.006 2 S/m。综合比较表明，两探头性能稳定，数据均达到技术指标要求。

表6–9 海鸟911Plus CTD 双探头比测结果统计

Table 6–9 Comparison of data sampled by two sensors of the SBE 911plus CTD

站位	B08					
压强范围	5 ~ 3 790 db		50 ~ 3 790 db		500 ~ 3 790 db	
变量	温度差（℃）	电导率差（S/m）	温度差（℃）	电导率差（S/m）	温度差（℃）	电导率差（S/m）
最大值	0.058 5	0.006 5	0.016 1	0.002 4	0.001 2	0.001 7
最小值	–0.006 3	8.290 0e–04	–0.0063	8.290 0e–04	–9.000 0e–04	0.001 2
平均值	–1.001 9e–04	0.001 6	–1.793 0e–04	0.001 5	–1.922 1e–04	0.001 5
标准偏差	0.001 7	1.582 9e–04	6.073 1e–04	5.556 2e–05	2.681 0e–04	2.762 8e–05
站位	P05					
压强范围	5 ~ 3 852 db		50 ~ 3 852 db		500 ~ 3 852 db	
变量	温度差（℃）	电导率差（S/m）	温度差（℃）	电导率差（S/m）	温度差（℃）	电导率差（S/m）
最大值	0.034 6	0.006 2	0.034 6	0.004 3	0.001 1	0.001 4
最小值	–0.047 2	–0.001 8	–0.043 6	–0.001 8	–0.001 3	0.001 2
平均值	2.382 1e–04	0.001 3	2.584 7e–04	0.001 3	2.936 5e–04	0.001 3
标准偏差	0.002 0	2.374 8e–04	0.001 7	1.505 5e–04	3.939 2e–04	1.576 5e–05

6.6.1.2 流速观测（LADCP）

LADCP 配置文件分为浅水（深度小于 800 m）和深水（深度大于 800 m）两种模式。二者初始环境参数均设置为温度 0℃，盐度 34，磁偏角 0 磁，后续数据处理过程中需要利用 CTD 和 GPS 信息进行订正。

数据处理利用哥伦比亚大学 Lamont-Doherty Earth 实验室 Martin Visbeek 教授编写的 matlab 软件包（逆方法）。在数据处理过程中利用处理软件进行了一系列质量控制。

6.6.2 锚碇潜标长期观测

白令海锚碇潜标自2016年7月23日布放至2017年7月29日回收，共获取了372 d的温、盐、流场数据，数据正常且各仪器内存及电池使用情况良好。

楚科奇海锚碇潜标自2016年9月4日布放至2017年9月22日回收，共获取了384 d的温、盐、流场数据，数据正常且各仪器内存及电池使用情况良好。

6.6.3 走航观测

走航温盐观测在非冰区运行良好，在冰区受海冰影响，泵易堵塞，导致温度偏高，在后期处理中需要剔除。

2017年8月3日4:35，表层水泵冰堵，停表层水，停SBE程序。8月4日2:14重启。

2017年8月4日11:14，表层水泵冰堵，停表层水，停SBE程序。8月9日00:31重启。

2017年8月11日8:00，进入密集冰区，停表层水，停SBE程序。至8月18日6:17期间，只在CTD作业期间开启。

西北航道期间无作业。

除缺测数据外，数据本身也存在很多奇异值。这些奇异值往往伴随着很多特殊的事件，例如大风大浪、船只停泊等。依据温盐数据的时间连续性而不可能存在“断崖式”变化的特征挑选奇异值，然后分情况单独处理每一个奇异值。具体处理方法如下：① 如果某段航行长期观测到奇异值，那么将忽略该段观测的数据；② 如果某段航行短期内处于奇异值，将通过前后观测数据内插的方法对该段数据进行样条插值处理。通过处理发现，盐度数据和温度数据的奇异值发生的时间既存在一致性，也存在不一致性，说明仪器产生奇异值不仅仅是恶劣环境引起的，也可能源于仪器本身的不稳定性。

6.6.4 抛弃式观测

1）Argos表层漂流浮标观测

第八次北极科学考察期间在加拿大海盆布放了2套Argos表层漂流浮标，在楚科奇海布放4套，在白令海峡峡口处布放3套，在白令海陆架区布放2套，投放完成后，浮标数据接收正常。

2）抛弃式XBT观测

第八次北极科学考察期间在中央航道、楚科奇海台等海域布放了11枚XBT，投放成功率为95%，数据质量良好。

6.7 任务分工与完成情况

6.7.1 任务分工

中国第八次北极科学考察舯部甲板物理海洋作业主要由10名国内考察队员组成，分别来自国家海洋局第一海洋研究所、国家海洋局第二海洋研究所、国家海洋局第三海洋研究所、中国极地研究中心。

表6-10 物理海洋考察人员及航次任务情况

Table 6-10 Information of scientists from the physical oceanography investigation

序号	姓名	性别	单位	航次任务
1	李　群	男	中国极地研究中心	现场执行负责人、带班班长
2	林丽娜	女	国家海洋局第一海洋研究所	CTD 作业带班班长，潜标回收、布放和漂流浮标布放负责人
3	马小兵	男	国家海洋局第一海洋研究所	CTD 甲板作业指挥、协调、安全，潜标回收、布放，漂流浮标布放
4	彭景平	男	国家海洋局第一海洋研究所	CTD 作业绞车操作，潜标回收、布放，漂流浮标布放
5	吴浩宇	男	国家海洋局第一海洋研究所	CTD 甲板作业下放、回收，潜标回收、布放，漂流浮标布放
6	白有成	男	国家海洋局第二海洋研究所	CTD 甲板作业下放、回收
7	李　伟	男	国家海洋局第三海洋研究所	CTD 甲板作业下放、回收
8	周鸿涛	男	国家海洋局第三海洋研究所	CTD 作业绞车操作
9	钱伟鸣	男	中国极地研究中心	CTD 甲板作业下放、回收
10	章向明	男	国家海洋局第二海洋研究所	CTD 控制电脑数据采集

6.7.2 完成情况

中国第八次北极科学考察期间，水文组在中央航道、楚科奇海、楚科奇海台、加拿大海盆、白令海峡、白令海、北欧海等海区开展了断面 CTD 观测、流速剖面观测、锚碇潜标长期观测、走航表层温盐观测、表层漂流浮标观测和抛弃式 XBT 观测。具体完成情况如表 6-11 所示。

表6-11 中国第八次北极科学考察水文调查工作完成情况统计

Table 6-11 Statistic of sampling in physical oceanography in details

工作内容	计划量（个）	完成量（个）	备注
CTD 观测	27	58	超额 115%
流速剖面观测	27	51	超额 89%
锚碇潜标长期观测	2	2	完成
走航表层温盐观测	全程	全程	完成
表层漂流浮标观测	6	11	超额 83%
抛弃式 XBT 观测	10	11	超额 10%

6.8 数据处理与分析

6.8.1 重点海域断面调查

6.8.1.1 温盐深观测（CTD）

本航次重复观测了第五次北极科学考察在北欧海观测的格陵兰海—挪威海跨脊 BB 断面。从图 6-15 中可以清楚地看到东侧向北流动的挪威暖流和西侧向南流动的格陵兰寒流，它们之间存在明显的温盐锋面。挪威暖流为高温高盐水体，主要来源是北大西洋水，在其下部为相对低温低盐的北极深层出流水。观测到的北大西洋暖水最高温度为 9.56℃，最高盐度为 35.1。该断面混合层较浅，约 30 m，其下的季节性温跃层也仅至 40 m。断面观测时间为 2017 年 8 月 19—21 日，“五北”该断面观测时间为 2012 年 8 月 4—6 日，与“五北”观测结果进行初步比较发现，同深度北大西洋暖水和深层出流水盐度降低，温度偏高。

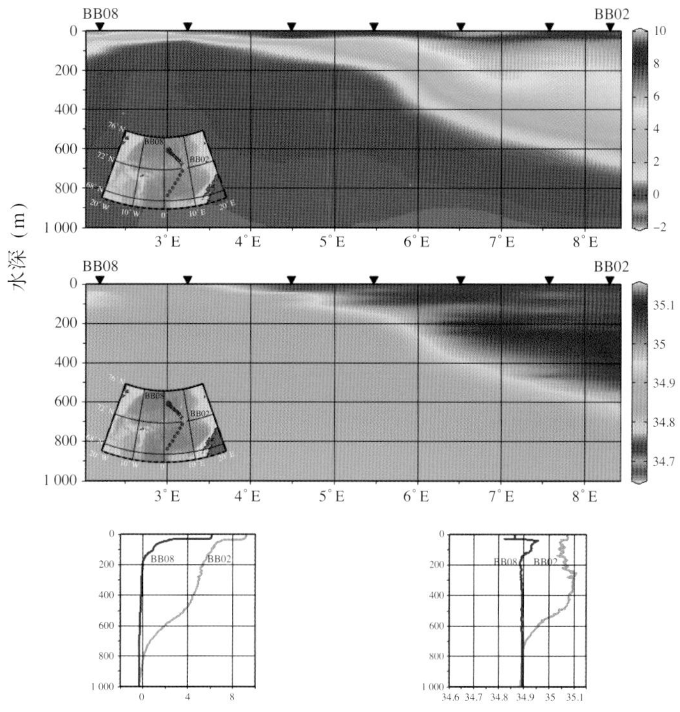

图 6-15 北欧海 BB 断面温盐分布

Fig. 6-15 Section (upper) and typical profiles (lower) of temperature and salinity in Nordic Sea

本航次首次在中央航道开展了全程 CTD 断面调查，从图 6-16 中可以清晰地捕捉到大西洋入流自西向东逐步下沉这一事实。在下沉过程中，大西洋水温度明显降低。在靠近弗拉姆海峡的 N08 站，大西洋水暖水核心位于 160 ~ 300 m 层，暖核最高温度 1.84℃，垂向混合过程较强。至 N04 站大西洋水暖水核心位于 180 ~ 340 m 层，暖核最高温度 1.34℃。出欧亚海盆，至门捷列夫海脊附近的 N02 站，大西洋水暖水核心位于 400 m 附近，暖核最高温度降至 0.97℃，垂向混合较弱。

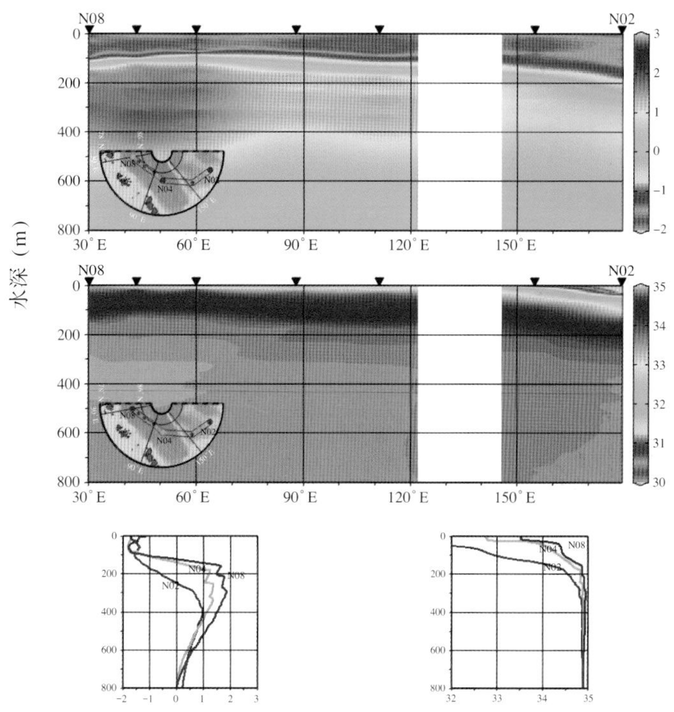

图 6-16 中央航道 N 断面温盐分布

Fig. 6-16 Section (upper) and typical profiles (lower) of temperature and salinity in Central Passage

6.8.1.2 流速观测（LADCP）

LADCP 数据的后期处理使用的是哥伦比亚大学 Lamont—Doherty Earth 实验室 Martin Visbeek 教授编写的matlab软件包(逆方法)。在数据处理过程中利用处理软件进行了一系列质量控制。图6-17选取的是中央航道两个代表站位的流速结果。

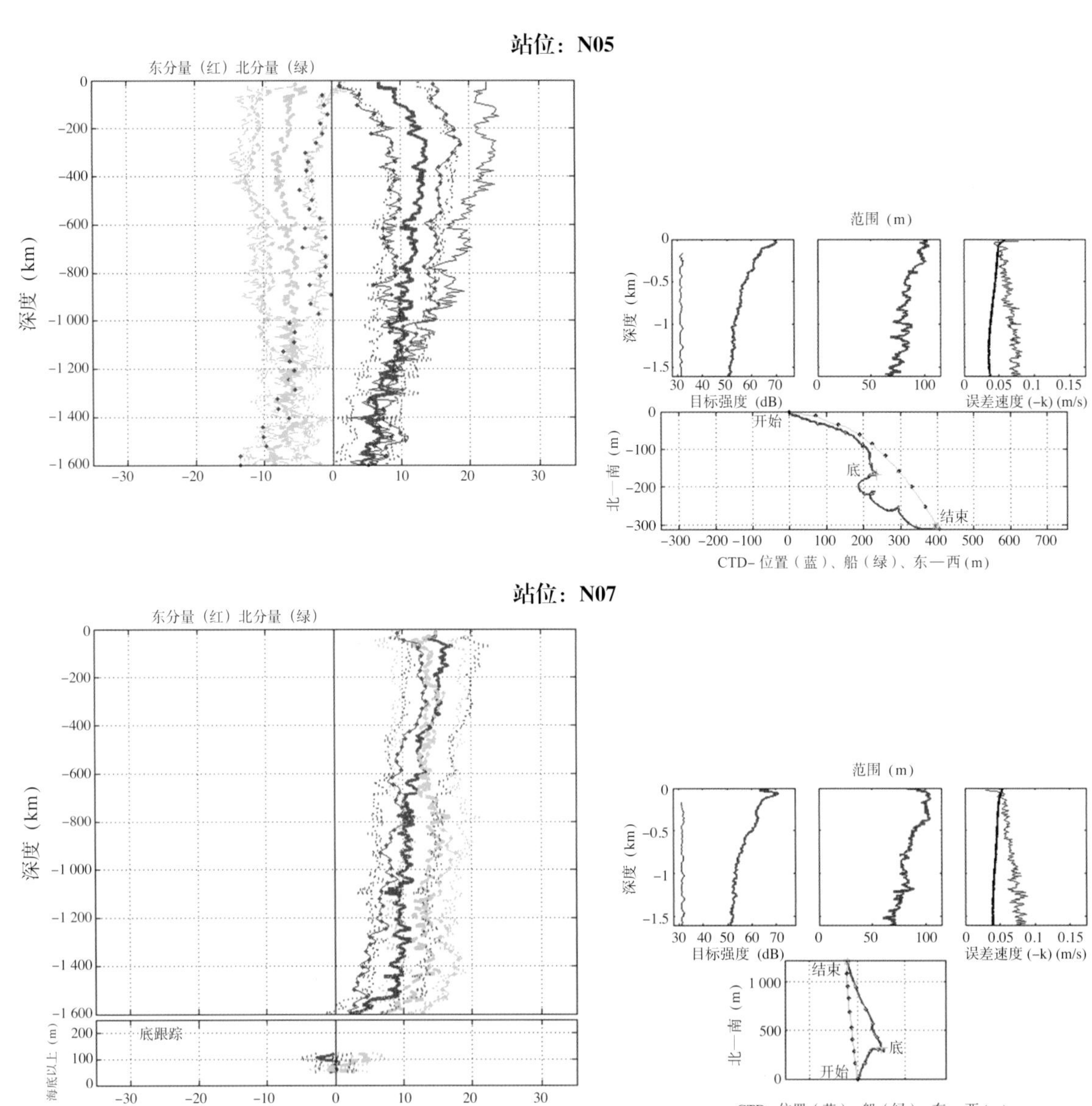

图 6-17 N05 站（上，cast 119）和 N07 站（下，cast122）流速剖面的处理结果
Fig.6-17 Velocity profiles processed from the acquired current data at stations of N05 (up) and N07 (down)

LADCP 观测的流速剖面是短时间内海水综合运动的结果，除了定常流外还包含了周期性的潮流、惯性流以及涡流扰动等其他信号，所以需要与平均意义下的海流区分对待。N05 站位于 85°45.05′N，87°40.34′W，*u* 分量表层较小，在 N07 站位于 85°1.85′N，43°2.20′W，两个站位处于中央航道的同一纬度，但流场特征差异很大。N05 海水表层流速较小，*u* 分量在表层的流速为 7 cm/s，到 200 m 增大到 14 cm/s，200 ～ 450 m 处流速最大，再向下，流速逐渐减小，至 1 600 m 处流速减弱到 7 cm/s。*v* 分量垂向上相对均匀，变化不明显，流速在 7 cm/s 左右。整体上看，N05 站流向为东南方向。N07 站流向为东北方向，与 N05 站相比，垂向分布比较均匀。*u* 分量在上层海洋的流速为 15 cm/s，

最大流速到 17 cm/s，800 ~ 1 500 m 分布均匀，流速大致为 10 cm/s，其下随着水深的加深流速逐渐减弱，至 1 600 m 处时流速为 3 cm/s。*v* 分量与 N05 站相比，相对增强，流速的变化范围在 13 ~ 15 cm/s，至 1 600 m 处时流速减弱到 7 cm/s。

6.8.2 锚碇潜标长期观测

本航次成功回收我国首套白令海陆坡区深水锚碇潜标，潜标总长 3 430 m，获取了白令海陆坡区 2016 年 7 月 23 日至 2017 年 7 月 29 日 372 天定点连续的温、盐、流场等水文数据。图 6-18 展示了 300 m 层温盐变化的时间序列，由图可见，12 月至翌年 6 月的冬春季节温盐变化相对平缓，7—10 月的夏秋季节温盐变化比较剧烈，尤其是 2016 年 8—9 月，有 3 个比较显著的增温和降温过程，温度最大变化 0.4℃，盐度差值达 0.35，具体机制有待于进一步分析。

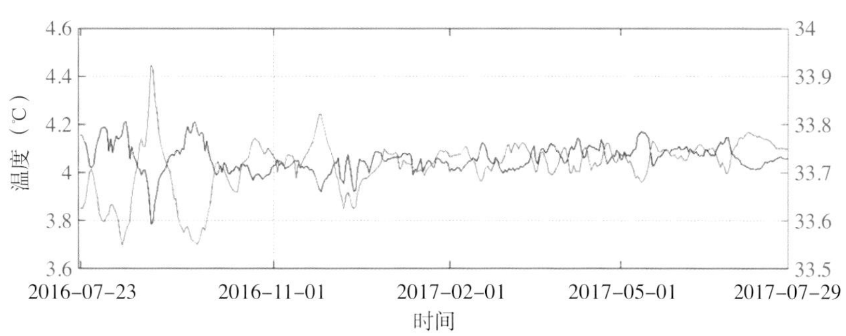

图 6-18 白令海陆坡区潜标观测时间序列
Fig. 6-18 Time series records of the subbuoy in the Bering Sea

本航次成功回收楚科奇海陆架区浅水锚碇潜标，潜标总长 30 m。第五次北极考察期间，在该潜标点获取了近 2 个月的水文要素资料，本航次又获取了 2016 年 9 月 4 日至 2017 年 9 月 22 日 384 d 定点连续的温、盐、流场等水文数据。图 6-19 展示了 40 m 层温度变化的时间序列，从图中可以清晰地看出结冰和融冰期海洋降温和增温过程。12 月中下旬至 5 月初的冰封期，温度基本维持在 -1.7℃左右。

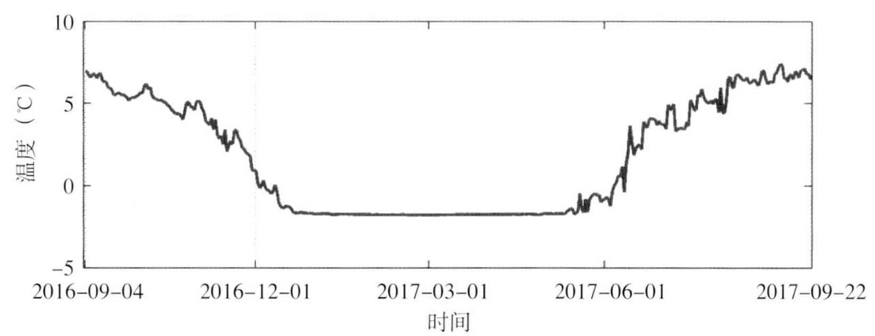

图 6-19 楚科奇海陆架区潜标观测时间序列
Fig. 6-19 Time series records of the subbuoy in the Chukchi Sea Shelf

6.8.3 走航观测

从图 6-20 中可以看出，自上海出发至日本海，表层海水温度随着纬度的升高而逐渐降低，温度由 29℃降至 15℃。进入白令海海后，温度维持在 10℃左右，白令海海盆区表层盐度明显高于白令海陆架区，圣劳伦斯岛北部的海峡区，盐度最低，这与该海域存在大量河流径流密切相关。进入到楚科奇海之后表层温度明显降低，温度降幅达到 5 ~ 6℃。8 月 4 日进入高纬冰区后，温度低至 0℃以下，最低温度 -1.7℃。受融冰的影响，中央航道起始区域盐度最低，低于 30，高纬密集冰区在 32 左右。随着航线逐步脱离冰区，温度开始回升，进入北欧海后，表层海水温度逐渐升高，至冰岛附近，达到 12℃，表层海水体现出北大西洋高盐水特征，盐度始终维持在 34.6 以上。

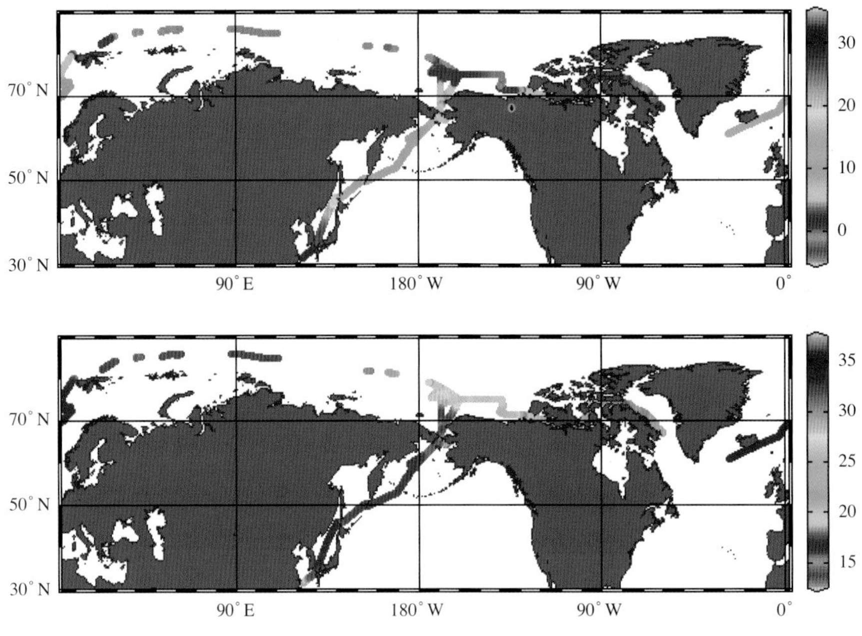

图 6-20 走航表层温度（上）和盐度（下）分布

Fig.6-20 Surface temperature (up) and salinity (down) for sailing data

6.8.4 抛弃式观测

6.8.4.1 Argos表层漂流浮标观测

本航次在白令海峡口、楚科奇海和加拿大海盆布放了 9 套漂流浮标，根据 9 月至 10 月浮标轨迹和流速结果（图 6-21）可以看到，白令海峡口的浮标轨迹主要为向北和西北方向，其中 7 号（深紫）和 8 号（浅紫）浮标在向西北运动的过程中，形成了一个漩涡，流速在 40 cm/s 左右。在 72° N 附近布放的两个浮标轨迹也反映出西向和西南向特征。以往的研究多关注楚科奇海东部流场，西部流场观测较少，这次观测很好地反映了楚科奇海域西部海流情况。

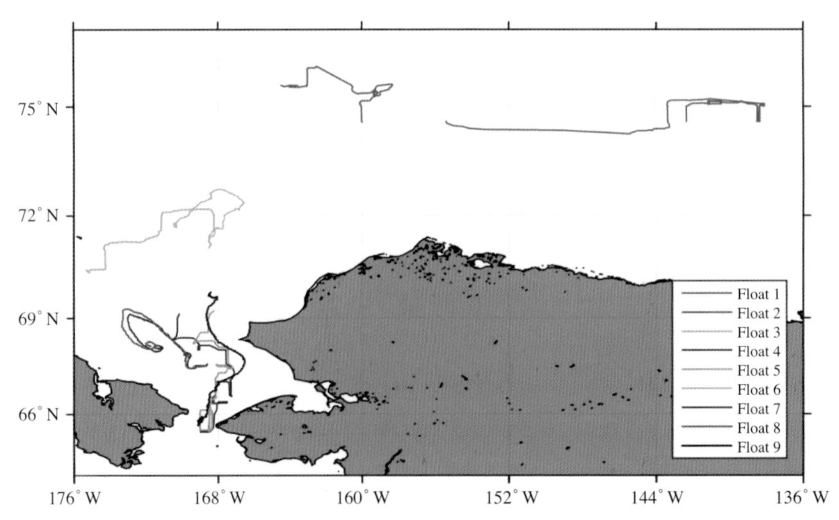

图 6-21 北冰洋 Argos 漂流浮标轨迹

Fig. 6-21 Trajectory of Argos drifting buoys in the Arctic Ocean

加拿大海盆两个浮标反映了波弗特流涡的特征，其中 1 号浮标漂移最快，在 2 个月的时间，自东向西横穿了半个加拿大海盆。

图 6-22 为截至 10 月中下旬白令海两套浮标的位置。两套表层漂流浮标的北向偏向运动特征，但流速较弱。近 1 个月的时间内只移动了大约 1 个纬距。

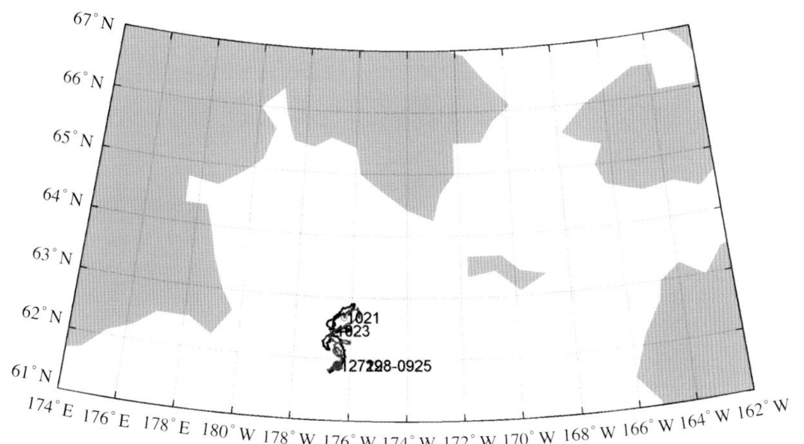

图 6-22　白令海 Argos 漂流浮标轨迹
Fig. 6-22　Trajectory of Argos drifting buoys in the Bering Sea

6.8.4.2　抛弃式XBT观测

本航次布放的 XBT 位置较分散，主要用于获取温度剖面计算声速来校正多波束观测，同时也扩展了水文观测区域。图 6-23 左侧剖面位于加拿大海盆东部，从图中可以清晰地看出 50 ~ 250 m 的上层海洋被太平洋水占据，分为上下两层，上层为温暖的夏季太平洋水，最高温度高于 0℃，下层为冬季太平洋水，低至 –1.5℃。图右侧剖面为楚科奇海台西侧未进行 CTD 观测的区域，从图中可以看出，太平洋水主要集中在 200 m 以浅，也分为夏季和冬季太平洋水两层，200 m 以深被大西洋水占据，温度在 –1.7℃左右。

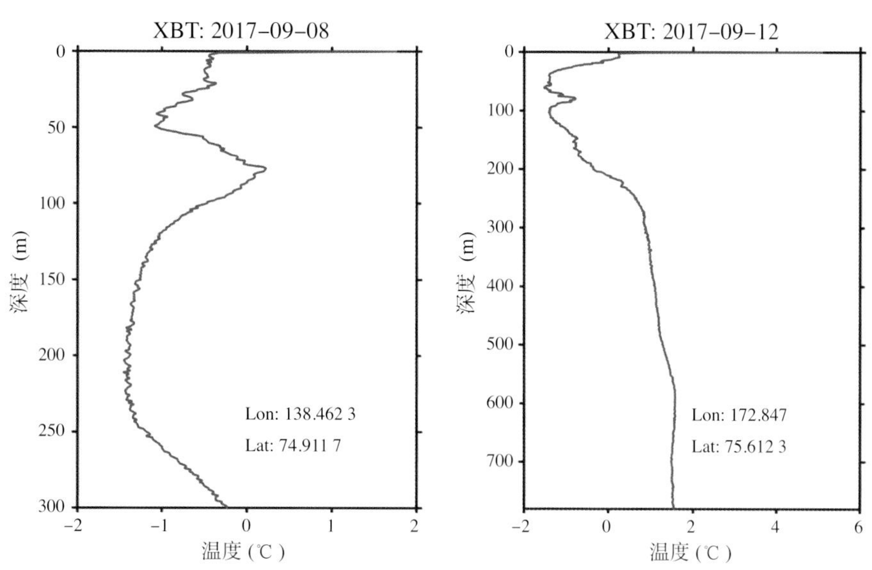

图 6-23　XBT 温度剖面
Fig. 6-23　Temperature profiles of XBT

6.9 适航性分析

6.9.1 白令海

靠近白令海峡口的BS断面数据显示，2017年夏季断面温度与2012年和2014年相比，整体偏高，尤其是在中底层，垂向混合增强。温度基本在1℃以上，低温出现在断面西侧的底层。盐度整体偏低，尤其是断面东部的阿拉斯加沿岸水，盐度低于29，这在2012年和2014年航次期间均没有观测到（图6-24）。

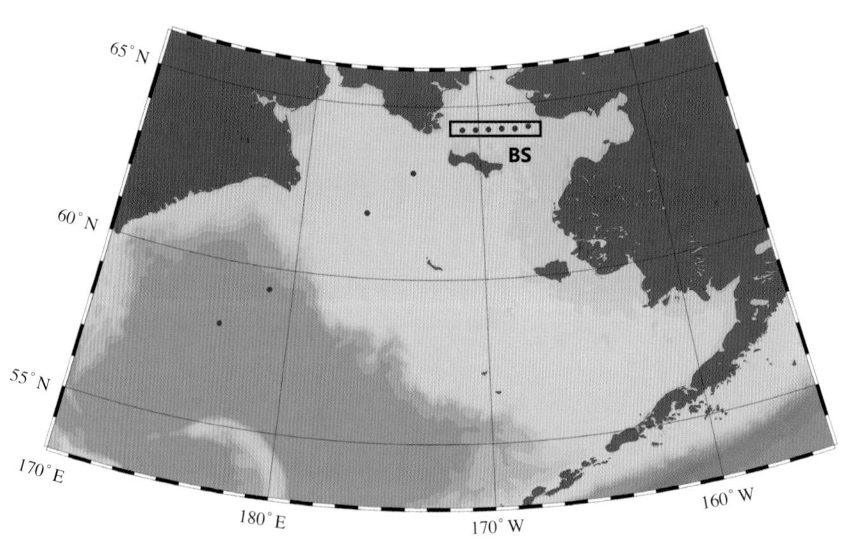

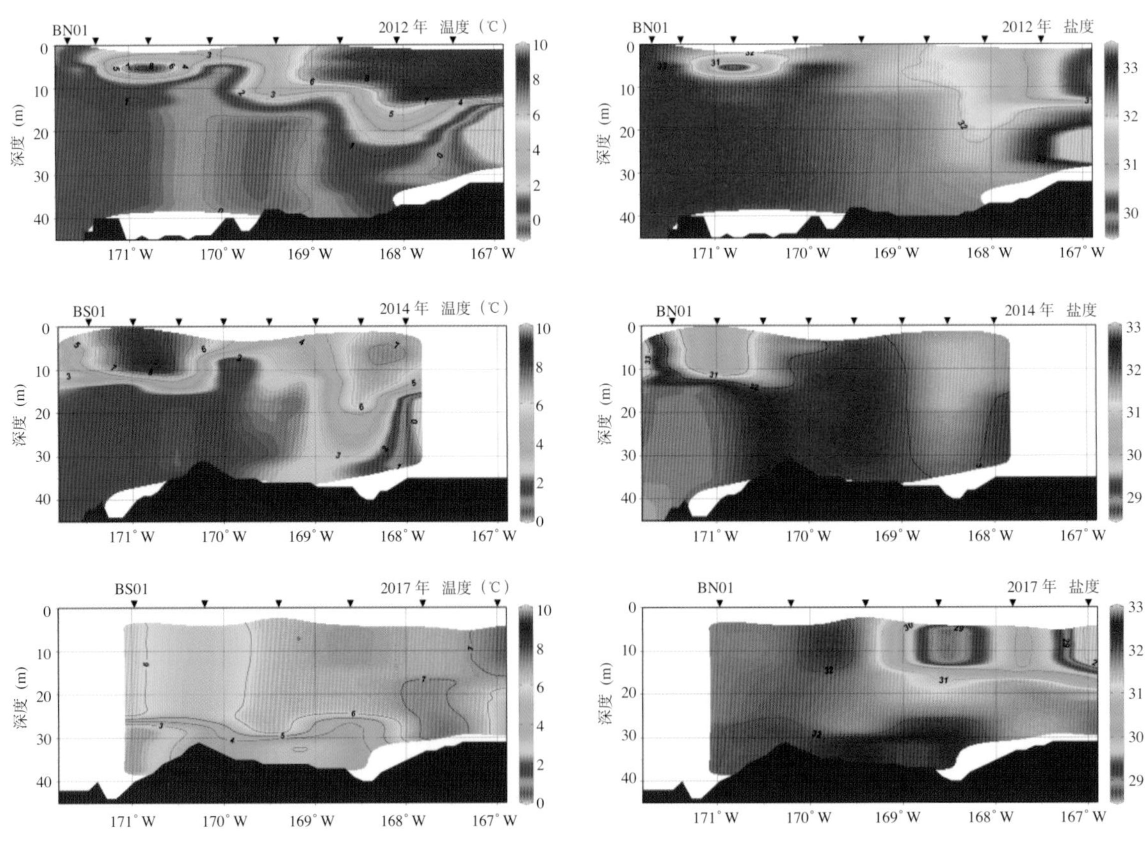

图6-24 白令海峡南部纬向重复断面温盐分布（2012/2014/2017年度）

Fig.6-24 Distribution of temperature and salinity at the zonal sections in the south of Bering Strait in 2012, 2014 and 2017

6.9.2 楚科奇海

6.9.2.1 重点重复断面

CC 是我国参加北极太平洋扇区工作组（Pacific Arctic Group）的合作断面。2017 年断面垂向混合较强，温跃层不显著；与历史观测数据相比，表层温度偏低，最高温度为 6.5℃，底层温度偏高，基本在 2℃以上，年际变化显著。盐度方面，东侧的阿拉斯加沿岸水盐度偏低，盐度小于 30，底层盐度偏高，与 2012 年和 2016 年数据相比，盐度高于 32.5 的水体范围最大（图 6-25）。

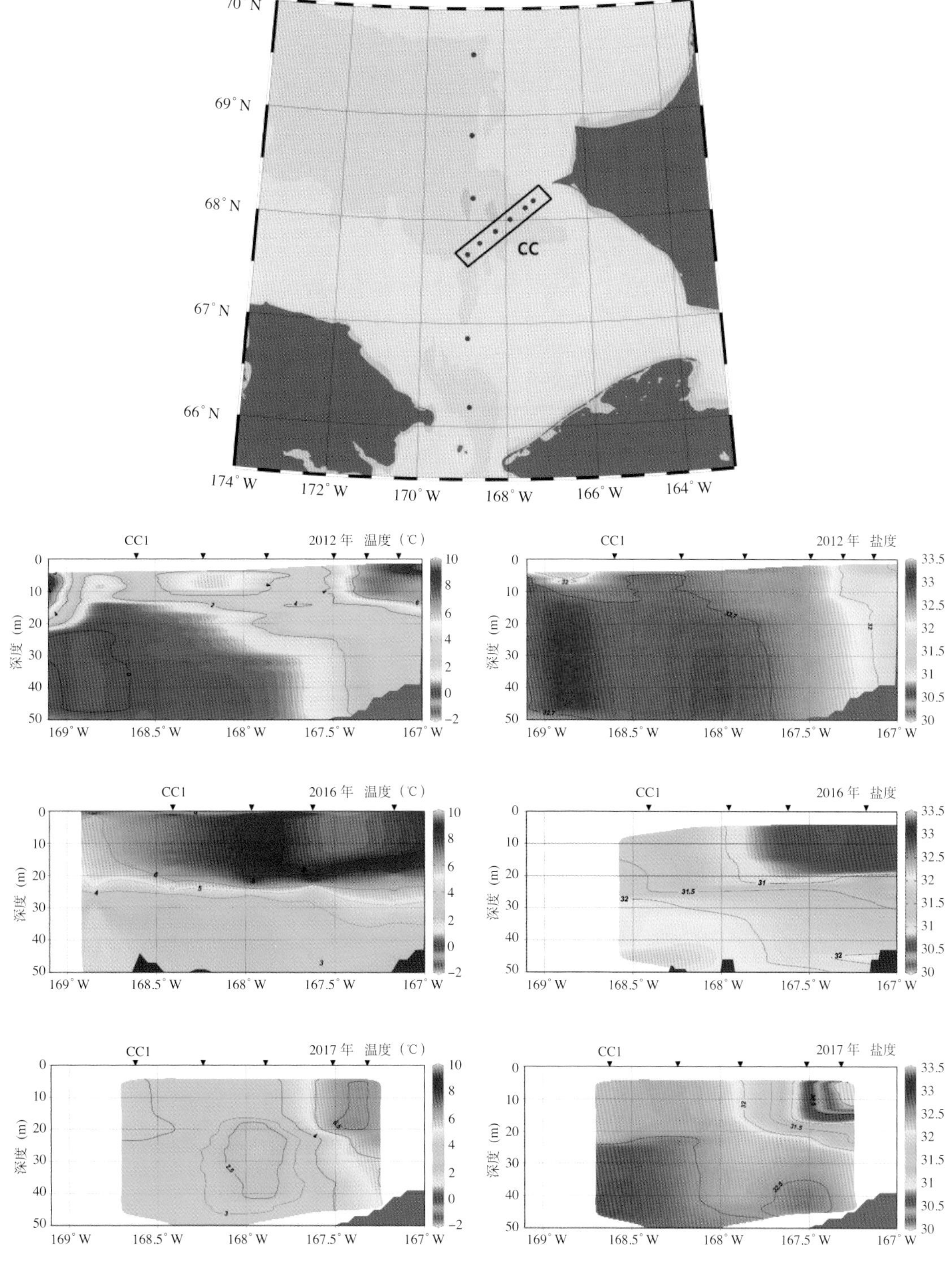

图 6-25 楚科奇海 CC 断面温盐分布

Fig.6-25 Distribution of temperature and salinity at section CC in the Chukchi Sea in 2012, 2016 and 2017

6.9.2.2 锚碇潜标观测

2012 年“五北”期间在楚科奇海中部布放并回收了 1 套潜标观测系统，获得了约 50 d 的连续观测数据。2016 年“七北”考察队在相同位置布放了 1 套锚碇潜标，并于 2017 年“八北”考察期间成功回收。对比两套潜标共有的 7 月 22 日至 9 月 7 日 25 m 和 40 m 层的温度，发现 7 月至 8 月温度整体均呈缓慢增加趋势，在 8 月底温度最高。2017 年夏季各层温度均高于 2012 年观测数据，7 月底至 8 月上旬同期温差最大可达 6℃（图 6-26）。

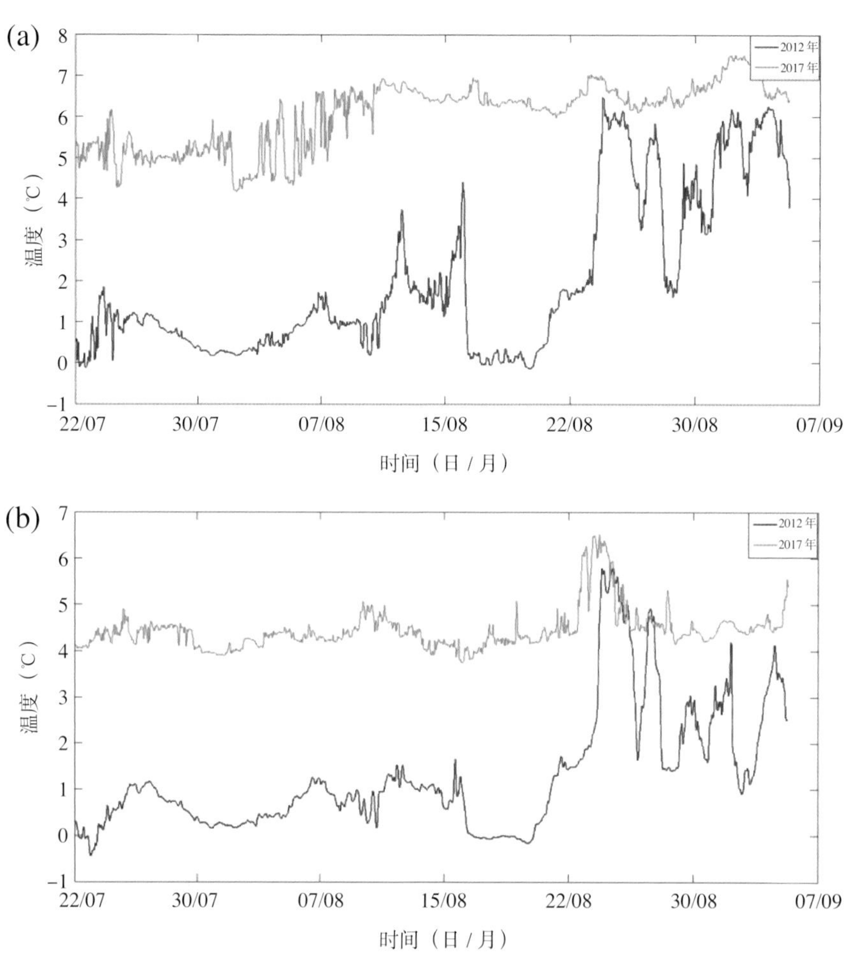

图 6-26　25 m (a) 和 40 m (b) 层温度对比

Fig.6-26　Comparison of temperature between 25 m (a) and 40 m (b)

6.9.3　加拿大海盆

本次考察首次开展了 75° N 东西横跨加拿大海盆的断面观测，温盐分布数据显示，温度垂向上分层显著，并存在明显的区域差异，尤其是上层太平洋水，西部太平洋夏季水较少，基本为低温高盐的太平洋冬季水（图 6-27）。154° ~ 162° W 太平洋夏季水范围最大，温度最高。相比海盆西部相近纬度历史数据，2017 年夏季太平洋夏季暖水范围偏大，温度偏高，太平洋冬季水的温度也偏高，尤其是在海盆西部。

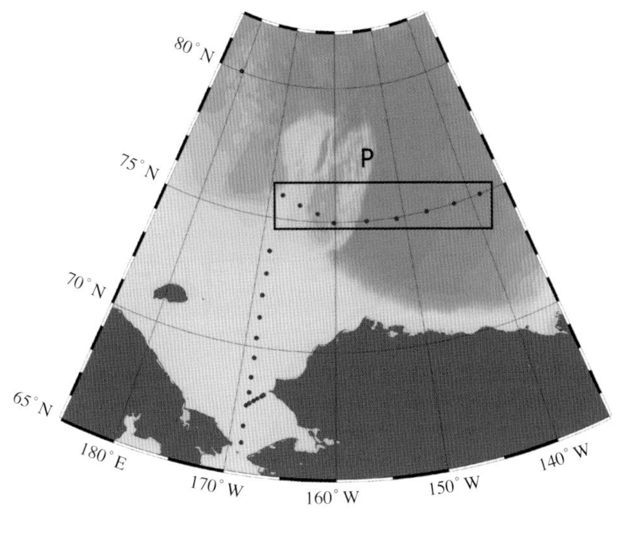

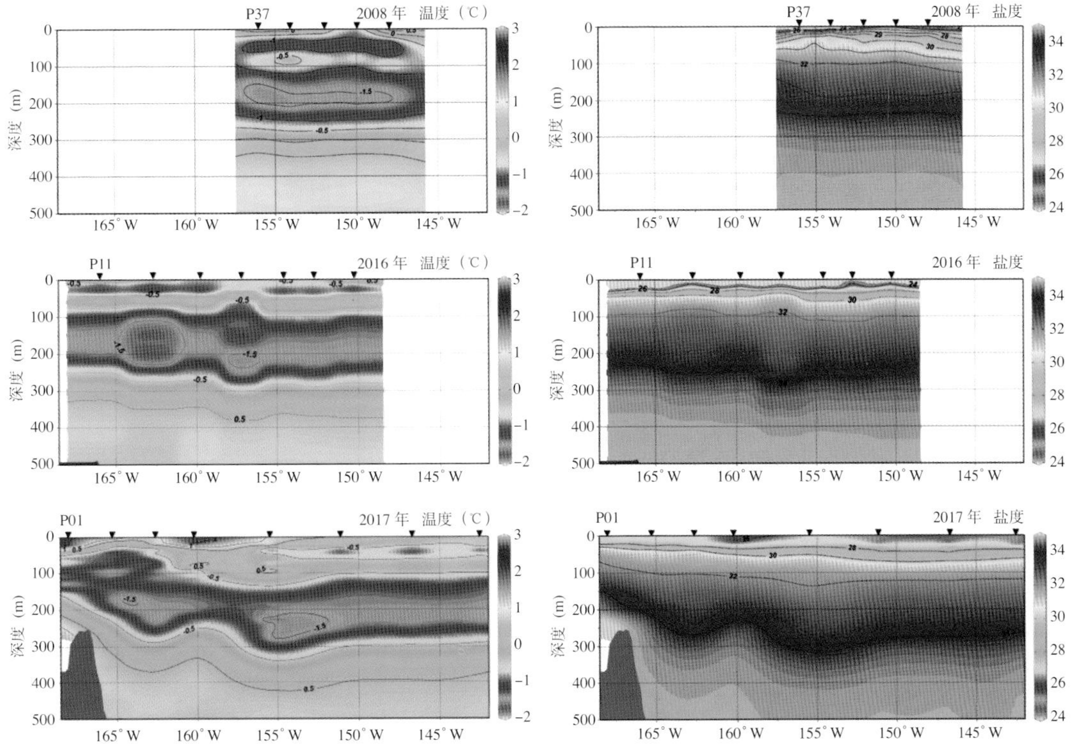

图 6-27 加拿大海盆 P 断面温盐分布（2008 年、2016 年和 2017 年）

Fig.6-27 Distribution of temperature and salinity at section P in the Canada Basin in 2008, 2016 and 2017

6.9.4 北欧海

本航次重复观测了第五次北极科学考察在北欧海观测断面。从图 6-28 中可以清楚地看到东侧向北流动的挪威暖流和西侧向南流动的格陵兰寒流之间存在明显的温盐锋面。其中北大西洋暖水最高温度和盐度分别为 9.56℃和 35.1。混合层深度约 30 m，季节性温跃层仅至 40 m（图 6-28）。对比“五北”观测结果发现，同深度北大西洋暖水盐度偏低，深层出流水温度偏高。

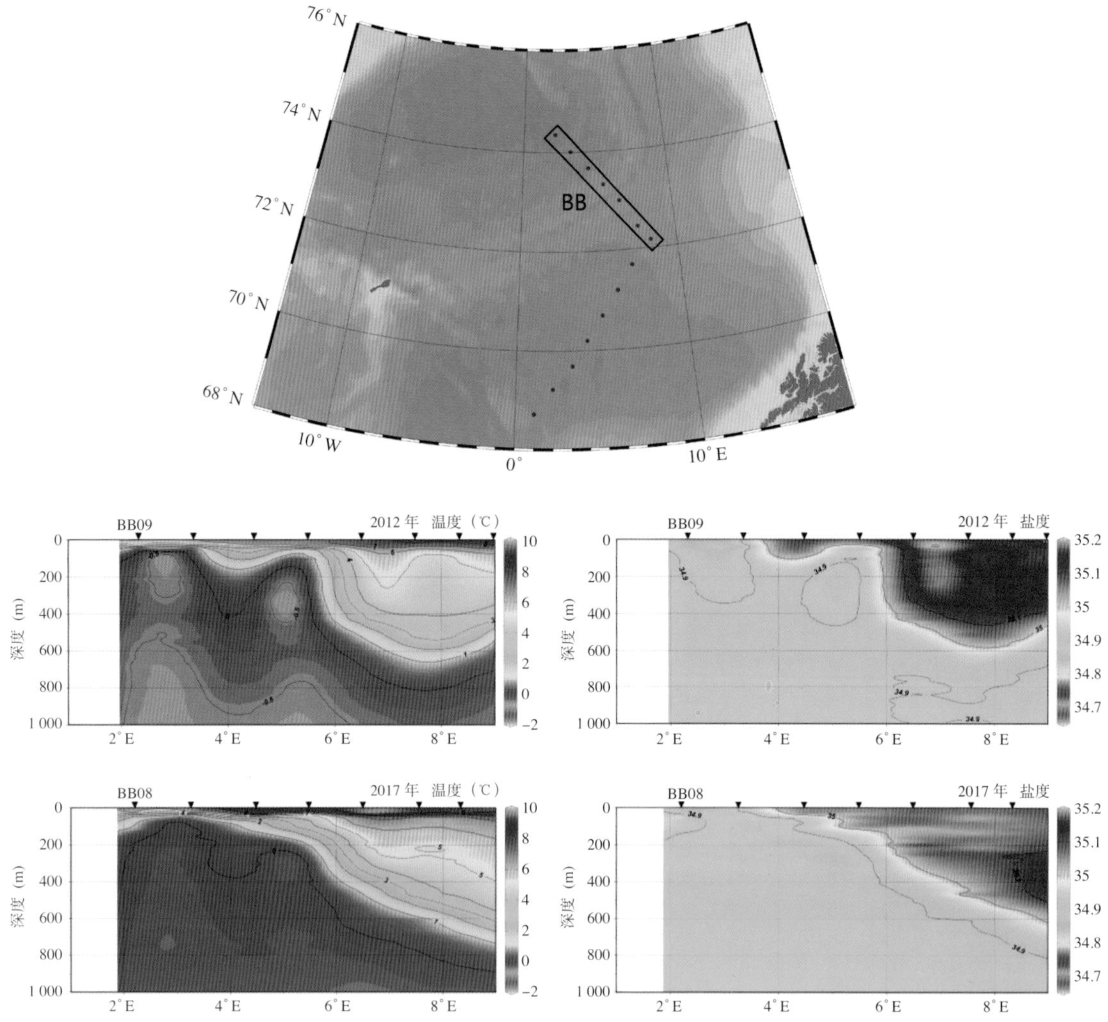

图 6-28 北欧海 BB 断面温盐分布

Fig.6-28 Distribution of temperature and salinity at section BB in the Nordic Sea in 2012 and 2017

6.10 小结

本航次水文调查海域包括白令海、楚科奇海、楚科奇海台、加拿大海盆、中央航道区及北欧海、拉布拉多海，是历次北极考察涵盖海域最广的航次。在考察队的大力支持和“雪龙”船船员的密切配合下，水文组全体队员齐心协力，圆满完成了重点海域断面观测、锚碇潜标长期观测、走航观测和抛弃式观测等考察任务，主要成果包括：

（1）完成 58 个站位的温盐深剖面（CTD）观测，51 个站位的流速剖面（LADCP）观测，首次在中央航道开展全程水文站位观测，首次获取横跨加拿大海盆中心区东西断面，有效拓展了我国在北冰洋的观测范围。

（2）成功回收了我国首套白令海陆坡区深水锚碇潜标，成功回收了楚科奇海浅水锚碇潜标，同时在楚科奇海陆坡区和楚科奇海原潜标回收点各布放锚碇潜标 1 套，是历次北极考察潜标收放最多的一次，获取了白令海陆坡区和楚科奇海 370 余天定点连续的温、盐、流场等水文数据，为分析该海区水动力环境的长期变化特征，了解北极海洋变化对气候系统的反馈作用，为极地业务化工作的开展提供了基础资料和有力保障。

（3）在加拿大海盆、楚科奇海、白令海峡和白令海陆架区关键流场区布放 Argos 表层漂流浮标 11 枚，有效获取了太平洋入流水移动路径、波弗特流涡流场特征等。

（4）开展了全程走航温盐观测，并在重点海域布放 XBT 11 枚，对夏季北冰洋上层海洋温盐特征有了进一步了解。

第 7 章　地形地貌

7.1　概述

第八次北极科学考察成功获取了我国在北冰洋的首批多波束地形地貌资料，共采集多波束 17 760 km，海洋地磁 2 076 km，热流站点 7 个，并全程采集了海洋重力资料（图 7-1）。海洋地球物理组解决了我国首次深水冰区多波束测量过程中出现的系统发射控制板、GPS 和罗经等一系列故障，克服了低温和浮冰等困难，在中央航道的楚科奇海、北欧海和西北航道的巴芬湾进行了多波束全覆盖区块测量，全覆盖区块面积达 1.6×10^4 km^2。此外，地球物理组还在往返北冰洋途中的国际水域、中央航道、北欧海国际水域、西北航道以及加拿大海盆国际水域进行了走航测量。航次测量区域包含了活动洋中脊、残留洋中脊、深海盆地、大陆边缘和残留陆块等丰富的地质构造单元；现场观测到大量海底火山、海底断层和冰川侵蚀地貌等特殊地质现象。测量数据揭示了中央航道和西北航道的精细地形、地貌和地球物理场信息，为精准评估北冰洋航道的安全性和适航性提供了宝贵资料；对了解超慢速扩张洋中脊的非对称扩张、岩浆—构造交互作用、加拿大海盆的形成过程以及冰川历史活动范围等科学问题具有重要意义。

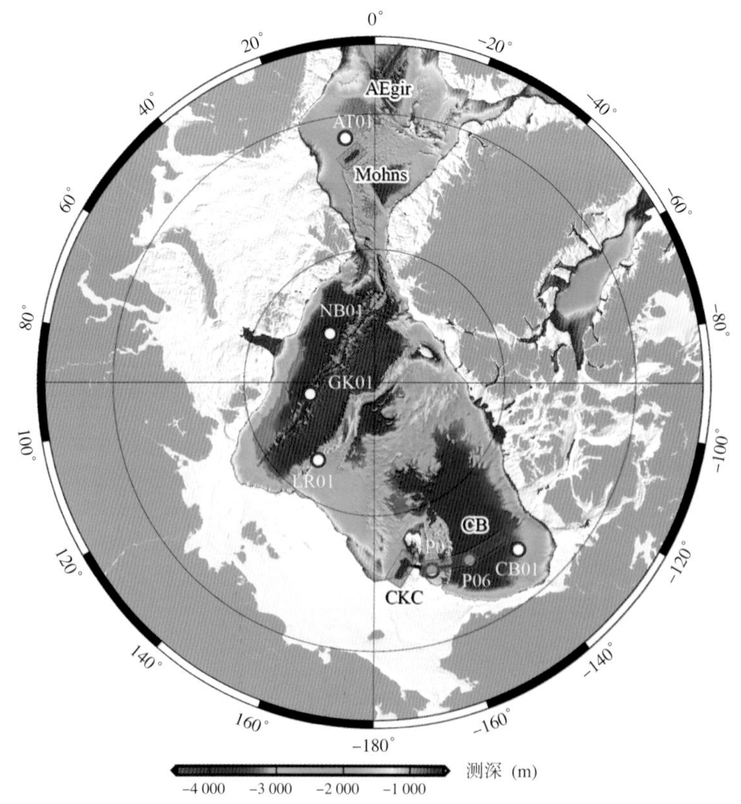

图 7-1　海洋地球物理调查区域及站位
（调查区域进行灰色半透明覆盖，热流站点为白色圆点）
Fig.7-1　map of marine geophysics survey area and stations

7.2 调查内容

本次地球物理调查包含多波束地形（包含辅助的声速剖面 SVP 和温度剖面 XBT）、重力、磁力和热流等内容，具体区域调查内容为：

（1）在中央航道的起始区域楚科奇海盆进行多波束全覆盖地形测量；选取部分测线进行同步地磁测量；

（2）在北欧海的 Mohns 洋中脊进行多波束全覆盖地形测量，同步开展地磁测量；

（3）在西北航道的巴芬湾进行多波束全覆盖地形测量；

（4）结合地质柱状样站位，进行热流站点测量；

（5）在往返北极和高纬度极区的航渡测线中，开展多波束和拖曳式磁力测量，具体工作内容根据航次航线、水深和冰情等情况确定；

（6）在航道走航测量期间，与 CTD 站位同步进行声速剖面测量；

（7）未设计 CTD 站位的海域通过投放 XBT 进行声速剖面控制，并将采集到的声速剖面加载到采集软件中对多波束数据进行实时声速改正；

（8）周期性测量调查船吃水变化；

（9）现场考察多波束数据编辑、处理与绘图；

（10）全程进行海洋重力观测；

（11）全程采集 GNSS 定位数据。

7.3 调查站位设置

在紧邻俄罗斯 200 n mile 专属经济区北侧的楚科奇海盆内（图 7-2）进行多波束全覆盖调查，并按 1:25 万比例尺的要求绘制海底地形图。按照平均水深 2 000 m，多波束有效覆盖宽度 2 倍水深测算，平均测线间隔为 4 km。根据该区域的地形特征与区块长宽特点，布置 NS 向的测线，设计测线长度 3 500 km，全覆盖 14 149 km^2 的区域（区域位置见表 7-1）。按照船速 13 kn 计算，工作时间约为 7 d。选取部分测线进行同步的海洋地磁测量。

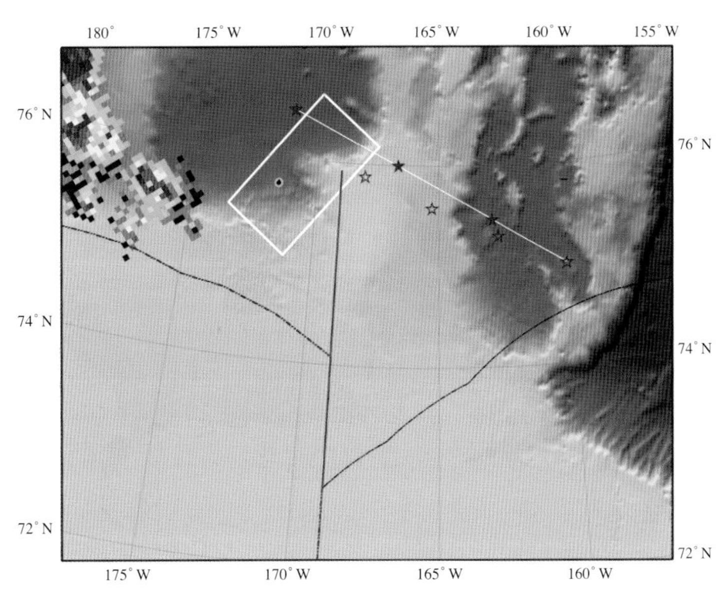

图 7-2 多波束测区位置示意图（白色框）
Fig.7-2 Multibeam survey area in Chukchi Sea

在 Mohns 洋中脊国际海域（图 7-3）进行多波束和磁力的同步测量，共设计 4 条测线，长度 450 km，所需船时约 20 h。

在穿越北欧海途中的 AEgir 洋中脊区域进行多波束和拖曳式三分量地磁测量，测线 1 条，测线长度 115 km，所需船时约为 5 h。

在罗蒙诺索夫脊、Gakkel 洋中脊、南森海盆、北欧海、加拿大海盆和楚科奇边缘地进行与重力柱状样同步的热流测量。

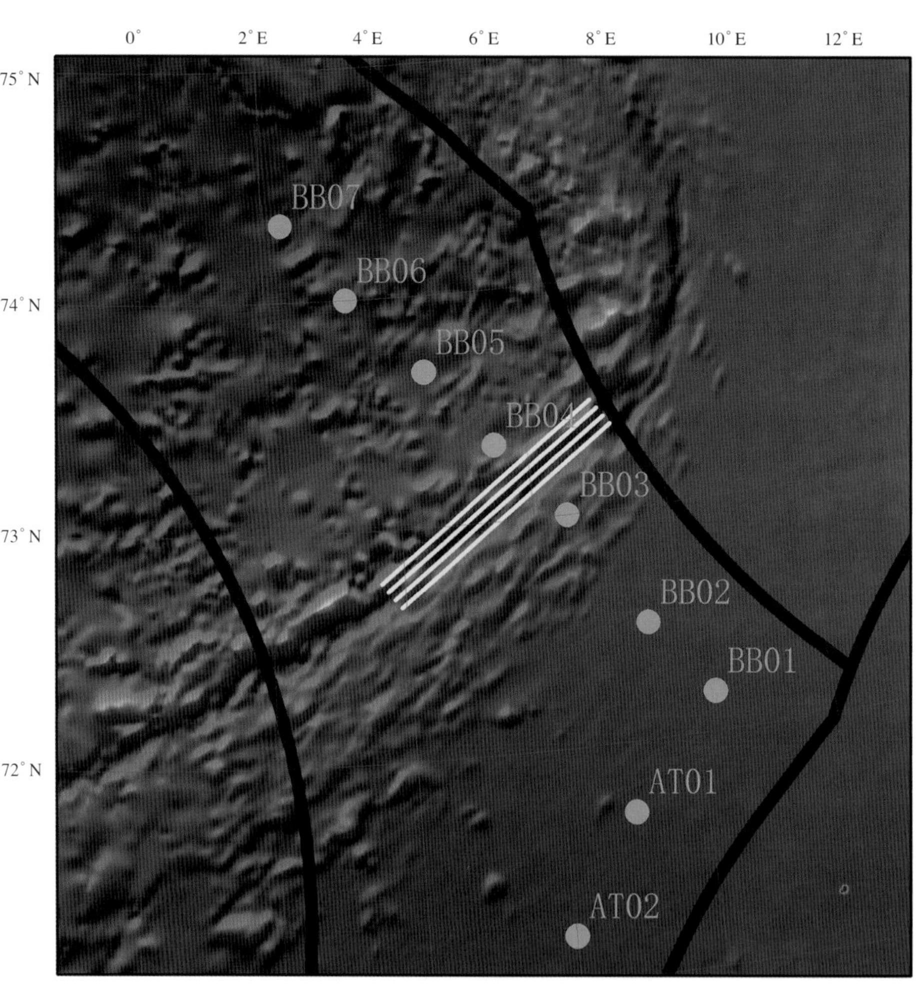

图 7-3 Mohns 洋中脊多波束测区位置示意图
Fig.7-3 Multibeam survey area in Mohns Ridge

表7–1 中央航道多波束全覆盖区域范围
Table 7–1 Corner coordinates for the full coverage multibeam survey area

序号	经度（°W）	纬度（°N）
1	–171.607 408 2	76.035 309 18
2	–170.771 654	77.280 130 56
3	–166.874 291 1	77.109 330 14
4	–168.044 647 9	75.880 061 58

7.4 调查仪器与设备

7.4.1 GNSS定位系统

在 GNSS 观测中，天线要保证能够接收到卫星信号，就必须保证没有物体遮挡，特别是在极地，卫星覆盖本来就相对较少，因此选择在直升机库上面的平台来安装 GNSS 天线（图 7-4），观测数据直接存储在接收机外运动存储介质中（图 7-5）。本航次 GPS 全程记录，因为北极工作温度比较低，而且航次时间非常长，因此在安装阶段所有天线接头都用硅脂密封，保证 GPS 能正常稳定工作，防止锈蚀。

图 7-4 天宝接收天线
Fig.7-4 Trimble satellite antenna

图 7-5 GNSS 室内接收机
Fig.7-5 Trimble satellite terminal unit

7.4.2 多波束测深系统

7.4.2.1 系统总体架构

多波束海底地形测量设备包括：VERIPOS LD5 星站差分 GPS 系统、OCTANS 光纤罗经和运动传感器、SeaBeam 3020 多波束系统（1°×2°）、AML 表层声速仪和声速剖面仪等，系统组成和结构如图 7-6 所示。

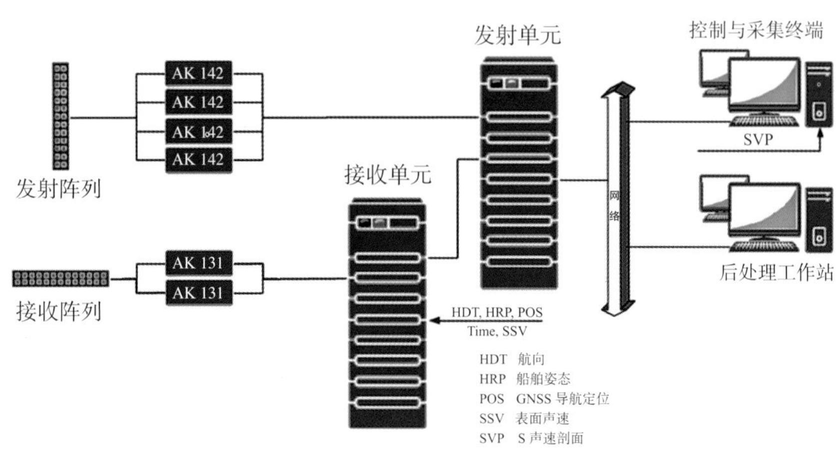

图 7-6 SeaBeam 3020 多波束系统组成示意图
Fig.7-6 System configuration of SeaBeam 3020

7.4.2.2 SeaBeam 3020 抗冰型深水多波束系统

SeaBeam 3020 冰区保护型深水多波束系统是 ELAC 公司的最新一代破冰船专用多波束测深系统。该系统采用先进的革命性的波束扫描专利技术，可以完全进行艏摇、纵横摇运动补偿。SeaBeam 3020 系统是唯一能进行实时全姿态运动补偿的深海多波束测深系统。

为了适应破冰船的破冰作业要求，SeaBeam 3020 系统将 ELAC 公司的专利技术——高分子聚合材料透声板技术集成到发射、接收换能器上，即发射、接收换能器均为冰区强化保护换能器，可以直接安装在船底而无需额外加装透声板，换能器构造坚固，能满足极区低温冰雪环境要求，不影响船舶的破冰性能。既简化了安装程序和结构，又能有效避免碎冰对换能器的损害。集成高分子聚合材料的换能器其声源级损失仅为 2 dB 左右，最大限度地保证了系统的声学性能。

图 7-7 SeaBeam 3020 发射和接收机柜
Fig.7-7 Transmitter control unit and receiver control unit of SeaBeam 3020

系统工作频率为 20 kHz，工作水深 50 ~ 9 000 m，最大工作速度可达 13 kn。新的波束扫描技术包括宽覆盖、浅水近场聚焦等特性，使它的性能远超过其他常规扇区扫描发射技术。SeaBeam 3020 系统能够实时采集测深信息、后向散射数据、侧扫声呐图像等，并以良好的视觉形式将测量结果呈现在操作员面前。在海底构造研究领域、海地底流研究、海洋资源探测、地球物理探测等具有极高的应用价值。

SeaBeam 3020 型全海深多波束测深系统由船底安装发射换能器阵、船底安装接收水听器阵、接线盒、接收、发射控制单元（图 7-7）、数据采集工作站以及辅助设备等组成。系统主要技术性能参数见表 7-2。

表7-2 SeaBeam 3020型系统主要技术性能参数
Table 7-2 Specifications of the SeaBeam 3020

参数	指标
频率	20 kHz
测量水深范围	50 ~ 9 000 m
波束个数	单条幅：301 个（等角模式），367 个（等距模式） 双条幅：602 个（等角模式），734 个（等距模式）
波束覆盖宽度	140°
波束发射方式	采用波束扫描技术，确保海底脚印平行有序
发射波形	CW 和 FM
精度	见精度曲线
侧扫	12 位分辨率，最大 2 000 pixel
平均脚印分辨率	1° × 2°
宽深比	见宽深比曲线图
系统工作站	Windows 操作系统
发射换能器	25 个模块（1°），抗冰强度 8 bar
接收水听器	8 个模块（2°），抗冰强度 8 bar
原始数据输出	CARIS 后处理软件兼容
系统的发射速率	不小于 4 Hz，但受来回声程的时间限制
环境适应性	横摇 ±15°，纵摇 ±10°，艏摇 ±10°

SeaBeam 3020 型主系统技术规格参数如下。

1）发射波束

SeaBeam 3020 型系统的发射波束角为垂直航迹方向 140°（按 –6 dBd 点垂直方向声源级计算），沿航迹方向 1°。

2）接收波束

SeaBeam 3020 型系统的接收波束角为垂直航迹方向 2°，沿航迹方向 15°。

3）声源级

0 度时（垂直方向）的最大声源级为： 245 dB μPa/m +/–2 dB。

4）发射速率

系统的最大发射速率 4 Hz（与量程有关）。

5）波束数量

单条幅波束数：301 个（等角模式下），367 个测深点（在等距模式下）。
双条幅波束数：602 个（等角模式下），734 个测深点（在等距模式下）。

6）波束间距

波束间距是通过操作员由软件来选择，既可以选择等角模式，也可以选择横向等距模式。当系统波束覆盖角为 140° 时，在等角模式下，波束间距大约为 0.75°，在等距模式下，波束间距大约是深度的 3% ~ 5%。

7）高密度模式

SeaBeam 3020 型系统覆盖角度为 140°，系统的覆盖角度可以根据需要从 140° 任意调节到 60°，但系统的波束数量保持不变，波束间隔最小角度可以达到 0.2°。

8）深度测量精度和覆盖宽度

SeaBeam 3020 型系统获得的测深数据其精度超过了 IHO 的要求，在不同指向角的精度见图 7-8。覆盖宽度与水深、地质类型和波束开角直接相关，不同水深和不同底质类型条件下的理论最佳覆盖宽度见图 7-9。

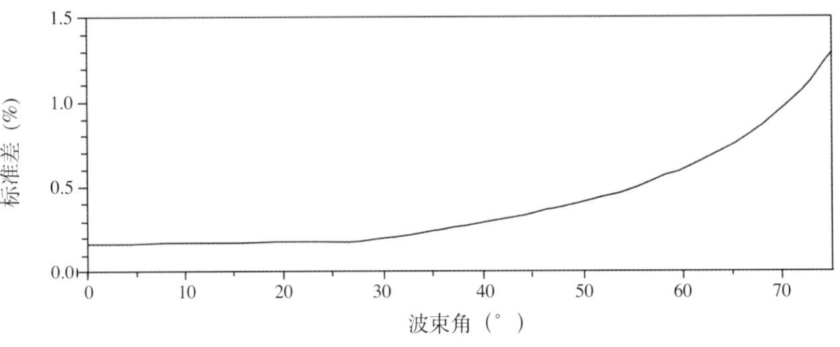

图 7-8 抗冰型 SeaBeam 3020 测量精度
Fig.7-8 Depth accuracy for SeaBeam 3020 (Ice-Protected System)

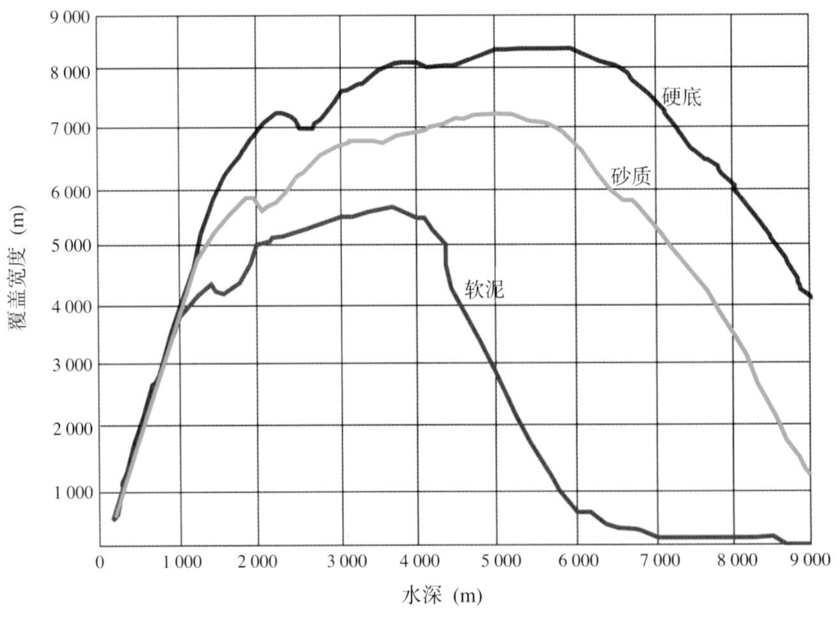

图 7-9 抗冰型 SeaBeam 3020 覆盖宽度
Fig.7-9 Depth and coverage chart for SeaBeam 3020 (Ice-Protected System)

7.4.2.3 导航定位系统

多波束测量导航定位系统采用 VERIPOS LD5 星站差分 GPS 系统，该系统能够同时接收差分 GPS 信号和非差分 GNSS 信号（包括 GPS、GLONASS、北斗等），导航 GPS 的性能指标见表 7-3。

表7–3　差分GPS性能指标
Table 7–3　Specifications of differential GPS

内容	指标
工作温度	-40 ～ 70℃
定位精度	0.16 m（GPS）；0.25 m（GLONASS）
差分定位精度	1 mm（L2 波段）
输出格式	标准 NMEA 格式
采样率	1 ～ 10 Hz
波特率	4 800 ～ 115 200

7.4.2.4　声速剖面仪

表面声速仪和声速剖面仪都是采用 AML 公司生产的声速测量设备，声速剖面仪型号为 AML Minos·X（图 7-10），采用自容式的数据采集模型，最大工作水深可达 6 000 m。Minos·X 是一款可扩展的声速剖面测量仪，可以通过配置不同的传感器来满足不同的用户需求。本航次使用的声速剖面测量仪配置了声速测量传感器和压力传感器，仅用作声速剖面测量，其性能指标见表 7-4。表面声速仪所用的声速测量传感器与声速剖面仪相同（即性能指标相同），并通过网络接口实时接入多波束接收单元中，对多波束数据反射和接收声线进行实时改正。

图 7-10　声速剖面仪
Fig.7-10　Sound velocity profile sensor

表7–4　声速剖面仪性能指标
Table 7–4　Specifications of sound velocity profile sonsor

仪器型号	AML Minos·X（SN:30898）
最大工作水深	6 000 m
测量范围	1 375 ～ 1 625 m/s
测量准确度	±0.025 m/s
测量精度	±0.006 m/s

7.4.3　海洋重力仪

本次调查使用美国 LaCoste & Romberg 公司生产的 Air-Sea Gravity System Ⅱ 海洋重力仪（图 7-11）。LaCoste & Romberg 系统采用零长弹簧 / 摆移动速率的重力测量原理，理论上对应无限的灵敏度。其主要性能参数列于表 7-5。

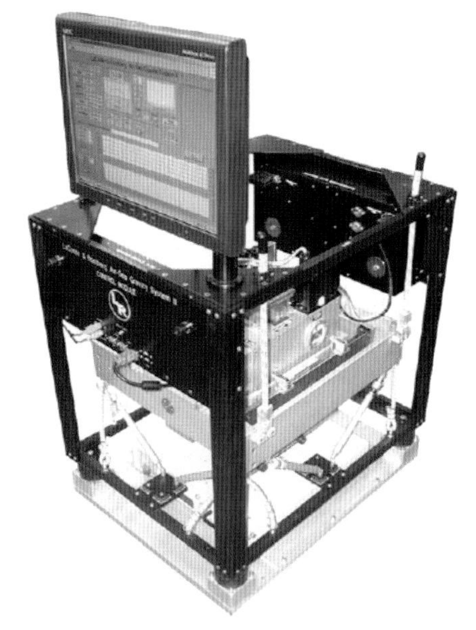

图 7-11　Air-Sea System Ⅱ海洋重力仪（S 系列）
Fig.7-11　Air-Sea System Ⅱ Gravimeter

表7-5 L&R Air-Sea Gravity System海洋重力仪性能参数
Table 7-5 Specifications of L&R Air-Sea Gravity System

名称	参数
海上测量精度	交点差小于 1×10^{-5} m/s^2
仪器灵敏度	0.01×10^{-5} m/s^2
静态重复精度	0.05×10^{-5} m/s^2
$< 50\ 000 \times 10^{-5}$ m/s^2 水平加速度下实验室精度	0.25×10^{-5} m/s^2
50 000 ～ $100\ 000 \times 10^{-5}$ m/s^2 水平加速度下实验室精度	0.50×10^{-5} m/s^2
$< 100\ 000 \times 10^{-5}$ m/s^2 垂直加速度下实验室精度	0.25×10^{-5} m/s^2
测量范围	$12\ 000 \times 10^{-5}$ m/s^2
线性漂移率	小于 3×10^{-5} m/s^2/ 月
数据记录速率	1 Hz，提供 RS-232 串行接口输出
仪器温度设定	46 ～ 55℃
工作室温	0 ～ 40℃
储存温度	-30 ～ 50℃
陀螺	2 个光纤陀螺
陀螺寿命	> 50 000 h
有效平台纵摇控制	±22°
有效平台横摇控制	±25°
平台最大稳定周期	4 ～ 4.5 min

7.4.4 拖曳式总场地磁仪

本次拖曳式地磁调查使用美国 Geometrics 公司生产的 G-880 铯光泵磁力仪（图 7-12）和加拿大 Marine Magnetics 公司研制的 SeaSpy 磁力仪（图 7-13）。磁力测量系统由磁力探头、漂浮电缆、采集计算机和甲板电缆组成，实测磁力值为磁力总场值。系统技术参数如表 7-6 和表 7-7 所示。

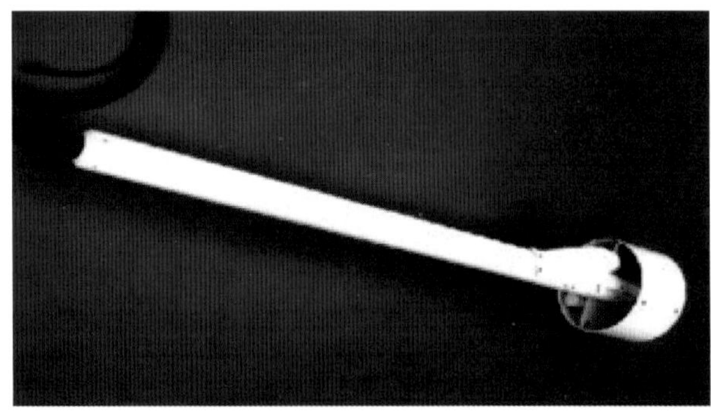

图 7-12 G-880 铯光泵磁力仪
Fig.7-12 G-880 Magnetometer

图 7-13 SeaSpy 海洋磁力仪
Fig.7-13 SeaSpy Magnetometer

表7-6 G880磁力仪技术参数
Table 7-6 Specifications of G-880 Magnetometer

参数	参数值
灵敏度	0.01 nT
分辨率	0.001 nT
测量范围	全球范围
测量精度	3 nT
电缆长度	600 m
工作温度	-25 ～ 60℃
采样时间	0.1 ～ 10 s
工作温度	-35 ～ +50℃

表7-7 SeaSpy磁力仪技术参数

Table 7-7 Specifications of SeaSpy Magnetometer

参数	参数值
工作区域范围	全球地表范围内可能够进行地磁探测，无盲区
地磁探测范围	18 000 ～ 120 000 nT
绝对精度	0.2 nT
传感器灵敏度	0.01 nT
计数器灵敏度	0.001 nT
系统分辨率	0.001 nT
采样量程	4 ～ 0.1 Hz
外部触发器	通过 RS232 串口，9 600 bit/s
电源	15 ～ 35 VDC 或 100 ～ 240 VAC

7.4.5 拖曳式地磁三分量仪

拖曳式海洋地磁三分量测量系统主要由两部分组成：一部分是三分量磁力传感器，主要负责测量地磁场；另一部分是运动传感器，主要负责测量磁力传感器姿态变化。磁通门磁力仪可以测定恒定和低频弱磁场，其基本原理是利用高磁导率、低矫顽力的软磁材料磁芯在激磁作用下，感应线圈出现随环境磁场而变的偶次谐波分量的电势特性，通过高性能的磁通门调理电路测量偶次谐波分量，从而测得环境磁场的大小。磁通门磁力仪体积小、重量轻、电路简单、功耗低（0.2 W）、温度范围宽（–70 ～ 180℃）、稳定性好、方向性强、灵敏度高，可连续读数，尤其适合在零磁场附近和弱磁场条件下应用。

本次测量我们使用的三分量磁力传感器是英国 Bartington 公司生产的三轴磁力梯度仪 Grad-03-500M，其主要性能参数如表 7-8 所示。

表7-8 Grad-03-500M三轴磁力梯度仪主要性能参数

Table 7-8 Parameters of the three-direction vector magnetic met

参数	参数值	参数	参数值
传感器	两个三轴磁通门探头	功耗	1 W 所示 [+50 mA, –11 mA]
传感器间距	500 mm	封装材料	玻璃纤维 & P.E.E.K
量程	± 100 μT	连接器	SEACON XSEE-12-BCR
比例一总场	10 μT/V	匹配连接器	SEACON XSEE-12-CCP
模拟输出电压	± 10 V	电缆直径	17.5 mm
模拟信号带宽	–1.5 dB @ > 2 kHz	工作深度	5 000 m
探头噪声水平	11 ～ 20 pTrms/ √ Hz at 1 Hz	工作温度	0 ～ 35℃
通带纹波	0 ～ 3 dB	储存温度	–50 ～ 70℃
线性误差	< 0.001%	尺寸	738 mm × Ø 50 mm
零场偏移误差	± 5 nT	启动时间	15 min
比例误差	± 0.25%	电源	最小 ± 12 VDC 最大 ± 15 VDC
温度漂移	< 10 ppm/℃	重量	1.7 kg（空气），0.1 kg（水中）

7.4.6 海洋热流探针

沉积物温度测量使用 OR-166 附着式小型温度计进行，其性能参数如表 7-9 所示，结构如图 7-14 所示。沉积物样品的电导率测量使用 Teka 公司的 TK04 电导率测量单元完成。

表7-9 温度探针技术参数
Table 7-9 parameters of mini temperature sensor

参数	参数值
分辨率	10 ~ 6 ℃
量程	-5 ~ 70 ℃
作业深度	6 000 m
外壳	钛合金
数据存储	自容式
工作温度	-5 ~ 100 ℃
探针个数	7 个（压力和角度）
探针间隔	1 m

甲板电导率测量使用 Teka 公司的 TK04 电导率测量单元。

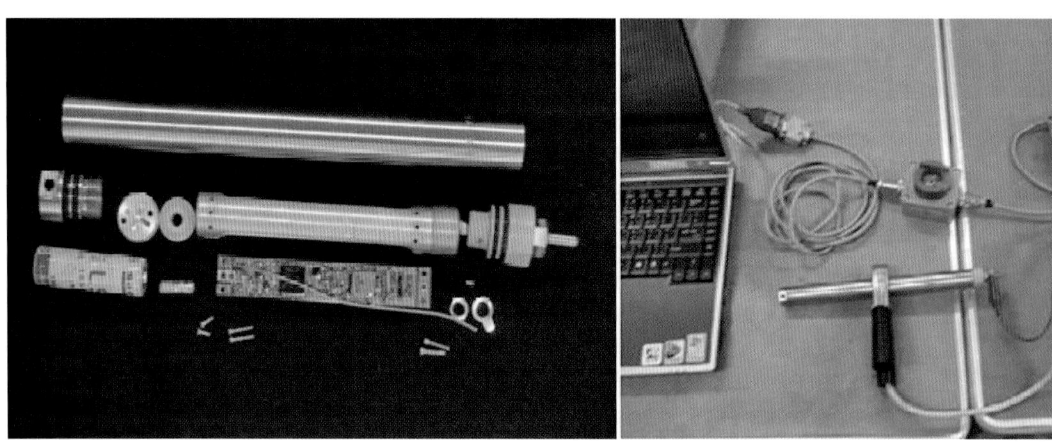

图 7-14 小型温度探针及通信方式
Fig.7-14 Mini temperature sensor

7.5 调查方法

7.5.1 多波束测深系统

在中央和西北航道进行多波束沿途走航测量，分别在楚科奇海台、北欧海 Mohns 洋中脊和巴芬湾进行多波束全覆盖海底地形测量，具体工作方法如下。

（1）全覆盖测量区域多波束测线平行于等深线布设，测线间隔满足测线重复覆盖宽度不小于覆盖条幅的 10%。

（2）海洋重力、海洋磁力和多波束同船同步作业，不单独占用船时。

（3）根据水深和覆盖宽度调整测线间距，满足全覆盖海底地形测量要求。

（4）调查区 1.0°×1.0° 范围内至少应有 1 个声速剖面进行声速改正。

（5）实测数据与搜集的国际公开数据相结合，形成全覆盖多波束地形和地貌图 A0 成果图件。

（6）深水多波束系统固定安装表层声速计，与测深同步进行表层声速测量、加载和修正。

（7）完成专项办指定的来回航途测线，获取有关海沟、岛弧、高地、扩张脊和海岭等海底构造的重、磁和地形地貌数据。

（8）深水多波束系统，测量总精度达到 IHO 标准，即优于 1.5% 水深的精度。

（9）多波束数据合格率达到 90%。

（10）使用差分 GPS 进行定位。

（11）测量船只保持匀速直线航行。

（12）周期性进行调查船吃水测量与修正。

（13）现场进行初步处理，包括毛刺剔除、声速改正、网格化、坐标转换等。

7.5.2 海洋地磁测量

（1）调查船沿布设测线匀速、直线航行，航速不超过 13 kn。

（2）地磁总场与地磁三分量同步测量。

（3）地磁总场通过串口将观测数据直接记录到控制电脑中。

（4）地磁总场与 GPS 同步记录到同一文件中，采样频率不低于 1 Hz。

（5）三分量地磁采用自容式记录方式，每次回收后进行数据下载和充电，下放前先同步一起时钟，任由上电还是测量，采样频率为 1 Hz。

（6）调查船提前 5 min 对准测线，使船首、船尾与拖曳传感器三点呈一直线进入测线测量，测线测量结束后调查船沿航向行进 5 min 后转向。

（7）测线测量中，调查船不得大转向、变速或停船，遇特殊情况必要停船、转向或变速时，应及时通知测量值班室，采取应急措施。

（8）在冰区测量时，需要密切监测浮冰情况，若遇较多的浮冰，则需提前调整航向躲避，必要时回收电缆。

7.5.3 海洋重力测量

（1）重力仪安装于调查船稳定中心部位机械震动影响小的舱室。

（2）重力仪纵轴沿船的纵轴（首尾连线）方向，面板和平台调节装置面向船尾。

（3）航次前应对仪器进行静态观测试验，包括：仪器开机的重复性试验。

（4）动态观测试验，测量前检查仪器在动态时零点漂移（δR）的线性度。

（5）重力测量时，要求调查船保持匀速直线航行，在一条测线或测线段上，航速误差在东西方向上不得大于 ±0.2 kn，航向偏离在南北方向不得大于 ±1°。

（6）调查船偏离测线要及时缓慢修正，修正速率最大不得超过 0.5°/s。

（7）测量工作开始前，仪器应恒温 24 h 以上。

（8）调查船起航前应取得重力基点的有关数据：基点高程和绝对重力值，仪器稳定后的读数（不少于 30 min），水深、仪器距当时水面的高差及水面距基点的高差，仪器距码头基点的水平距离和方位，并绘略图。

7.5.4 热流测量

（1）测点应布设在沉积物松软、沉积层厚度大的地区，沉积物厚度小于 200 m 或基岩海底不能布设。水深小于 1 000 m 的海区测量时，应收集该海区的底层水温资料。

（2）同步采集沉积物样品，测量热导率。

（3）5 根温度探针等间隔安装于重力柱状采样器上；为尽量减少采样器插入沉积物时产生的摩擦热的影响，各温度探针应在垂直采样器的面上错开一定角度。

(4) 温度数据使用自容式保存，测量结束后通过串口与处理电脑连接，下载测量数据到处理电脑中进行计算。

(5) 船甲板绞车钢缆长度应为 1×10^4 m，末端负载应大于 5 t，绞车应能变速。

(6) 调查船停船定点作业，作业中应使船位保持在测点上方，船移位半径不得超过测点水深的 10%。

(7) 迅速施放钢缆使装置的铁管插入海底沉积物内，待探针与周围沉积物温度达到热平衡后（5 min 以上），测一组地温数据。

(8) 地温观测时，探针应无扰动地插入沉积物内。

(9) 探针入海后，视海流和海况，要多放出钢缆 30 ～ 200 m。

(10) 海底现场地温测量的同时，进行沉积物柱状取样，沉积物柱状取样管收回到船上后，应立即卸出柱状芯样放置入船上实验室。

(11) 在冰区作业时，现场密切监视浮冰干扰。如有需要可以移动船只。

7.6 质量控制

本次海底地形测量采用 SeaBeam 3020 冰区保护型深水多波束系统，系统工作频率为 20 kHz，工作水深 50 ～ 9 000 m，最大工作速度可达 13 kn。该系统为本航次新装设备，根据《海洋调查规范 第 10 部分：海底地形地貌调查》的要求，于 2017 年 7 月 6 ～ 13 日在西太平洋（21°19′N，127°57′E）附近海域进行了海试，海试内容包括：系统检视、系统测试、换能器安装偏差标定、系统性能测试和声速剖面测量等。在测试完成后，开展了 24 h 实地测量，对仪器的校准情况进行检验。海试和实地测量结果表明本航次使用的 SeaBeam 3020 抗冰型多波束系统满足航次任务调查的技术规程要求。具体的海试和现场质量控制情况如下。

(1) 完成了多波束系统各设备（换能器）安装位置的测定，并利用测量结果在系统采集和控制软件（HydroStar）中构建了船坐标系统，实现在多波束数据采集过程中将各传感器位置统一归算到换能器发射阵列中心点。各传感器位置参数见表 7-10。

表7-10 多波束系统各设备安装位置参数
Table 7-10 Sensors location of multibeam system

传感器		坐标 *X*(m)	坐标 *Y*(m)	坐标 *Z*(m)
SeaBeam 3020	水听器阵列	0.004 3	−3.201	8.3
	发射换能器阵列	0.00	0.00	8.245
Octans		5.273	−7.148	0.025
GPS		−3.766	15.418	−27.722
船吃水			8.3	
水线相对参考点位置			0.00	

(2) 换能器安装偏差校准试验共布设 6 条测线，每条测线长 10 km。1 条测线往返测量用于 Roll 校准，1 条测线往返测量用于 Pitch 校准，两条测线间距 4 km 同向航渡用于 Yaw 校准。所有的校准作业在 Caris HIPS 下完成（图 7-15 ～图 7-17），校准后的地形图见图 7-18，标定结果见表 7-11。

表7-11 多波束换能器安装偏差标定结果
Table 7-11 Calibration of multibeam sensor location

项目	GPS 延时	横摇	纵摇	艏摇
标定结果	0	0.64°	−0.79°	0°

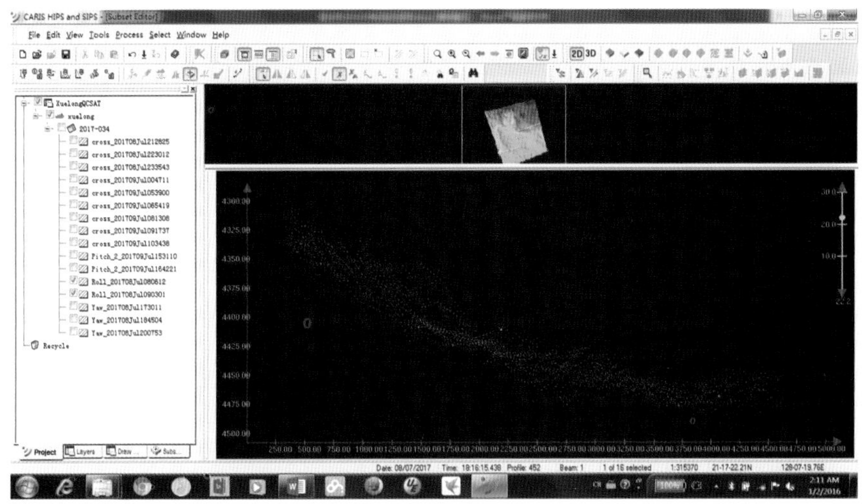

图 7-15 Roll 校准
Fig.7-15 Roll calibration

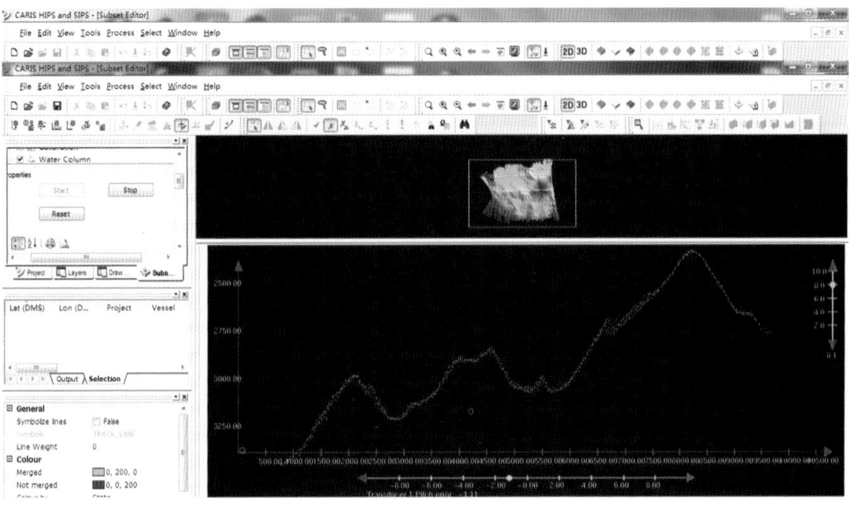

图 7-16 Pitch 校准
Fig.7-16 Pitch calibration

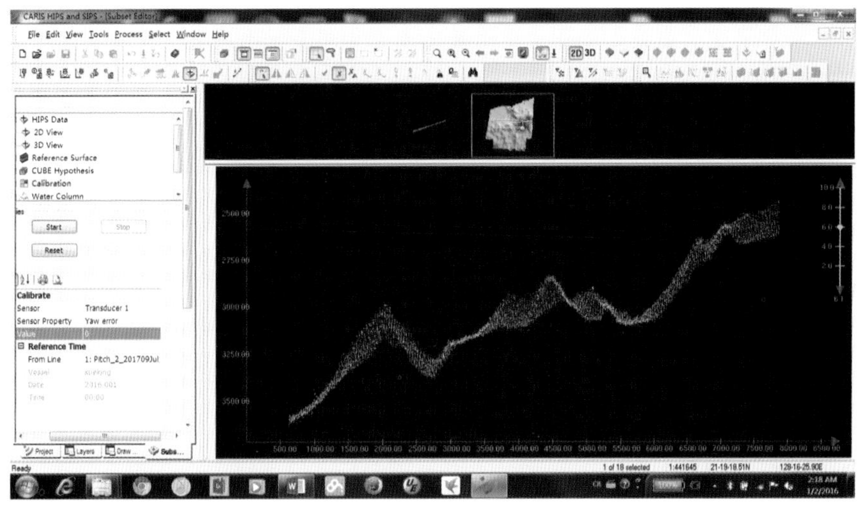

图 7-17 Yaw 校准
Fig.7-17 Yaw calibration

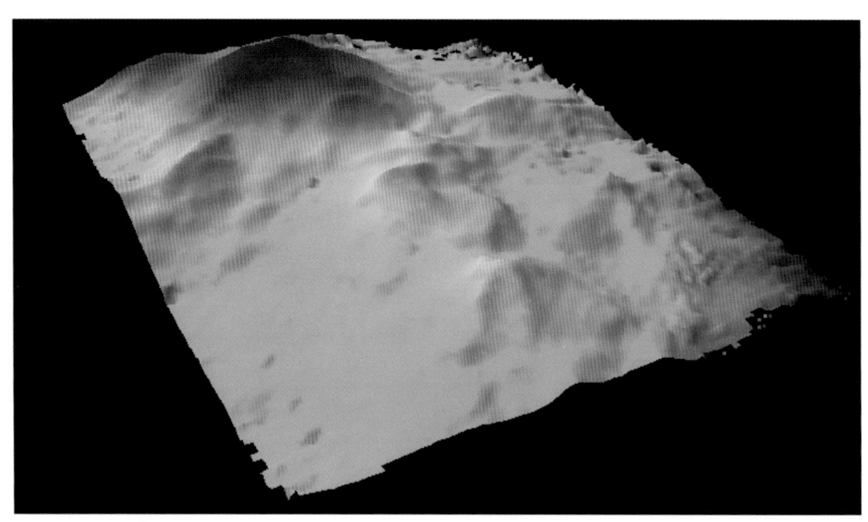

图 7-18　校准后地形图
Fig.7-18　Topography map after calibration

最终的校正结果表明，SeaBeam 3020 声呐换能器阵列安装工作效果良好，达到了系统安装的技术要求。

（3）在 12 km × 12 km 的试验区内开展了系统内符合精度评估，通过 CARIS 对整个测区水深数据进行处理生成水深曲面图并对其进行水深值统计，其中最小水深为 4 663.49 m，最大水深为 5 037.24 m，平均水深为 4 943.84 m，水深信息统计见图 7-19。

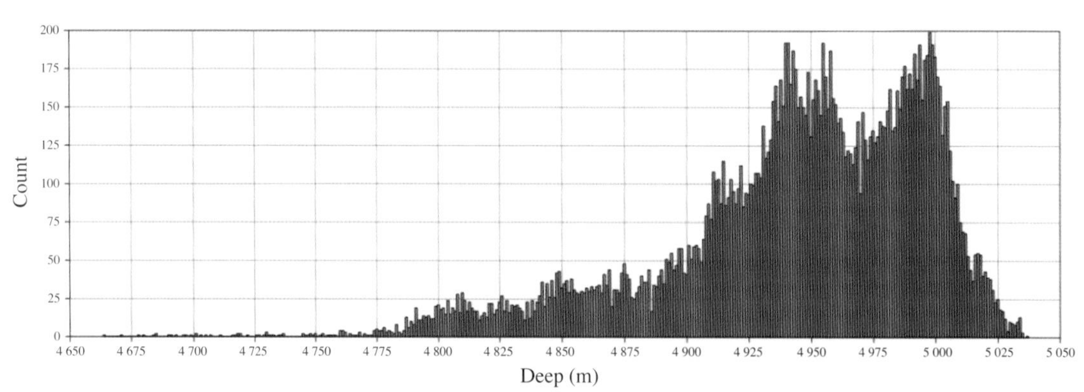

图 7-19　水深信息统计直方图
Fig.7-19　Histogram map of depth points

在 CARIS 里将东西向测线作为主线，南北向测线作为检查线进行内符合精度计算，计算结果如表 7-12 所示。

试验结果表明，SeaBeam 3020 内符合试验精度达 IHO S44 标准。

表7–12　多波束测量结果内符合精度统计
Table 7–12　Statistics for the multibeam survey depth

项目	结果
统计样本数	386 141
标准偏差平均 (m)	15.41

项目	结果
波束总数量	301
IHO S44 特级 (%)	246 个波束（占 81.7%）在 95% 以上
IHO S44 一级 a (%)	298 个波束在 95% 以上
IHO S44 一级 b (%)	298 个波束在 95% 以上
IHO S44 二级 (%)	301 个波束在 95% 以上

（4）在现场作业过程中，多波束海底地形测量严格按照《中国第八次北极业务化调查技术规程》的要求进行，走航过程中，只要多波束开机测量，就安排值班并每隔 0.5 ～ 1 h 记录一次多波束地形测量班报。冰区航行中，在浮冰密度小于 40% 的海域开展多波束地形数据测量，在浮冰密度大于 40% 的海域关闭系统，避免因连续破冰对多波束设备的损害。在航次开展的 3 个区块多波束全覆盖地形测量中，测线布设按照全覆盖多波束地形测量测线布设要求，沿等值线方向布设测线，并尽量保证两个条幅之间有 10% 的交叠区。利用 CTD 站位测量同步进行声速剖面测量，在没有 CTD 站位区域，通过投放 XBT 进行补充测量，确保所测多波束数据准确可靠。

7.7 任务分工与完成情况

7.7.1 任务分工

中国第八次北极科学考察地球物理组主要由 5 名中国考察队员组成，分别来自国家海洋局第二海洋研究所、中国极地研究中心、国家海洋信息中心和国家海洋局东海分局等 5 家单位。此外，在西北航道期间，加拿大海洋渔业局派出 2 位调查人员参与完成海底地形测量工作。人员组成及任务分工见表 7-13。

表7–13 地球物理组人员组成及任务分工
Table 7–13 Scientists of geophysics survey group

序号	姓名	性别	单位	航次任务
1	高金耀	男	国家海洋局第二海洋研究所	现场执行负责人，负责多波束测量方案设计、测线规划和组织协调
2	张　涛	男	国家海洋局第二海洋研究所	课题负责人，负责重力、地磁和热流测量，参与多波束数据采集
3	杨春国	男	国家海洋局第二海洋研究所	多波束数据采集技术负责人，负责多波束数据采集和处理，参与重力、地磁和热流测量等工作
4	李文俊	男	中国极地研究中心	多波束数据采集
5	孙　毅	男	国家海洋信息中心	多波束数据采集与处理
6	石兴安	男	国家海洋局东海分局	多波束数据采集
7	Estelle Poirier	女	加拿大水道测量局	西北航道多波束数据采集
8	Kevin Jones	男	加拿大水道测量局	西北航道多波束数据采集

7.7.2 完成情况

7.7.2.1 地形地貌测量

第八次北极科学考察多波束测量总航程达到 17 760 km（航迹见图 7-20），多波束海底地形覆盖面积约 68 100 km^2，有效水深点超过 3.57 亿个。其中，在楚科奇海、北欧海和巴芬湾分布开展了多波束全覆盖测量，全覆盖调查区域有效千米数为 6 440 km，多波束海底地形覆盖面积 16 400 km^2，完成了航次计划的多波束调查千米数和覆盖面积。现场共采集原始多波束数据 1 340 GB，处理后的成果数据 67.6 GB；完成 42 个站位的声速剖面测量（表 7-14），其中与 CTD 站位同步测量 31 个，XBT 测量 11 个；按照技术规程要求填写多波束地形测量班报 75 页，声速剖面采样记录表 4 页。

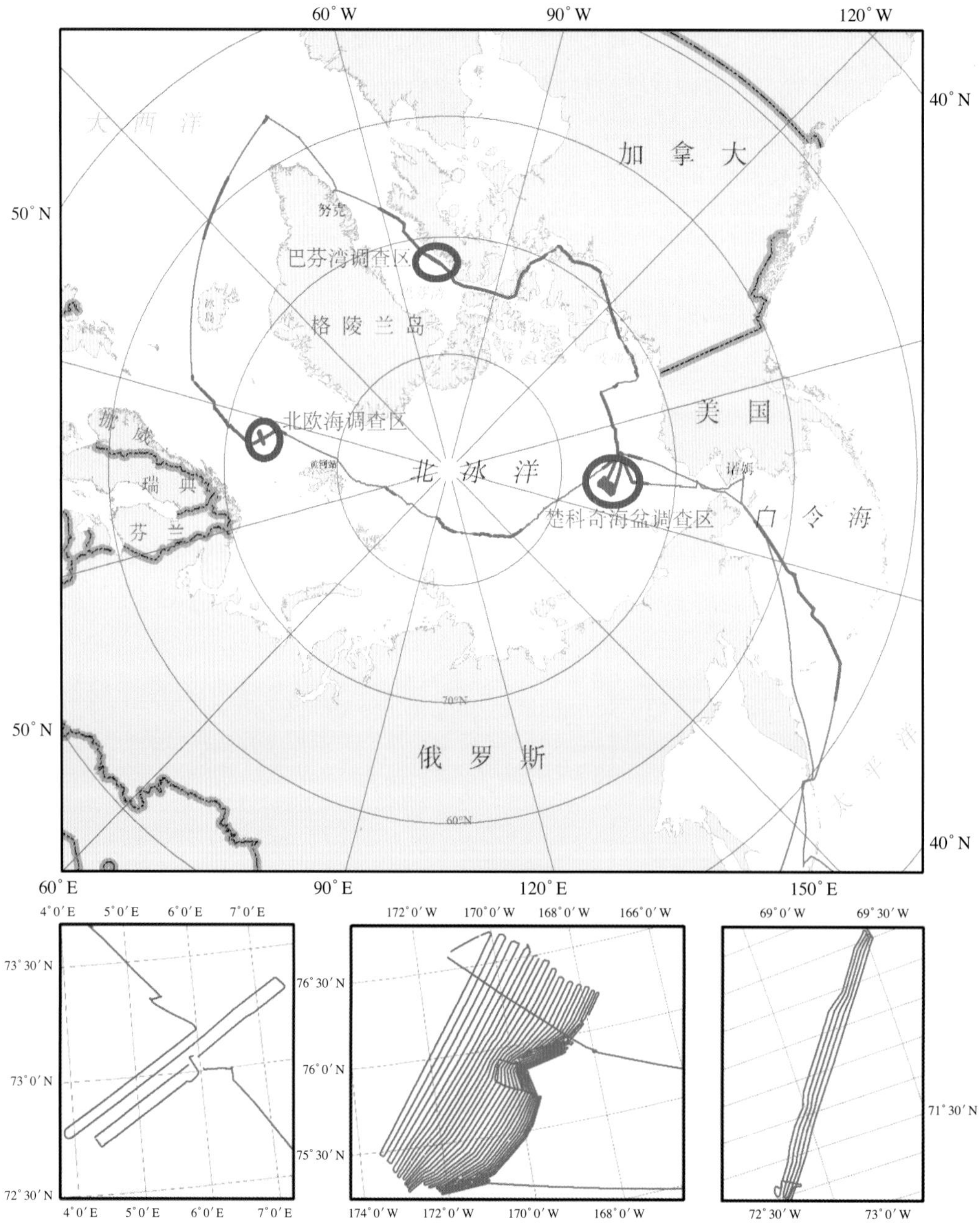

北欧海调查区多波束航迹线　楚科奇海盆调查区多波束航迹线　巴芬湾调查区多波束航迹线

图 7-20　多波束测量航迹

Fig.7-20　Tracking line for multibeam survey

表7-14 声速剖面采集登记

Table 7-14 Information for the sound velocity profile stations

序号	日期	时间	经度	纬度（N）	水深 (m)	投放深度 (m)	备注
1	07-26	11:03	164° 33.00′ E	51° 36.00′	5 600	780	XBT01
2	07-27	12:03	172° 45.20′ E	55° 03.15′	3 844	780	XBT02
3	07-28	05:50	176° 22.05′ E	58° 05.12′	3 750	3 500	声速剖面仪 AML
4	07-29	10:44	178° 45.74′ W	59° 20.79′	3 518	1 500	声速剖面仪 AML
5	08-01	08:25	168° 27.50′ W	73° 58.43′	870	348	XBT03
6	08-02	04:30	159° 26.32′ W	74° 46.88′	1 815	1 772	声速剖面仪 AML
7	08-05	04:15	179° 29.03′ E	80° 00.92′	1 716	790	XBT04
8	08-05	18:11	179° 33.19′ E	80° 01.94′	1 672	1 666	声速剖面仪 AML
9	08-09	08:58	155° 02.98′ E	81° 44.12′	2 800	1 500	声速剖面仪 AML
10	08-12	00:04	111° 04.37′ E	84° 35.83′	3 988	3 966	声速剖面仪 AML
11	08-13	18:50	087° 14.98′ E	85° 43.33′	2 790	2 739	声速剖面仪 AML
12	08-15	02:43	043° 04.72′ E	85° 09.40′	3 964	3 927	声速剖面仪 AML
13	08-18	03:10	003° 8.34′ E	75° 5.40′	2 657	789	XBT04
14	08-19	06:43	002° 20.62′ E	74° 19.95′	3 655	3 474	声速剖面仪 AML
15	08-20	00:29	005° 28.87′ E	73° 20.34′	2 193	2 174	声速剖面仪 AML
16	08-20	15:45	006° 43.04′ E	73° 11.64′	2 565	450	XBT05
17	08-21	05:00	007° 32.44′ E	72° 29.12′	2 540	2 302	BB01 站位 SBE911
18	08-21	15:32	006° 59.54′ E	71° 38.71′	2 888	2 837	AT01 站位 SBE911
19	08-22	05:44	004° 00.90′ E	70° 12.00′	3 185	3 147	AT04 站位 SBE911
20	08-22	09:37	004° 18.62′ E	70° 10.97′	3 220	3 003	声速剖面仪 AML
21	08-23	00:24	001° 03.74′ E	68° 39.0′	2 923	2 800	AT07 站位 SBE911
22	08-24	18:30	027° 05.45′ W	60° 50.74′	1 336	788	XBT06
23	08-26	12:32	046° 05.22′ W	56° 33.05′	3 497	788	XBT07
24	08-27	14:45	046° 59.33′ W	56° 20.27′	3 511	1 000	声速剖面仪 AML
25	08-30	10:00	059° 29.00′ W	66° 45.50′	915	760	XBT08，全部是西经
26	08-30	11:39	060° 03.45′ W	66° 57.54′	825	500	声速剖面仪 AML
27	08-31	14:44	069° 17.65′ W	71° 29.14′	825	797	声速剖面仪 AML
28	09-01	16:41	072° 20.50′ W	72° 31.30′	745	600	声速剖面仪 AML
29	09-02	03:32	080° 18.70′ W	74° 11.62′	528	499	声速剖面仪 AML
30	09-03	14:49	096° 53.45′ W	71° 21.25′	249	228	声速剖面仪 AML
31	09-04	15:42	102° 39.75′ W	68° 37.47′	120	116	声速剖面仪 AML
32	09-05	19:15	118° 03.59′ W	69° 36.01′	369	255	声速剖面仪 AML
33	09-06	17:45	133° 09.16′ W	71° 10.75′	252	205	声速剖面仪 AML
34	09-08	00:57	138° 27.74′ W	74° 54.70′	3 515	789	XBT09
35	09-08	14:30	142° 38.60′ W	74° 59.60′	3 693	3 502	声速剖面仪 AML
36	09-09	09:57	151° 09.02′ W	74° 55.52′	3 853	3 805	声速剖面仪 AML
37	09-10	07:16	160° 12.80′ W	74° 59.05′	1 934	1 500	声速剖面仪 AML
38	09-10	13:02	162° 33.15′ W	75° 17.85′	2 049	2 026	声速剖面仪 AML
39	09-10	19:35	165° 14.80′ W	75° 34.66′	572	555	声速剖面仪 AML
40	09-11	07:10	171° 13.24′ W	76° 34.62′	2 215	1 650	声速剖面仪 AML
41	09-12	06:30	172° 50.82′ W	75° 36.74′	1 538	789	XBT10
42	09-15	04:12	168° 35.74′ W	76° 21.85′	1 958	380	XBT11

7.7.2.2　海洋地磁测量

本次海洋地磁测量在北欧海、加拿大海盆和楚科奇海盆区域共计完成地磁总场测量 2 076 km，地磁三分量磁力 2 191 km，数据量 200 M，完成计划工作量。测线总体位置见图 7-1，具体测线信息见表 7-15。

2017 年 8 月 20 日，在挪威—格陵兰海 Mohns 洋中脊区域进行了地磁总场与地磁三分量的同步测量（图 7-21），共采集测线 5 条，长度 447 km。

2017 年 8 月 23 日，在挪威—格陵兰海 AEgir 残留洋中脊区域进行了地磁三分量测量（图 7-22），共采集测线 1 条，长度 127 km。

2017 年 9 月 8—10 日，在加拿大海盆进行了地磁总场与地磁三分量的同步测量（图 7-23），共采集测线 6 条，长度 525 km。

2017 年 9 月 11—15 日，在楚科奇海盆内进行了地磁总场与地磁三分量的同步测量（图 7-23），共采集测线 6 条，长度 977 km。

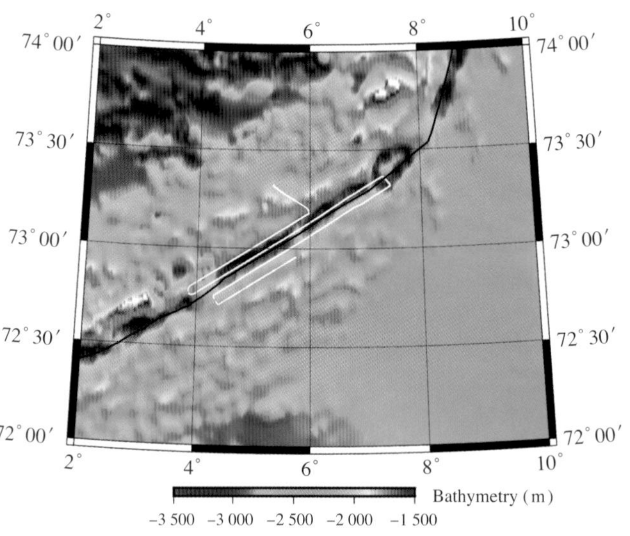

图 7-21　北欧海地磁测量测线位置
Fig.7-21　Magnetic Tracking line in Mohns Ridge of Nordic Sea

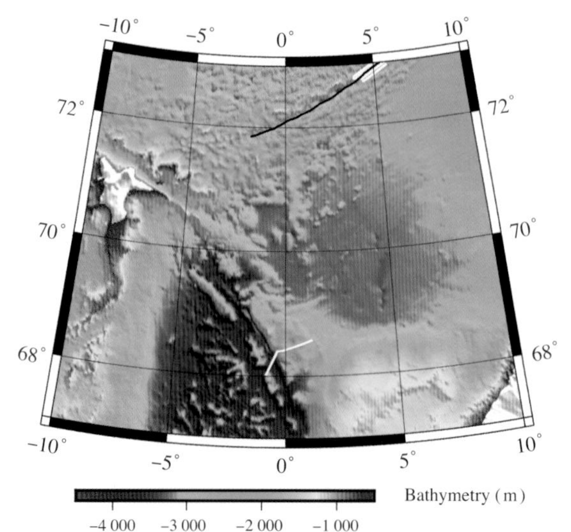

图 7-22　挪威—格陵兰海 AEgir 洋中脊地磁测量测线位置
Fig.7-22　Magnetic Tracking line in Aegir Ridge of Nordic Sea

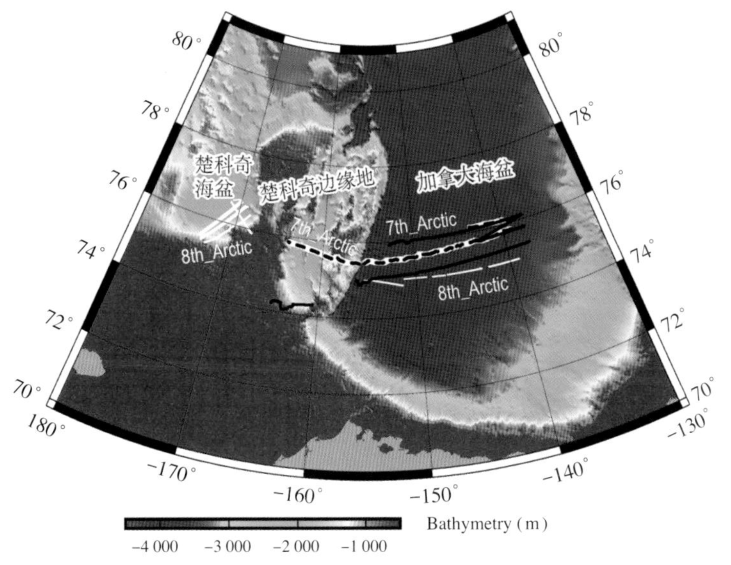

图 7-23 加拿大海盆及楚科奇海台地磁测线位置
Fig.7-23 Magnetic Tracking line in Canada basin and Chukchi sea

表7–15 拖曳式磁力测线
Table 7–15 Information of magnetic lines

测线名称	起始经度 (°E)	起始纬度 (°N)	结束经度 (°E)	结束纬度 (°N)	长度 (km)	作业项目
20170820_Mohns01	5.341 71	73.323 7	5.981 0	73.185 5	35	总场、三分量
20170820_Mohns02	5.981 16	73.185 2	3.856 4	72.768 2	95	总场、三分量
20170820_Mohns03	3.856 76	72.767 9	7.361 9	73.353 3	130	总场、三分量
20170820_Mohns04	7.362 66	73.353 0	4.336 8	72.735 3	127	总场、三分量
20170820_Mohns05	4.338 33	72.734 5	5.751 3	72.958 3	60	总场、三分量
20170823_AEgir	1.200 23	68.579 3	-0.877 4	68.011 5	127	三分量
20170908_CB01	−138.964 0	74.999 9	−142.364 6	75.001 8	100	总场、三分量
20170908_CB02	−143.040 5	74.999 1	−146.757 2	74.999 5	117	总场、三分量
20170909_CB03	−146.889 2	74.989 1	−148.309 3	74.999 4	65	总场、三分量
20170909_CB04	−148.437 4	74.999 9	−148.862 9	74.999 9	67	总场、三分量
20170909_CB05	−148.846 5	75.010 7	−151.268 1	−151.268 1	57	三分量
20170909_CB06	−151.329 7	74.833 6	−155.454 7	75.003 3	119	总场、三分量
20170911_CKCLL	−168.007 8	75.887 0	−171.175 1	76.564 3	116	总场、三分量
20170911_CKC01	−171.012 8	76.614 8	−173.520 0	75.485 4	190	总场、三分量
20170912_CKC02	−173.519 9	75.485 4	−169.838 9	76.645 4	163	总场、三分量
20170912_CKC05	−169.381 8	76.565 8	−173.240 9	75.390 0	169	总场、三分量
20170913_CKC06	−173.240 9	75.389 9	−169.142 3	76.563 8	173	总场、三分量
20170915_CKC10	−168.614 5	76.358 5	−172.774 2	75.316 1	166	总场、三分量

7.7.2.3 海底热流测量

本航次共在罗蒙诺索夫脊、加克尔洋中脊、南森海盆、北欧海、加拿大海盆和楚科奇边缘地等区域完成与重力柱状样同步的热流测量站点 7 个，热流站点位置见图 7-1，热流信息见表 7-16。

表7-16 热流站点信息
Table 7-16 Information of heatflow stations

站位	日期	经度(°E)	纬度(°N)	水深(m)	入泥深度(m)	停留时间(min)
LR01	2017-08-10	143.616 3	82.751 6	1 788	3.5	4
GK01	2017-08-11	99.905 2	85.005 2	3 978	4	12
NB01	2017-08-12	43.105 2	85.001 8	3 980	3	12
AT01	2017-08-21	6.995 0	71.639 5	2 960	2	6
CB01	2017-09-07	−138.470 8	73.394 1	3 128	4	4
P06	2017-09-09	−151.127 8	74.877 2	3 835	2.5	8
P03	2017-09-10	−162.458 9	75.292 8	2 049	2.5	9

7.8 数据处理与分析

7.8.1 多波束数据处理

7.8.1.1 声速剖面处理与分析

利用AML Minos·X采集的声速剖面数据，需要通过RS232串口连接到Seacast后处理软件中进行查看与导出。导出的原始数据包括采用时间、深度（压力）、声速、电压等参数，数据格式如表7-17所示，在多波束采集软件HydroStar中，只需要深度和声速两列数据，因此需要从原始数据中将深度列和声速列提取出来，形成标准的tsv声速剖面文件。

表7-17 原始声速剖面数据示例
Table 7-17 Example of sound velocity profile raw data

[cast header]				
depthinmeters=yes				
seacast version= Version 4.3.1				
instrumentsn=30898				
date=2017-09-07				
time=00:42:27.74				
pressureoffset=-0.71				
usepressureoffset=yes				
latitude=0.0000				
longitude=0.0000				
fixedpressure=0.00				
usefixedpressure=no				
slot1sensor1=sv-c-ct.xchange sv.x sn 206194 05/12/17				
slot3sensor1=p-t-tu-do-uv.xchange p.x sn 305297 05/30/17				
[data]				
Date (yyyy-mm-dd)	Time	SV (m/s)	Depth (m)	Battery (V)
2017/9/7	47:10.1	1451.668	204.28	7.72
2017/9/7	47:11.5	1451.584	203.26	7.72
2017/9/7	47:12.7	1451.446	202.22	7.72

而 XBT 测量所得的是温度和压力数据，在计算声速剖面是，需要提供当地的盐度值。在本次 XBT 数据处理中，盐度值采用附近 CTD 站位的平均盐度，将其带入温度、盐度和压力计算声速的经验公式中进行计算，形成标准的声速剖面数据文件。

以下分别是中央航道（图 7-24）、西北航道（图 7-25）和加拿大海盆断面（图 7-26）所测站位的声速剖面曲线。

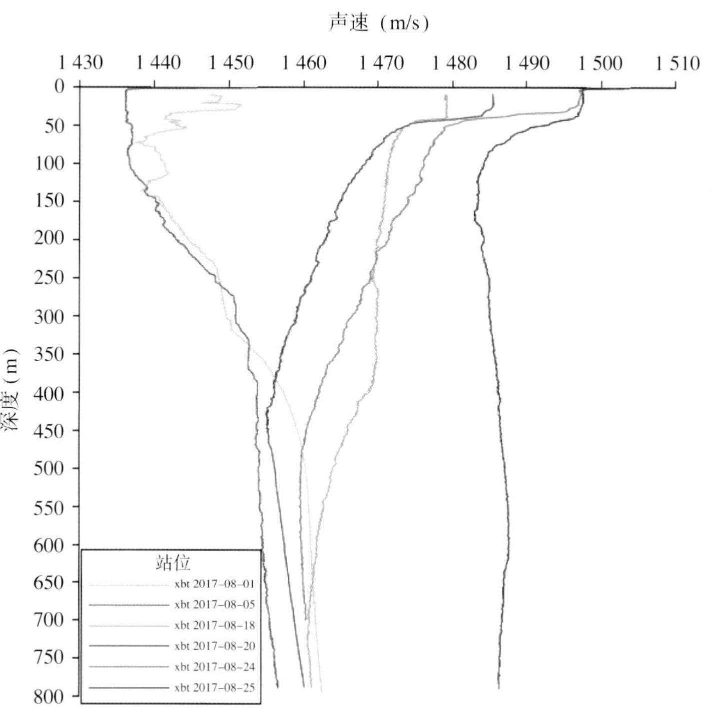

图 7-24　中央航道 XBT 声速剖面曲线
Fig.7-24　Sound velocity profile for Arctic Central Passage

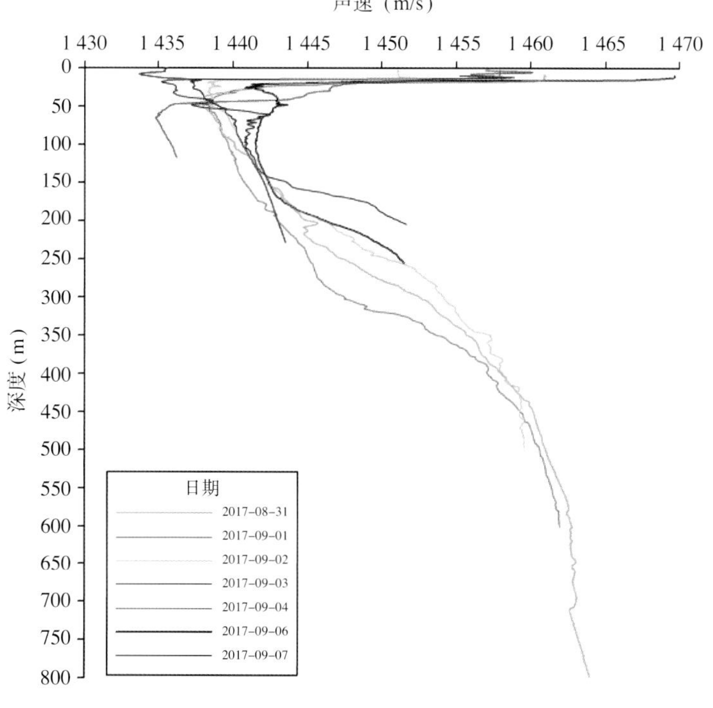

图 7-25　西北航道声速剖面曲线
Fig.7-25　Sound velocity profile for Northwest Passage

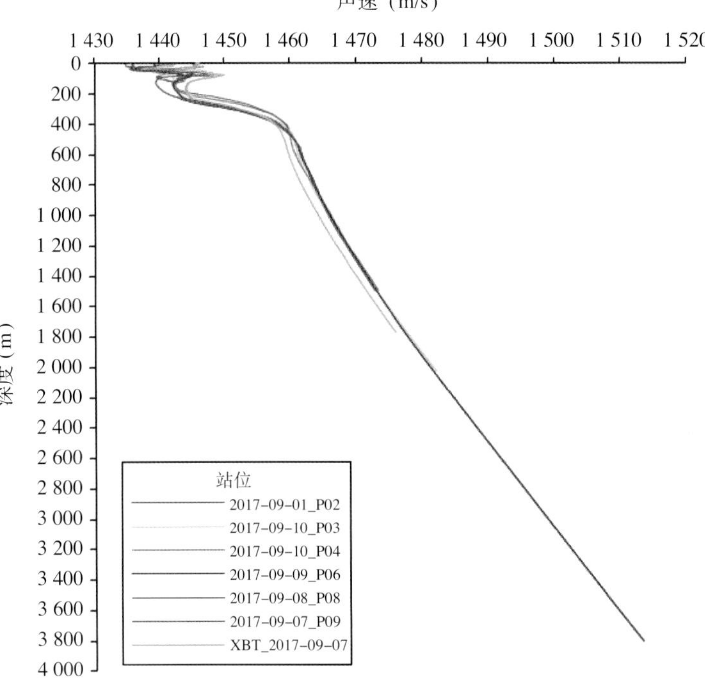

图 7-26　加拿大海盆断面声速剖面曲线
Fig.7-26　Sound velocity profile for Canada Basin

7.8.1.2　多波束条带覆盖宽度分析

全航程多波束系统最大测量水深为 5 000 m，最小测量水深为 100 m，对航渡和全覆盖测量中不同典型深度的多波束条幅覆盖宽度进行了统计（表 7-18），统计结果表明，该多波束系统在 100 ～ 1 000 m 水深范围内最佳覆盖宽度可达 3 倍水深，大于 1 000 m 水深之后，覆盖宽度最佳可达 2.3 倍水深，覆盖宽度与底质类型、坡度等有关。100 ～ 5 000 m 不同水深的条幅覆盖宽度见图 7-27。

表7–18　SeaBeam 3020多波束系统不同深度条幅覆盖宽度统计
Table 7–18　Statistics for coverage chart in different depth

序号	水深（m）	覆盖宽度（m）
1	100	245
2	250	625
3	500	1 500
4	1 000	2 800
5	1 500	4 100
6	2 000	4 600
7	2 500	5 000
8	3 000	5 900
9	3 600	7 800
10	4 000	5 800
11	4 500	1 030
12	5 000	11 400

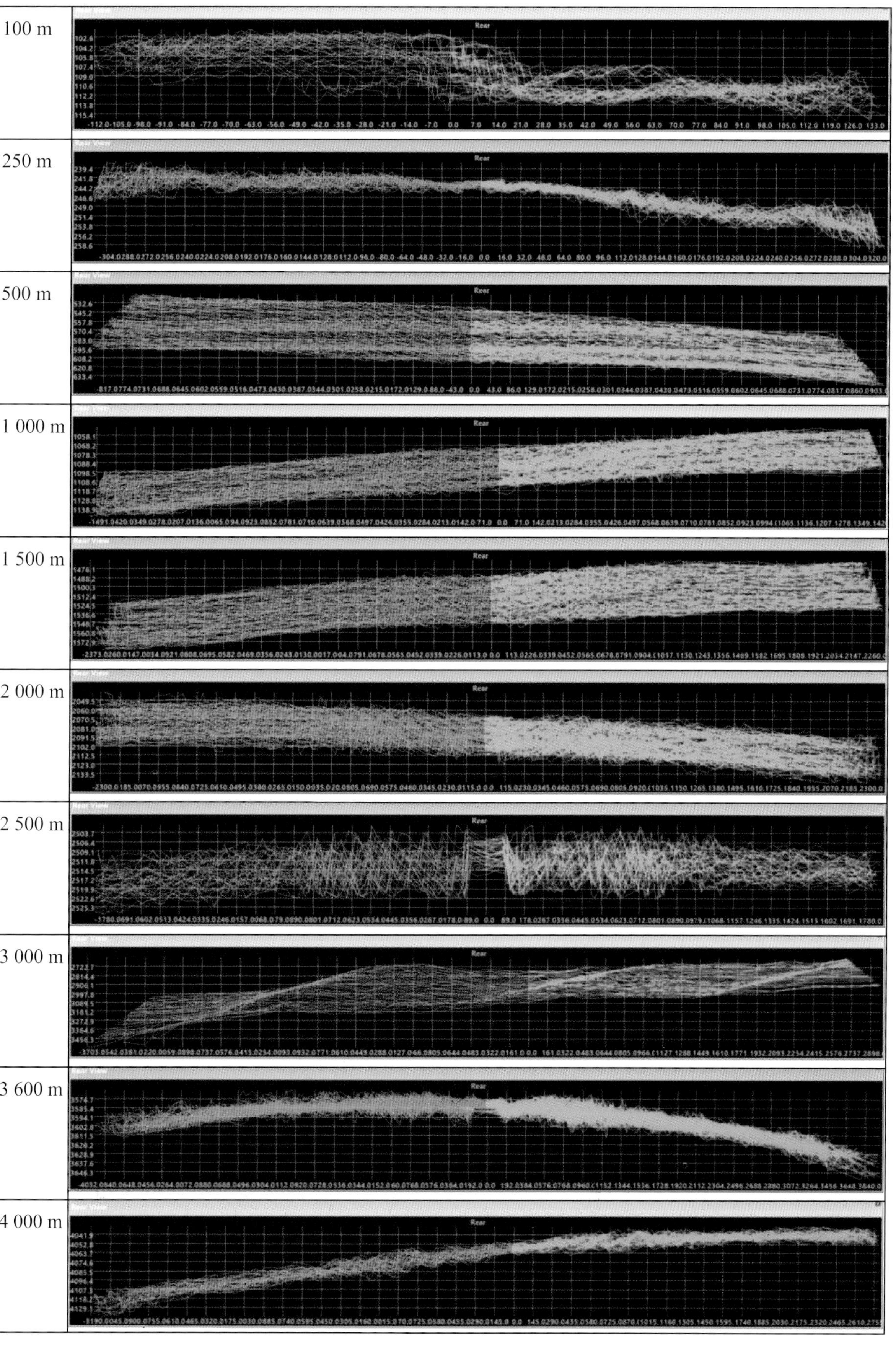
100 m
250 m
500 m
1 000 m
1 500 m
2 000 m
2 500 m
3 000 m
3 600 m
4 000 m

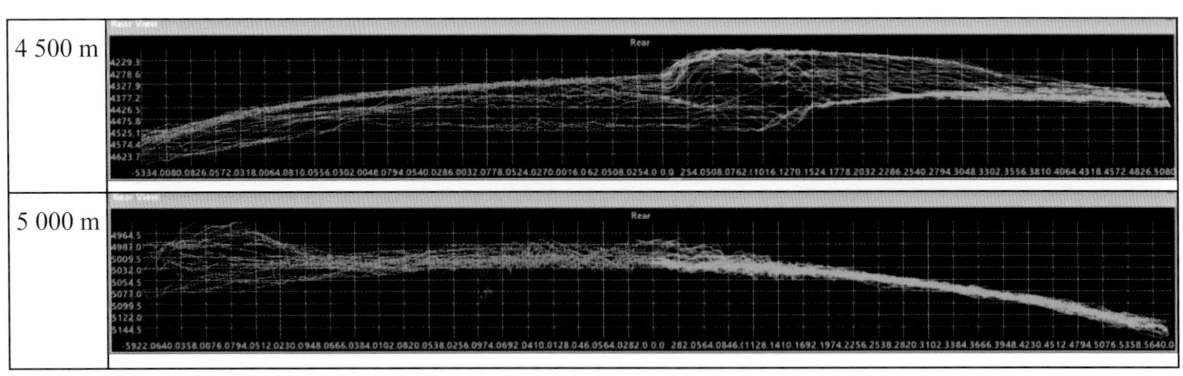

图 7-27　SeaBeam 3020 不同水深覆盖宽度
Fig.7-27　Coverage chart for SeaBeam 3020 in different depth

7.8.1.3　多波束数据处理

多波束数据后处理主要包括多波束系统参数校正、导航数据编辑、水深点噪声编辑、潮位改正、声速改正等，然后将系统参数和水深值进行合并计算，结合 CUBE（Combined Uncertainty and Bathymetry Estimator）多波束自动化处理算法进行海底面构建，得到最终的多波束成果数据。本次多波束数据后处理在 Caris 软件中进行，数据后处理的工作流程如图 7-28 所示。

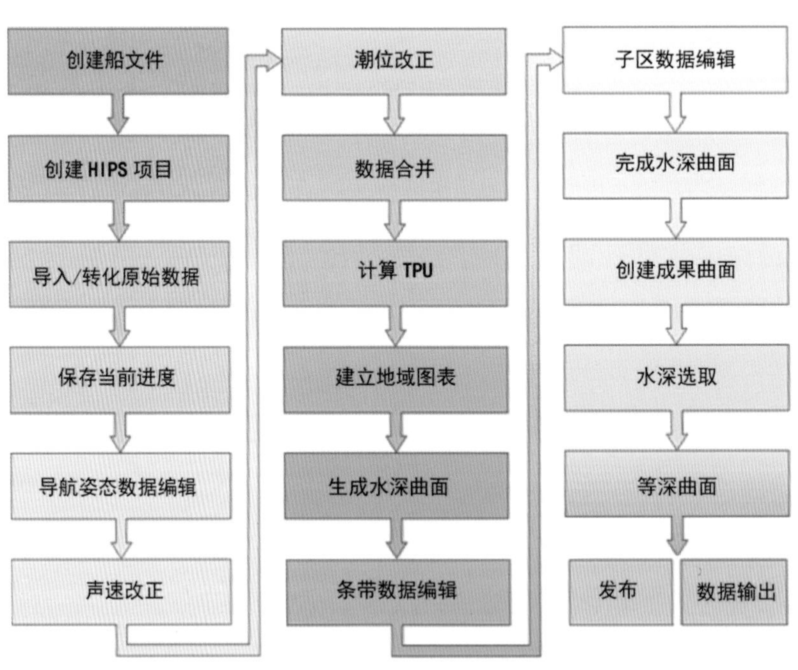

图 7-28　多波束后处理工作流程
Fig.7-28　workflow for multibeam data process

1）导航定位数据处理

由于作为海区地处高纬度海区，差分 GPS 信号较弱且不稳定，导致导航定位信号存在大量的跳点。因此，在数据清理工作中，首先要将不合格的定位数据剔除，确保地形位置准确。

2）罗经、运动传感器数据处理

在多波束测量过程中，需要罗经和运动传感器姿态信息对船舶的运动姿态进行实时改正，如果罗经或姿态传感器数据出错，就会导致所测得的多波束数据无效，因此在对水深数据编辑前，先要删除罗经和姿态参数不合格的数据点。

3）水深数据编辑

水深数据编辑采用人机交互的方式进行，先沿测线方向，利用条带（Swath）编辑模式对多波束测线逐一进行编辑，删除边缘波束和明显偏离周边水深点的跳点；然后再利用子区（subset）编辑模式对相邻条幅拼接区进行二维、三维联动编辑，在编辑过程中，载入基于 CUBE 算法生成的曲面作为参照，删除不准确的边缘波束点和拼接区超出标准阈值的水深点。

4）水深数据精度评价

测线交点差是当前评价地球物理走航测量结果准确度的主要依据，在楚科奇海盆调查区设计了 3 条检测线，可用于多波束数据质量评价。抽取测线的中央波束来对区块多波束数据精度进行评价，整个区块共有 66 个交叉点，交点差最大值为 11.7 m，最小值为 0.1 m，均方根 3.2 m，最大值出现在 1 728 m 水深处，优于实测水深值的 1%，精度评价结果满足地形地貌调查技术规程要求。

7.8.1.4 楚科奇海盆调查区块地形地貌分析

楚科奇海盆调查区由楚科奇隆起向楚科奇海盆延伸，涵盖了陆架、陆坡和海盆三个主要地貌单元（图 7-29）。陆架与陆坡的分界位于 600 m 等深线附近，陆架区水深变化平缓，地貌特征为典型的高纬度冰川地貌，末次冰期留下的冰山刮痕广泛分布。陆坡区在横向上被楚科奇隆起一凸出高地形分割，西南段陆坡区坡度平缓连续（图 7-30），平均坡度为 1.45°，在陆坡顶部 600 ~ 1 000 m 处广泛分布着由冰川融水形成的冲沟地貌；东北段陆坡区则坡度较陡（图 7-31），平均坡度为 3.5°，地貌特征复杂多变，表现为多期次发育的地貌特征。陆坡顶部同样发育了冰川侵蚀留下的冲沟地貌，冲沟可延伸到 1 750 m 水深处；1 000 ~ 1 500 m 之间沿等深线存在一条冰川沉积地貌带，表现为典型的非均匀压实的冰川沉积地貌特征，并被末次冰期形成的冲沟切割，表明该地貌特征的形成时间应早于末次冰期。

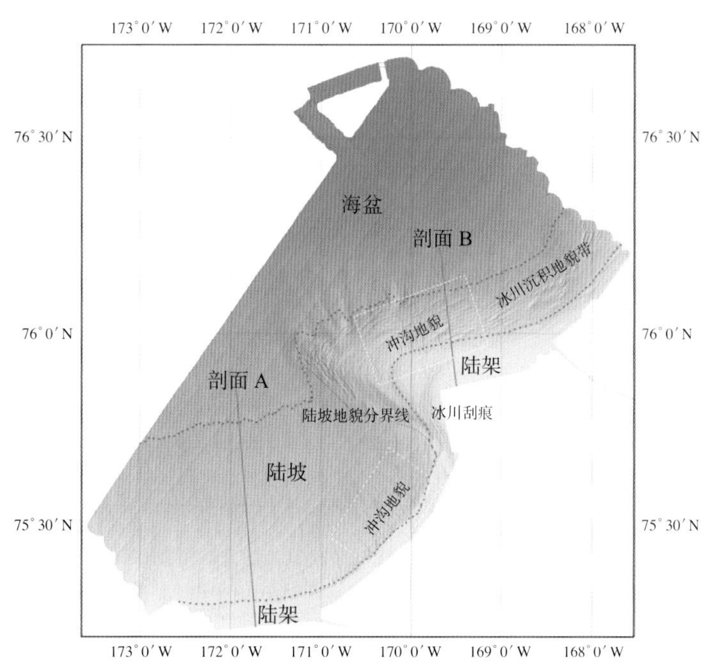

图 7-29 楚科奇海盆调查区地貌

Fig.7-29 Submarine landform of survey area in Chukchi basin

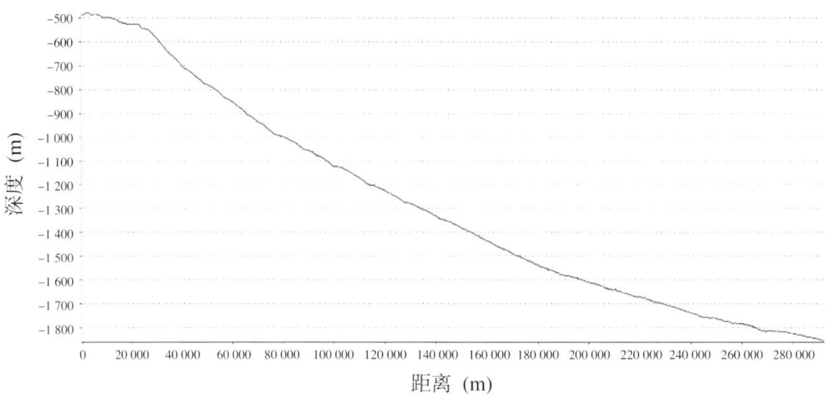

图 7-30 楚科奇海盆调查区地形剖面（剖面 A）
Fig.7-30 Submarine landform profile of survey area in Chukchi basin

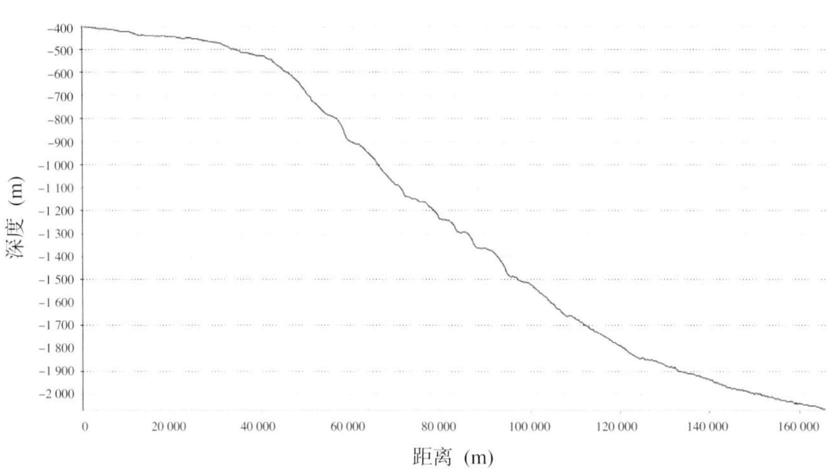

图 7-31 楚科奇海盆调查区地形剖面（剖面 B）
Fig.7-31 Submarine landform profile of survey area in Chukchi basin

7.8.2 海面拖曳式磁力处理

1）数据筛选

数据整理过程中，首先删除信号值低于 400 的点，另外还删除船只转弯、海况差和挂杂物等影响造成不稳定的数据。

2）定位点与探头距离校正

船上定位的位置以卫星导航系统天线为基准点。测量前，把 GPS 天线相对于探头的位置参数输入采集软件，采集软件自动计算探头位置。磁力测量数据整理时所需要的日期、时间等均来自 GPS。调查数据和班报填写时间统一采用 GPS 时间。

3）地磁正常场改正

海洋地磁测量的正常场计算采用国际高空物理和地磁协会（IAGA）公布的国际地磁参考场（IGRF）公式计算。它的地磁场总强度的 3 个分量分别为：

$$
\left.\begin{aligned}
X(t) &= \frac{1}{r}\frac{\partial u}{\partial \theta} = \sum_{n=1}^{n=N}\sum_{m=0}^{m=n}\left(\frac{a}{r}\right)^{n+2}\left[g_n^m(t)\cos m\lambda + h_n^m(t)\sin m\lambda\right]\cdot\frac{d}{\mathrm{d}\theta}P_n^m(\cos\theta)\\
Y(t) &= \frac{-1}{r\sin\theta}\frac{\partial u}{\partial \lambda} = \sum_{n=1}^{n=N}\sum_{m=0}^{m=n}\left(\frac{a}{r}\right)^{n+2}\cdot\frac{m}{\sin\theta}\left[g_n^m(t)\sin m\lambda - h_n^m(t)\cos m\lambda\right]P_n^m(\cos\theta)\\
Z(t) &= \frac{\partial u}{\partial r} = \sum_{n=1}^{n=N}\sum_{m=0}^{m=n}-(n+1)\cdot\left(\frac{a}{r}\right)^{n+2}\left[g_n^m(t)\cos m\lambda + h_n^m(t)\sin m\lambda\right]P_n^m(\cos\theta)
\end{aligned}\right\}
$$

式中，u 代表地磁位，$(r、\theta、\lambda)$ 代表地心球坐标；a 为参考球体的平均半径；$P_n^m(\cos\theta)$ 是 n 阶 m 次施米特正交型伴随勒让德函数；N 是最高的阶次；$g_n^m(t)$ 和 $h_n^m(t)$ 是相应的高斯球谐系数；$X(t)$、$Y(t)$、$Z(t)$ 分别代表地心坐标地磁总强度的北向分量、东向分量和垂直分量。采用 2010 年公布的 13 阶、次系数，并做相应的年变改正，相应的地磁场总强度模 $|T(t)| = [X^2(t)+Y^2(t)+Z^2(t)]^{1/2}$ 包含了地磁场长期变化。

球谐系数和时间的关系为：

$$
\left.\begin{aligned}
g_n^m(t) &= g_n^m(t_0) + \delta g_n^m\cdot(t-t_0)\\
h_n^m(t) &= h_n^m(t_0) + \delta h_n^m\cdot(t-t_0)
\end{aligned}\right\}
$$

式中，$g_n^m(t_0)$ 和 $h_n^m(t_0)$ 为基本场系数（单位：nT）；δg_n^m 和 δh_n^m 为年变系数（单位：nT/a）。

7.8.3 三分量磁力数据处理

船载三分量磁力测量包含地磁三分量和三分量传感器姿态的测量。地磁三分量可以合成地磁总场，若要得到地理坐标内的 3 个方向的分离信息，则需要将分量信息根据传感器姿态旋转到地理坐标系中。目前，我们仅对数据进行了总场的合成，如图 7-32 所示。从三分量合成总场与实测总场的对比中可以看出，两者具有良好的一致性，表明地磁三分量测量数据是准确可靠的。

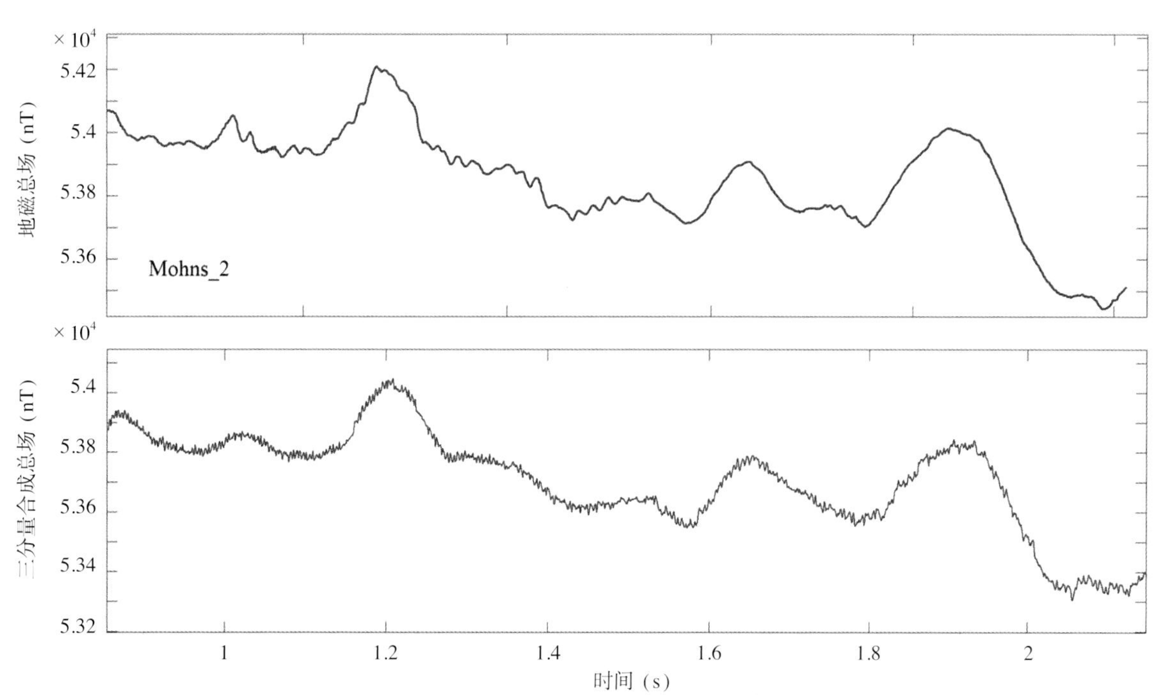

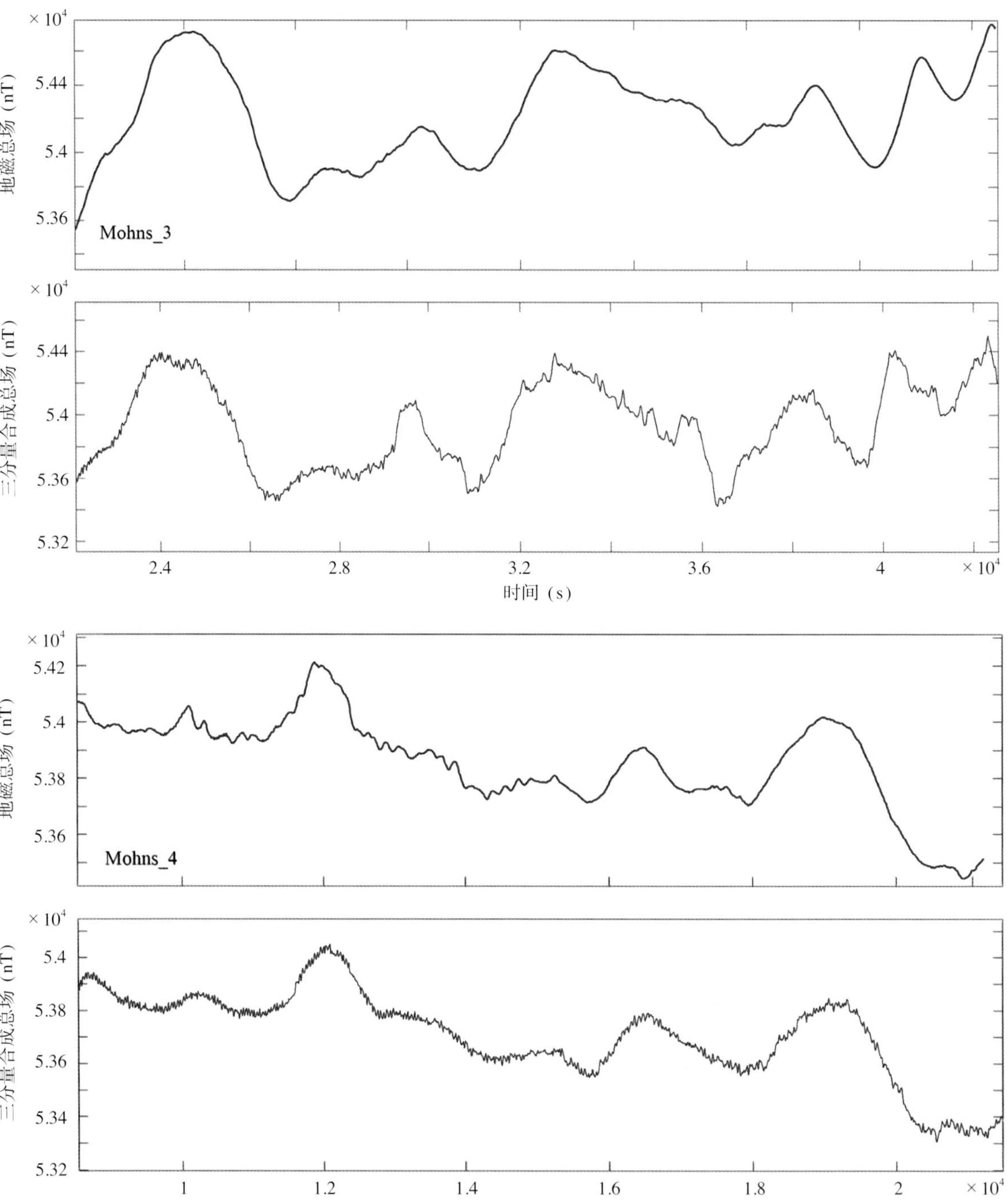

图 7-32　北欧海 Mohns 洋中脊区域地磁三分量合成总场与实测总场对比

Fig.7-32　Comparisions of the measured total magnetic field (upper) and the total magnetic field combined by three-direction vector data (lower)

7.8.4　热流数据处理

热流的数据处理分为温度转换、地温梯度计算和热导率测量三部分，原位的地层温度与甲板测量的沉积物热导率共同得到热流值。温度探针测量的原始数据是电阻变化值，温度与电阻值转换关系程式将数据转换为温度值。

原位温度使用 5 个安装于重力柱状采样器上的小型温度探针测量得到，温度探针的尺寸是长 11 cm、直径 2 cm 的圆柱体针管。温度探针安装于保护性的不锈钢鳍装固定架上，并同时保证温度探针与重力柱状采样器之间有 5 cm 的距离，以尽量减小柱状取样器插入和拔出时因摩擦热的影响。5 个温度探针间相互错开一定的角度，以尽量减小前一个温度探针插入的摩擦热对后面温度探针的影响。在整个观测期间，没有观测到任何的温度探针之间相对位置的变化。一般情况下，3 ~ 5 min 的测量时间可以保证温度探针平衡到原位温度的条件（Pfender and Villinger, 2002）。在所有 7 个测量站位中，柱状样入泥时间均超过 3 min，大部分超过 5 min。

温度探针测量的是传感器的电阻率随温度的变化。首先使用标定参数将电阻的变化转换为温度的变化。各探针入水时记录到的温度各不相同，需要校正到同一水平。我们以探针 1 为基点，并考虑探针开始工作的时间差对探针 2、探针 3、探针 4 的平衡温度进行校正，校正后的各站位温度分布如图 7-30 所示。本航次并未安装倾斜仪，因此没有重力柱状采样器入泥时的角度。根据第六次北极科学考察的统计结果显示，大部分柱状样的入泥角度均小于 5°，造成的温度梯度的误差在 1% 以内。

地温梯度的计算取决于各温度探针之间的温度差和相互距离。虽然我们无法精确知道重力柱状采样器的入泥深度，但是根据温度探针的变化可以判断探针是否插入沉积物，然后选取插入沉积物中的温度探针进行温度计算。我们使用两种方法计算温度梯度。第一种为外推梯度法，通过各探针的温度 (T) 随时间 (t) 变化的长期逼近来计算温度梯度。温度与时间的倒数进行线性拟合，将温度探针插入沉积物的时间视为 t=0，将 1/t=0 时视为最终温度，即假定为原位温度。原位的温度梯度使用每个探针间的外推平衡温度计算。第二种方法为直接测量法，即测量每一时刻的各温度探针间的温度梯度。假定各温度探针间的梯度随时间逐渐逼近真实温度梯度。然后对温度梯度和时间的倒数进行线性拟合，选取 1/t=0 时视为最终温度梯度。一般情况下，两种方法计算的温度梯度的差别在 2% 以内。各站位的温度梯度如图 7-33 所示。

沉积物样品的热导率由 TK04 型热导率仪测量。样品在测量前均存放在“雪龙”船样品库，恒温至少 24 h，以便样品与测量环境之间达到热平衡。样品库内温度与海水温度接近，测量热导率时样品与测量环境之间达到热平衡。本航次每隔 0.5 m 沿沉积物样品测量一个热导率，每个位置进行 5 次测量，测量结果的平均值作为该位置的热导率值。沉积物的热导率和其含水量、温度及压力相关，因此测量室得到的热导率还需经过温度、压力及含水量的校正，才能反映沉积物在原位条件下的导热性质。这里采用 Hyndman 等的校正公式。

$$\lambda_{P,T}(z)=\lambda_{lab}\left[1+\frac{z_w+\rho z}{1\,829\times 100}+\frac{T(z)-T_{lab}}{4\times 100}\right]$$

式中，$\lambda_{P,T}(z)$ 为深度 z 处的沉积物的原位热导率，W/(m·k)；λ_{lab}为测量室条件下测量的热导率，W/(m·k)；z_w为水深，m；ρ 是沉积物平均密度，g/cm^3；$T(z)$为深度 z 处的沉积物的原位温度，℃；T_{lab}是测量热导率时的测量室温度，℃。该公式适用的温度范围为 5 ~ 25℃。

热流密度的计算一般采用 Bullard 方法。该方法假定测温段的热流保持不变，温度 $T(z)$ 与热阻 $R(z)$ 之间满足线性关系

$$T(z)=T_0+q\cdot R(z)$$

式中，z 为深度，m；T_0 为海底温度，℃；q 为热流密度，mW/m^2。

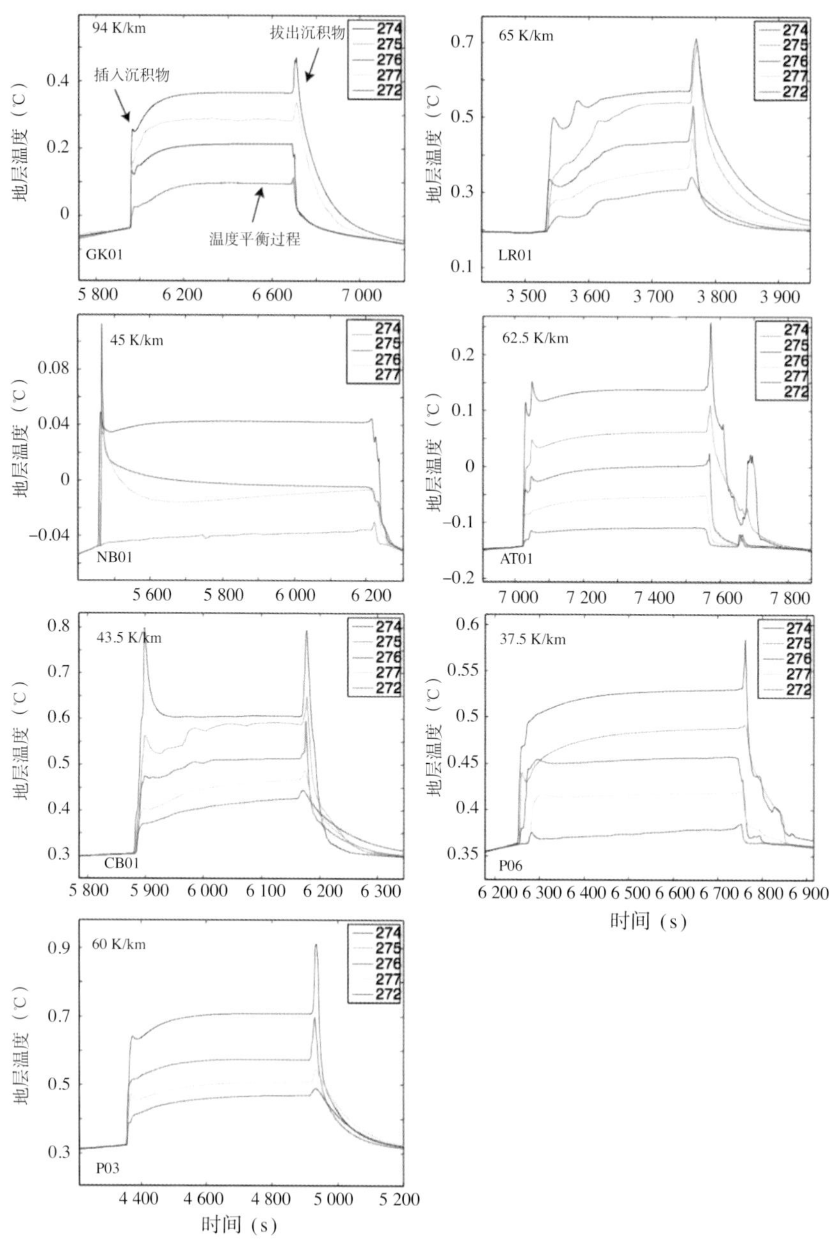

图 7-33　热流站位温度梯度
（站位名称和相应温度梯度用相应数字标示）
Fig.7-33　Temperature gradient for heatflow stations

7.8.5　磁力数据初步分析

Mohns 洋中脊的 5 条地磁测线覆盖了宽度约为 25 km 的 72.6° ~ 73.5°N 段中央裂谷（图 7-34）。整体上，此区域的地磁异常呈现为高幅值正异常，尤其是位于洋中脊中央裂谷中心位置的 Mohns02-04 测线，其最高幅值均超过 1 000 nT。Mohns01 和 Mohns05 测线呈现为正负相间低幅值异常。

沿着洋中脊轴部，观测到的磁异常主要取决于具有磁性矿物的岩石的厚度与磁化强度。尽管下地壳和蛇纹岩化橄榄岩对于磁异常也有显著的影响，但大多数磁异常都归因于与地震层 2A 一致的喷出地壳（Talwani et al., 1971; Atwater and Mudie, 1973; Gee and kent,1998; Schouten et al., 1999）。根据远程地化假说，喷出玄武岩的磁化强度与 Fe-Ti 含量有关（Vogt and Johnson, 1973; Vogt, 1979），这取决于结晶分异程度和岩浆源的组成成分。磁性结构因此能提供岩浆源、浅层地壳的岩浆侵入、岩浆分异以及地壳结构方面的重要信息。沿着快速扩张的东太平洋海隆（EPR），中脊段末端比中脊段中心拥有更高的磁化强度，这通常归因于在中脊段不连续处，增强的结晶分异程度产生了富含 Fe-Ti 的玄武岩 (e.g. Sempere, 1991)。沿着慢速扩张的大西洋洋中脊（MAR），中脊段末端的高磁化强度通常由以下 3 方面进行解释：① 在中脊段末端出现高磁化的蛇纹石化橄榄岩 (Pockalny et al., 1995; Ravilly et al., 1998)；② 变深的居里等温线产生了更厚的磁化层 (Grindlay et al., 1992; Pariso et al., 1995)；③ 更少的渗透性断层作用和 / 或热液活动造成的蚀变玄武岩 (Tivey and Johnson, 1987)。沿 Mohns 洋中脊走向，正异常幅值呈现 4 段 100 ~ 1 000 nT 的半周期性变化（图 7-35）。这种周期性的变化与水深的变化呈正相关，这与沿较快扩张速率洋中脊轴的磁性结构模式相反。Mohns 洋中脊磁异常和水深之间特殊的相关性表明，在超慢速扩张洋中脊存在特有的磁源作用机制、岩浆注入以及地壳构造过程。由于水深的周期性变化体现了其下各个独立的岩浆上涌单元，浅的地形表明更多量的岩浆，因此高的磁异常应该对应更大量的喷出玄武岩，而非更强的磁化强度。这表明在超慢速扩张洋中脊，在中脊段中央具有更多的喷出玄武岩。

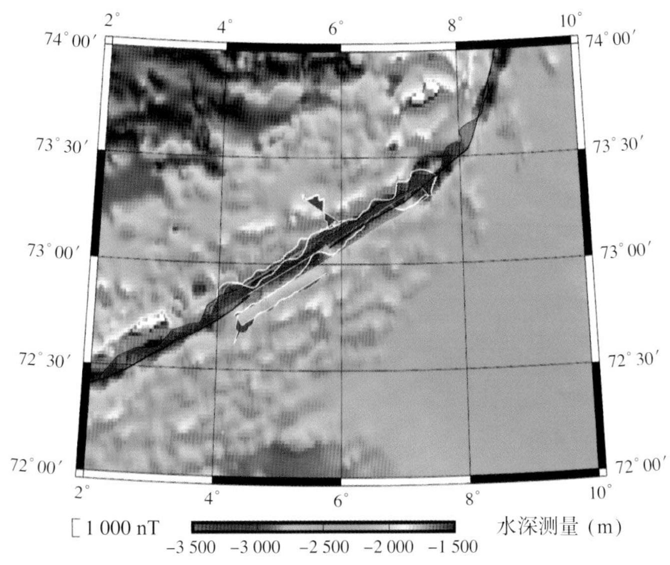

图 7-34　Mohns 洋中脊地磁总场剖面位置
Fig.7-34　Total magnetic profile for Mohns Ridge

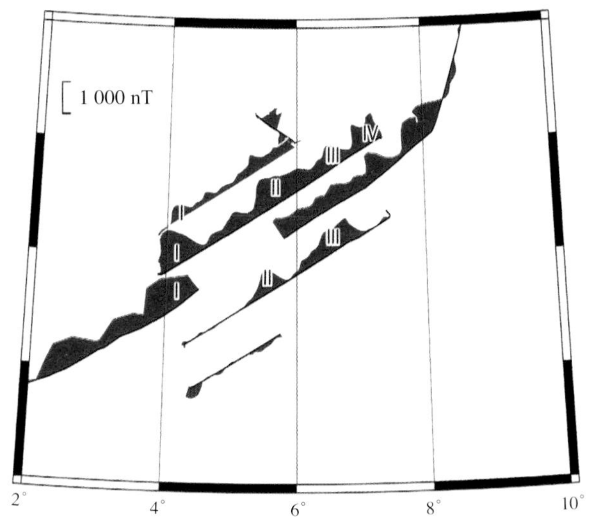

图 7-35　Mohns 洋中脊地磁总场平面剖面
Fig.7-35　Magnetic profile for Mohns Ridge

垂直 Mohns 洋中脊方向，磁异常以 Mohns03 和 Mohns04 为中心，向东西两侧的 Mohns05 和 Mohns01 测线快速衰减，体现了玄武岩被海水蚀变后磁性的快速降低。沿洋中脊中央处磁异常最大幅值超过 1 000 nT，而在洋中脊两侧幅值仅有 200 nT，这也与实验室测量的新鲜玄武岩超过 20 A/m 的磁化强度和蚀变玄武岩 4 ～ 5 A/m 的磁化强度相一致。

7.8.6 热流数据初步分析

根据热流的数值（图 7-36），7 个站位可以分为明显的 3 类：Gakkel 洋中脊属于高热流值区域（94 mW/m^2）；罗蒙诺索夫脊、楚科奇边缘地与挪威海盆属于中热流值区域（60 ～ 65 mW/m^2）；加拿大海盆和南森海盆属于低热流值区域（37.5 ～ 45 mW/m^2）。热流值主要反映了来自岩石圈底界面的温度传导以及地层内的放射性生热。在加克尔洋中脊，由于沉积物较薄，地壳为典型的海洋地壳，因此高热流值反映了极薄（数千米）的新生岩石圈，即 1 250℃的等温面仅位于海底面下数千米。这也与多波束数据观测到的大量火山活动相一致。挪威海盆 AT01 站位也可能由于靠近活动的 Mohns 洋中脊而具有较高的热流值，但是其幅值（62.5 mW/m^2）明显低于位于加克尔洋中脊中心处的热流幅值。罗蒙诺索夫脊与楚科奇边缘地均属于典型的减薄陆壳，其较高的热流值可能反映了减薄的大陆岩石圈，也可能与大陆陆壳内较强的放射性物质的放热有关。在加拿大海盆和南森海盆的低幅值热流可能反映了岩石圈远离活动洋中脊后的快速增厚及对应的加深的 1 250℃的等温面。加拿大海盆的西侧具有 7 个站位中最低的热流值，反映了加拿大海盆较长的冷却过程，即较早的形成历史。

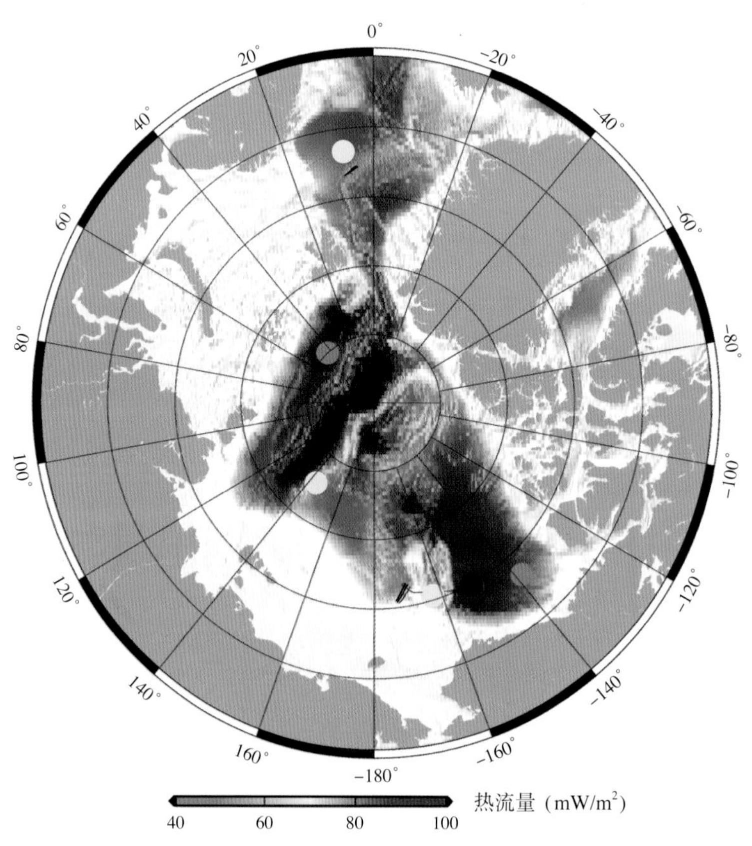

图 7-36 第八次北极科学考察热流值

Fig.7-36 Heatflow of the 8th CHINARE

7.9 适航性分析

7.9.1 精密测量区块

7.9.1.1 楚科奇海盆全覆盖区域

测区内最大水深为 2 200 m，最小水深为 67 m（图 7-29）。按 100 m 水深间隔计算各深度占总测区面积的比例，500 ~ 2 200 m 水深区域所占比例较为接近，并随水深的增加而增加（图 7-37）。整个测区平均坡度为 2°，陆坡处最大坡度可达 5°。

楚科奇海盆调查区由楚科奇隆起向楚科奇海盆延伸，涵盖了陆架、陆坡和海盆三个主要地貌单元（图 7-29）。陆架区水深变化平缓，地貌特征为典型的高纬度冰川地貌，末次冰期留下的冰山刮痕广泛分布。陆坡区在横向上被楚科奇隆起一凸出高地形分割，西南段坡度平缓连续，东北段则坡度较陡（平均坡度分别为 1.45° 和 3.5°），地貌特征复杂多变，表现为多期次发育的地貌特征。陆坡顶部发育了冰川侵蚀留下的冲沟地貌，冲沟可一直延伸至 1 750 m 水深处。

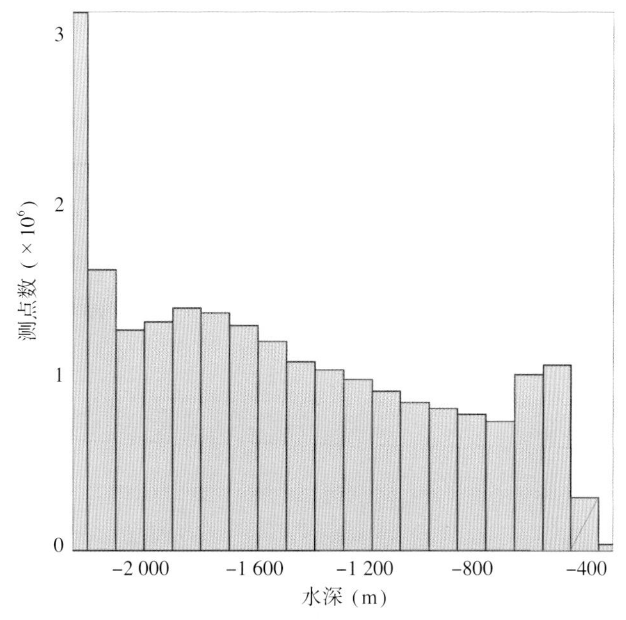

图 7-37 楚科奇海盆调查区地貌
Fig.7-37 Geomorphologucal map of Chukchi Basin

7.9.1.2 Mohns洋中脊全覆盖区域

测区地形图见图 7-38，最大水深 3 570 m，最小水深 1 515 m，平均水深 2 799 m。其中 2 200 ~ 3 300 m 水深区域占到总面积的 70%（图 7-39）。测区内地形变化较大，平均坡度 0.5°，最大坡度可达 47°。

该区域典型的地形地貌单元包括：中央裂谷、内中央裂谷、脊状地形、海盆、线性台阶和独立地形凸起（图 7-40）。其中最为显著的是北东走向的宽度约为 18 km 的中央裂谷，其内部由一系列雁列式排列的脊状地形和盆地相间组成。区域内共有 5 个脊状地形，长度为 15 ~ 25 km，宽度为 6 ~ 11 km，被水深为 3 000 ~ 3 500 km 的盆地所分割。盆地的形态多变，宽度在 5 ~ 10 km 之间。在脊状地形隆起和海盆之间，存在部分独立的地形凸起（如 6.8° E 处），推断为近期的独立火山活动所形成。

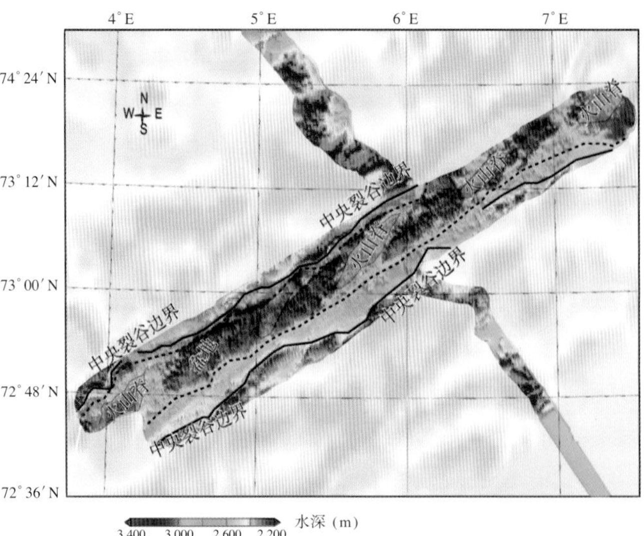

图 7-38 Mohns 洋中脊的全覆盖地形和地质单元
Fig.7-38 Topogaphic map of Mohns midoceanic ridge

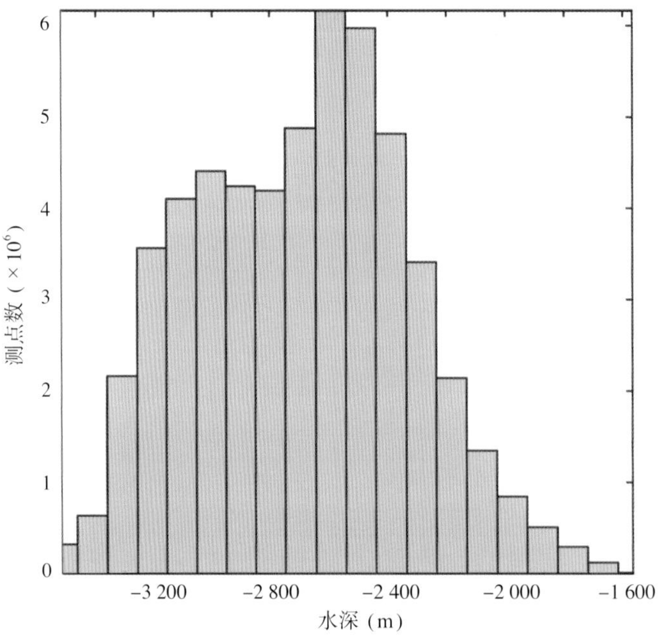

图 7-39 Mohns 洋中脊水深统计信息
Fig.7-39 Depth statistics of Mohns midoceanic ridge

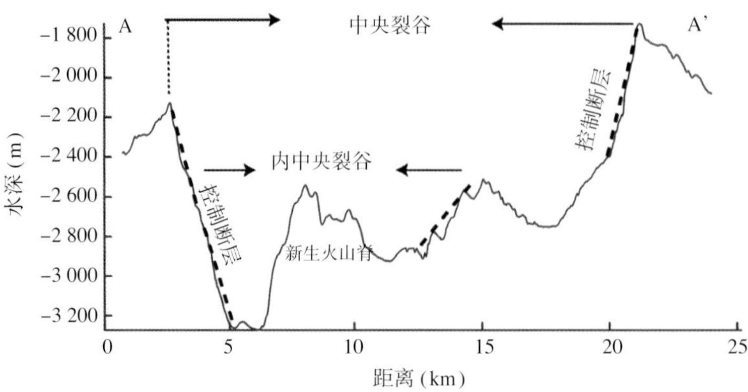

图 7-40 垂直 Mohns 洋中脊的地形剖面（位置见图 7-38）
Fig.7-40 Vertical profile of Mohns midoceanic ridg

7.9.1.3 巴芬湾全覆盖区域

测区内最大水深 1 426 m，最小水深 403 m，其中 700 ～ 1 100 m 水深区域占总面积的 70%。平均坡度 0.5°，最大坡度为 7°（图 7-41）。测区位于陆坡区，水深在 15 km 的范围内由西南侧的～ 500 m 变深为东北侧的 800 ～ 1 200 m，其中测区中部地形相对变化更快。测区南和北部均存在一个明显的海底水道，水流搬运的沉积物可能填充了水道口，使得地形变化较缓。

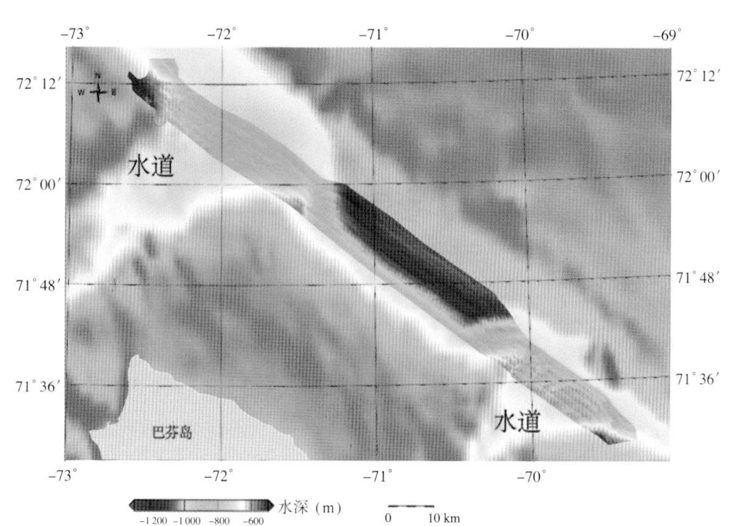

图 7-41 巴芬湾（中加合作）全覆盖区域地形

Fig.7-41 Topographic maps of Baffin Basin

7.9.2 航线测量区域

测线先后经过北太平洋、阿留申海沟、阿留申群岛、阿留申深海平原和白令海陆架，最大水深位于阿留申海沟处（7 022 m），在白令海陆架的最小测量水深为 50 m（因多波束系统的量程限制）。白令海陆架坡脚水深 3 100 m，陆架坡脚处最大坡度超过 10°，多波束实测数据中发现了多处海底滑坡。

马克洛夫海盆到罗蒙诺索夫脊测线长 543 km，覆盖面积 2 289 km^2。海盆平均水深 4 100 m，平均坡度小于 0.01°。罗蒙诺索夫脊最小水深 1 198 m，最大坡度 21°，平均坡度 1.4°，洋脊两侧发现多处海底滑坡（图 7-42）。

图 7-42 罗蒙诺索夫脊地形

Fig,7-42 Topographic maps of Lomonosov ridge

加克（Gakkel）洋中脊测线平行洋中脊走向（图 7-43），总长 276 km，覆盖面积 2 000 km^2。测区内水深 2 200 ～ 4 200 m，最大坡度 32°。区域内存在明显的断层和新生火山区。

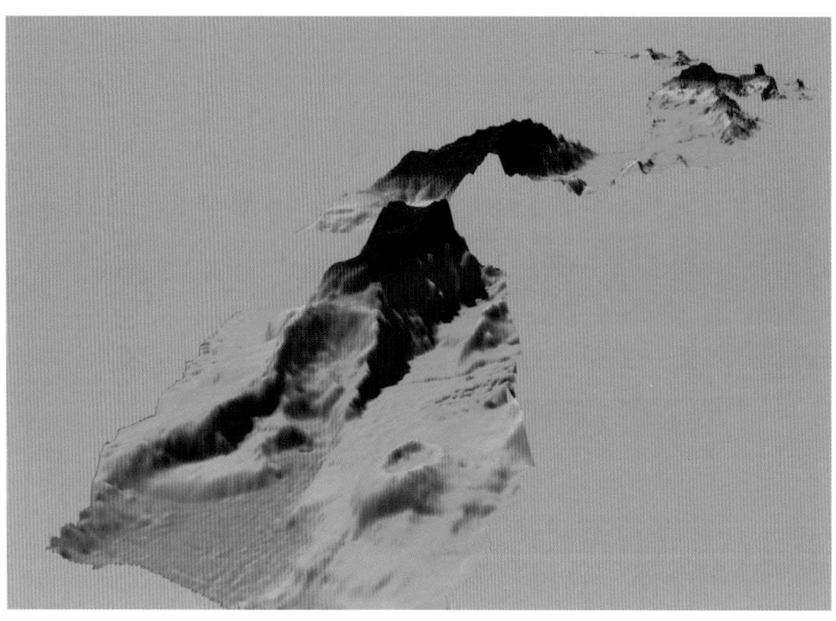

图 7-43 加克洋中脊地形
Fig,7-43 Topographic maps of Gakkel ridge

加拿大海盆断面测线总长 599 km，覆盖面积 3 848 km^2。测区内水深为 3 567 ～ 4 100 m，其中 3 800 ～ 4 100 m 水深为测区的主体，占到整体测区面积的 99%。平均坡度为 0.05°。

7.9.3 航道和海底工程建设的影响

在中央航道起始的楚科奇海盆区域从陆架经陆坡向海盆区变深，且地形变化相对平缓，观测区内未发现陡峭的海山或海脊，突变地形对航道安全影响较小。陆坡区具有典型的冰川地貌，在进行海底工程建设时需要考虑冰川底质的特殊性。航渡经过的门捷列夫脊 — 马克洛夫海盆 — 罗蒙诺索夫脊平均坡度较小，水深较深，在已测量区域的地形变化对航行安全影响较小。在加克和 Mohns 洋中脊区域，地形变化较大，可能成为水面及水下航行的隐患。在两处洋中脊区域广泛存在现代的火山和断层（及相应天然地震）活动，在进行海底工程建设时需要考虑相应的影响。在西北航道，已测量区域水深较深，坡度较缓，未发现明显的突变地形及现状火山和现在断层活动，对船舶的通过性影响较小。水道搬运导致的沉积物波和海底滑塌等应该为海底工程建设的主要考虑因素。

7.10 小结

本航次新增了极区深水冰区多波束地形测量，辅以海洋地磁、热流等地球物理调查，揭示了中央航道和西北航道的精细地形、地貌和地球物理场信息，为精准评估北冰洋航道的安全性和适航性提供了宝贵资料。本航次测量区域包含活动洋中脊、残留洋中脊、深海盆地、大陆边缘和残留陆块等丰富的地质构造单元。航次现场观测资料揭示了大量海底火山、海底断层和冰川侵蚀地貌等特殊地质现象，这对研究超慢速扩张洋中脊的非对称扩张、岩浆 — 构造交互作用、加拿大海盆的形成过程以及冰川历史活动范围等科学问题具有重要意义。

SeaBeam 3020 抗冰型多波束系统是本航次新增的调查设备，也是本航次地球物理调查的主要手段。系统于 2017 年 6 月底完成安装，7 月 6—13 日在西太平洋开展了为期一周的海上试验，主要对换仪器安装偏差和仪器能否正常工作等进行短期试验，因此航次前半段才是对多波束系统的全面检验。在航次过程中，多波束、导航定位 GPS 和罗经都不同程度地出现了故障和问题，在全体考察队员的共同努力下都一一化解，完成了多波束系统的磨合，在进行全覆盖调查的 3 个作业区，多波束系统都未出现影响工作进度的故障。航次调查结果表明，该多波束系统能够满足冰区作业需求，数据后处理结果表明，换能器偏差校准准确可靠，条带间拼接满足极地多波束测量的精度要求。航次过程中同时也发现许多设备与软件需要更新和改进，主要在以下几方面。

（1）VERIPOS 星站差分 GPS 信号不稳定，导致导航数据中存在大量的跳点，在该 GPS 故障期间替代使用的天宝 GPS 的导航数据中则没有这么明显的跳点存在，可能是因为高纬度区域差分信号不稳定引起的。

（2）多波束采集软件 HydroStar 在产生新文件时存在 Bug，偶尔会无法产生新的记录文件而导致原始记录丢失，建议在下一航次之前进行更新。

（3）为了满足冰区作业要求，需要对表面声速仪的安装方式进行革新，避免因表面声速仪周围结冰而影响多波束数据质量。

（4）手工处理多波束软件较为耗时，会影响调查队根据实测地形所做的现场实时决策。建议尽快开发在线预处理软件，保证能够近实时提供程序自动剔除粗差、拼接历史和低分辨率数据并及时绘图。

第 8 章　水体声学环境

8.1　概述

随着北极海冰逐年融化减少，北极航道的大规模开通指日可待，北极航道水下辐射噪声研究需要提前布局。多年以来军舰的水下辐射噪声因具备水声对抗价值而备受重视，如我国于 1987 年、1996 年和 2000 年数次颁布“舰船水下噪声测量方法”等国家军用标准 GJB 273—87、GJB 273A—96 和 GJB 4057—2000。但民船水下辐射噪声长期以来没有得到关注。近年来国际上对人为水下噪声逐渐重视，比如 2018 年联合国大会海洋与海洋法非正式磋商确定主题是“人为水下噪声”。2014 年国际海事组织（IMO）海上环境保护委员会第 66 届会议（MEPC66）批准了 MEPC 通函“降低商船水下噪声指南”。该指南包括如何预测水下噪声水平、测量标准和方法、设计因素及设备因素的考虑、操作及维护作业、航速及航线选择等。美国也制定了“船舶水下噪声测量”国家标准 ANSI S12.64—2009。同年我国发改委、工信部和交通部也发布“关于征集开展水下噪声相关研究建议的函”。函中提出“我国在民船水下噪声方面的研究较少，且不具备大规模开展水下噪声测试的条件，缺少相关数据积累，未来将难以深入开展该议题的国际谈判。为今后在水下噪声规则制定工作中占据主动优势，希望国内工业界密切跟踪该议题进展情况，同时提前开展关于水下噪声的相关科研工作，完善水下噪声水平设定、测量和报告方法等内容”。随后中国船级社于 2016 年颁布了《船舶水下辐射噪声检测指南》，并于 2017 年 3 月 1 日生效实施。

本考察关注的不仅是单艘航船的水下辐射噪声，而是航道上所有船舶水下辐射噪声的总和。单艘航船的水下辐射噪声级仅是工作的第一步，为了研究北极航道未来的声景，需要进一步考虑北极的声传播特性、噪声本底特性特别是冰源噪声特性，以及冰下混响、生物声散射特性等等。由于种种原因，迄今为止我国已经完成的 7 次北极考察中对水声环境的考察内容几近空白，我国对极区水声环境的自主认知几乎为零。

中国第八次北极科学考察是我国实施的首个业务化调查航次，水体声学环境考察也是首次作为主要考察内容之一列入了考察计划之中，相关调查内容的完成、调查数据的获取对我国的北极声场环境研究具有重要意义。

在国家海洋局和考察队临时党委的坚强领导和精心组织下，考察队和“雪龙”船密切配合，科学合理安排现场科考，考察队员顽强拼搏，顺利、圆满地完成了本次科考的水体声学环境考察任务。

8.2 调查内容

中国第八次北极科学考察水体声学环境考察主要开展海洋环境噪声场观测，冰下声传播试验和北极生物声散射层特性走航调查等内容。依据《中国第八次北极科学考察业务化调查实施方案》在北冰洋浮冰区开展了8个站位的定点声传播试验，1个站位的短时海洋环境噪声测量。与沉积物捕获器潜标相结合，在楚科奇海布放了2个冰下海洋环境噪声长期监测声学单元。在白令海和北冰洋开展了生物声散射层走航观测，开展了航船噪声源参数信息的走航采集。在国家海洋局和考察队临时党委的坚强领导和精心组织下，考察队和“雪龙”船密切配合，科学合理安排现场科考，考察队员顽强拼搏，顺利、圆满地完成了本次科考的水体声学环境考察任务。

本航次水体声学环境的主要调查内容如下。

1）北极海洋环境噪声场调查

在沉积物捕获器潜标上加载声学信号测量单元，进行海洋环境噪声的定点长期观测，并在下一北极考察航次进行设备和数据回收。在短期冰站的冰下声传播试验期间，根据环境条件布放声学信号测量单元，进行了一个站位的冰下噪声短时连续观测，并同步影像记录海冰分布情况，期间作为试验平台的黄河艇主辅机关闭，处于静默状态。基于调查数据开展海洋环境噪声谱特性分析和统计研究。

作为开展北极航道噪声研究的辅助参数，本航次利用自主研制的船舶信息自动识别记录系统，开展了航船噪声源参数信息的走航观测。

2）北极冰下声传播试验

在短期冰站作业站位，以冰站（或黄河艇）和“雪龙”船为调查平台，布放换能器声源进行声学信号发射，布放自容式水声信号记录仪阵列进行声学信号接收，开展定点的冰下声传播试验，研究不同距离的两点间的冰下声传播损失大小和短时起伏。

3）北极海洋生物声散射层特征调查

基于船载ADCP的走航观测数据，进行声学信号处理和信息提取，开展北极调查海域的生物声散射层深度变化调查和特征研究。

8.3 调查站位设置

8.3.1 海洋环境噪声场调查站位

水体声学环境调查的海洋环境噪声场调查包括一个定点长期观测站位和一个短时连续观测站位，其中定点长期观测站位是搭载沉积物捕获器潜标一起布放，其观测站位分别如图8-1和图8-2所示。具体站位信息如表8-1所示。

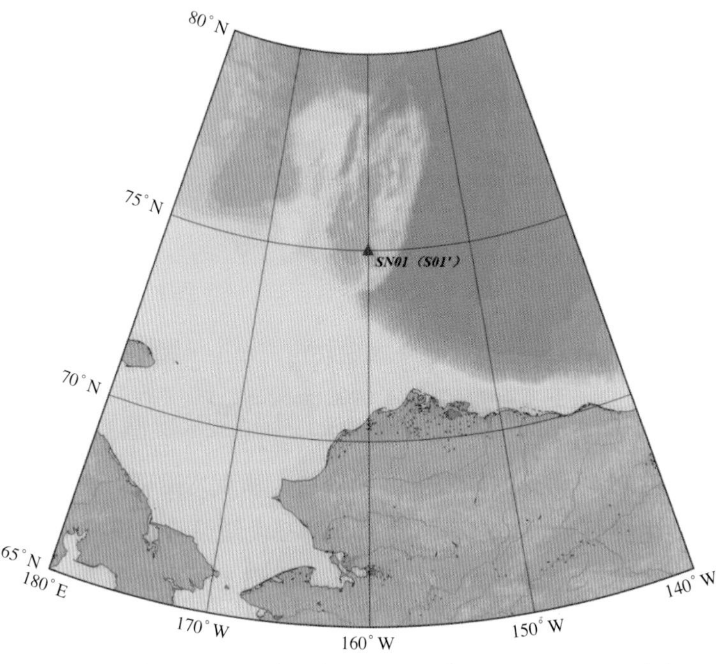

图 8-1 海洋环境噪声定点长期观测站位（同沉积物捕获器潜标）
Fig. 8-1 Position of a long-term ocean ambient noise measurement station

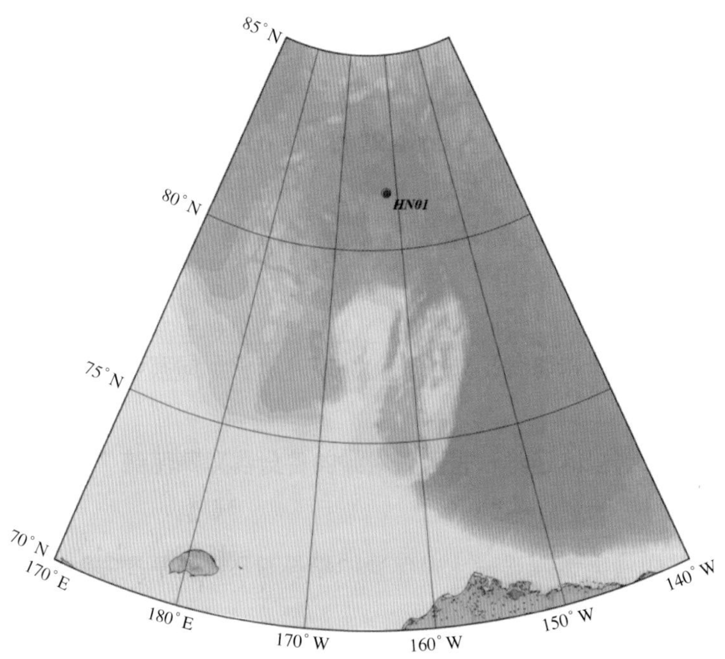

图 8-2 海洋环境噪声短时连续观测站位
Fig. 8-2 Position of a short time ocean ambient noise measurement station

表8–1 海洋环境噪声调查站位信息
Table 8–1 Information of ocean ambient niose investigation stations

站位名称	纬 度	经 度	水深 (m)	布放（测量）时间（北京时间）	备 注
SN01 (S01′)	74°59.639′N	160°00.807′W	1 940	2017 年 9 月 10 日 13:40	搭载沉积物捕获器潜标一起布放，拟 2018 年回收
HN01	81°28.158′N	161°49.259′W	2 881	2017 年 8 月 8 日 13:47 ~ 22:24	短期冰站浮冰区，自容式水听器短时观测

8.3.2 冰下声传播试验站位

水体声学环境调查的冰下声传播试验共开展了 8 个站位的定点声传播测量，8 个测量站位处均不是完整冰面，而是存在大块浮冰，海面为海冰与海水的交替界面，其观测站位示意图如图 8-3 所示，因声传播测线距离较短，无法在图 8-3 中表示，具体的站位发声和接收坐标、测线长度、发声持续时间等如表 8-2 所示。

表8-2 冰下声传播试验调查站位信息

Table 8-2 Information of under-ice acoustic propagation investigation stations

站位名称	发声坐标		接收坐标		测量时间（北京时间）	收发距离（km）
	纬度	经度	纬度	经度		
ST01	79°00′43.54″N	174°25′38.88″W	79°01′19.82″N	174°24′00.04″W	2017 年 8 月 4 日 15:36 ~ 15:58	1.3
ST02	80°03′19.39″N	179°38′18.42″E	80°00′57.08″N	179°29′04.28″E	2017 年 8 月 5 日 14:10 ~ 14:56	5.3
ST03	80°53′51.88″N	173°27′15.61″E	80°58′51.25″N	173°43′27.28″E	2017 年 8 月 6 日 14:37 ~ 15:13	10.4
ST04	80°53′51.88″N	173°27′15.61″E	80°55′58.94″N	173°39′31.42″E	2017 年 8 月 6 日 16:11 ~ 16:47	5.3
ST05	81°31′51″N	160°27′49″E	81°28′30.51″N	161°46′32.92″E	2017 年 8 月 8 日 16:06 ~ 16:51	22.4
ST06	81°31′33″N	160°44′20″E	81°28′31.08″N	161°53′02.31″E	2017 年 8 月 8 日 17:41 ~ 18:12	19.6
ST07	81°30′06″N	161°03′17″E	81°28′21.56″N	162°00′56.43″E	2017 年 8 月 8 日 19:40 ~ 20:10	16.1
ST08	81°29′30″N	161°20′07″E	81°28′13.94″N	162°05′03.83″E	2017 年 8 月 8 日 21:23 ~ 21:53	12.6

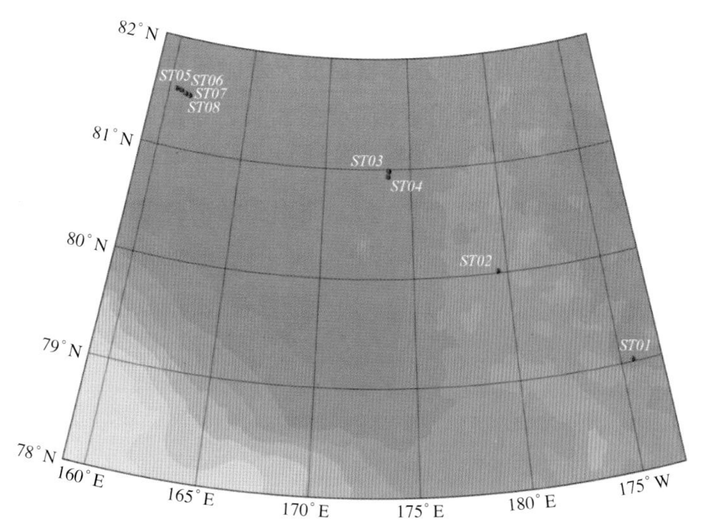

图 8-3 冰下声传播试验调查站位示意图

Fig. 8-3 Position of under-ice acoustic propagation investigation stations

8.3.3 海洋生物声散射层调查站位

生物声散射层调查是利用 ADCP 走航观测数据进行声学信号处理和信息提取，获得北极海洋生物声散射层的分布特征，其调查站位为 ADCP 的走航观测航迹。经数据处理，得到生物声散射层的调查航迹如图 8-4 所示。

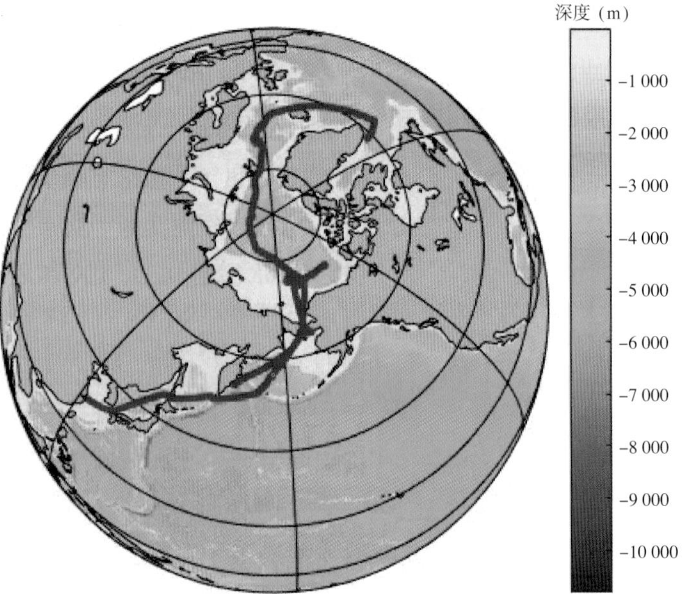

图 8-4 生物声散射层调查航迹
Fig. 8-4 Investigation tracks of Deep Scattering Layers

8.4 调查仪器与设备

8.4.1 海洋环境噪声场调查设备

北极海洋环境噪声场调查主要采用的设备是自容式水声信号记录仪（USR）、自容式水声信号记录仪（DSG）和自容式水听器（DH30），同时利用自主研制的船舶信息自动识别记录系统，采集记录航线上的航船噪声源参数信息。

8.4.1.1 自容式水声信号记录仪（USR）

自容式水声信号记录仪（USR）的主要技术指标如下。

- 工作深度：0 ～ 2 000 m；
- 水听器灵敏度：−170 dB ± 1 dB（re 1 V/μPa）；
- 动态范围：> 103 dB；
- 量化精度：24 bits；
- 量程范围：±2.5 V；
- 自噪声：≤ 10 μV；
- 放大增益：0.5 倍，4.45 倍，32 倍可调；
- 采样频率：4 kHz 、8 kHz、16 kHz、24 kHz、48 kHz 可选；
- 数据存储：SD 或 SDHC 闪存卡；存储容量高达 128 GB/ 阵元；
- 尺寸：Φ111 mm × 182 mm；
- 重量（含电池）：3.6 kg（空气中），2.1 kg（水中）；
- 连续工作时长：不小于 20 d。

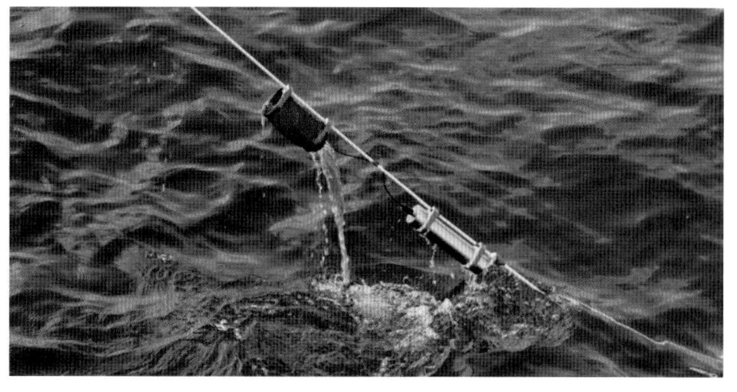

图 8-5 自容式水声信号记录仪（USR）
Fig. 8-5 Signal recorder of underwater acoustic（USR）

8.4.1.2 自容式水声信号记录仪（DSG）

自容式水声信号记录仪（DSG）的主要技术指标如下。

- 工作深度：0 ～ 1 000 m；
- 水听器灵敏度：−180 dB ± 1 dB（re 1 V/μPa）；
- 动态范围：> 86.7 dB；
- 量化精度：16 bits；
- 量程范围：± 1 V；
- 自噪声：15 ～ 30 μV；
- 放大增益：10 dB、20 dB；
- 最大采样频率：80 kHz（连续采样模式）；400 kHz（猝发模式）；
- 低通滤波：标准水听器输入端有一个 35 kHz 的 3 阶低通滤波器；
- 数据存储：SD 或 SDHC 闪存卡；存储容量高达 256 GB/ 阵元；
- 电压：3.3 ～ 30.0 V；
- 电流：100 mA（工作）和 2 mA（休眠）；
- 尺寸：Φ114 mm × 635 mm；
- 重量（含电池）：9 kg（空气中），4.6 kg（水中）；
- 连续工作时长：不小于 20 d。

图 8-6 自容式水声信号记录仪（DSG）
Fig. 8-6 Signal recorder of underwater acoustic（DSG）

8.4.1.3 自容式水听器（DH30）

自容式水听器（DH30）见图 8-7，其主要技术指标如下。

- 耐受压力：壳体耐压力不小于 1 000 m 水深，传感器耐压 300 m 水深；
- 连接器类型：Subcon 连接器；
- 电池类型：7.2 V 锂电池，容量 15 600 mA；
- 设备供电：12 ~ 18 V，2 A；
- 数据存储容量：32 GB-TF 卡；
- 系统量化精度 / 采样率：24 bit/50 kHz；
- 动态范围：106 dB/50 kHz 采样率；
- 动态范围：120 dB@1 kHz 采样率；
- 空气中重量：约 2 kg；
- 水听器频带范围：10 Hz ~ 20 kHz；
- 带内起伏：≯ 3 dB；
- 灵敏度：≥ –170 dB（包含前置放大器）；
- 水听器水平无指向性；
- 前置信号调理电路滤波器带宽：10 Hz ~ 20 kHz。

图 8-7 自容式水听器（DH30）
Fig. 8-7 Signal recorder of underwater acoustic（DH30）

8.4.1.4 船舶自动识别记录系统

船舶自动识别记录系统见图 8-8，其主要技术指标如下。

- 频率范围：156.025 ~ 162.025 MHz；
- 工作频率：161.975 MHz（CH87）和 162.025 MHz（CH88）；
- 通信协议：SOTDMA 和 CSTDMA 可选；
- 发射通道：1 路；
- 接收通道：2 路；
- 频道间隔：25 kHz；
- 信道带宽：25 kHz；

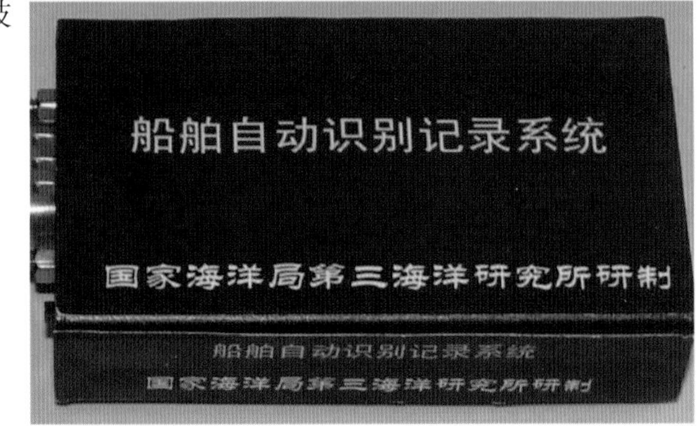

图 8-8 船舶自动识别记录系统
Fig. 8-8 Automatic recording system of ship information

- 发射功率：2 W；
- 调制方式：GMSK；
- 接收信号灵敏度：优于 –107 dBm；
- 波特率：9 600 bit/s、38 400 bit/s；
- 定位精度：小于 15 m；
- 定位时间：小于 120 s；
- 数据更新率：1 次 /s。

8.4.2 冰下声传播试验设备

本航次北极冰下声传播试验的主要设备是发射声源和自容式接收水听器阵。

8.4.2.1 发射声源

采用自主式换能器发射声源，发射换能器工作频带范围 4 ~ 10 kHz，声源级为 194 dB，共发射两种类型的信号：CW 信号和 LFM 信号，其信号发射的顺序及形式如图 8-9 所示。发射声源实物见图 8-10。

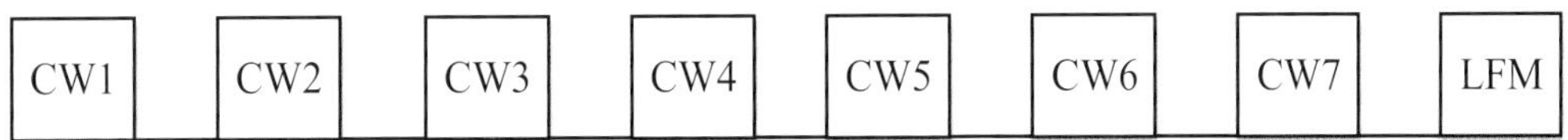

图 8-9　自主式发射声源信号发射顺序及形式

Fig. 8-9　The order and mold of transmission sound signals

其中，

CW1：f = 4 kHz，T = 100 ms；

CW2：f = 5 kHz，T = 100 ms；

CW3：f = 6 kHz，T = 100 ms；

CW4：f = 7 kHz，T = 100 ms；

CW5：f = 8 kHz，T = 100 ms；

CW6：f = 9 kHz，T = 100 ms；

CW7：f = 10 kHz，T = 100 ms；

LFM：fl = 4 kHz，fh = 10 kHz，T = 100 ms。

该自主式发射声源可以通过磁棒开关开启，成功启动后即可发射声信号，具体流程如下。

① 当系统处于关机状态时，外置霍尔开关红色灯 1 s 闪亮一次。

② 当需要上电时，使用磁棒在外置开关表面任意方向滑动，在 15 s 内每隔 3 ~ 5 s 滑动一次（滑动时红色和蓝色指示灯同时闪亮），当滑动 3 次后系统上电启动，此时为了保护发射换能器，防止误触发损坏，还需要等待 1 min 方能

图 8-10　自主式发射声源

Fig. 8-10　Transmission sound source

开始正常工作。声源上电启动后尽快布放入水，尽量避免在空气中工作发声。

③ 当需要下电时，使用磁棒在外置开关表面任意方向滑动，在 15 s 内每隔 3 ～ 5 s 滑动 1 次（滑动时红色和蓝色指示灯同时闪亮），当滑动 3 次后系统下电。

8.4.2.2 自容式接收水听器阵

自容式接收水听器阵由自容式水声信号记录（USR）和自容式水听器（DH30）组合而成。在凯夫拉绳上以等间距（一般 10 m）从上至下绑定多个 USR 和 DH30，组成接收水听器阵。USR 和 DH30 的相关技术指标见 8.4.1 小节。

8.4.3 海洋生物声散射层调查设备

本航次北极海洋生物声散射层特征的调查是基于声学多普勒海流剖面仪（ADCP）的测量数据进行信息提取和处理，其调查设备即为“雪龙”船的船载 ADCP。在“雪龙”船底部（吃水深度 7.8 m）安装有两台声学多普勒海流剖面仪，仪器型号为 Ocean Survey 38K（简称 OS38K）和 WorkHose Mariner 300K（简称 WHM 300K）。OS38K 设置为 100 层，每层厚度 16 m，采样的时间间隔为 8 s（声学同步之后）。WHM 300K 设置为 50 层，每层厚度 2 m，采样的时间间隔为 8 s（声学同步之后）。二者的主要技术指标如表 8-3 和表 8-4 所示。

表8–3 OS38K主要技术指标
Table 8–3 Specifications of OS38K

技术指标	测量范围	精确度
流速观测范围	-5 ～ 9 m/s	± 1.0%
海底跟踪最大深度	1 700 m	< 2 cm/s
回波强度动态范围	80 dB	± 1.5 dB
温度传感器范围	-5 ～ 45℃	± 0.1℃
深度单元个数	1 ～ 128 个	—
波束角	30°	—
最大量程	800 ～ 1 000 m	—

表8–4 WHM 300K主要技术指标
Table 8–4 Specifications of WHM 300K

技术指标	测量范围	精确度
流速观测范围	± 5 m/s	± 1.0%
倾斜传感器	± 15°	0.01°
罗经（磁通门型）	0 ～ 360°	± 2°（倾角低于 15°）
回波强度动态范围	80 dB	± 1.5 dB
温度传感器范围	-5 ～ 45℃	± 0.4℃
波束角	20°	—
最大量程	78 ～ 102 m	—

8.4.4 辅助参数测量设备

本航次水声环境部分主要的辅助参数测量设备为温深测量仪（TD），用于测量发射声源和接收水听器处的深度。采用的是 RBR 的 TD，其主要技术指标如下。

- 测量深度 (m)：量程为 1 000 m，精度为 0.05% FS；
- 温度 (℃)：量程为 –5 ~ 35，精度为 ±0.002。

8.5 调查方法

8.5.1 北极海洋环境噪声场调查方法

本航次海洋环境噪声场调查主要采用两种方法：一是锚定潜标长期测量；二是自容式水听器阵的短时针对性测量。

锚定潜标长期测量就是调查船到达测量站位后布放水声潜标系统至指定位置和深度，开展北极海洋环境噪声的长期自主测量，完成测量任务后进行潜标回收。该方法要求调查海域在北极的夏季基本无浮冰，可以实现潜标的正常布放和回收。同时噪声源参数等辅助信息难以现场测量，主要通过卫星遥感等手段获取。锚定潜标法海洋环境噪声测量示意图如图 8-10 所示。

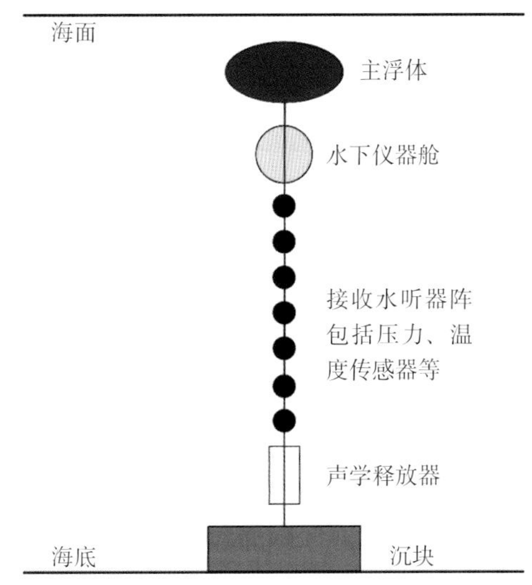

图 8-11 潜标法海洋环境噪声测量示意图

Fig. 8-11 Schematic diagram of ocean ambient noise measurement by acoustic mooring

本航次自容式水听器阵的短时针对性测量是在黄河艇左舷后部布放自容式的水听器阵开展冰下海洋环境噪声短时观测，根据海冰分布状态开展针对性的冰下噪声特性研究。测量期间黄河艇船头和右舷压在海冰上，随海冰自然漂动。海冰上无人类活动，黄河艇主辅机均需关闭，处于静默状态。该方法的测量示意图如图 8-12 所示。

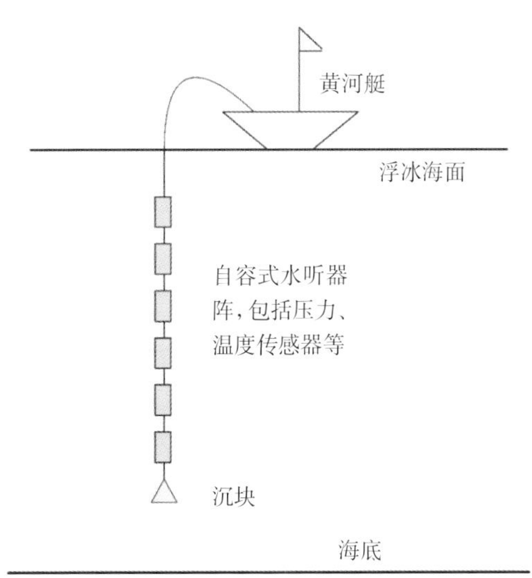

图 8-12 自容式水听器阵短时海洋环境噪声测量示意图

Fig. 8-12 Schematic diagram of short time ocean ambient noise measurement by hydrophone array

8.5.2 北极冰下声传播调查方法

本航次北极冰下声传播的调查是发射声源发声，经过冰下海洋声信道到达接收水听器阵，利用水听器将声信号转化为电信号后采集、记录和存储。具体的做法是在冰站或黄河艇上布放自容式的水听器阵进行声信号接收，“雪龙”船作为发射船，布放发射声源进行声信号发射和声源拉距。或者发射声源和水听器阵调换位置，即在冰站或黄河艇上布放声源进行声信号发射，“雪龙”船布放自容式水听器阵进行声信号接收。调查过程中详细记录收发位置、声源发声情况等信息。具体的调查示意图如图 8-13 所示。

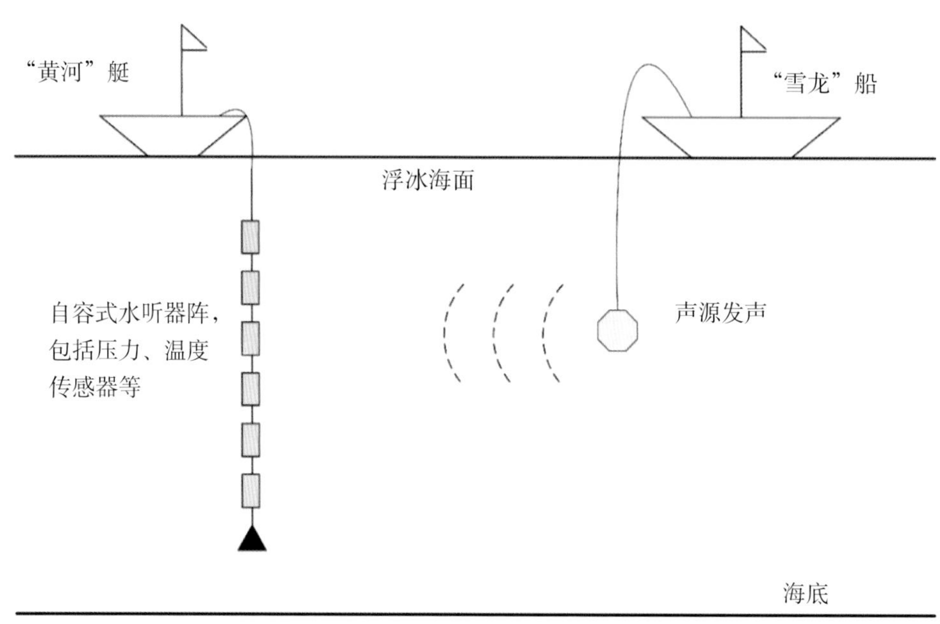

图 8-13 冰下声传播调查示意图
Fig. 8-13 Schematic diagram of under-ice acoustic propagation investigation

8.5.3 北极海洋生物声散射层调查方法

前述已知本航次生物声散射层特征的调查是基于船载 ADCP 的走航观测数据进行声学信号处理和信息提取，其调查方法就是 ADCP 的走航观测，走航过程中进行工作状态检查和记录。

8.6 质量控制

下面为本航次的北极水声环境调查的主要依据，但不限于以下技术规程。

（1）海洋调查规范 第 5 部分：海洋声、光要素调查（GB/T 12763.5—2007）；

（2）声学—水下噪声测量（GB/T 5265—2009）；

（3）海洋环境噪声特性测试方法（GJB 692A—2012）；

（4）海洋水声传播特性测试方法（GJB 6639—2008）；

（5）×× 国家专项海洋声学调查技术规程；

（6）×× 国家专项海洋声学资料整编技术规程。

此外，本航次水声环境调查的质量控制主要从以下 4 个方面进行：① 调查人员的培训；② 调查方法与过程质控；③ 调查设备质控，主要是相关仪器设备的检定和校准；④ 数据处理过程的质控。下面就这 4 个方面分别进行叙述。

本航次水声环境调查 3 名队员均能熟练操作所有水声环境调查设备，并具备相应的资质。其中杨燕明是国家海洋局人事司认可的海洋监 / 检测考试海洋声学专业的主讲老师，也是全球变化与海气相互作用专项海洋声学方面规程培训的主讲老师。文洪涛通过了海洋监 / 检测考试和全球变化与海气相互作用专项海洋声学方面的技术规程培训，并取得了相应的资质证书。周鸿涛通过了全球变化与海气相互作用专项海洋声学方面的技术规程培训，并取得了相应的资质证书。

调查方法与过程的质控主要是在调查时依据相关技术规程采用合理的调查方法，对可能影响调查数据质量的因素进行排除。比如以黄河艇为平台开展浮冰区的短时海洋环境噪声调查时，必须关闭黄河艇的主辅机，使其处于静默状态，黄河艇则压在大块浮冰上，随浮冰一起漂动，冰上不能有任何人类活动。如此，则排除一切可能的人为噪声对自然海洋环境噪声测量的影响。此外，调查时做好详细的过程记录，撰写详细的调查记录表和工作日志等原始记录，即便后续数据处理过程中发现异常，也可很好地进行调查过程回溯，找出相关的影响因素。

调查设备的质控主要是对相关的调查设备进行鉴定校准，相关鉴定校准材料在出航前均已提交给本航次质量控制和管理部门。下面仅给出鉴定校准材料的几个示例，如图 8-14 所示。

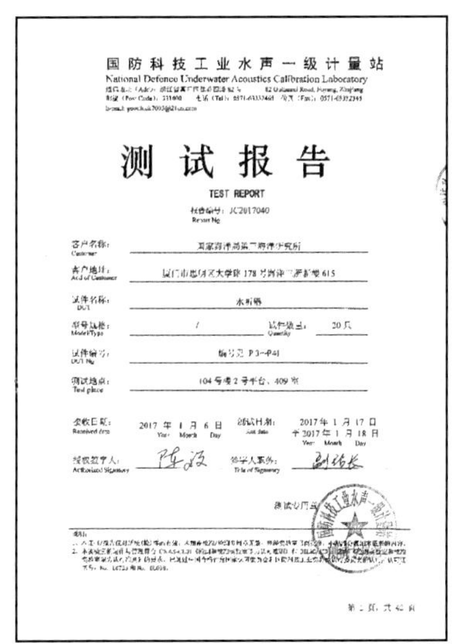
国防科技工业水声一级计量站
National Defence Underwater Acoustics Calibration Laboratory

测 试 报 告

TEST REPORT

JC2017040

试件名称：水听器

试件数量：20只

测试地点：104号楼2号平台、409室

收样日期：2017 年 1 月 6 日

测试日期：2017 年 1 月 17 日 — 2017 年 1 月 18 日

(a) 水听器测试报告封面

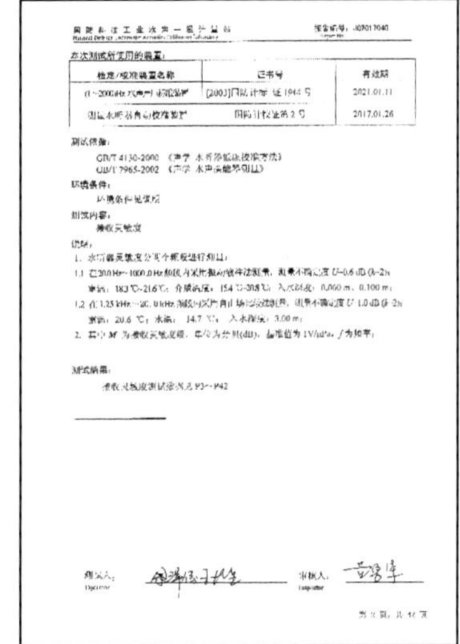
本次测试所使用的装置：

检定/校准装置名称	证书号	有效期
[illegible]	[2003]国防计标 证 1944 号	2021.01.11
[illegible]	[illegible]	2017.01.26

测试依据：

GB/T 4130-2000

GB/T 7965-2002

测试结果：

(b) 水听器检定说明

Q/HYSSC

国家海洋局第三海洋研究所海洋监测技术中心

Q/HYSSC－08－35　2015

自容式水声信号记录仪 (USR)

内部校准规程

版　次：第 1 版　第 0 次修订

受控状态：受控文件

2015－03－20 发布　　2015－03－20 实施

国家海洋局第三海洋研究所海洋监测技术中心　发布

(c) USR 内部校准规程

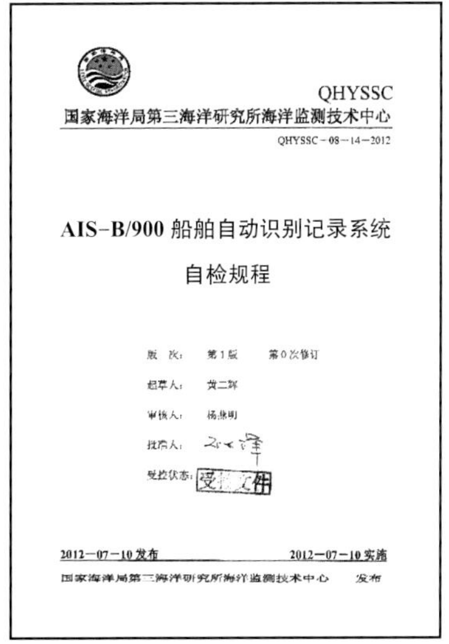
QHYSSC

国家海洋局第三海洋研究所海洋监测技术中心

QHYSSC－08－14－2012

AIS–B/900 船舶自动识别记录系统

自检规程

版　次：第 1 版　第 0 次修订

受控状态：受控文件

2012－07－10 发布　　2012－07－10 实施

国家海洋局第三海洋研究所海洋监测技术中心　发布

(d) 船舶自动识别记录系统自检规程

图 8-14　仪器设备检校材料示例

Fig. 8-14　Calibration examples of instruments and equipments

数据处理过程的质控主要是严格按照有关规程的数据处理方法进行数据分析和处理。对处理得到的异常值进行原因分析和调查过程的回溯，找出相关影响因素，并给出合理的解释。比如海洋环境噪声数据处理时需要提取平稳噪声信号段，将无来源依据、不持续的、瞬时的脉冲强信号当做干扰剔除。具体示例见图 8-15。从图 8-15(a) 中可以看出，在 49 ~ 50 s 之间存在一个强干扰。图 8-15(b) 为其时频分析图，从图中可以看出，该干扰为一个宽带强脉冲信号，带宽超过 15 kHz，完全不同于其他海洋环境噪声数据，且在前后的数据分析中该干扰也没有再出现，因此，在噪声数据处理时需要将该部分剔除。

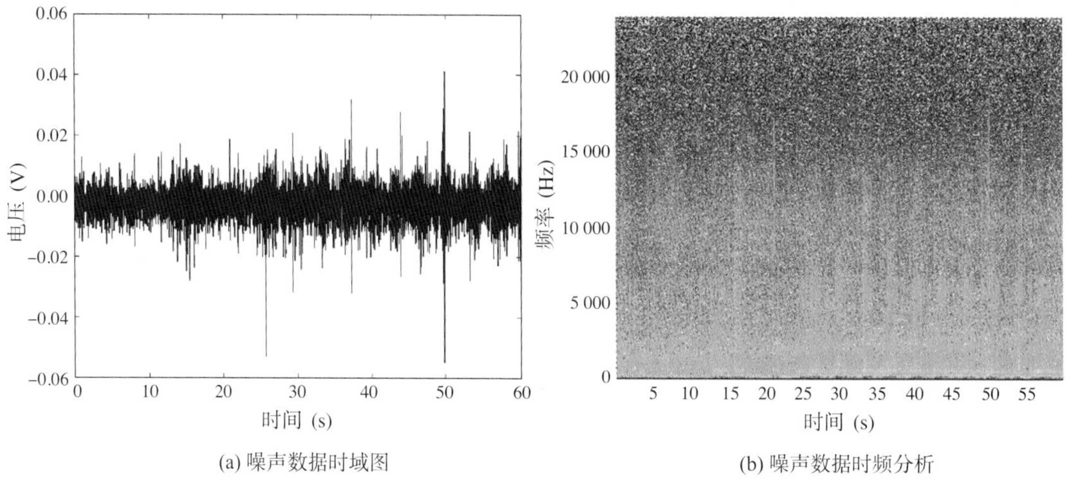

(a) 噪声数据时域图

(b) 噪声数据时频分析

图 8-15 噪声数据质控示例

Fig. 8-15 Quality control examples of ambient noise data

8.7 任务分工与完成情况

8.7.1 任务分工

中国第八次北极科学考察水声环境调查组主要由 3 名国内考察队员组成，均来自国家海洋局第三海洋研究所，此外还有 3 名参与人员协助了水声试验，具体情况见表 8-5。

表8-5 水声环境考察人员及航次任务情况

Table 8-5 List of scientists from the underwater acoustic environment investigation

序号	姓名	性别	单位	航次任务
1	杨燕明	男	国家海洋局第三海洋研究所	项目负责人，负责水声试验方案设计，组织协调并参与水声试验
2	文洪涛	男	国家海洋局第三海洋研究所	水声试验系统准备及实施，试验数据处理及报告编写
3	周鸿涛	男	国家海洋局第三海洋研究所	水声试验系统准备及实施
4	李　伟	男	国家海洋局第一海洋研究所	协助完成水听器阵的布放和回收
5	李　海	男	国家海洋局第三海洋研究所	协助完成水听器阵的布放和回收
6	夏寅月	男	中国极地研究中心	协助完成声源的布放和回收

8.7.2 完成情况

本航次的水声环境考察包括海洋环境噪声、冰下声传播和北极生物声散射层 3 个方面，均顺利、圆满地完成了所有考察内容，任务完成详细情况见表 8-6。

表8-6 任务完成情况
Table 8-6 The statistic of underwater acoustic environment investigation

序号	计划工作内容及工作量	实际工作内容及工作量	任务完成情况	数据量统计
1	北极海洋环境噪声场调查，包括1个站位的楚科奇海海洋环境噪声定点长期观测；基于短期冰站的冰下噪声观测；利用“雪龙”船平台，择机开展短时的北极海洋哺乳动物发声观测	搭载沉积物捕获器潜标布放海洋环境噪声测量单元，在楚科奇海开展1个站位的定点长期海洋环境噪声观测；利用短期冰站，进行了约8 h的冰下海洋环境噪声观测；“雪龙”船停船作业期间均没有发现海洋哺乳动物，因此，仅开展了1个站位的水下测量尝试	100% 完成	4 GB（不含未回收潜标数据）
		基于自研的船舶信息自动识别记录系统，采集记录了调查航线上的航船噪声源参数信息	额外增加	538 MB
2	利用短期冰站和“雪龙”船，开展冰下声传播试验	完成8个站位，7个距离下的冰下定点声传播试验	100% 完成	7.86 GB
3	北极重点海域生物声散射层特性分析	在公海“雪龙”船ADCP全程开机进行走航观测，分析研究了观测海域的生物声散射层特性	100% 完成	22.2 GB

8.8 数据处理与分析

8.8.1 北极海洋环境噪声数据处理结果与分析

海洋环境噪声的数据处理主要分为以下两步。

① 平稳信号提取：在海洋环境噪声原始数据中选择干扰最小、最为平稳、时长30 s以上的数值作为有效噪声数据。

② 噪声级计算：将选取到的平稳信号以每小时为单位分段，分段后使用FFT方法作功率谱分析，例如12段，每段时长为5 s。谱分析时，应把数据再细分为多段，然后对多段数据分别作FFT，并保证FFT的频率分辨率不低于1 Hz，作FFT分析时需对每段数据进行加窗（如Hanning窗）处理，当然，加窗后导致的能量变化需要修正。当数据量较多时，数据分段可不重叠。多段数据之间进行功率谱平均，并最终折算到1 Hz带宽内，得到噪声声压谱级。将声压谱级在分析总带宽内积分就可以得到总声级。

为了方便与国外著名的Wenz噪声曲线比较，可通过积分求出1/3倍频程带宽内的噪声频带声压级，然后再进行频带内的归一化平均，计算出每个1/3倍频程带宽内的噪声声压谱级。

具体计算模型见《中国第八次北极科学考察业务化调查技术规程》。

由表8-1海洋环境噪声调查站位信息表可知，噪声定点潜标同沉积物捕获器潜标一同布放，开展长期观测，本航次不回收。目前的噪声数据处理主要针对浮冰区的短时海洋环境噪声观测数据，该数据的观测时间范围为北京时间2017年8月8日13:47 ~ 22:24。期间黄河艇发电机两次开启，对观测的噪声数据造成污染，被剔除。21:23之后声传播信号较强且出现频繁，未被采用。最终的有效噪声数据时长为397 min。数据处理时也避开了声传播试验的声源发声脉冲时间。处理后得到的平稳噪声时域图、海洋环境噪声谱级图、1/3倍频程谱级和频带声压级图的示例见图8-16。从图中可以看出，1 min内提取的平稳噪声长度为30 s，噪声级的频率范围为20 Hz ~ 8 kHz。

将397 min的噪声数据处理结果作时频分析，得到测量期间的噪声级时频分布如图8-17所示，图中的空白区域为黄河艇发电机开启时间，因此该期间的数据为无效海洋环境噪声数据。测量期间的噪声级概率密度分布如图 8-18 所示，噪声级的概率分布如图 8-19 所示。从图中可以看出，测量期间的海洋环境噪声强度随时间起伏不大，但噪声级普遍较高，特别是在 25 ~ 35 Hz、100 ~ 200 Hz、400 ~ 550 Hz、6 ~ 7 kHz 频率范围还存在噪声强度的局部高值区。与大洋开阔海域的海洋环境噪声相比，浮冰区的测量结果有其独特性。这应是测量海域浮冰边缘气泡的释出破裂、海水拍打浮冰边缘、碎冰相互碰撞等过程导致。图 8-20 为测量期间拍摄的浮冰照片。

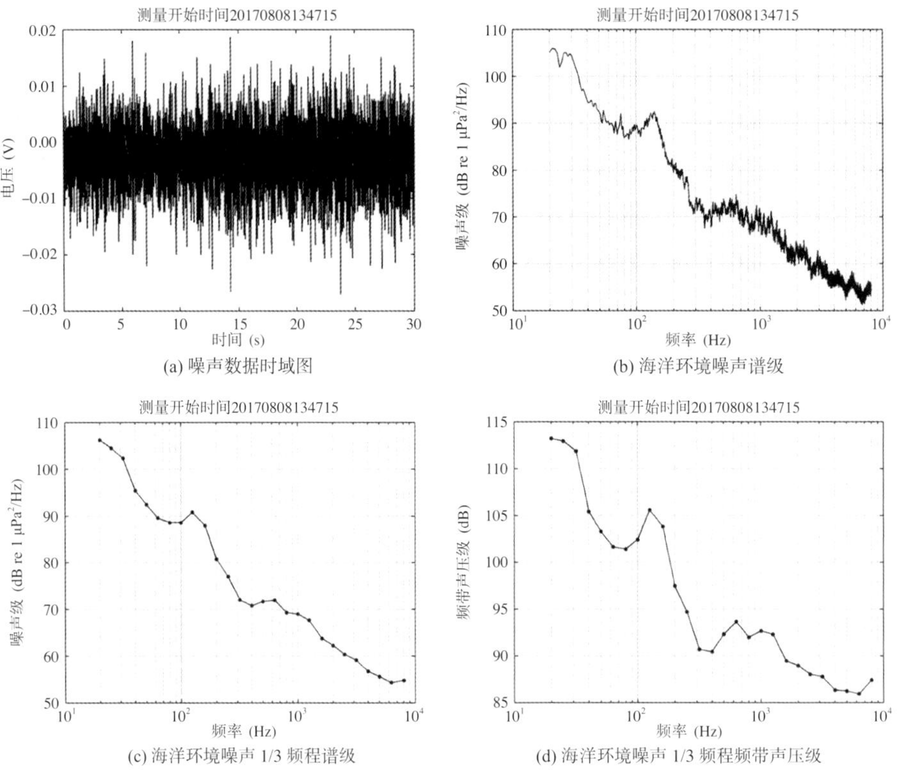

图 8-16 海洋环境噪声处理结果示例

Fig. 8-16 The result examples of ocean ambient noise

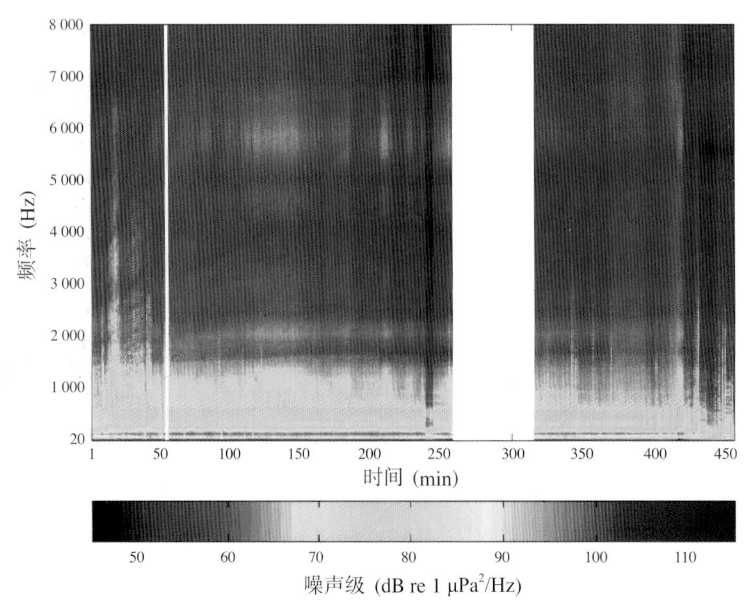

图 8-17 海洋环境噪声时频分布

Fig. 8-17 Spectrogram of ocean ambient noise

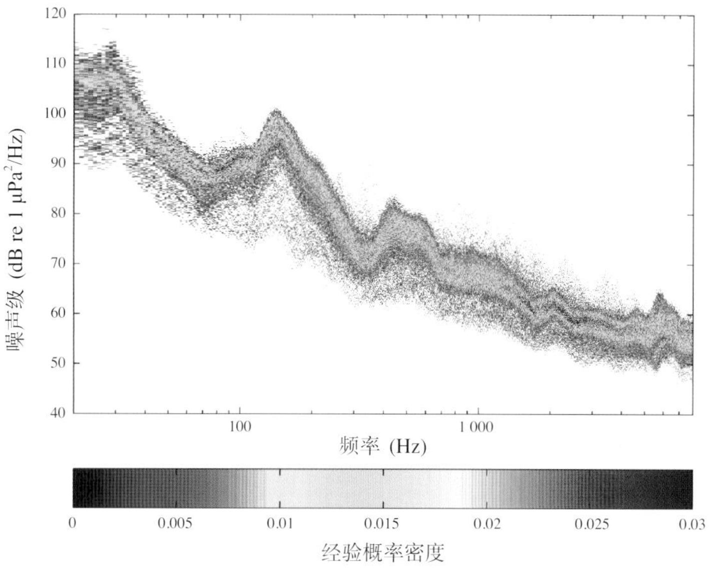

图 8-18 噪声级概率密度分布

Fig. 8-18 Spectral probability densities of ocean ambient noise

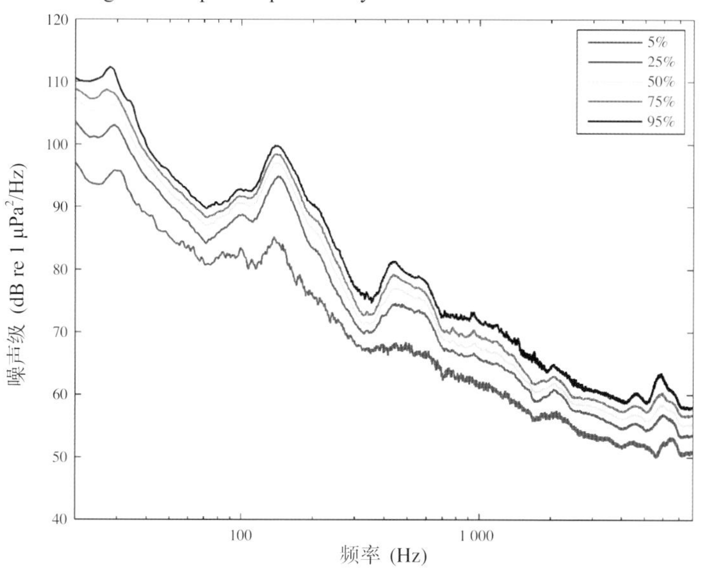

图 8-19 噪声级概率分布

Fig. 8-19 Percentiles of ocean ambient noise levels

图 8-20 测量期间的浮冰状态

Fig. 8-20 The condition of sea ice in ambient noise measuring time

8.8.2 北极冰下声传播试验数据处理结果与分析

声传播调查数据处理包括两部分：一是声源级的计算；二是接收位置处的声能计算，声源级减去接收位置处的声能，则得到该位置处的声传播损失。具体声传播计算公式如下：

$$TL_r(f_0)=10\log[\tilde{E}_r(f_0)]-M-G-SL(f_0)$$

式中，$TL_r(f_0)$ 为距离声源 r 处的声传播损失；$\tilde{E}_r(f_0)$ 为距离声源 r 处的声能；M 为水听器灵敏度；G 为水听器增益；$SL(f_0)$ 为声源级。

本航次共开展了 8 个站位的声传播试验，经初步数据分析，8 个站位均能接收到有效的声传播数据，最远传播距离为 22.4 km。图 8-21 为接收到的 4 kHz 的声传播信号样本。具体的处理结果及分析待数据处理完毕后添加。

本航次共开展了 8 个站位、7 个接收距离下的浮冰区声传播试验，试验海域海冰以 1 年期海冰为主。因声源有发射 LFM 信号，因此，信号提取时先对所有数据做脉冲压缩，以定位 LFM 脉冲信号位置，根据信号发声周期进一步定位 CW 脉冲信号位置。图 8-21 为 12.6 km 处接收数据的脉冲压缩图，图中红色椭圆中即是 LFM 脉冲的脉冲压缩结果，LFM 脉冲时间间隔约为 180 s，与声源发声周期一致。收发距离大于 12.6 km 时，因接收的 LFM 脉冲信号信噪比较低，脉冲压缩效果差，因此，对于收发距离大于 12.6 km 的数据采用时频分析的方法，从时频图中提取相应频率的 CW 脉冲信号的位置，提取得到的“电压幅度谱——时域”图如图 8-22 所示。图 8-22 为收发距离 22.4 km 处的一个提取结果示例，从图中看出，频率低时 CW 脉冲信号较明显，相邻频率信号间隔约 20 s。随着频率的增大，信号越来越弱，最终淹没在噪声中，无法有效提取。

准确定位声传播信号位置后，即可提取并做进一步分析处理。图 8-23 为提取的 4 kHz 的声传播信号样本，发射和接收的距离为 12.6 km。

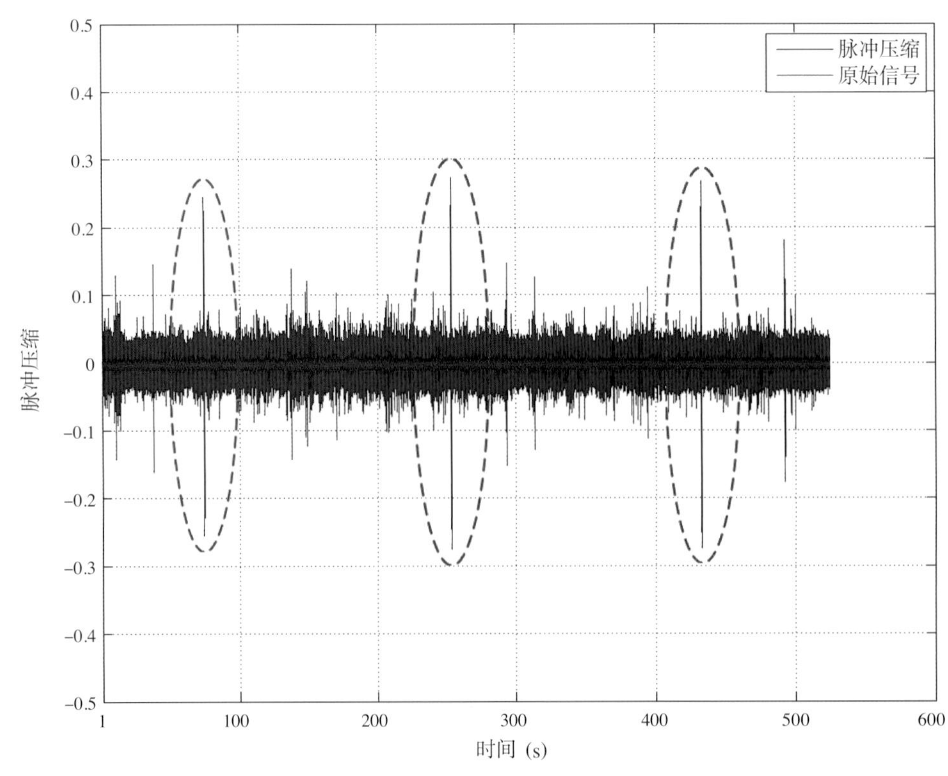

图 8-21 数据脉冲压缩示例
Fig. 8-21 Example of data pulse compression

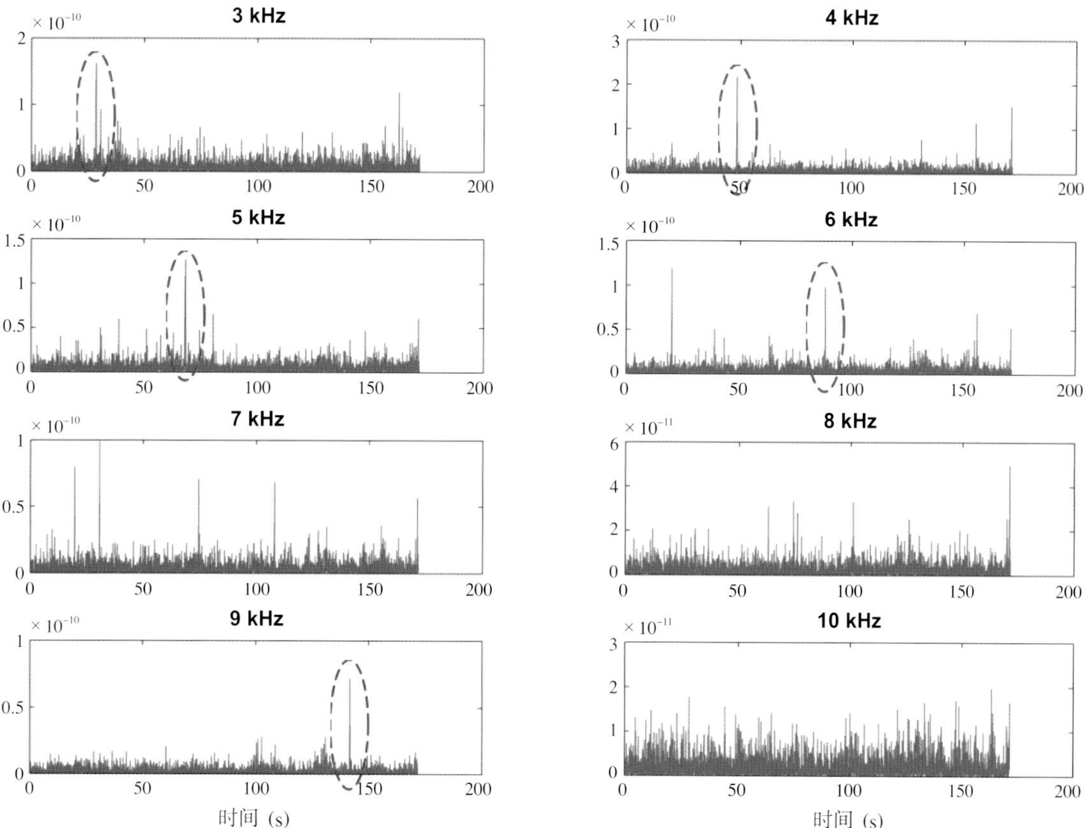

图 8-22　CW 脉冲信号查找示例
Fig. 8-22　Example of CW pulse signal extraction

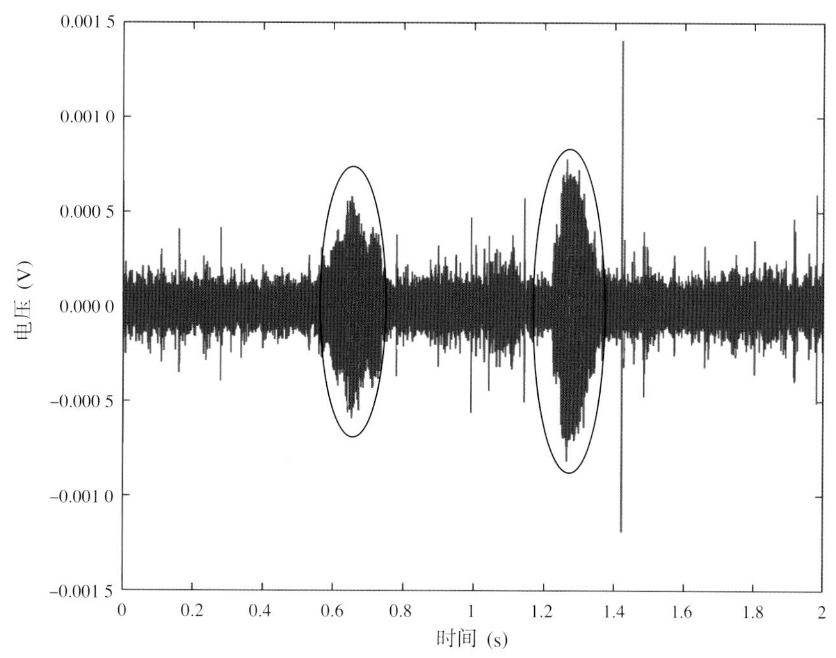

图 8-23　接收到的声传播信号（4 kHz）示例
Fig. 8-23　The acoustic propagation signal example of 4 kHz

在声传播试验过程中，每个站位的声源深度均设计为 30 m，每个接收站位的接收阵元结构和阵元排列顺序不变，因此，同一编号阵元接收深度起伏不大。经数据分析，8 个站位均能接收到有效的声传播数据，最远传播距离为 22.4 km。经初步数据处理和质控，得到 3 个接收阵元（3 个阵元由上至下分别编为1号、2号和3号）在不同收发距离上测量的声传播损失值，如图8-24至图8-26所示。从图中可以看出，浮冰区的冰下声传播损失介于柱面扩展和球面扩展之间，可以认为是考虑海面浮冰吸收和散射后的半声道声传播。传播距离较近（即1.3 km左右）时，接收深度对声传播的影响较小；当传播距离增大到5.3 km时，1号阵元测量的声传播损失介于44 ~ 57 dB之间，2号阵元的测量结果则介于54 ~ 64 dB之间，传播损失随接收深度的增加显著增大；当传播距离大于10 km，小于20 km时，接收深度对传播损失的影响再次变小。在各个传播距离上，传播损失基本随频率的增加而增大。当传播距离大于17 km时，本次实验仅3 ~ 6 kHz的声传播接收信号可靠。总的来说，北极冰下水声信道的选频衰减特性显著。

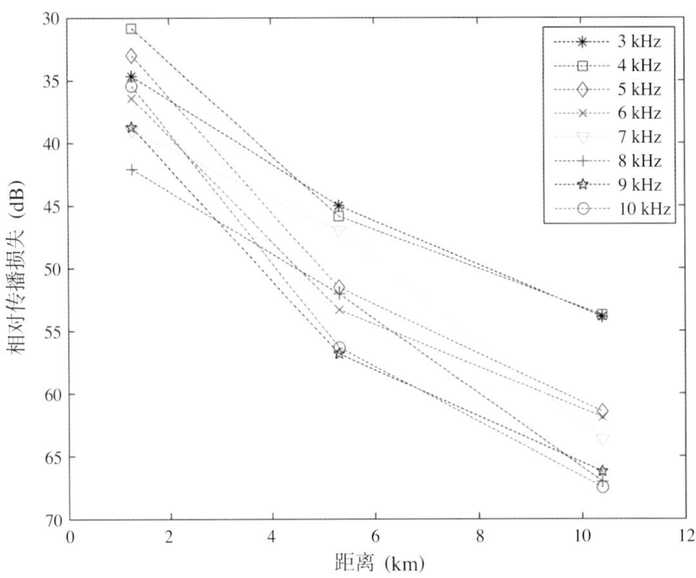

图8-24 1号阵元测量的声传播损失

Fig. 8-24 The TL which was measured by hydrophone No.1

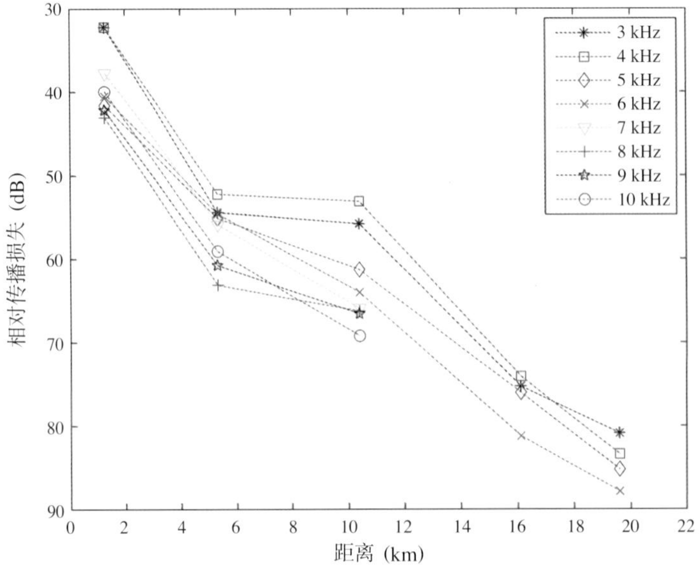

图8-25 2号阵元测量的声传播损失

Fig. 8-25 The TL which was measured by hydrophone No.2

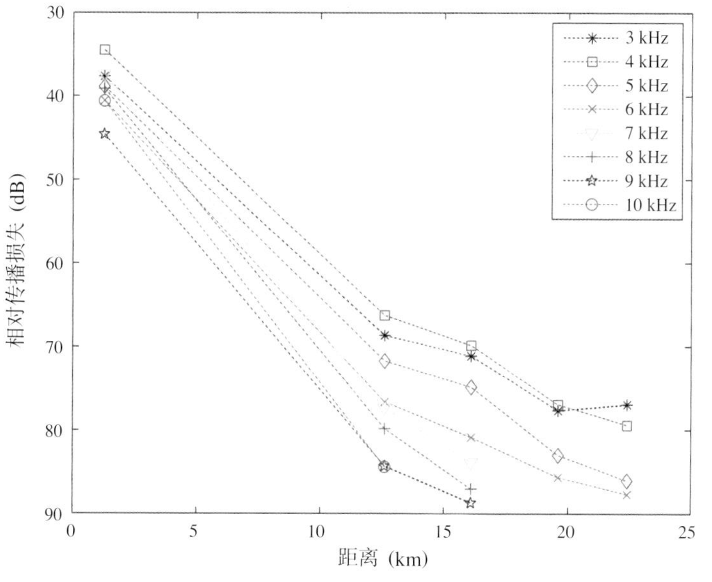

图 8-26　3 号阵元测量的声传播损失
Fig. 8-26　The TL which was measured by hydrophone No.3

8.8.3　北极海洋生物声散射层调查数据处理与分析

用 WinADCP 软件导出 ADCP 的原始数据，将平均完好率小于 80 时刻的数据剔除，对 4 个波束数据进行平均，计算得到平均回声强度数据，由于 ADCP 在判断后向散射回波信号对应的水层深度时，认为声速为常数，其值默认为设备所在水深对应的声速值。当接收回声时间一定时，负的声速梯度使得 ADCP 设置的深度和实际深度之差逐渐增大。根据观测的声速剖面可以对 ADCP 计算的水体深度进行修正。对数据进行范围检验，去除后向散射强度小于 −120 dB 的数据（所有时刻平均回声强度为 −120 dB），最后将数据按时间 20 min 为一组进行平均，获得后向散射的平均强度。后向散射强度的强弱变化就代表了生物声散射层的起伏变化。

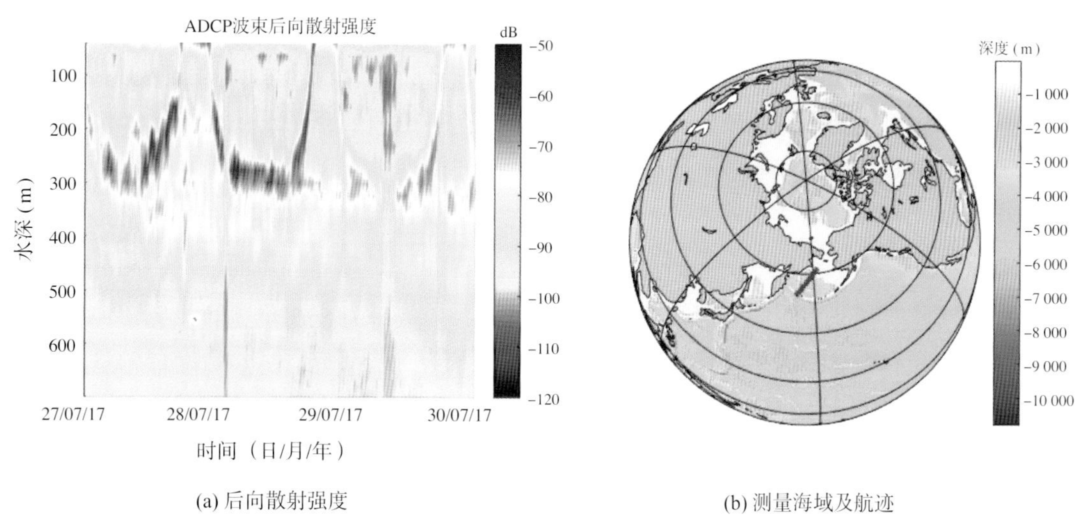

(a) 后向散射强度　　(b) 测量海域及航迹

图 8-27　7 月 27—30 日白令海声散射层变化
Fig. 8-27　The DSL variation of the Bering Sea from July 27th to 30th

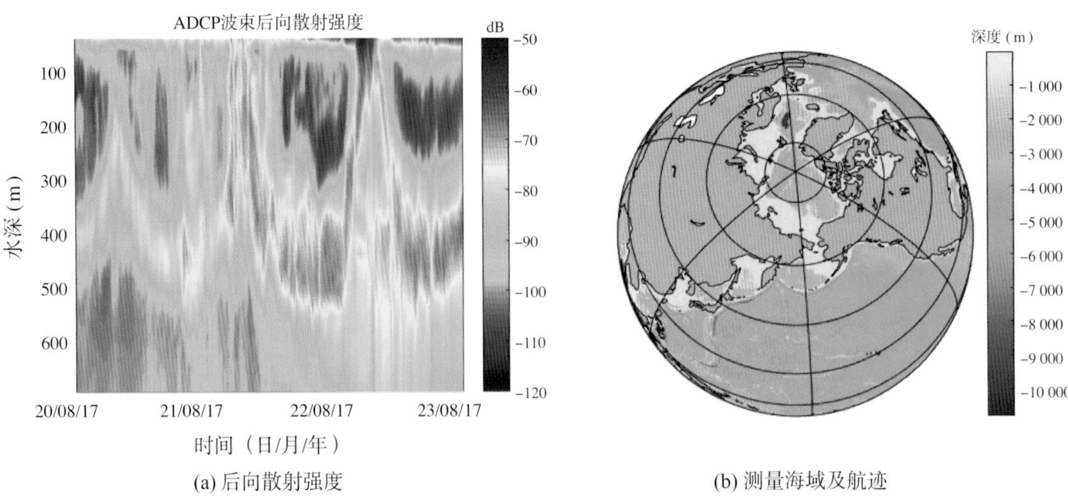

(a) 后向散射强度　　(b) 测量海域及航迹

图 8-28　8 月 20 — 23 日北欧海声散射层变化

Fig. 8-28　The DSL variation of the Nordic Seas from August 20th to 23th

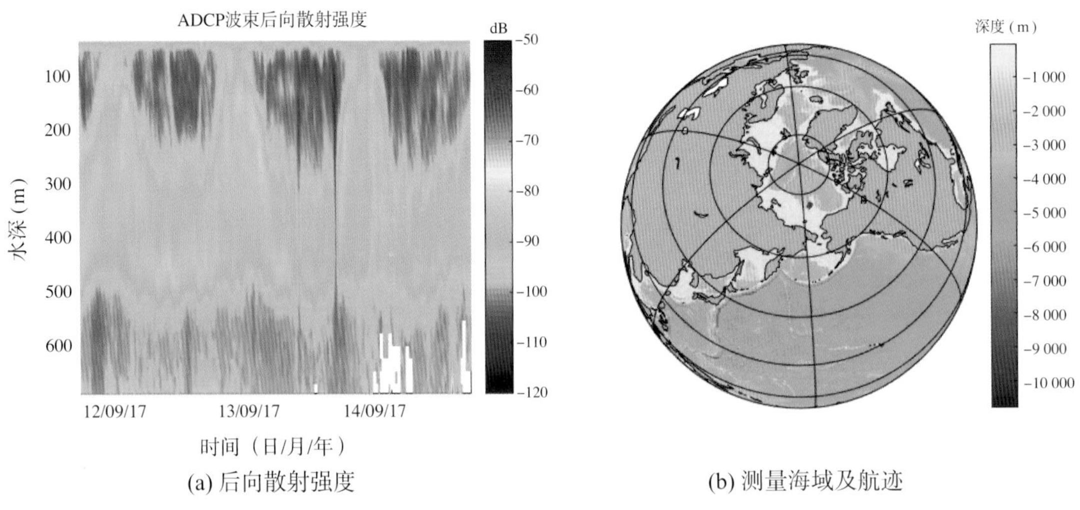

(a) 后向散射强度　　(b) 测量海域及航迹

图 8-29　9 月 11 — 14 日楚科奇海声散射层变化

Fig. 8-29　The DSL variation of the Chukchee Sea from September 11th to 14th

根据本次“八北”的调查时间过程和调查海域，选取 3 个时间段的 ADCP 获得的后向散射强度变化进行生物声散射层变化分析，即 7 月 27 — 30 日、8 月 20 — 23 日和 9 月 11 — 14 日，分别对应白令海、北欧海和楚科奇海。可见声散射层在白天的分布深度在图 8-27 中为 200 ~ 400 m，主要在 300 m 左右分布；图 8-28 中为 300 ~ 500 m，主要在 400 m 左右分布；图 8-29 中为 400 ~ 500 m，主要在 450 m 左右分布。深度的分布趋势随着纬度的增加呈现递增趋势，而平均后向散射强度则呈减弱趋势。后向散射强度的减弱首先的影响因素是生物量的减少，其次也可能是生物种类的不同导致的后向散射的差异，这有待于海洋生物专业研究人员的进一步研究。从声散射层的昼夜迁徙时间来看，则随着纬度的增加，白昼时长逐渐增加，浮游动物和鱼类夜间在表层滞留时长也从图 8-27 的 8 h 左右，变为图 8-28 的 5 h 左右，图 8-29 则缩短为 4 h 左右。

8.9　适航性分析

航道开通前，航运噪声非常低，且冰层可使海水免受风的影响，完整冰盖下的噪声环境有时比开阔海域的零级海况还安静。但当温度变化导致海冰发生开裂、破碎、融化，风和海流导致海冰碰撞、运动时，冰下噪声会急剧升高，因此冰下噪声通常具有脉冲性，有时具有很强的非高斯性(Milne and Ganton, 1964)，且常常含有大量瞬变信号 (Zakarauskas et al., 1991; Roth et al., 2012; Kinda et al., 2013; Kinda et al., 2015)。本次考察在短期冰站近场测量的冰下噪声主要为海冰融化噪声，数据中含有大量瞬变的脉冲声信号，图 8-30 给出了测量的声脉冲信号及其功率谱分析结果，图 8-18 及 8-19 给出了噪声谱级的概率密度分布和百分位数值曲线。从图中可知，海冰融化会导致噪声级在 80 ~ 240 Hz 和 380 ~ 660 Hz 两个频带内显著增大 5 ~ 15 dB。对斯瓦尔巴群岛近海冰山崩解噪声的已有测量显示，噪声级处于 100 ~ 500 Hz 频带，测量结果比无海冰时的正常值高 20 ~ 30 dB (Ashokan et al., 2016)，显示了北极冰下噪声场的复杂性。

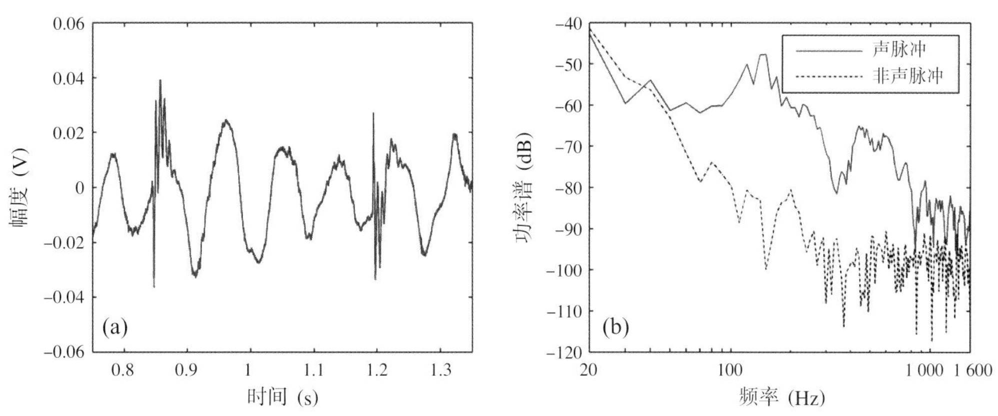

图 8-30 UTC 时间 2017 年 8 月 8 日 8 时 23 分：

(a) 含声脉冲噪声数据的时域图；(b) 声脉冲和非声脉冲噪声数据的功率谱比较，频率分辨率 10 Hz

Fig.8-30 During August 8, 2017 (UTC Time):

(a) Acoustic data at 8:23 from 0.75 to 1.35second; (b) Power spectrum with and without transient signals. The power spectrums were processed with a Hanning window and 4800-point FFT length, yielding 10 Hz frequency bins.

本适航性分析主要关注于北极大规模通航后船舶水下辐射噪声的影响。就单船而言，辐射噪声主要分布在低频，其影响范围除辐射噪声源级外，主要由声传播特性决定，而声传播特性与声速剖面密切相关。图 8-31 给出了本次考察在不同海域测量的声速剖面，无论大西洋扇区典型双声道后的声速正梯度，还是太平洋扇区以声速正梯度为主的声速剖面，均有利于声信号的远距离传播。受北极"半声道"现象的影响，声场能量容易集中在海洋上层，同时北极的声敏感海洋哺乳动物也多在海洋上层活动，因此从生态保护的角度看，若北极大规模通航，需要加强船舶水下辐射噪声水平的控制。

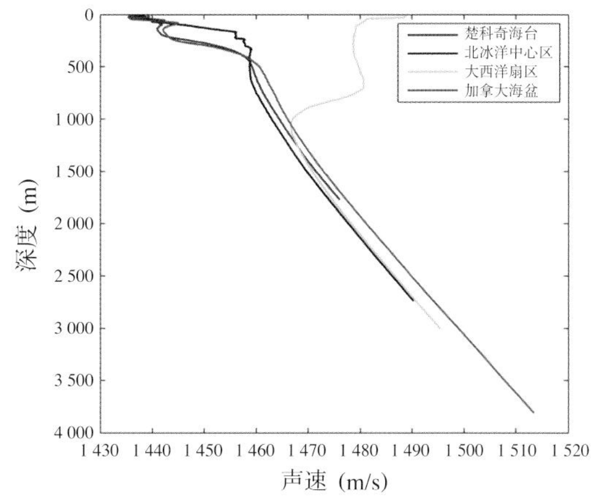

图 8-31 北极不同海域的声速剖面

Fig. 8-31 Sound velocity profiles of different sea areas in Arctic

北极声散射层深度受极昼和太阳高度角变化的影响。图 8-32 给出了楚科奇海去程和回程的声散射层深度变化。去程时考察海域存在极昼，声散射层深度在一天之中随太阳高度角的变化不大。回程时考察海域已有昼夜变化，声散射层深度在一天之中随着太阳的升起，声散射层深度增大，反之声散射层深度减小。声散射层主要由浮游生物和鱼类组成，其深度的变化会影响生物链顶端大型哺乳动物的深度变化。船舶航行辐射噪声对哺乳动物影响与水深相关，因此适航性分析需要考虑声散射层的昼夜变化。

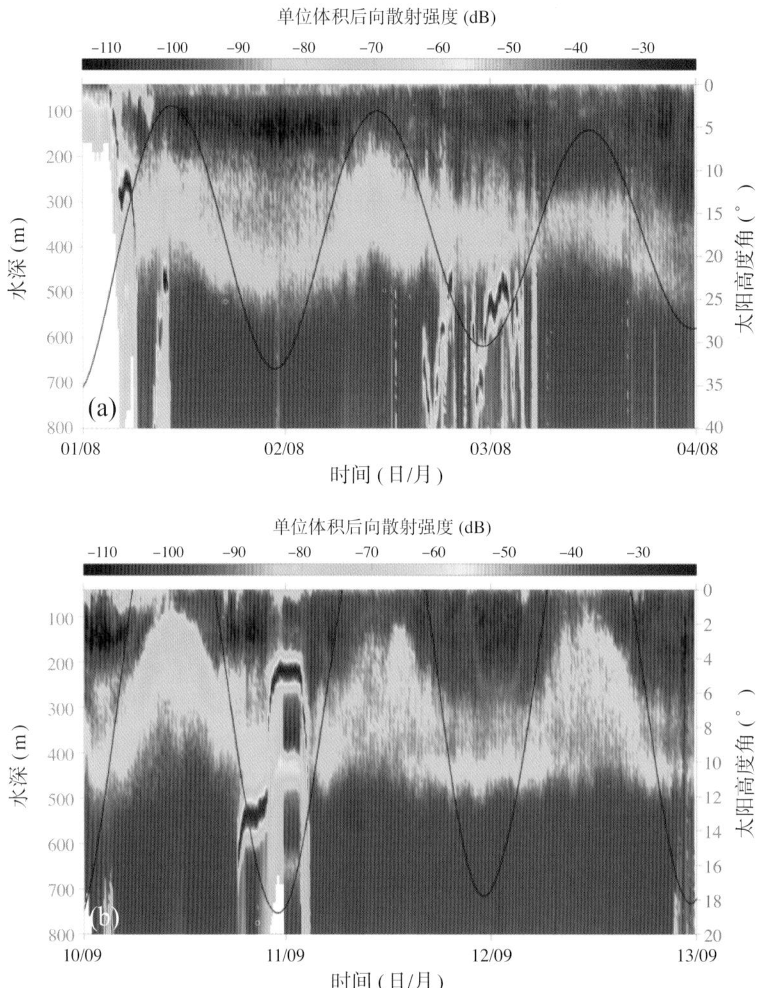

图 8-32 楚科奇海声散射层深度（后向散射强度）随太阳高度角的变化
(a) 去程，存在极昼；(b) 回程，存在昼夜变化

Fig. 8-32 The variation of the depth of the acoustic scattering layer with the height angle of the sun:
(a) in UTC time from 00:00 in August 1th to 00:00 in August 4th; (b) in UTC time from 00:00 in September 10th to 00:00 in September 12th

8.10 小结

近年来国际上对人为水下噪声逐渐重视，北极航道大规模开通后航船水下辐射噪声研究需要提前布局。研究航道区域航船水下噪声分布需要重点考虑如下因素：单艘航船的水下辐射噪声水平、单艘航船至声场接收点的声传播损失，以及航道区域内所有航船水下辐射噪声的加权贡献。当关注北极航道的适航性时，低频范围则还需要考虑冰源噪声和风浪噪声等噪声本底，冰面下水声混响等。

高频范围还需要考虑生物声散射层及昼夜变化规律等。总而言之，与中低纬度大洋的情况很不相同，北极航道航船水下辐射噪声传播距离远，且声场能量主要集中在海洋表层，冰面混响也发生在海洋表层，同时在北极生存的声敏感海洋哺乳动物也集中在海洋表层，因此从生态保护的角度看，与中低纬度大洋相比，若在北极航道大规模通航，则需要加强对单艘航船的水下辐射噪声水平进行控制。

CHINARE

第3篇 生态环境调查

第 9 章 大气环境

9.1 概述

20 世纪 80 年代以来，北极对流层的污染物浓度逐年增加，并且出现了北极烟雾和酸性雪。由大气传输到北极的化学成分经化学转化及干湿沉降到雪中而导致雪的酸性增加。北极的污染物主要是北极周边的工业化国家人为活动排放的污染物，长期停留在稳定和干燥的大气中，通过长距离传输、海流和地表径流 3 种途经输入到高纬度的北极地区，北极地区被环北极国家所包围，邻近工业发达的北半球国家。是欧亚大陆、北美和西欧等地区人为活动排放污染物的接收器，北极日益加剧的环境污染将导致其生态系统的变化，北极大气环境的变化正影响北极的生态系统。在北美、格陵兰和斯堪的纳维亚北部地区，对其对流层气溶胶和雪的化学成分及其来源和季节变化已有许多研究报道。目前，国外极地大气化学研究的主要目的之一是阐明污染物从大气向海洋和冰雪的转移及其对气候的影响。国际两大全球变化研究计划 — 国际地圈 — 生物圈研究计划（IGBP）、世界气候研究计划（WCRP）近年推出的相关研究计划及国际科学研究组织和国家推出的相应研究计划，如“北极气候系统研究（ACSYS）”“全球环境中的北极海洋系统研究（AOSGE）”“北极系统科学研究（ARCSS）”等均加强了北极海洋大气气溶胶的研究。这些研究表明，大气污染物中来自北半球的占全球总量的 90%。关注北冰洋地区大气中物质的来源、变化、迁移和海 — 冰 — 气交换对了解大尺度的大气生物地球化学循环和北极地区环境变化具有重要意义。

9.2 调查内容

大气化学考察内容主要包括气体、气溶胶离子成分、重金属、大气悬浮颗粒物、气溶胶有机污染物包括气相和颗粒相中典型持久性有机污染物（如 PAHs、PCBs、POPs 等）。

9.3 调查站位设置

沿“雪龙”船的航迹进行全程观测（加拿大北极区除外），具体站位见图 9-1。

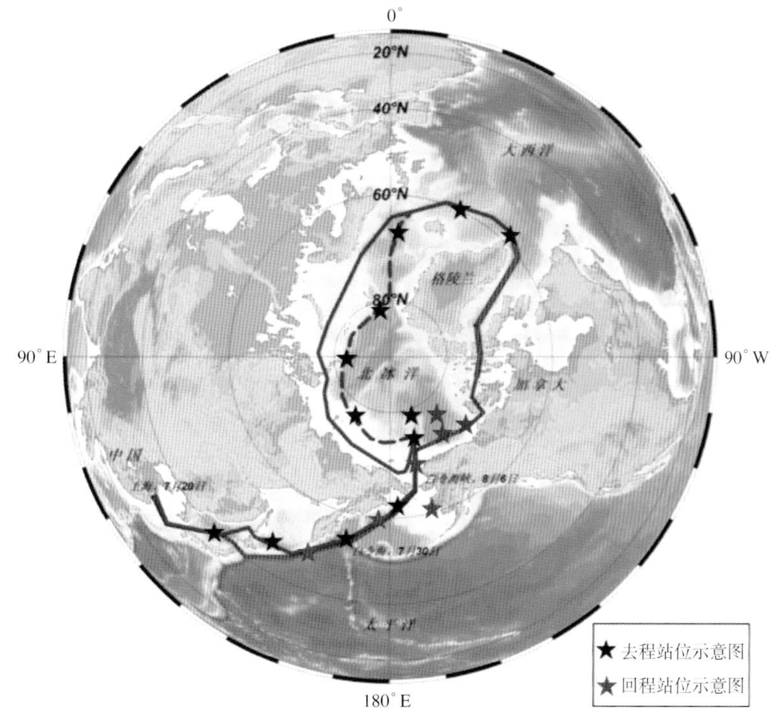

图 9-1　走航式大气采样站位示意图
Fig. 9-1　Sampling map of atmosphere sampling during the cruise

9.4　调查仪器与设备

9.4.1　海洋大气颗粒物采样器

海洋大气颗粒物采样装置开发研制了具有国内领先水平的采样器。将采样装置固定于船体顶层甲板靠船头的位置；通过微处理器识别电路设置采样风向和风速条件：风向设定为对着船头的方向正负 90°，最小的采样风速设定为 1.5 m/s；当船航行时通过采集风速风向仪传感器信号，判断是否符合设定的采样条件，若满足微处理器识别电路通过控制器启动大流量气泵，采样装置同时记录采样累计流量、瞬时流量、压力值和温度值等数据。反之采样装置处于等待状态。通过微处理器识别电路判断风速风向来控制采样装置的工作状态，最大限度地降低周围环境对采样结果的影响。

9.4.2　走航气溶胶中POPs采集系统

由气泵抽取空气经过恒流控制，控制采样流速为 0.8 m^3/min，空气通过 GFF 玻璃纤维滤膜和 XAD 树脂加聚氨酯泡沫气相组分富集的方式进行采集。

9.4.3　气溶胶质谱走航测量系统

气溶胶质谱在线测量仪器，它可以以 4 ~ 10 个 /s 的速度捕抓气溶胶颗粒物，并对每个颗粒物进行粒径和化学成分分析，带有颗粒浓缩装置（PFR），以增加空气动力学透镜引入大气颗粒物的量，使灵敏度提高了 13 倍左右，以适应极区低底本的要求。主要是针对大气中 PM2.5 的颗粒物。它采用空气动力学透镜作为颗粒物接口，通过双光束测径原理进行单颗粒气溶胶粒径测量及计数，利用飞行时间质谱原理进行化学成分的分子量鉴定；通过自适应共振神经网络算法（ART-2a）进行颗粒物分类；实现单颗粒气溶胶化学成分和颗粒物直径的同步检测。仪器可测量每一个颗粒物的粒径和化学组成（粒径范围：100 ~ 3 000 nm，质量检测范围：1 ~ 500 amu），可实时给出有机碳、黑炭、重金属、硫酸盐、硝酸盐及其他有机化合物等众多化学成分组成，可以追踪大气污染来源在线测量仪器。

9.4.4 气溶胶离子色谱走航测量系统

采集特定粒径的颗粒物和气体，颗粒物和气体经采样管进入预处理器系统，气体通过选择性透过膜分离进入吸收液通道，利用水膜原理收集气体，而颗粒物进入蒸汽发生器，冷凝后的颗粒物收集液经过内部分流装置过滤分离收集液。最后颗粒物样品和气体样品可依次进入离子色谱系统，进行大气颗粒物及气体中阴阳离子的浓度进行连续循环检测的仪器。在线监测的检测限达到 0.01 μg/m³，实时分辨出大气气溶胶的化学组分的变化，目前主要针对的是 TSP（总悬浮颗粒物）气溶胶及大气中的气体成分进行监测。

9.4.5 大气粒子计数器

用于进行大气气溶胶粒径分布与颗粒物的计数，配合其他气溶胶观测仪器了解不同海区气溶胶的分布情况，每分钟测量保存一次采集的颗粒物粒径分布数据。

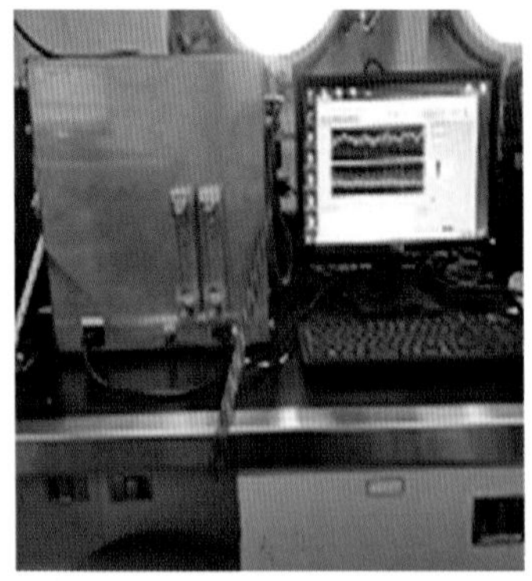

图 9-2 大气环境现场调查装备（分别对应文中的 5 种装备）
Fig.9-2 The instruments for monitoring onboard of Xuelong

9.5 调查方法

大气气溶胶采样使用海洋大气颗粒物采样器完成。更换样品需在洁净环境下完成。无机样品装入密实袋，并装入密实袋中，同时贴上样品编号标签，有机样品则用锡箔纸包好，放入密实袋内，贴上样品编号后将其保存在 4℃冰箱中（即冰箱的冷藏室）。采样期间，不定期清洗采样滤膜架以保持其清洁。采样结束的经纬度，记录温度、湿度、气压、风向、风速等参数。 大气颗粒物有机物质和无机物分析的气溶胶样品周期为 2 d 更换一次有机气溶胶样品和无机气溶胶样品（POPs 海绵过滤）滤膜。

气溶胶中 POPs 是通过大体积过滤加固相材料富集的方式进行，具体的采样方法为：于船头顶层甲板位置固定安放大体积采样装置，设定采样流速为 0.8 m^3/min，采样时长为 72 h；采样结束后将滤膜保存在预先处理好的铝箔袋中，采用清洁的自封袋密封，放入冰箱冷冻（–20℃）保存；考察结束后样品采用冷冻保存的方式运回实验室分析。

滤膜样品的分析：

（1）气溶胶样品的滤膜回实验室的分析仪器如下：

采用离子色谱分析法（IC）：测定大气气溶胶样品中 F^-、Cl^-、NO_3^-、SO_4^{2-}、PO_4^{3-}、Na^+、Ca^{2+}、Mg^{2+}、NH_4^+、MSA 等阴阳离子。

（2）采用电感耦合等离子体质谱分析法（ICP-MS）：测定大气气溶胶样品中重金属：Cu、Pb、Zn、Cd、Ni、V、Ba 等。

（3）气相色谱—质谱联用法（GC-MS）：测定大气，沉积物 OCPs 等。

（4）FluoroMax-4 得到样品的三维荧光光谱（three-Dimensional Excitation Emission Matrix Fluorescence Spectrum, 3DEEM）有机污染物的分类及其含量。

（5）TOC 总碳分析仪；测定滤膜中的溶解有机碳和总碳。

（6）气溶胶中 POPs 的实验室分析采用气相色谱质谱技术，根据相似相溶原理，将目标物质从富集相中萃取到有机溶剂中，通过净化和浓缩步骤后进行上机分析。其中多环芳烃的实验室分析方法详见极地生态环境监测技术过程。

走航在线测量仪器按照仪器操作规程和自校标准要求进行校准。

9.6 质量控制

大气化学各个项目样品的采集和保存方法均严格按照《海洋调查规范》(GB 12763—2007）进行操作。现场分析测定仪器均在航前进行专业校正标定或严格自校。

9.6.1 气溶胶成分操作方法

无机滤膜为 Whatman 41 滤纸 （平整光滑，无正反面)。采用大容量采样器进行采样，采样头上设计了一个防护罩，以保护采样膜不受海浪及雨水的影响。

（1）用 Q-water 清洗滤膜支撑架。

（2）从滤膜盒中取出滤膜，装入滤膜支撑架。

（3）将装有滤膜的滤膜支撑架放入盒中，带到采样平台。

（4）关闭电源，记录关机时间、流量、气象等参数。

（5）将滤膜支撑加上的滤膜取下，放入塑料盒中，将已装好滤膜的滤膜架安装到采样器上。

（6）开启电源，记录开机时间，开始流量（即上次累计流量)；将滤膜支撑架带回。

（7）将滤膜折叠，放入密实袋，注上样品编号（Arc8-W1)，之后将其保存在 4℃冰箱中。

（8）用 Q-water 清洗滤膜支撑架（开始和结束后)。

（9）该样品采集，约 2 d 换一张采样膜。

注：使用橡胶手套，采用塑料镊子，按照采用形状折叠后装入密实袋中，套两层。

更换周期：每 2 d 换一张膜。

有机滤膜为石英滤纸（不平整，有正反面）。

采样规程同上，样品编号（Arc8-Q1）使用金属镊子，用锡箔纸包好，放入密实袋保存。

更换周期：每 2 d 换一张膜和海绵块。

现场空白：一般在采样之前做个空白，采样过程中采集一个，采样最后也需要采集一个。空白膜制作方法：取一张未使用的滤膜，安放在采样器滤膜架上，放置 10 min 后取下，按照以上方法处理和保存即可。

样品存放：滤膜存放于冰箱中冷藏室 4℃温度下保存。

9.6.2 气溶胶有机污染物操作方法

样品采集用仪器必须经过严格的检定和校准，具有完备的出厂合格证书；实验室分析用仪器均通过国内实验室质量检定，具有仪器质量检定证书，保证数据的准确度与精密度。

采样过程：样品的采样周期控制在 72 h 左右，样品的采集严格按照技术规程进行，以保证样品的重复性，并且样品采集过程中每批次样品增加一个现场空白，以保证采样过程的准确性。

9.6.3 气溶胶在线离子色谱观测方法

传统测量气溶胶化学成分惯用的方法是将气溶胶粒子从大气中分离出来制成样品，然后将样品拿到实验室进行化学分析，俗称离线分析。该方法采样时间长，时间和空间分辨率极低，样品易受污染和破坏，且只能得到全样品的信息。极地考察的气溶胶多年来一直采用气溶胶采样器人工采集，考察结束后带回实验室分析的方法，存在分析周期长、测量误差大，通常采集一个样品需要 3 d 的时间才能满足实验室分析的要求，这期间船舶航行可能已经超过上千 n mile，得到这么大跨度的样品测量平均值，时间和空间分辨率极低，难以快速、准确地反映海洋气溶胶的化学组分及粒径分布等实时变化信息，无法对气溶胶在环境中的演变过程进行解析和判别，极大地制约了海洋大气气溶胶的监测和研究，因此方法亟须加以改进，2017 年“八北”采用气溶胶走航观测系统进行现场在线观测，测量数据得到较大的改善。

此次，气溶胶走航观测系统由 IGAC 前处理器与两套美国 Dionex 公司 ICS-1100 型离子色谱仪组成。阴离子色谱采用 IonPac AS18/AG18 分离柱 / 保护柱，AERS-500 抑制器，15 mmol/L KOH 等度淋洗，电导检测；阳离子色谱采用 IonPac CS16/CG16 分离柱 / 保护柱，CSRS-300 抑制器，30 mmol/L MSA 等度淋洗，电导检测。该系统出航前依据国家海洋局第三海洋研究所海洋监测技术中心 QHYSSC — 10 — 01 — 2017 气溶胶走航观测系统自检规程进行自检并出具了自检报告，已提交给极地中心。

配制溶液采用重量法，瑞士赛多利斯公司 CP224S 电子分析天平，0.1 mg 感量，检测证书：厦门市计量检定测试院，LX2016-06502，有效期：2017 年 11 月 17 日，TE412 电子天平，0.01 g 感量，检测证书：厦门市计量检定测试院，LX2016-06503，有效期：2017 年 11 月 17 日。

试剂：所有溶液均用 Milli-Q 超纯水（电阻率 18.2 mΩ/cm）配制；

标准溶液：采用国家一级标准生产单位山东非金属材料研究所提供的单标：

Na^+，GBW(E)080526，有效期：2018 年 2 月；

NH_4^+，GBW(E)080525，有效期：2017 年 12 月；

K^+，GBW(E)080527，有效期：2017 年 7 月；

Mg^{2+}，GBW(E)080529，有效期：2018 年 1 月；

Ca^{2+}，GBW(E)080528，有效期：2017 年 12 月；

水中 F^{3+}，1 000 mg/L，GBW(E) 080519，有效期：2017 年 12 月；

水中 Cl^-，1 000 mg/L，GBW(E) 080520，有效期：2018 年 1 月；

水中 Br^-，100 mg/L，GBW(E) 080521，有效期：2018 年 2 月；

水中 NO_3^-，1 000 mg/L，GBW(E) 080522，有效期：2017 年 7 月；

水中 SO_4^{2-}，1 000 mg/L，GBW(E) 080523，有效期：2018 年 1 月；

MSA-200 mg/L，采用美国 ATOFINA Chemicals 公司 > 99.5% 甲基磺酸配制而成，有效期：2017 年 7 月 6 日，当天配制。

9.7 任务分工与完成情况

9.7.1 任务分工

本航次全程走航观测，按照不同采样条件需要，设定不同采样周期，全程仪器设备正常工作，超额完成采样计划任务。具体人员分工详细情况如表 9-1 所示。

表9–1 大气环境调查第八次北极考察人员任务情况

Table 9–1 Information of atmosphere in 8th CHINARE cruise

序号	姓名	性别	单位	航次任务
1	李 伟	男	国家海洋局第三海洋研究所	现场负责大气气溶胶采集样，走航黑碳仪
2	林 奇	男	国家海洋局第三海洋研究所	负责气溶胶质谱走航测量系统，气溶胶离子色谱走航测量系统，大气粒子计数器
3	马新东	男	国家海洋环境监测中心	现场负责大气有机污染物的采集
4	林红梅	女	国家海洋局第三海洋研究所	协助大气气溶胶采集和样品处理

9.7.2 完成情况

在第八次北极科考期间，共获得大气颗粒物有机气溶胶样品 35 张，无机气溶胶样品 35 张滤膜和 35 个过滤海绵，大气 POPs 走航观测共计采集 20 个样品。

走航气溶胶测量系统，目前处于测试实验阶段，获得的数据暂时用于分析和参考。

气溶胶离子色谱走航观测系统，主要针对的是 TSP（总悬浮颗粒物）气溶胶及大气中的气体成分进行监测。但每天可获得 48 组样品，624 个组分分析数据。该仪器除了在 8 月 26 日至 9 月 11 日期间停机外，运行情况正常。目前已获得近 1 700 组样品，超过 2 万个组分分析的测量结果。气溶胶质谱仪是一台气溶胶在线观测仪器，运行了 200 h，储存约 2 400 组测量数据，其中在穿越中央航道期间运行了近 150 h。

9.8 数据处理与分析

9.8.1 北极气溶胶水溶性阴阳离子分析标准曲线

标准溶液经混合稀释配成一定浓度的混合标准溶液，再逐级稀释为工作曲线的各浓度点。其中：

1）阴离子工作曲线

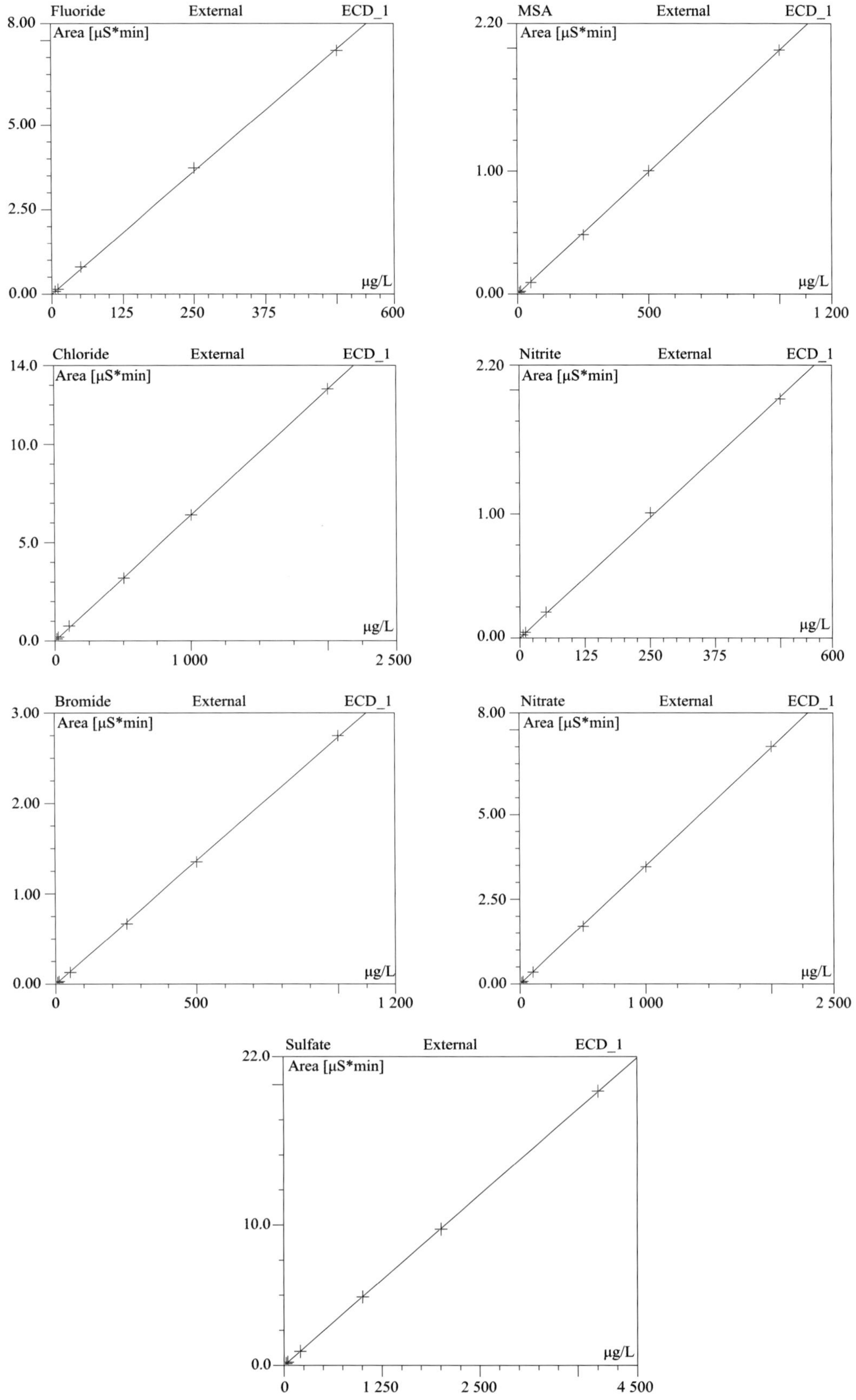

Fluoride External ECD_1
Area [μS*min]
8.00 5.00 2.50 0.00
0 125 250 375 600 μg/L

MSA External ECD_1
Area [μS*min]
2.20 1.00 0.00
0 500 1 200 μg/L

Chloride External ECD_1
Area [μS*min]
14.0 10.0 5.0 0.0
0 1 000 2 500 μg/L

Nitrite External ECD_1
Area [μS*min]
2.20 1.00 0.00
0 125 250 375 600 μg/L

Bromide External ECD_1
Area [μS*min]
3.00 2.00 1.00 0.00
0 500 1 200 μg/L

Nitrate External ECD_1
Area [μS*min]
8.00 5.00 2.50 0.00
0 1 000 2 500 μg/L

Sulfate External ECD_1
Area [μS*min]
22.0 10.0 0.0
0 1 250 2 500 4 500 μg/L

图 9-3 监测阴离子的工作曲线

Fig.9-3 Working curves of monitoring anions

表9-2 监测阴离子种类及工作曲线相关系数
Table 9-2 Monitoring types of anions with their work curves' coefficients of determination

编号	保留时间（min）	峰名	回归方式	点数	起点（C0）	斜率（C1）	弯曲度（C2）	相关系数 R^2（%）
1	4.40	氟化物（F^-）	线性	5	0.000	0.014	0.000	99.955 8
2	5.43	甲烷磺酸（MSA^-）	线性	6	0.000	0.002	0.000	99.983 8
3	7.02	氯化物（Cl^-）	线性	6	0.000	0.006	0.000	99.991 8
4	8.78	亚硝酸盐（NO_2^-）	线性	5	0.000	0.004	0.000	99.943 0
5	12.94	溴化物（Br^-）	线性	6	0.000	0.003	0.000	99.980 6
6	15.58	硝酸盐（NO_3^-）	线性	6	0.000	0.003	0.000	99.984 8
7	19.45	硫化物（SO_4^{2-}）	线性	6	0.000	0.005	0.000	99.997 7

2）阳离子工作曲线

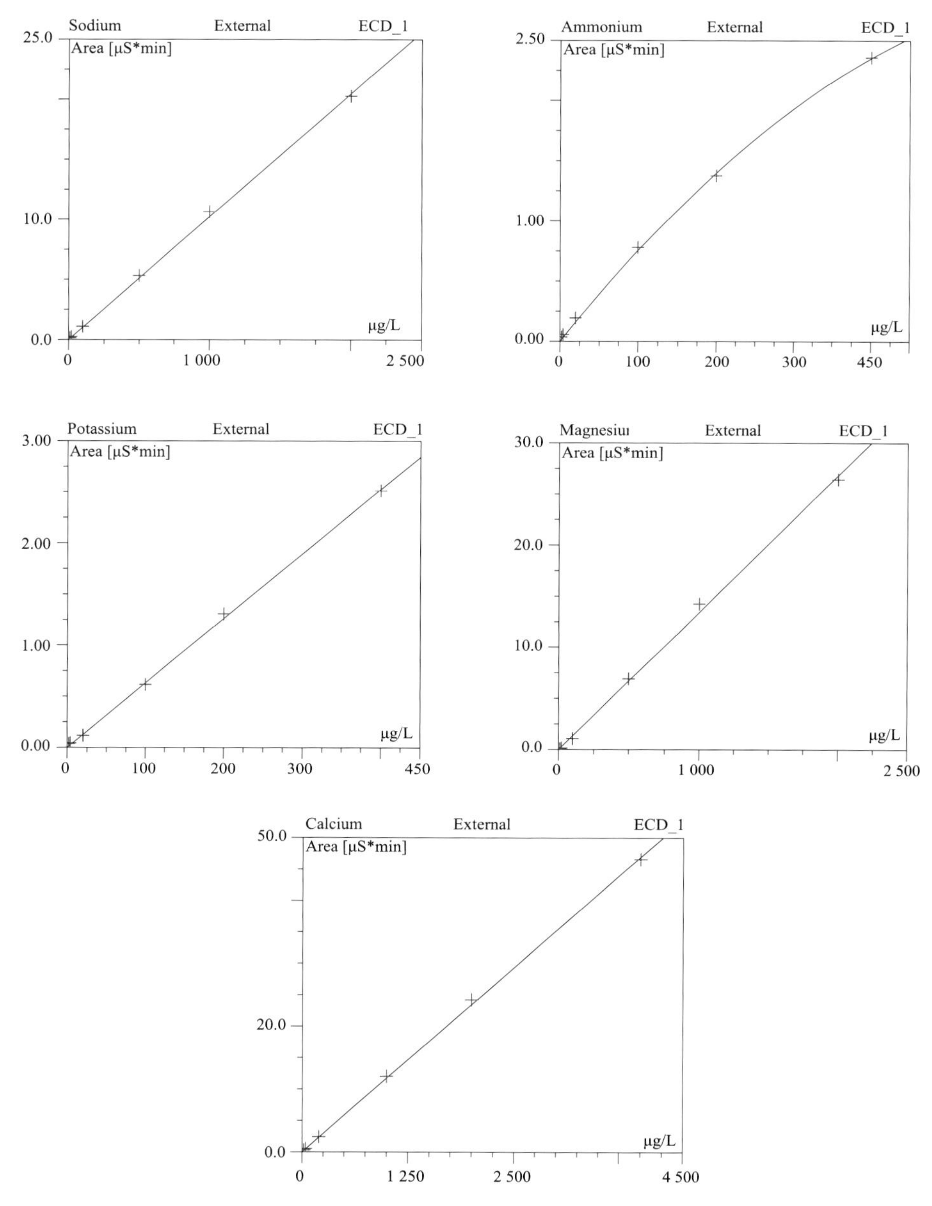

图 9-4 监测阳离子的工作曲线
Fig.9-4 Working curves of monitoring cations

表9-3 监测阳离子种类及工作曲线相关系数

Table 9-3 Monitoring types of cations with their work curves' coefficients of determination

编号	保留时间（min）	峰名	回归方式	点数	起点（C0）	斜率（C1）	弯曲度（C2）	相关系数 R^2（%）
1	8.58	钠离子（Na^+）	线性	6	0.000	0.010	0.000	99.927 4
2	10.79	铵离子（NH_4^+）	二次方程	6	0.000	0.008	0.000	99.930 6
3	16.77	钾离子（K^+）	线性	6	0.000	0.006	0.000	99.930 9
4	19.64	镁离子（Mg^{2+}）	线性	6	0.000	0.013	0.000	99.819 6
5	27.76	钙离子（Ca^{2+}）	线性	6	0.000	0.012	0.000	99.959 8

最低检出限计算：

根据公式：最小浓度 $C_{min} = \dfrac{2HN \times C}{H}$

式中，

C_{min} 为最小检出浓度 (μg/L)；

HN 为基线噪声峰峰值；μS 为现场仪器测得的噪声峰峰值为 0.001 2 μS（阴离子）和 0.000 8 μS（阳离子）。

H 为标准溶液的色谱峰高；

C 为标准溶液的浓度（μg/L）；

进样体积，μL：阳离子进样环体积为 1 000 μL，阴离子进样体积为 10 mL（采用富集柱）。

表9-4 监测离子的最低检出限

Table 9-4 The minimum concentrations of monitoring ions

阴离子	F^-	MSA^-	Cl^-	NO_2^-	Br^-	NO_3^-	SO_4^{2-}
最小检出浓度 (μg/L)	0.005	0.005	0.002	0.003	0.007	0.005	0.006
阳离子	Na^+	NH_4^+	K^+	Mg_2^+		Ca_2^+	
最小检出浓度 (μg/L)	0.003	0.006	0.015	0.007		0.012	

9.8.2 北极气溶胶阴阳离子组成特征

此次北极气溶胶水溶性离子走航观测数据每天获取 2 组阴阳离子数据，观测的阴离子组分包括：F^-，MSA^-，Cl^-，NO_2^-，Br^-，NO_3^-，SO_4^{2-}；阳离子主要包括：Li^+，Na^+，K^+，NH_4^+，Mg^{2+} 和 Ca^{2+}。这个航程过程中共获取气溶胶阴阳离子数据 120 多组。从图 9-5 和图 9-6 上可以看出，由于此次观测的时空分辨率高，首次获得了航线上气溶胶浓度的变化特征。其中，硫酸盐和硝酸盐是气溶胶的主要组成部分，在水溶性离子中占有很大比重，阳离子中铵和钠占有较高比重，表明该气溶胶具有较明显的海洋特征。

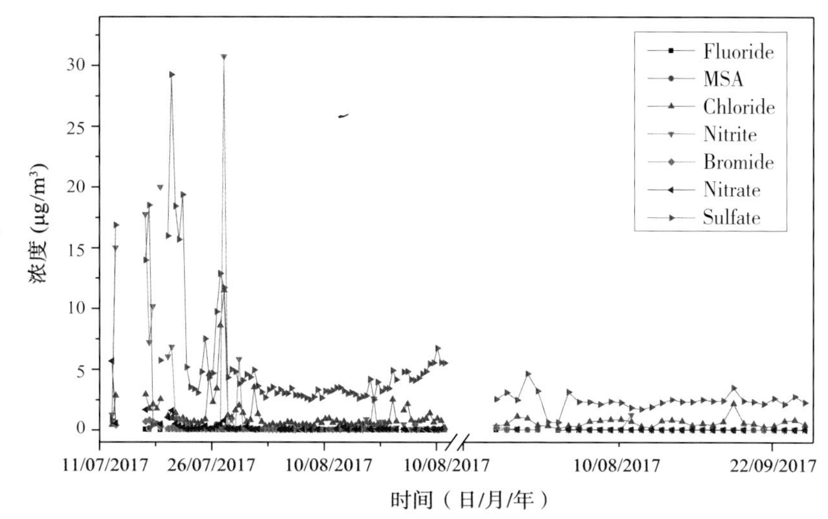

图 9-5　时间序列气溶胶阴离子浓度

Fig.9-5　Time series of anion concentrations within areosol

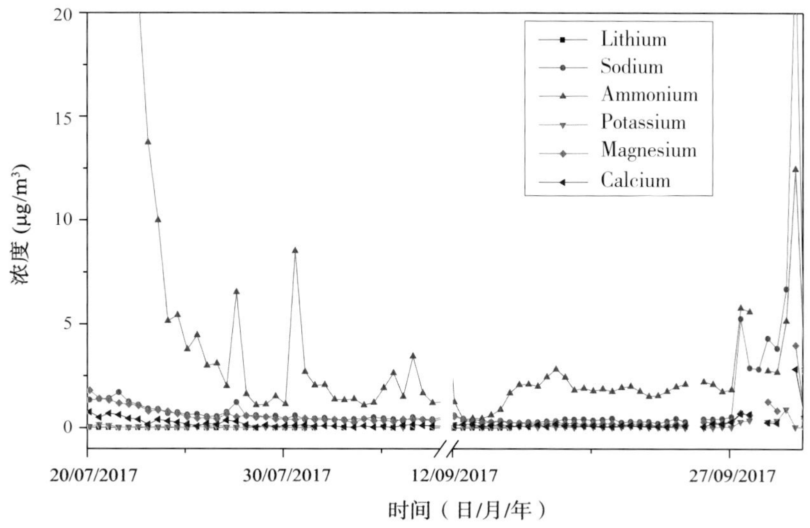

图 9-6　时间序列气溶胶阳离子浓度

Fig.9-6　Time series of cation concentrations within areosol

9.8.3　北极气溶胶浓度分布特征

此次气溶胶质谱走航观测共获得气溶胶颗粒约为 1 400 万个，气溶胶质谱的时间分辨率达到 30 min，图 9-7 为总的测径颗粒与打击颗粒随时间的变化曲线，从图上可以看出，两者具有相似的变化规律，这也表明检测的气溶胶颗粒能够反映海洋大气气溶胶的组成特征。此处观测在某些海区发现了气溶胶爆发的现象，且这类气溶胶爆发事件的持续时间较短，说明这类事件是一种突发性的事件。传统的离线观察技术由于采样时间长，根本没法分辨和捕捉到此类事件的发生，这也表明了采用先进高时间分辨率走航观测仪器的重要性，这也是未来极地考察发展的方向。除了获得气溶胶的数浓度变化外，质谱仪还提供了气溶胶的化学组成特征，包括有机炭、元素炭、阴阳离子、金属元素等（图 9-8），将气溶胶元素组成与 Art-2a 聚类算法相结合，则可以解析出北极气溶胶的主要来源与贡献因子，结合气团运动轨迹可以获得大气气溶胶传输过程及其对北极气溶胶的影响规律，这些将在后续的研究中进一步分析。

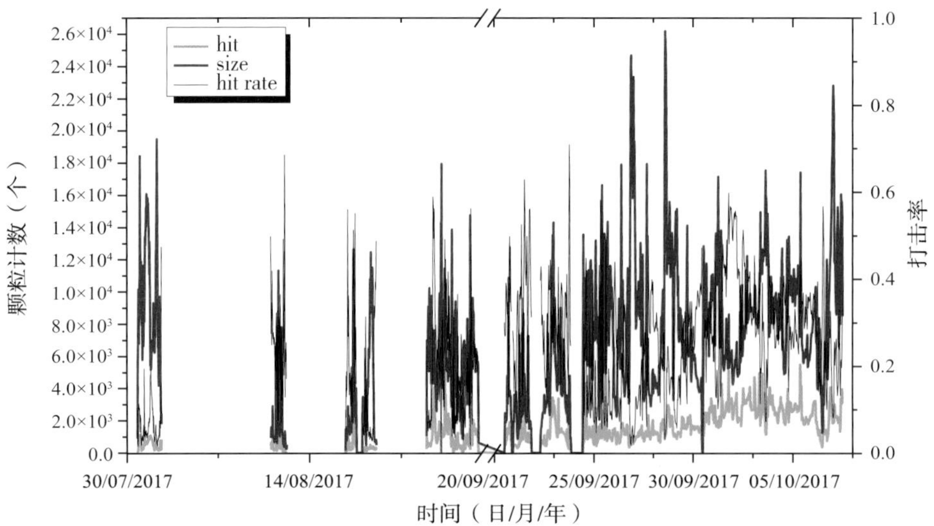

图 9-7 北极气溶胶测径颗粒与打击颗粒浓度随时间变化曲线

Fig. 9-7 Time series of hit and size particle concentrations within aerosol

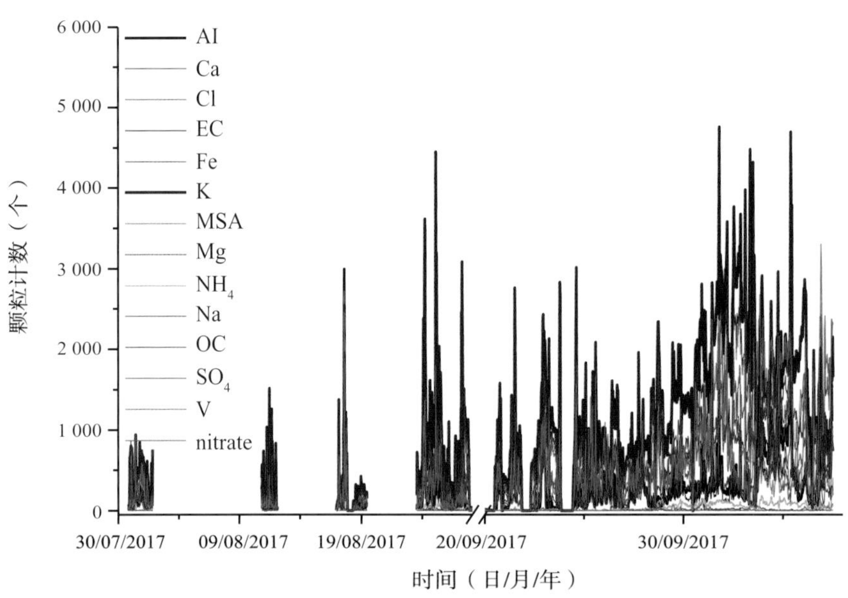

图 9-8 北极气溶胶不同离子组分浓度随时间变化曲线

Fig. 9-8 Time series of various ion concentrations within aerosol

9.9 环境分析与评价

9.9.1 北极气溶胶组成与分布

9.9.1.1 北极大气气溶胶污染状况

北极由于其独特的地理和气候特性，在全球气候变化的反馈中更为敏感，生态环境脆弱，使其成为了全球气候变化研究的热点区域。受全球气候变化的影响，南北极融冰及污染不断加剧，已经引起国际社会的广泛关注。虽然与低纬度陆地区域相比，北极区域的大气气溶胶浓度较低，但是随着人类在极区的活动愈加频繁，产生的大量污染物排放到大气中，给极区脆弱的生态环境带来严重影响，特别是“北极雾霾”事件的发生，将极区大气污染问题提到了新的高度。同时，北极地区被认为是北半球气溶胶的最后汇集区，是诱发北极雾霾的重要原因。在春夏季北极的总悬浮颗粒（TSP）的浓度远低于美国、中国、日本等中低纬度区域的颗粒物浓度。

9.9.1.2 北冰洋大气气溶胶化学组成及分布状况

此次北极气溶胶水溶性离子走航观测数据每天获取 2 组阴阳离子数据，观测的阴离子组分包括：F^-，MSA^-，Cl^-，NO_2^-，Br^-，NO_3^-，SO_4^{2-}；阳离子主要包括：Li^+，Na^+，K^+，NH_4^+，Mg_2^+ 和 Ca_2^+。图 9-5 和图 9-6 给出了北冰洋气溶胶水溶性阴阳离子的浓度变化特征，从图上可以看出，由于此次观测的时空分辨率高，首次获得了航线上气溶胶浓度的变化特征。从图上可以看出硫酸盐和硝酸盐是气溶胶的主要组成部分，在水溶性离子中占有很大比重，阳离子中铵和钠占有较高比重，表明该气溶胶具有较明显的海洋特征。在近岸海域，气溶胶中硫酸盐，硝酸盐的浓度非常高，呈现了典型的人为污染特征。而在远离陆地的高纬度区域，气溶胶离子浓度相对较低，且变化不明显。从离子组成看，主要受海洋源的影响。

北冰洋气溶胶化学具有明显的空间分布特征。图 9-9 给出了北极大气气溶胶化学组成的空间分布图。从图上可以看出，硫酸盐、硝酸盐和铵盐等人为排放污染源在低纬度靠近陆地区域呈现出较高的浓度水平，而在高纬度区域浓度很低，且几乎不随空间变化而改变。这说明在高纬度地区受人为排放的影响相对较弱。这主要是气溶胶在远距离输送过程中发生了老化和沉降，导致了其浓度的快速下降。而与此不同的是，钠和镁等物质在空间上的分布则较为复杂。由于钠和镁主要为海洋来源物质，其产生主要受海洋白浪破碎和风速的影响，因此，在高风速海区表现出高浓度的钠和镁。但是在高纬度海冰区域，由于海冰的影响，海洋源气溶胶下降，因此表现出较低的钠和镁的浓度水平。由于受陆源传输及海冰的影响，在北极高纬度区域气溶胶的总浓度水平较低。

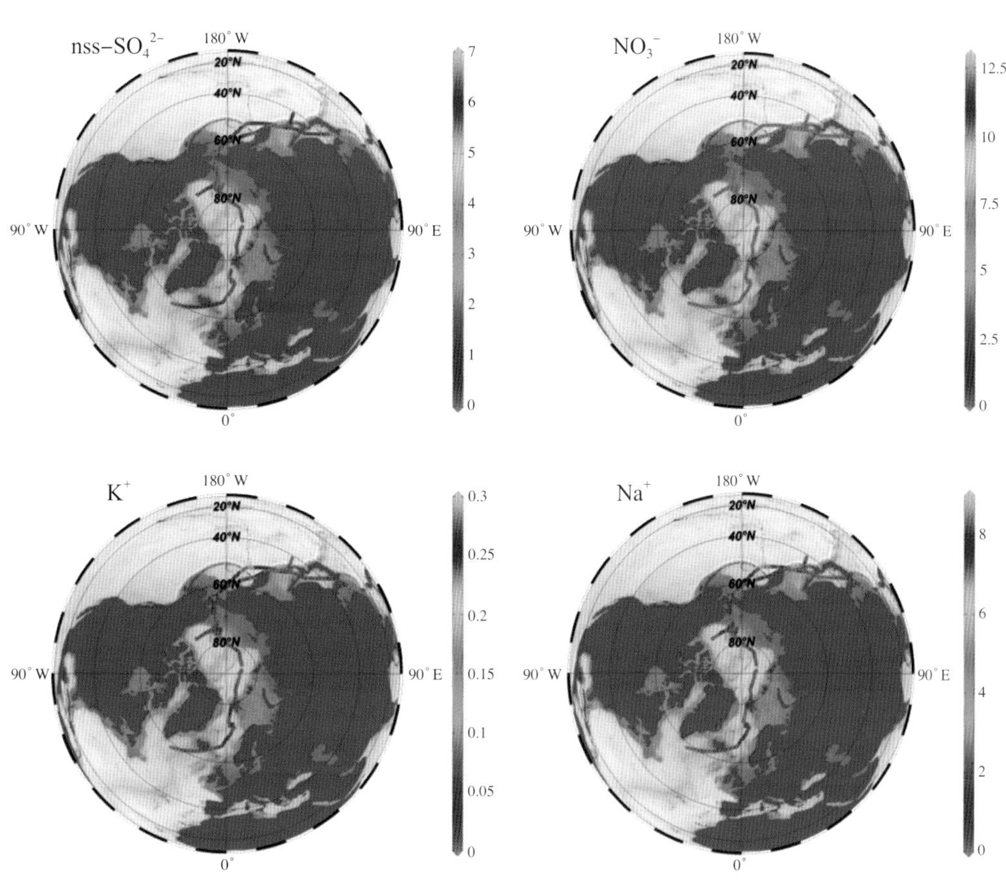

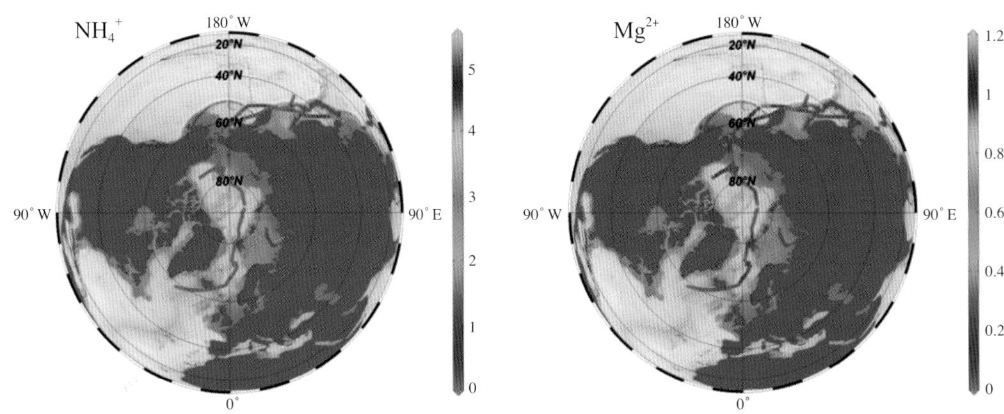

图 9-9 北极气溶胶化学组成空间分布

Fig. 9-9 Spatial distribution of aerosol species over arctic ocean

9.9.2 持久性有机污染物分析

9.9.2.1 大气中PAHs和PCBs状况

大气中 PAHs 浓度为 4.23 ~ 14.75 ng/m^3，与以往极地研究相比，高于 Ma 等在 2013 年的研究结果（>70° 的北冰洋海域，PAHs 平均浓度为 3.4 ng/m^3），与 Ding 等在 2007 年的研究结果相当（>48° 的白令海海域和楚科奇海海域，PAHs 平均浓度为 14.93 ng/m^3）；PCBs 浓度为 1.65 ~ 5.48 pg/m^3，略低于 Khairy 等在同为偏远地区的南极研究结果（5.4 ~ 16 pg/m^3）。在空间分布方面，PAHs 含量在白令海和楚科奇海大气中相对较高，而 PCBs 则在格陵兰海和挪威海大气中的含量相对较高（图 9-10）。北极大气中的 PAHs 和 PCBs 均主要存在于气相中。由于低环 PAHs 和低氯代 PCBs 的挥发性较强，易于长距离传输，因此 PAHs 在气相中以 2 ~ 4 环的组分为主，而在颗粒相中 4 环以上的比例大于在气相中的比例；PCBs 在气相中以低氯代为主，在颗粒相中以高氯代为主（图 9-11）。2010—2017 年监测结果表明，各海域 PAHs 的浓度虽有波动，但基本平稳，只有 2014 年浓度出现了峰值；而 PCBs 的浓度则总体上呈下降趋势。

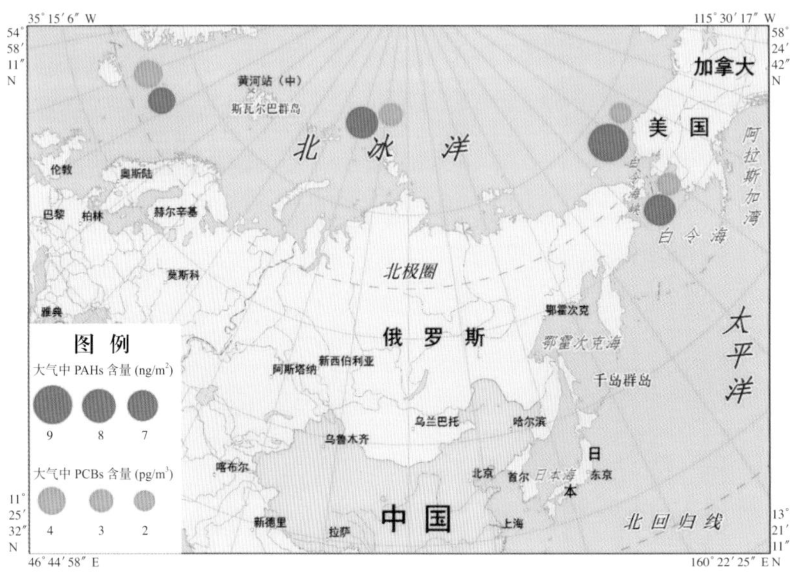

图 9-10 北极大气中 PAHs 及 PCBs 含量分布（底图来自极地中心数据库）

Fig. 9-10 Concentration of PAHs and PCBs in the Arctic atmosphere (The base map is from PRIC)

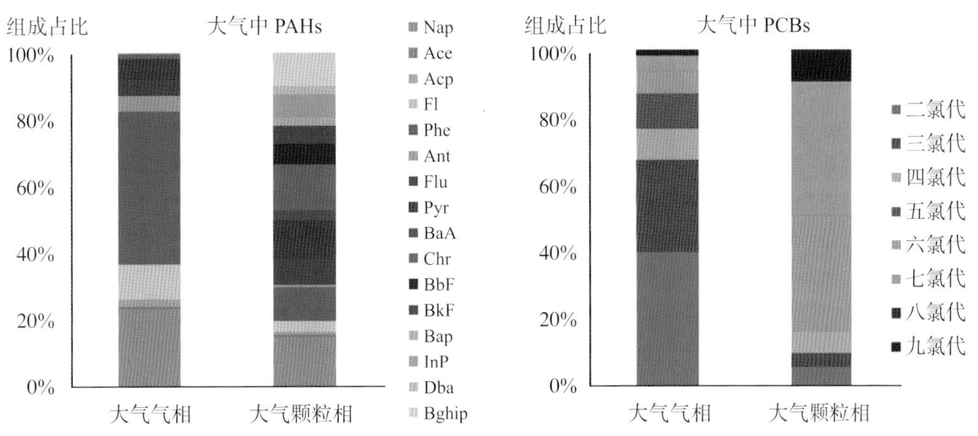

图 9-11 北极大气中不同组分 PAHs 和 PCBs 百分比

Fig. 9-11 PAHs and PCBs congener profiles in the atmosphere from the Arctic

9.9.2.2 海水中PAHs和PCBs状况

北极表层海水中 PAHs 和 PCBs 浓度分布见图 9-12，其中 PAHs 浓度为 23.99 ~ 88.23 ng/L，PCBs 浓度为 0.11 ~ 0.78 ng/L，低于低纬地区（如中国北黄海 PAHs 浓度为 110.8 ~ 997.2 ng/L，南中国海 PCBs 浓度为 1.16 ~ 76.24 ng /L）。表层海水 PAHs 浓度分布与大气中的类似，而 PCBs 浓度分布不同于大气，但两者均在楚科奇海出现最高值。海水中溶解态 PAHs 占比 96.8%，15 种 PAHs 同组物浓度均表现为溶解相高于颗粒相，两项中 PAHs 组分比例一致，低环为主要组成，占比较高为苊、芴和菲。PCBs 溶解态占比达 58.7%，两项中低氯代物质更倾向于颗粒相富集，而高氯代物质则在溶解相中占比更高（图 9-13）。2010 年以来的监测结果表明，各海域 PAHs 含量除 2014 年的检测结果外，总体呈下降趋势，这与《斯德哥尔摩公约》对于全球 PTs 类物质的约束使用有关，预期相关物质会在自然介质中持续下降至一个稳定水平，但仍需持续性地监测来明确；PCBs 虽有小幅度波动，但总体浓度仍在很低的一个水平上。

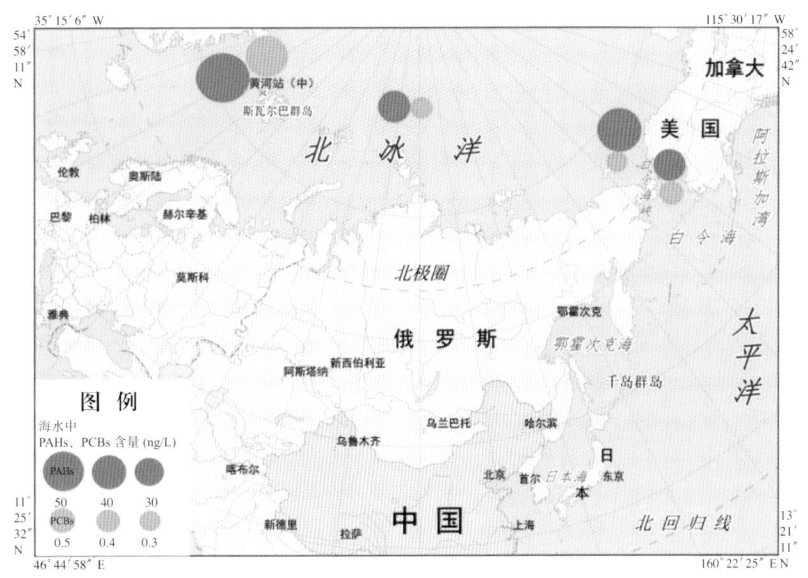

图 9-12 北极海域海水中 PAHs 及 PCBs 含量分布 (底图来自极地中心数据库)

Fig. 9-12 Concentration of PAHs and PCBs in the Arctic seawater (The base map is from PRIC)

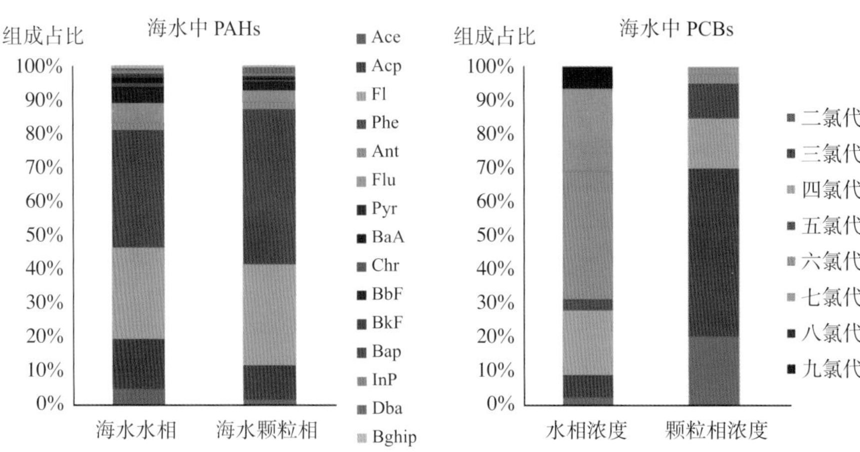

图 9-13 北极海域海水中不同组分 PAHs 和 PCBs 百分比

Fig. 9-13 PAHs and PCBs congener profiles in the seawater from the Arctic

9.9.2.3 沉积物中PAHs和PCBs状况

沉积物样品主要采集于楚科奇海。沉积物中 PAHs 浓度为 32.89 ~ 351.28 ng/g dw，略高于 Ma 等 2017 年对该海域沉积物的研究结果 [PAHs 在加拿大海盆、楚科奇海峡以及白令海扇区的浓度分别为 (68.3 ± 8.5) ng/g dw、(49.7 ± 21.2) ng/g dw 和 (39.5 ± 11.3) ng/g dw]；PCBs 浓度为 0.20 ~ 0.63 ng/g dw，低于 2016 年对同为偏远极区的南极南设得兰群岛 PCBs 科考的研究结果（0.01 ~ 4.66 ng/g dw）。在沉积物样品中轻质的 PAHs 单体相较于中质和重质 PAHs 有着较高的百分占比。24 个 PCBs 同组物中，只有 5 种组分被检出，检出成分主要为 4 种低氯代物质。

9.10 小结

传统测量气溶胶化学成分惯用的方法是将气溶胶粒子从大气中分离出来制成样品，然后将样品拿到实验室进行化学分析，俗称离线分析。该方法采样时间长，时间和空间分辨率极低，样品易受污染和破坏，且只能得到全样品的信息。极地考察的气溶胶多年来一直采用气溶胶采样器人工采集，考察结束后带回实验室分析的方法，存在分析周期长、测量误差大，通常采集一个样品需要 3 d 的时间才能满足实验室分析的要求，这期间船舶航行可能已经超过上千 n mile，得到这么大跨度的样品测量平均值，时间和空间分辨率极低，难以快速、准确地反映海洋气溶胶的化学组分及粒径分布等实时变化信息，无法对气溶胶在环境中的演变过程进行解析和判别，极大地制约了海洋大气气溶胶的监测和研究，因此方法亟须加以改进，2017 年“八北”采用气溶胶走航观测系统进行现场在线观测，测量数据得到较大的改善。

确保走航期间，业务化调查的调查仪器设备正常运行，除了进入加拿大专属经济区停机外，全程进行了采样。同时开展了新一代的走航仪器的研究和测试工作。其中有 2 项是这次测试的重点仪器。

（1）气溶胶离子色谱走航观测系统：可以直观实时分辨出不同海区，大气（TSP 总悬浮颗粒物）气溶胶的化学组分的变化，改变传统仪器需要通过富集在滤膜上，带回实验室分析的方式。现场直观分析出气溶胶及大气中的气体成分，国外也在大力发展这方面测量仪器。

（2）走航气溶胶质谱仪：这是一台气溶胶在线观测仪器，针对气溶胶颗粒物，对每个颗粒物进行粒径和化学成分分析，是目前国际上高端的气溶胶研究方向的设备，这航次“雪龙”号船使用在线观测仪，增加了颗粒浓缩装置（PFR），以增加空气动力学透镜引入大气颗粒物的量，使灵敏度提高了 13 倍左右，以适应极区环境洁净测量要求。获得的大量数据，可作为大气来源解析的分析。为今后业务化调查提升技术支持。

第 10 章　海水化学环境

10.1　概述

北极地区是地球上气候敏感地区和生态脆弱带。近十几年来北极海冰加速消融，夏季海冰覆盖范围急剧减少、海冰厚度变薄，并出现大范围开阔水域。北极海冰的持续融化，产生了一系列生态系统演替和生物地球化学过程的反馈调节。其中北极海区是全球碳循环的重要汇区，在全球海洋一气候系统中起着重要的作用。北冰洋碳循环对全球变化的响应与反馈是海洋“物理泵”和“生物泵”共同作用的结果。而随着海冰面积的缩小，陆架的生物泵过程将增加沉积物碳埋藏，从而对极区碳循环的收支产生很大影响。同时，北冰洋周边冻土层退化在释放碳的同时，也带来大量的陆源有机质和营养盐入海，进一步改变北极海洋碳的生物地球化学过程。初步的观测研究表明，由于气候变化造成的北极碳源、汇改变的量级，很可能比肩我国乃至全球人类活动的增加的二氧化碳的量，因此评估北极地区碳源汇格局改变一直是 IPCC 关注的重点。同时，由于海冰融化，大量大气中的二氧化碳融入海洋上层，加上环流系统和生物地球化学过程改变，加速了北冰洋的酸化。另一方面，北极快速变化过程中，在各种驱动力作用下，北极不同类群海洋生物的种类组成、数量也发生了显著变化，一个十分明显的例子是渔场的北移。而营养盐和其他水化学参数是连接物理驱动和生态系统响应的关键环节，起着承上启下的作用，因此它们是了解北极海洋生态系统的长期变化必要监测参数。

综上所述，在快速变化的北极海洋系统中，开展北极地区海水化学环境考察对了解北冰洋生源要素循环及响应机制、海冰快速变化下海洋生态和环境的响应、北极受人类活动的影响程度具有重要作用。

10.2　调查内容

依托中国第八次北极科学考察，开展白令海、楚科奇海等北极太平洋扇区和北欧海等北极大西洋扇区以及中央航道的海水化学考察，考察主要分为 4 部分内容：重点海域断面调查；走航海水化学观测；冰站海冰化学观测和沉积物捕获器潜标回收与布放。详细工作内容如下。

10.2.1　重点海域断面调查

对北冰洋重点海域、北太平洋边缘海重点海域考察断面和站点进行海洋化学参数的采样，具体包括：硝酸盐、亚硝酸盐、铵盐、活性磷酸盐、活性硅酸盐、POC、C 和 N 同位素、HPLC 色素等。

10.2.2 走航海水化学观测

进行走航航迹断面上海水化学观测，具体包括：走航表层 pH、表层 NO_3^-、叶绿素、有机碳/碳及其稳定同位素以及色素。

10.2.3 冰站海冰化学观测

在 3 ~ 6 个短期冰站采集冰芯、融池和 10 m 以浅冰下水，进行海冰化学多参数分析，系统地研究以冰芯—冰水界面—冰下水为主线的化学要素的垂直分布。

10.2.4 沉积物捕获器潜标

于楚科奇海北风脊（S01 站位：159°32.20′W，74°44.22′N）回收沉积物捕获器 1 套。并拟在楚科奇海台北风脊（S01′站位：160°W，75°N）布放沉积物捕获器潜标 1 套（包含声学阵元），用于时间序列的沉降颗粒物采集。

10.3 调查站位设置

10.3.1 重点海域断面调查站位

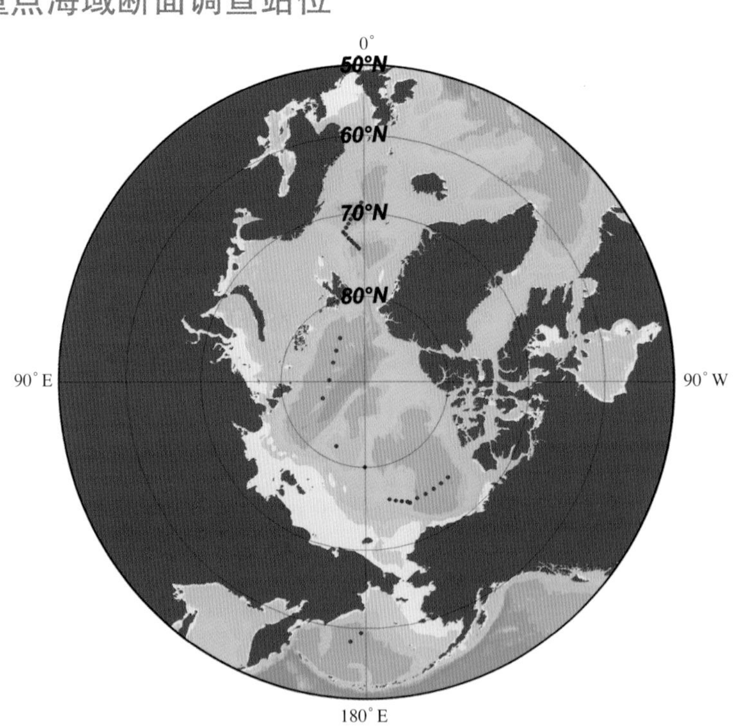

图 10-1 第八次北极科考海水化学采样站位
Fig.10-1 Sampling sites of seawater chemistry in 8th CHINARE

表10–1 第八次北极科学考察海水化学调查站位及项目
Table 10–1 Stations for marine chemistry in 8th CHINARE

序号	站位	日期	时间	纬度（N）	经度	水深（m）	营养盐	POC/PON	HPLC 色素
1	B08	2017–07–28	06:07	58°6.01′	176°24.11′E	3 754	10	5	3
2	N01	2017–08–02	04:41	74°46.75′	159°26.13′W	1 859	10	6	3
3	N02	2017–08–05	10:07	80°1.89′	179°32.97′E	1 688	9	9	3

续表10-1

序号	站位	日期	时间	纬度 (N)	经度	水深 (m)	营养盐	POC/ PON	HPLC 色素
4	N03	2017-08-09	06:32	81°43.92	155°13.01′E	2 746	14	10	3
5	N04	2017-08-12	00:13	84°35.81′	111°5.09′E	3 984	10	10	3
6	N05	2017-08-13	06:10	85°45.07′	87°39.66′E	2 737	15	10	3
7	N06	2017-08-14	04:45	85°36.21′	59°34.72′E	3 870	16	10	3
8	N07	2017-08-15	02:43	85°0.92′	43°4.75′E	3 960	16	10	3
9	N08	2017-08-16	01:19	84°7.99′	30°18.15′E	4 004	15	10	3
10	BB08	2017-08-19	06:50	74°19.98′	2°20.25′E	3 700	14	10	5
11	BB07	2017-08-19	14:09	74°0.17′	3°19.86′E	3 160	12	10	5
12	BB06	2017-08-19	20:22	73°40.21′	4°29.61′E	3 138	12	10	5
13	BB05	2017-08-20	00:33	73°20.35′	5°28.37′E	2 192	12	10	5
14	BB04	2017-08-21	00:20	73°0.02′	6°29.80′E	2 299	12	10	4
15	BB03	2017-08-21	04:23	72°30.32′	7°31.58′E	2 548	12	10	5
16	BB02	2017-08-21	09:07	72°10.19′	8°19.59′E	2 567	12	10	5
17	AT01	2017-08-21	13:41	71°41.66′	6°59.74′E	2 873	12	10	5
18	AT02	2017-08-21	20:07	71°11.90′	5°59.99′E	3 045	12	10	5
19	AT03	2017-08-22	00:43	70°42.07′	4°59.53′E	3 153	11	10	5
20	AT04	2017-08-22	05:18	70°12.00′	4°0.57′E	3 179	12	10	5
21	AT05	2017-08-22	13:12	69°41.89′	3°0.30′E	3 226	12	10	5
22	AT06	2017-08-22	19:33	69°12.22′	2°0.56′E	3 230	12	10	5
23	AT07	2017-08-23	00:04	68°41.74′	1°0.69′E	2 923	12	10	3
24	P09	2017-09-08	01:30	74°59.97′	138°26.27′W	3 563	14	8	5
25	P08	2017-09-08	11:04	75°0.01′	142°32.79′W	3 719	14	/	5
26	P07	2017-09-08	21:22	74°59.92′	146°43.32′W	3 780	14	/	5
27	P06	2017-09-09	06:29	74°59.94′	151°11.33′W	3 835	14	9	5
28	P05	2017-09-09	20:26	74°59.96′	155°29.48′W	3 842	13	/	5
29	P04	2017-09-10	06:50	74°59.58′	160°12.24′W	1 821	12	10	5
30	P03	2017-09-10	12:19	75°17.96′	162°35.77′W	2 047	12	/	5
31	P02	2017-09-10	19:18	75°34.69′	165°16.31′W	572	9	10	5
32	P01	2017-09-10	23:53	75°52.66′	168°02.25′W	235	8	/	5
33	R11	2017-09-20	13:29	73°44.04′	168°49.26′W	146	6	6	3
34	R10	2017-09-20	18:58	72°50.96′	168°47.49′W	62	6	6	3
35	R09	2017-09-20	23:30	72°00.45′	168°54.96′W	51	5	6	3
36	R08	2017-09-21	04:37	71°09.23′	168°51.84′W	48	5	6	3
37	R07	2017-09-21	08:38	70°20.88′	168°50.90′W	40	4	6	3
38	R06	2017-09-21	13:45	69°34.59′	168°47.33′W	53	5	6	3
39	R05	2017-09-22	03:37	68°48.55′	168°49.32′W	54	5	6	3
40	R04	2017-09-22	07:16	68°12.55′	168°47.15′W	59	5	6	3
41	CC5	2017-09-22	11:19	68°10.97′	167°18.81′W	50	5	6	3

序号	站位	日期	时间	纬度 (N)	经度	水深 (m)	营养盐	POC/ PON	HPLC 色素
42	CC4	2017-09-22	12:14	68°06.87′	167°30.88′W	52	5	/	3
43	CC3	2017-09-22	13:29	68°00.40′	167°53.48′W	52	5	6	3
44	CC2	2017-09-22	14:38	67°53.48′	168°14.70′W	57	5	6	3
45	CC1	2017-09-22	15:53	67°46.63′	168°37.44′W	50	5	6	3
46	R03	2017-09-22	16:59	67°40.13′	168°54.36′W	51	5	6	3
47	R02	2017-09-22	20:54	66°51.34′	168°53.87′W	48	5	6	3
48	R01	2017-09-23	01:00	66°11.37′	168°50.85′W	55	5	6	3
49	BS06	2017-09-24	03:06	64°19.63′	166°59.79′W	32	4	/	3
50	BS05	2017-09-24	05:39	64°18.13′	167°48.24′W	35	4	/	3
51	BS04	2017-09-24	08:19	64°19.53′	168°35.92′W	43	4	/	3
52	BS03	2017-09-24	10:14	64°19.44′	169°23.86′W	43	4	/	3
53	BS02	2017-09-24	12:15	64°19.77′	170°11.76′W	41	4	/	3
54	BS01	2017-09-24	14:09	64°19.79′	170°59.41′W	41	4	/	3

10.3.2 冰站海冰化学站位

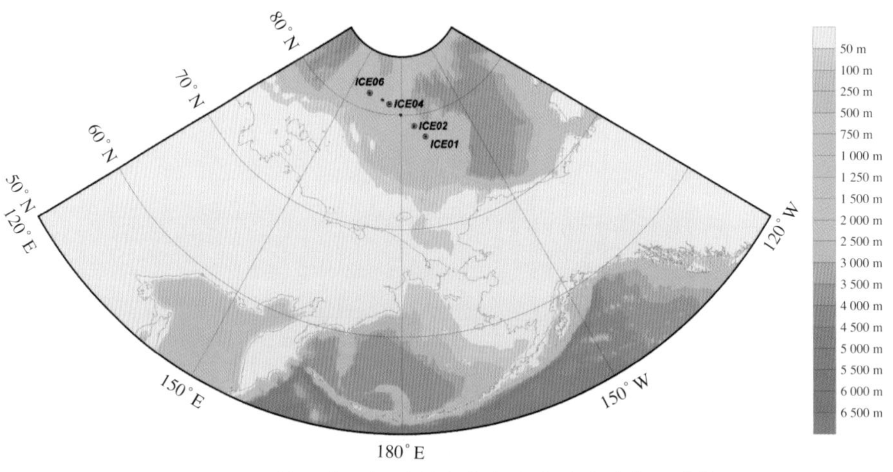

图 10-2 第八次北极科学考察海冰化学冰站作业站位

Fig.10-2 Sampling sites of sea-ice chemistry research in 8th CHINARE cruise

表10-2 第八次北极科学考察海冰化学冰站作业信息

Table 10-2 Sampling sites of sea-ice chemistry research in 8th CHINARE cruise

站位	采样日期	采样时间	经度	纬度
IC01	2017-08-03	01:50	170°04′23″W	78°00′16″N
IC02	2017-08-04	06:20	174°24′29″W	79°01′30″N
IC03	2017-08-05	04:30	179°37′21″E	80°03′08″N
IC04	2017-08-06	00:30	173°22′38″E	80°54′4″N
IC05	2017-08-07	05:00	169°24′14″E	81°10′15″N
IC06	2017-08-08	01:40	161°21′30″E	81°27′54″N

10.3.3 沉积物捕获器布放回收站位

表 10-3 第八次北极科学考察沉积物捕获器潜标站位信息
Table 10-3 Site information of sediment trap in 8th CHINARE

海域	站位	作业项目	日期	时间 (UTC)	经度	纬度	水深(m)
楚科奇海	S01’	潜标布放	2017-09-09	10:00	160°00′47″W	74°59′38″N	1 940
楚科奇海	S01	潜标回收	2017-08-02	01:00	159°32′12″W	74°44′13″N	1 773

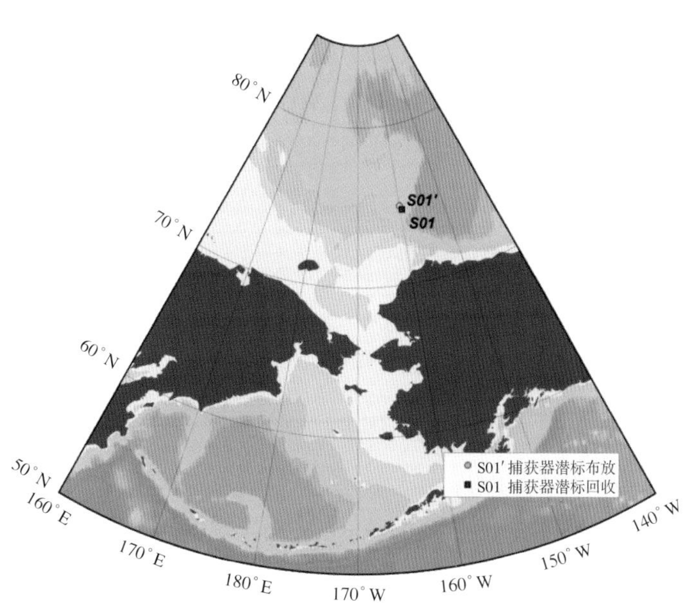

图 10-3 第八次北极科考沉积物捕获器布放回收站位
Fig. 10-3 Deploy and recover sites of sediment trap in 8th CHINARE

10.4 调查仪器与设备

10.4.1 “雪龙”船SBE CTD采水器

使用“雪龙”船的 SBE CTD 采水器，该采水器配置有 24 瓶 10 L 的 Niskin 采水器，能够用于分层采集海水。现场海水温度、盐度及站位水深等海洋环境参数由 CTD 在采集海水时同步测定完成。

10.4.2 营养盐自动分析仪

硝酸盐 + 亚硝酸盐、磷酸盐和硅酸盐使用营养盐自动分析仪分析。该自动分析仪购自荷兰 Skalar 公司，型号为 Skalar San++。硝酸盐 + 亚硝酸盐、磷酸盐和硅酸盐分别采用镉铜柱还原—重氮偶氮法、磷钼蓝法和硅钼蓝法测定，检测限分别为 0.1 μmol/dm^3（NO_3^-+NO_2^-）、0.1 μmol/dm^3（SiO_3^{2-}）和 0.03 μmol/dm^3（PO_4^{3-}）。

10.4.3 高分辨率硝酸盐等多参数剖面仪

高分辨率硝酸盐剖面仪运用紫外吸收光谱方法原位测定溶解态硝酸盐的含量，其特点是无需使用化学试剂即可简便准确、实时连续地监测硝酸盐浓度。

硝酸盐剖面仪的测定原理是运用不同化学物质在 UV（200 ~ 400 nm）的紫外吸收特征来测定它们的浓度。包含 3 个主要步骤：① 测定海水样品的吸收光谱；② 系统的校准过程：建立在 UV（200 ~ 400 nm）有吸收的化学物质的吸收光谱库；③ 优化过程：调整校准化学物质的浓度，直到与测定得到的光谱匹配，从而得到硝酸盐浓度。其主要性能：精确度（Precision）：±0.5 μmol/L；准确度（Accuracy）：±2 μmol/L；浓度范围：0 ~ 2 000 μmol/L；可测深度：1 000 m；可测温度范围：0 ~ 35℃。

10.4.4 沉积物捕获器

沉积物捕获器（Sediment trap）是目前研究沉降颗粒物的生物地球化学循环最直接的手段，整个系统主要由 3 部分构成。第一部分是带有蜂窝状水流调节盖的圆锥形集样漏斗。第二部分由样品杯（21 个 250 mL 或 500 mL 样品瓶固定于样品盘上）和控制其自动转换的微处理单元、马达及相应的附件组成，固定于一个圆盘上，其主要功能是把各个样品瓶在预先设定的时间内自动放置到集样漏斗下面，采样完毕后分别给予封存，确保它们在回收之前尽量保持原状。第三部分是支架部分，由 6 根不锈钢柱和上下 6 个钢环组成的圆柱形框架，可与锚系相连。沉积物捕获器配有一套用于布放的深海锚系系统。

10.4.5 声学释放器

Oceano 2500 通用型声学释放器由法国 IXBLUE 公司生产，用户在船上使用控制器发射声学释放信号，释放器收到该信号后，释放器与锚系底部重物脱离。

图 10-4　海水化学环境调查设备

Fig.10-4　The instruments for chemical investigation

10.5 调查方法

10.5.1 采样方法

10.5.1.1 船中部CTD采水

主要用于分析营养盐（NO_3^-、SiO_3^{4-}、NO_2^-、PO_4^{3-} 和 NH_4^+），以及颗粒有机碳 / 氮及其稳定同位素（POC/PON，$\delta^{13}C/\delta^{15}N$）、HPLC 色素等。该部分外业采样工作主要是依托 CTD 采样。现场采样和分析方法见表 10-4。

表10–4 海水化学测试项目及相关方法

Table 10–4 Measurement parameters and related methods for marine chemistry in 8th CHINARE

观测项目	观测手段	条件保障
水样五项营养盐检测	水样 500 mL/ 层，标准层	温盐深（CTD）及采水系统，普通冷藏冰箱（20 L）
水样采集和色素测定	部分站位，水样 4.0 L/ 层，标准层	温盐深（CTD）及采水系统、−80℃保存样品，需 15 L 超低温冰箱空间
水样采集 / 颗粒有机碳 / 氮及其同位素测定	部分站位，水样 5.0 L/ 层，标准层	温盐深（CTD）及采水系统、−80℃保存样品，需 15 L 超低温冰箱空间

1）营养盐

通过同一根乳胶管在聚丙烯塑料瓶采集营养盐水样约 500 mL，采集前用少量水样冲洗该采样瓶 2 ~ 3 次。水样采集后立即经 0.45 μm 预清洗的醋酸纤维膜过滤，水样分装于 100 mL 的塑料瓶并存放于 0.5℃的恒温冰箱用于磷酸盐、(硝酸盐 + 亚硝酸盐）和硅酸盐的营养盐自动分析仪测定，水样在 48 h 内分析测定；其余过滤水样分装于比色管，用于铵盐和亚硝酸的分光光度法现场测定和 DON、DOP 水样的保存。铵盐水样过滤后立即加试剂显色，亚硝酸盐水样低温保存并确保在 24 h 之内测定。DON 水样存放于预先经 500℃灼烧过的棕色采样瓶中，并加 $HgCl_2$ 试剂固定，为防止挥发水样冷藏保存。

2）生物地球化学参数

POC、HPLC 色素等参数在现场主要是样品的采集和保存工作，具体的分析测试需到陆地实验室中进行。现场取样主要包括以下步骤：先从 CTD-Rosette 采水器中选择合适层位采集海水 10 ~ 50 L（根据水量大小）到 Nalgene HDPE 广口瓶（10 L）；然后回“雪龙”船实验室分装至 4 L Nalgene 带放水口采样瓶准备过滤。色素和 POC 样品用 47 mm 的玻璃纤维膜过滤（GF/F），过滤完成后色素膜样品置于 15 mL 塑料离心管内，并立即保存于 −80℃低温冰箱中；POC 膜样品用预先经 450℃灼烧过的铝箔包好，同样保存于 −80℃低温冰箱中。

10.5.1.2 海洋化学走航观测

走航过程中利用船载表层采水系统，进行走航表层 pH、无机营养盐、有机碳 / 碳及其稳定同位素以及色素的观测。

10.5.1.3 冰站海冰化学观测

1）冰下水营养盐分析样采集

利用 Mark II 冰芯钻在海冰上打开一个冰孔，采集冰下水营养盐，具体步骤包括：

（1）选择一块较为平整的海冰，重点远离融池和突出的冰脊。然后用雪铲铲除冰表的积雪以便钻取冰芯；

（2）钻取冰芯前用冰表积雪对冰芯钻内外表面进行擦洗，避免沾污；

（3）发动冰芯钻垂直钻取冰芯，每次钻取 90 cm 左右后转入制作好的 PVC 套管中（内径 10 cm），随后加上延长杆继续钻取冰芯，重复上述步骤直至钻透海冰；对冰底进行观察，确保获取了完整冰芯；

（4）捞去漂浮在冰孔中的冰渣，准备冰下上层海水的采集；

（5）利用简易采水器分别采集冰下 0 m、2 m、5 m 和 8 m 处的海水各 1 L；

（6）装取方法与储存：用少量水样荡洗 500 mL 水样瓶二次，然后，装取约 200 mL 水样；硅酸盐、磷酸盐、硝酸盐、亚硝酸盐和铵盐水样合并装于同一个水样瓶中；采集好的营养盐样品存放在样品箱中；

（7）冰站作业结束后，营养盐样品及时带回实验室进行预处理；

（8）冰下海水营养盐样品带回船上实验室后，立即用处理过的滤膜过滤，过滤水样保存于 30 mL 水样瓶中；

（9）滤膜处理：海水过滤滤膜为孔径 0.45 μm 的混合纤维素酯微孔滤膜；使用前须用体积分数为 1% 的盐酸浸泡 12 h，然后用蒸馏水洗至中性，浸泡于蒸馏水中，备用；每批滤膜经处理后，应对各要素做膜空白试验，确认滤膜符合要求后，空白值应低于各要素的检测下限方可使用；若任一要素的膜空白超过其检测下限时，应更换新批号滤膜；

（10）未经固定和冷藏的水样，应在采样后 2 h 内测定；

（11）若需保存，可过滤后冷冻保存，对硝酸盐、硅酸盐、磷酸盐来说，水样有效保存时间为 1 ~ 2 年；亚硝酸盐和铵盐建议现场测定。

2）冰下水POC样品采集

（1）利用简易采水器分别采集冰下 0 m、2 m、5 m 和 8 m 处的海水各 4 L；

（2）装取方法与储存：用少量水样荡洗 4 L 水样瓶二次，然后，装取 4 L 水样；

（3）冰站作业结束后，及时带回实验室进行营养盐样品的预处理；

（4）GF/F 玻璃纤维膜（直径 47 mm，孔径 0.7 μm）预先在 450℃高温下灼烧 4 h 并称重；

（5）定量量取 4 L 从冰站采集回来的水样，用上述滤膜过滤获取悬浮颗粒物样品；

（6）将滤膜放入干净膜盒中，放入 -20℃冰柜冷冻保存直至样品分析。

10.5.1.4 沉积物捕获器潜标回收

1）回收前准备

（1）作业位置确定。首先根据潜标释放点确定一个作业点，然后综合考虑其他因素来确定一个备用点。作业点坐标为 159°32′12″W，74°44′13″N。

（2）提前做好预计到站时间的估算。

（3）提前 3 d 做好海况、冰情、气象信息收集的准备，并进行跟踪监视。

（4）做好所需设备与物资、工具的准备（提前 1 d 落实，条件允许时直接放置在作业小艇或大船作业区）：主要包括甲板单元、打捞钩、吊带、牵引绳、对讲机、安全帽、安全绳、手套等。

（5）人员核实与通知。对所有岗位工作人员进行核实，并通知大致作业时间及地点。在作业前 1 h 完成。

（6）设备安置。将所有需用设备安置在作业面或者作业面附近，视同一作业面上作业前的工作内容而定。在作业前 1 h 完成。

（7）捕获平台确定。根据海况等条件，确定是采用小艇还是“雪龙”船进行锚系观测系统的捕获（小艇作业的上限是浪高 1 ~ 1.5 m，2 ~ 3 级海况，4 级风）。若用小艇捕获，则需在作业前 1 h 准备好小艇。

（8）声学设备关闭。鉴于船上其他声学观测设备（如万米测深仪、多波束）会对潜标通信所用的声学释放器正常工作带来干扰，在作业点选择好以后关闭其他可能带来干扰的声学设备。

（9）如果由于海况、时间窗口等原因不符合作业要求的，暂停作业，进行应急调整。具体作业调整根据客观情况和领队、副领队协商确定。

2）回收流程

第一步：目标寻找。

“雪龙”船到达作业点后关闭万米测深仪等声学设备，在甲板尝试与声学释放器沟通。

若声学释放器能够应答，则通过甲板单元与释放器之间的联系，确定捕获器潜标系统现有状态（电量、姿态、测距），并通过三点测距实现对观测系统的准确定位。三点的选择尽可能距离锚碇观测点 1 ~ 2 km，定位的距离还应根据“雪龙”船的最小拐弯半径适当调整。

确定潜标准确位置后，大船启动前往该位置。大船抵达该位置后，在后甲板尝试与释放器的沟通。根据声学释放器返回的距离信息判断潜标是否位于该位置。若潜标位于该位置，则准备进行释放工作。

若声学释放器无法应答，则“雪龙”船前往备用点进行上述操作。若在备用点仍无法叫通声学释放器，则“雪龙”船以作业点为圆心，以 3 n mile 为半径进行机动搜索，在机动搜索时应不断尝试与声学释放器的沟通。若仍旧无法叫通声学释放器，则放弃搜索，建议取消潜标打捞工作，大船继续进行其他作业。

第二步：潜标捕获

根据海况不同，潜标捕获分为小艇和大船两种方式。若海况允许的话，建议尽量采用小艇捕获。一是因为小艇的机动能力较强，捕获时较为灵活方便；二是因为在用大船捕获时潜标经常会出现挂在船尾螺旋桨处的情况，这种情况会加大回收的难度。

小艇潜标捕获

小艇作业的上限是浪高 1 ~ 1.5 m（2 ~ 3 级海况，4 级风）。在海况允许的情况下，可以安排 4 人下到橡皮艇上，其中一人负责驾驶，一人负责维修，两人负责寻找潜标。具体步骤如下。

（1）“雪龙”船到达潜标所在位置（159°32′12″W，74°44′13″N）附近，在后甲板用甲板单元对潜标定位后进行释放操作，对释放器发出释放指令，且应答释放成功以后，在加强对海面目视监测的同时，利用释放器不间断进行联络，并根据距离变化信息适当进行作业平台的机动，并根据当时的风和流的情况大致估计出潜标出现的位置，争取尽快发现目标。

（2）大船寻找到目标后，驶向潜标位置附近并释放小艇，小艇行至“雪龙”船上游（图 10-5）。小艇上的人员应尽量寻找到潜标的头部，则用小艇将潜标的头部牵引至后甲板，潜标在后甲板固定后开始打捞工作。

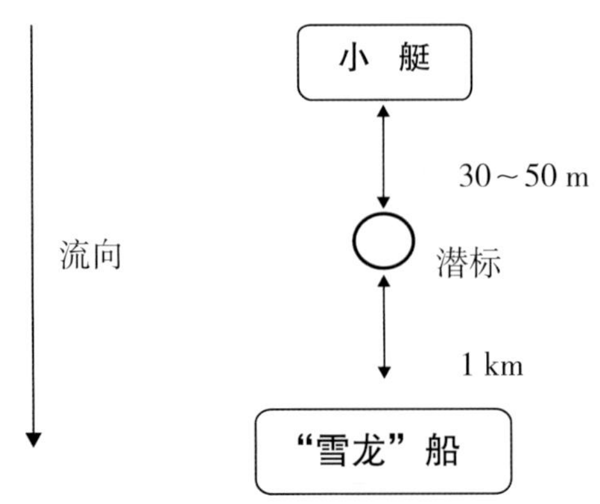

图 10-5 小艇和“雪龙”船的相对位置
Fig.10-5 The relative position between boat and Xuelong

“雪龙”船潜标捕获

若海况较差，无法进行小艇作业，则使用大船对潜标进行释放和捕获。在大船后甲板对潜标进行释放操作。对释放器发出释放指令之前，尽可能动员大船有关人员在船只的不同位置进行监视，以便尽早发现目标。对释放器发出释放指令，且应答释放成功以后，加强对海面目视监测的同时，利用释放器不间断进行联络，并根据距离变化信息适当进行作业平台的机动，并根据当时的风和流的情况大致估计出潜标出现的位置，争取尽快发现目标。

大船寻找到目标后，驶向潜标位置。大船在潜标附近停车，依靠风和流的作用漂向潜标。在中甲板至后甲板的船舷处布置多个抛钩点对潜标进行抛钩捕获。

若捕获不成功，则大船掉头，再次驶向潜标位置，继续进行捕获，重复以上步骤直至成功捕获标体。

潜标捕获成功后，应及时进行固定。若在船舷上打捞成功，则直接在船舷上用其他抛钩一起挂住潜标绳子，将潜标绳子拉到船舷上进行固定。

潜标成功固定后，应将潜标牵引至后甲板。首先在后甲板利用抛钩将潜标打捞上来，利用锚桩将潜标固定。后甲板固定后，将中甲板船舷处的潜标固定解开，利用牵引绳将潜标头部牵引至后甲板。牵引绳将潜标牵引至后甲板后，将牵引绳连接到绞缆机上并带上力，为打捞做准备。

若牵引点不是位于潜标头部，则应根据牵引点所处位置进行处理。可在将牵引点先后甲板进行固定，然后决定从潜标的哪端开始打捞。

第三步：潜标打捞。

潜标打捞工作整体是以 3 000 m 绞车和 A 架相互配合，绞缆机进行牵引共同完成的。

浮球组的打捞

“七北”捕获器潜标的浮球组共有 3 种。第一种是由潜标顶部的 5 个浮球组成的浮球组；第二种是以 4 个浮球为一组的浮球组；第三种是以 2 个浮球为一组的浮球组。共 13 个浮球。

5 个浮球的浮球组为前端有 1 个浮球，中间间隔 20 m 左右的距离，后面为 4 个浮球。依靠绞缆机和牵引绳将最上面的 1 个浮球拉到后甲板船舷处，依靠人力或 3 000 m 绞车将浮球提到甲板上。

最上面的1个浮球提到甲板后，将浮球后的绳子固定在船舷处，将浮球从绳子上卸掉。进行绞缆操作，绞缆绳子带力后松掉3 000 m绞车上的提拉点。

继续进行绞缆操作，直至将下端4个浮球拉到船舷边。在4个浮球前端的绳子上确定一个提拉点，用3 000 m绞车将浮球提到甲板上。将浮球拉上甲板后，依靠人力将浮球后端的绳子拉到甲板上一些，在锚桩处锚住。卸掉4个浮球，继续绞缆打捞。

大型仪器的打捞（海流计、沉积物捕获器、释放器）

捕获器前端的浮球组与捕获器相隔300 m，先打捞浮球组再打捞捕获器。

海流计的打捞：潜标顶端5个浮球上来后在船舷处对绳子进行固定，卸掉浮球，人力将海流计拉上甲板，将海流计后端绳子在锚桩处进行锚桩固定。卸掉海流计后端与绳子链接的卸扣，绳子连接到绞缆机上继续绞缆打捞。

沉积物捕获器的打捞：沉积物捕获器前端确定一个提拉点，用3 000 m绞车提拉沉积物捕获器，直至将沉积物捕获器提拉至甲板。人力将沉积物捕获器后端的绳子拉上甲板一些，在锚桩处进行锚桩固定。卸掉沉积物捕获器后端与绳子链接的卸扣，绳子连接到绞缆机上继续绞缆打捞。

释放器的打捞：释放器的打捞与沉积物捕获器打捞相同。

绳子的回收

潜标长约1 200 m，除了仪器的回收工作外，缆绳的回收工作量也很大。缆绳通过锚桩的导流连接到绞缆机，绞缆机将缆绳持续的拉回到甲板。

第四步：收尾工作。

潜标回收完成后，将回收上来的仪器进行冲淡水处理，冲水处理后放入仪器箱以备后期读取数据使用。将后甲板作业面整理好，将回收上来的绳子和浮球做合适安置，将作业工具、耗材装箱。

最后总结回收过程出现的问题，争取下次避免。

3）注意事项

万米测深仪

万米测深仪是基于12 kHz的声学回波定位技术确定水深的。由于在工作频率上与现在常用的几种释放器声学频率相同，因此会造成干扰。但在作业时又需掌握水深和地形情况，因此不能够全程关闭万米测深仪。为此应安排专人根据不同阶段实现测深仪的开启和关闭。

在前期寻找、三点定位和释放、浮球出水之前均需关闭。

释放器沟通

释放器甲板单元换能器入水，诊断模式，若没有信号返回，则在船的另一侧重复上述过程，增加换能器入水深度。若释放器显示打开，但没有距离信号，超出出水时间，则向其可能移动的方向机动船只。

打捞钩勾住的是潜标中部不是前端

若打捞钩勾住的是潜标中部，且无法勾住潜标的顶端，则需根据潜标结构，判断两端长度和设备情况，先将一端固定，回收另外一端。

回收过程中的仪器保护

在回收过程中，需注意对仪器设备尤其是没有架子的仪器设备进行保护，尽量不要摩擦船体，或在甲板拖拽等。

缆绳回收速度控制

回收过程中，在回收大型仪器、拆卸仪器和浮球的过程中，需利用锚桩控制缆绳的回收速度。

10.5.1.5 沉积物捕获器潜标布放

1）布放前准备

沉积物捕获器潜标布放的作业过程包括前期准备、位置选择、锚系布放、后期定位与整理 4 个部分。前期准备主要包括有关设备、材料的转场，仪器设置，人员分工，任务协调等工作。位置选择在 160° W，75° N，水深大约为 1 800 m，该站点的四周水深都较深，可以适当地调整船的位置增加水深以利于潜标的安全。潜标布放作业采用先标后锚的布放顺序（Anchor-last）。后期定位与整理主要是在潜标作业完成后通过释放器甲板单元对释放器位置进行多次定位，又称三点定位。所有工作完成后对剩余的设备进行整理并清理后甲板。

2）布放流程

第一步：前期准备工作。

在布放前一个站位结束后清理后甲板，并根据连接顺序进行仪器的连接，所有仪器在布放前 6 h 进行设置。

第二步：临作业准备工作。

（1）站位核实。核实计划下一站是否为作业站点。在作业前 3 h 完成。

（2）水深核实。核实作业站点的水深，及水深变化是否符合计划方案。如果不符合，请驾驶室协助对船只位置小范围调整。在作业前 1 h 及其他作业进行时完成。

（3）位置选择。位置选择主要是结合锚系作业点附近的水深勘测结果，结合船只漂移情况在预计作业点附近选择较为理想的投放地点。

（4）人员核实与通知。对所有岗位工作人员进行核实，并通知大致的作业时间及地点。在作业前 0.5 h 完成。

（5）设备安置。将所有需用设备安置在作业面或者作业面附近，视同一作业面上作业前的工作内容而定。在作业前 0.5 h 完成。

（6）起始作业位置确定。根据计划作业时间和理想布放位置确定起始作业位置，并通知驾驶室到达这一地点。

（7）声学设备关闭。鉴于船上其他声学观测设备（如万米测深仪）会对潜标通信所用的声学释放器正常工作带来干扰，在作业点选择好以后关闭其他可能带来干扰的声学设备。

（8）如果由于海况、冰况、时窗等原因不符合作业要求的，暂停作业，进行应急调整。具体作业调整根据客观情况，与首席或首席助理协商确定。

第三步：作业过程。

整个作业采用先标后锚的布放顺序。除释放器、重块和沉积物捕获器以外其他部件全部采用回头绳的方式从后部出水口放置海面。释放器、重块和沉积物捕获器由释放钩布放。

（1）不断关注天气情况。

（2）提前通知驾驶台站位，到站停船。

（3）船行驶至预订投放位置顶风逆流，保证在下放过程中船舶不出现向后倒退现象（船长）。

（4）监控现场水深，随时汇报并记录（每分钟记录一次）。如在投放期间水深有较大变化，也要及时汇报（水深达到预定要求）。

（5）在甲板上的仪器设备加保险绳，入水前将保险绳解开。

（6）确定具备投放条件后，潜标系统开始依次入水。

（7）布放 6 个浮球，包含第 1 段 100 m 绳子；把浮球依次搬到后甲板前面便于布放的位置。浮球后端的连接件用回头绳固定在船上，防止捕获器着力；将浮球依次放入水中，锚桩固定处人员通过锚桩控制浮球下放速度。

（8）布放沉积物捕获器。沉积物捕获器布放前，仪器前端的绳子需要用锚桩锚住。将捕获器与脱钩器连接，使用 A 架和绞车将捕获器吊至水面待放。捕获器脱钩，并解开回头绳。

（9）沉积物捕获器入水后，利用锚桩控制速度将缆绳入水。此时船速慢，防止布放过程绳子挂到海冰上。在布放过程中要注意控制布放速度，使潜标系统在水中能随海流展开，避免打结。

（10）布放释放器及重块。待缆绳快放完时，用回头绳穿过浮球前端的连接件固定在船上，防止释放器着力。后将释放器放入水中。将脱钩器与重块连接，现场指挥下命令将重块吊至 A 架下方。将回头绳解开，浮标入水，缆绳吃力在重块上。

（11）重块脱钩入水，记录入水时间、“雪龙”船 GPS 信息及现场水深。使用释放器甲板单元进行测距定位，需船上暂时关闭测深仪（因其频率与释放器频率一致，会造成干扰）。

第四步：收尾阶段的工作。

（1）将设备、设备包装箱整理、归位。

（2）耗材、工具整理、安置，工作面的整理。

（3）协助其他作业设备的归位。这一部分工作需要其他作业组的协助。

（4）记录表的登录。

（5）出现的问题总结。

3）注意事项

（1）所有作业人员均要求穿工作服、工作鞋，戴安全帽，救生衣和工作手套。

（2）甲板边缘的投放人员系安全绳。

（3）现场人员听从安全监督的指挥。

（4）与作业无关人员不得进入现场。

（5）作业环节人员严格按操作程序进行，发现问题及时处理。

10.5.2 内业样品分析

10.5.2.1 营养盐分析

本次调查海水中磷酸盐、（硝酸盐＋亚硝酸盐）和硅酸盐测定采用营养盐自动分析仪现场测定，其方法分别为磷钼蓝法、铜镉柱还原法和硅钼蓝法。详见 1999 年的 Grasshoff 等出版的《methods of seawater analysis》和 SKALAR SAN++ 营养盐自动分析仪操作手册。海水中铵盐和亚硝酸盐分别用靛酚蓝法和重氮—偶氮法测定，详见我国《海洋调查规范》。

10.5.2.2 POC分析

本次调查海水中颗粒有机碳测定采用 CHN-O 元素分析仪测定，其方法为高温催化氧化法。详见 2014 年海洋出版社出版的《极地生态环境监测规范》。

10.6 质量控制

本航次海水化学考察各个项目样品的采集和保存方法均严格按照《海洋监测规范 第 4 部分：海水分析》及《极地监测规范》进行操作。现场分析测定仪器均在航前进行专业校正标定或严格自校。本航次分析样品过程中在有限的条件下，对分析环境进行了较好的控制，并通过质控样、重复样等来保证样品分析质量的高水准。

海水化学营养盐数据与样品评价如下。

使用“雪龙”船的 SBE CTD 采水系统（配置有 24 瓶 10 L 的 Niskin 采水器）分层采集海水。现场海水温度、盐度及站位水深等海洋环境参数由 CTD 在采集海水时同步测定完成。样品的采集、保存及分析严格按照《海洋监测规范 第 4 部分：海水分析》、《极地监测规范》、《Method of sea water analyze》操作。CTD 采水器上甲板后，将不同深度的海水分别装入润洗过 2 次的样品瓶中，将海水样品使用处理过的醋酸纤维滤膜（0.45 μm）过滤，分析过滤海水中的各项营养盐含量。其中铵盐和亚硝酸盐直接装入比色皿中，使用分光光度计分析。另一部分过滤海水装入高密度聚乙烯瓶中冷藏，在 48 h 内完成硝酸盐 + 亚硝酸盐、硅酸盐和磷酸盐的分析。硝酸盐 + 亚硝酸盐、磷酸盐和硅酸盐使用营养盐自动分析仪（Skalar San++）分析。硝酸盐 + 亚硝酸盐、磷酸盐和硅酸盐分别采用镉铜柱还原—重氮偶氮法、磷钼蓝法和硅钼蓝法测定，检测限分别为 0.1 $\mu mol/dm^3$（$NO_3^-+NO_2^-$）、0.1 $\mu mol/dm^3$（SiO_3^{2-}）和 0.03 $\mu mol/dm^3$（PO_4^{3-}）。

使用高密度聚乙烯瓶采装营养盐，所有样品瓶使用盐酸浸泡，去离子水清洗后使用。样品采集时先用少量水清洗样品瓶 2 次，样品过滤后冷藏保存，并在考察期间分析完毕。现场测定及试剂配置均使用 Millipore 超纯水（18.2 Ω），采用国家海洋局第二海洋研究所海洋标准物质中心生产的国家一级标准营养盐标准溶液制定标准曲线。数据处理按技术规程要求进行记录。

本航次用于营养盐分析的分光光度计在出航前经浙江方易校准检测技术有限公司检测合格，营养盐自动分析仪在使用前进行了自校，可满足北极科考要求。

10.7 任务分工与完成情况

10.7.1 任务分工

中国第八次北极科学考察海水化学组主要由 3 名国内考察队员组成，来自国家海洋局第二海洋研究所。

表10-5 中国第八次北极科学考察海水化学考察人员及航次任务情况
Table 10-5 Information of scientists from the marine chemistry group at 8th CHINARE

序号	姓名	性别	单位	航次任务
1	白有成	男	国家海洋局第二海洋研究所	现场执行负责人，硝酸盐、磷酸盐及硅酸盐分析，颗粒物过滤
2	李杨杰	男	国家海洋局第二海洋研究所	营养盐过滤，铵盐、亚硝酸盐分析，外业仪器布放
3	赵香爱	女	国家海洋局第二海洋研究所	光合色素、颗粒有机碳等膜样过滤

10.7.2 完成情况

10.7.2.1 海水化学

海水化学目前共完成 54 个海洋站位的水样采集（见图 10-1），站位信息见表 10-1。

海水化学共获取了 2 499 个海水样品。硝酸盐、活性磷酸盐和活性硅酸盐现场采集和分析完成 54 个站位，均采集了 499 个样品；亚硝酸盐和铵盐现场采集和分析完成了 32 个站位，均采集了 225 个样品；颗粒有机碳（POC）及颗粒有机氮（PON）采样共完成了 42 个站位，采集了 347 个样品；HPLC 色素采样共完成了 54 个站位，采集了 205 个样品。此外走航光合色素共采集了 13 份样品。走航 pH 观测进行了部分海域的走航观测，共获得了约 5 M 的数据。

表10-6 第八次北极科学考察海水化学工作量

Table 10-6 Sample amounts of parameters for marine chemistry in 8th CHINARE

作业项目	硝酸盐	磷酸盐	硅酸盐	铵盐	亚硝酸盐	POC 及 PON	HPLC 色素
完成工作量	499 个	499 个	499 个	225 个	225 个	347 个	205 个

仪器调试

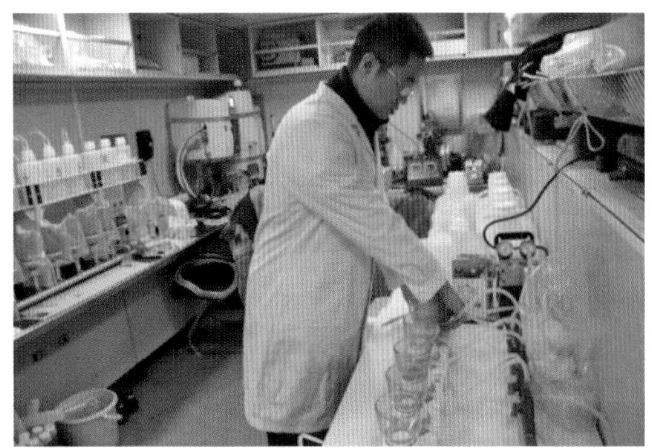

营养盐过滤

颗粒有机碳、光合色素过滤

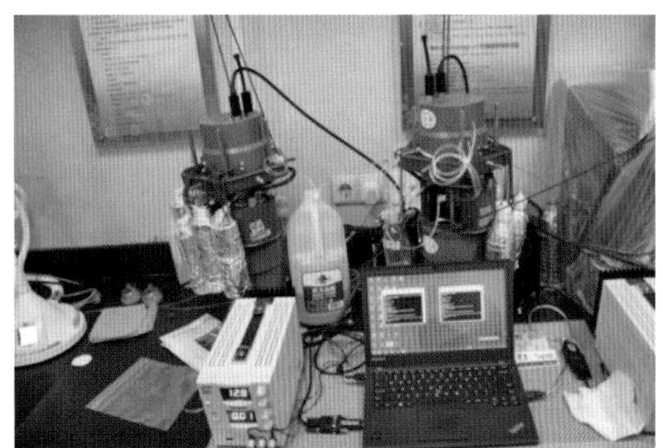

走航营养盐比测

图 10-6 第八次北极科学考察海洋化学现场作业

Fig. 10-6 Field operations of marine chemishtry in 8th CHINARE cruise

10.7.2.2 海冰化学

第八次北极科学考察期间，在 6 个短期冰站（ICE01-ICE06）进行了海冰化学的调查研究。系统研究了以冰芯—冰水界面—冰下水为主线的化学要素的垂直分布，进行了冰下上层海水营养盐及颗粒物样品的连续采集，共获取营养盐及颗粒物样品 54 个。采集的颗粒物样品将用于进行生物标志物、光合色素、颗粒有机碳（POC）等的分析研究。

表10-7 第八次北极科学考察冰站海冰化学工作量
Table 10-7 Sample amounts of parameters for sea-ice chemistry in 8th CHINARE

作业项目	营养盐	颗粒物
完成工作量	18 个水样	36 个膜样

冰下水颗粒物采样

冰芯样品采集

图 10-7 第八次北极科考冰站现场作业
Fig.10-7 Field operations on ice camp in 8th CHINARE cruise

10.7.2.3 沉积物捕获器长期观测锚系

表10-8 第八次北极科学考察沉积物捕获器潜标工作量
Table 10-8 Workload of sediment trap in 8th CHINARE

作业项目	捕获器潜标回收	捕获器潜标布放
完成工作量	1 套锚系	1 套锚系

1）沉积物捕获器潜标回收

2017 年 8 月 2 日上午，成功回收了第七次北极科学考察期间布放在北极楚科奇海的 1 套锚碇式时间序列沉积物捕获器，获取了该海域季节变化特征显著的沉降颗粒物样品。北冰洋是全球海洋碳循环研究的关键地区之一，其独特的地理位置决定了它是开展海陆统筹研究碳汇的一个绝佳的场所：地形相对封闭，边缘有世界上最大的陆架区，外围有广袤的陆地冻土层和大河输入。近年来，由于全球变暖、海冰消退、北极快速变化所引起的一系列大气、冰雪、海洋、陆地和生物等多圈层相互作用过程的改变，已经对北极地区碳的源、汇效应产生了深刻影响。因此，深入认识和理解北极海洋碳循环和海冰变化在应对全球气候变化的研究中可以发挥巨大的作用。通过连续获取的季节性变化的时间序列沉降通量数据，可以量化楚科奇海有机碳的生产、输出以及再循环效率，估算初级生产的季节性变化，从而为评估北冰洋碳循环变化对全球碳循环的影响，以及海冰变化对北冰洋海洋初级生产的影响提供详实的证据。

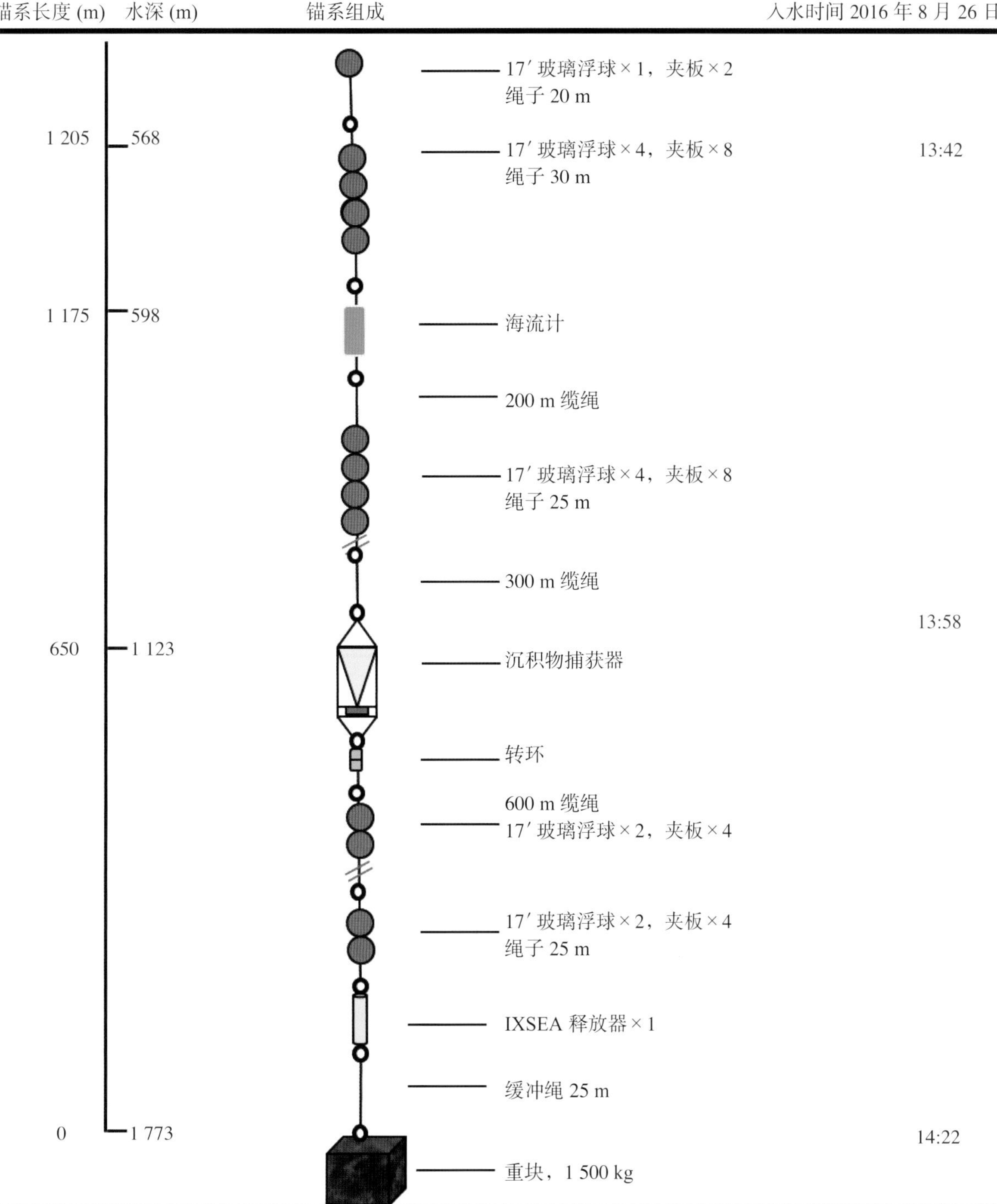

图 10-8　第七次北极科考布放于楚科奇海 M02（S01）站沉积物捕获器潜标示意图

Fig.10-8　Sketch map of sediment trap that deploy on the Chukchi Sea at station M02 (S01) in 7th CHINARE

释放小艇

捕获锚系

回收缆绳

拆卸浮球

沉积物捕获器回收

释放器回收成功

图 10-9 第八次北极科考沉积物捕获器潜标回收现场作业
Fig.10-9 Field operations in recover of sediment trap at 8th CHINARE cruise

2）沉积物捕获器潜标布放

2017 年 9 月 9 日，中国第八次北极科学考察期间，在楚科奇海 S01'站（160°00′47″W，74°59′38″N）布放 1 套沉积物捕获器潜标（图 10-10）。沉积物捕获器配有一套用于布放的深海锚系系统。整个系统由浮球、声学阵元 +TD、沉积物捕获器（Mark 78H-21 型）、声学释放器（OCEANO 2500S-Universal 型）和锚（沉块）组成，各部分通过卸扣和尼龙绳相连。

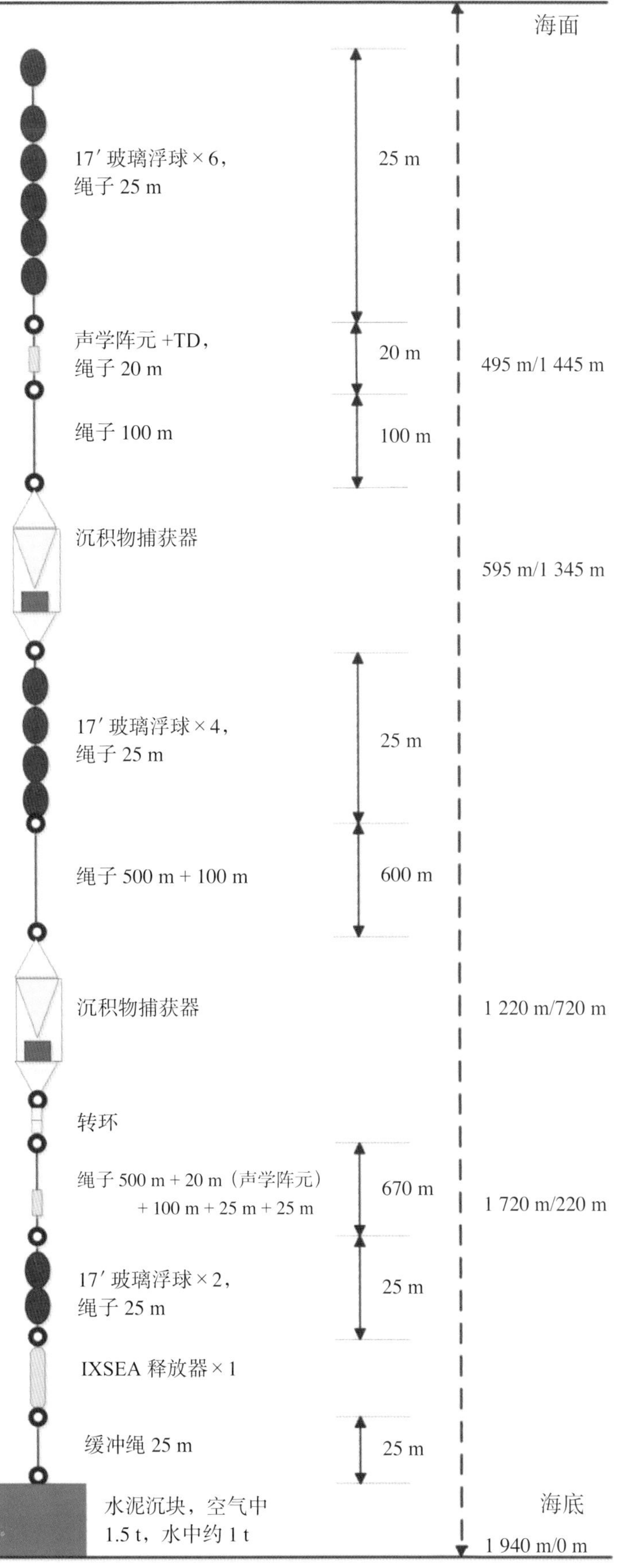

图 10-10　第八次北极科考布放于楚科奇海 S01′站沉积物捕获器示意图

Fig.10-10　Sketch map of sediment trap that deploy on the Chukchi Sea at station S01′ in 8th CHINARE

仪器连接

浮球入水

绞车操作

捕获器起吊

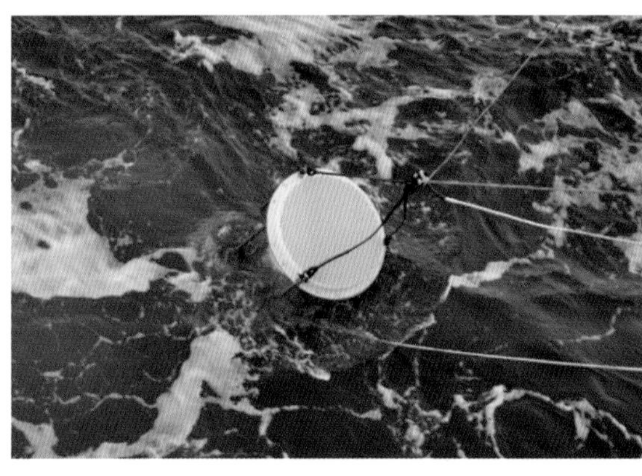

捕获器入水

整理缆绳

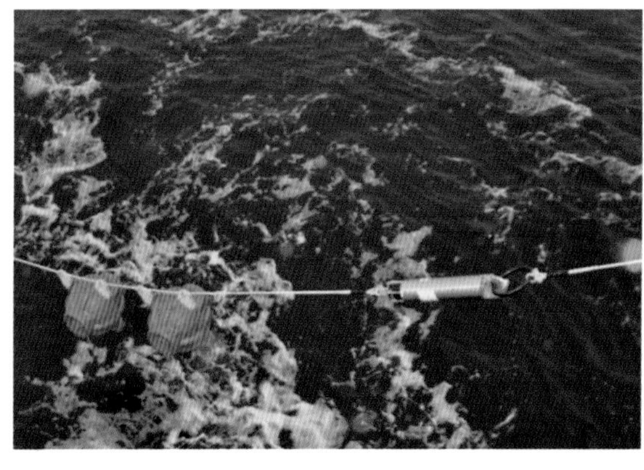

释放器入水

沉块起吊

图 10-11　第八次北极科考长期观测锚系布放现场作业
Fig.10-11　Field operations in deployment of sediment trap at 8th CHINARE cruise

10.8 数据处理与分析

10.8.1 数据质量评价

本航次海水化学考察各个项目样品的采集和保存方法均严格按照《海洋监测规范 第4部分：海水分析》及《极地生态环境监测规范》进行操作。现场分析测定仪器均在航前进行专业校正标定或严格自校，本航次分析样品过程中在有限的条件下，对分析环境进行了较好的控制，并通过质控样、重复样等来保证样品分析质量的高水准。

在航次过程中，数据和样品质量也存在一些问题和隐患：首先，少数站位出现CTD Niskin采水瓶打瓶失败，无法采集到相应层次的海水；其次，航次末段，CTD采水瓶内部皮筋老化，致使个别采样瓶，尤其是采集深水层次时，采样瓶出现漏水漏气现象，虽及时处理，但也影响了个别站位深水层次样品的准确性和可靠性；再次，表层泵采水系统在高纬度海冰区会出现水压和水量不足的情况，影响了样品和数据的采集。

10.8.2 数据初步分析

10.8.2.1 北大西洋BB断面营养盐分布

如图10-12所示，北大西洋300 m以浅水体中亚硝酸盐含量明显高于深层水体。并且在300 m以浅范围内不同站点的亚硝酸盐极大值深度也不尽相同，在BB断面总体表现为由南至北逐渐增加的特点，在BB02和BB04站位之间，仅在50 m以浅水体中明显检测到有亚硝酸盐的存在，BB04之后的站点中能够检测到亚硝酸盐的深度逐渐增加，在BB08站位的100 m深度处的亚硝酸盐含量还能达到0.24 μmol/L。将亚硝酸盐含量的剖面特征分别与叶绿素的分布特征进行比较后发现，二者是及其吻合的，即亚硝酸盐极大值总是出现在叶绿素极大层，这与全球其他海域所做的调查结果也相同。因此，浮游藻类的生长代谢过程以及在SCM层活动的浮游动物的摄食过程则很有可能成为此层位亚硝酸盐出现高值的主要原因。与亚硝酸的分布特征不同，北大西洋BB断面水体中铵盐含量并未出现明显的空间和剖面分布特征，但是除了BB04和BB05站位之外的其他站点基本表现为上部高下部低的铵盐分布特征。由于水体中硝酸盐和磷酸盐的含量尚未获得分析结果，因此还不能对北大西洋水体的整体营养盐结构进行分析，这部分分析会在后续的整体环境评价中进行。

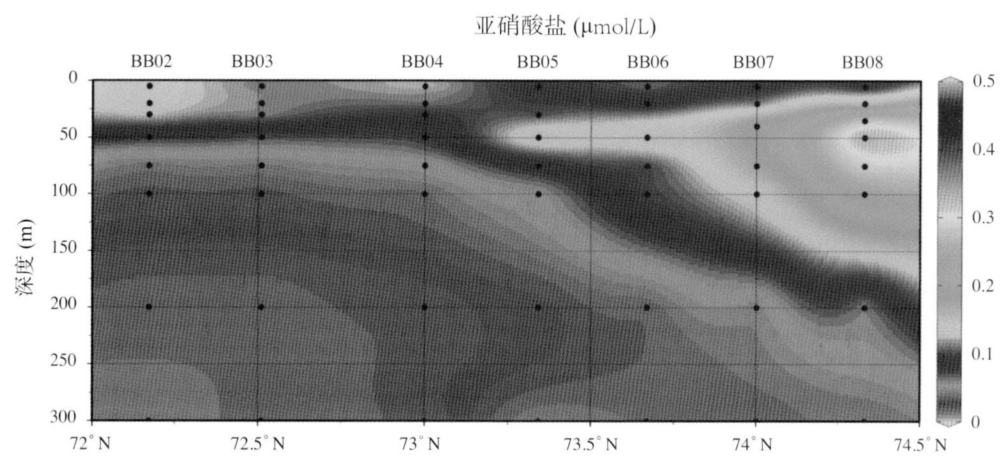

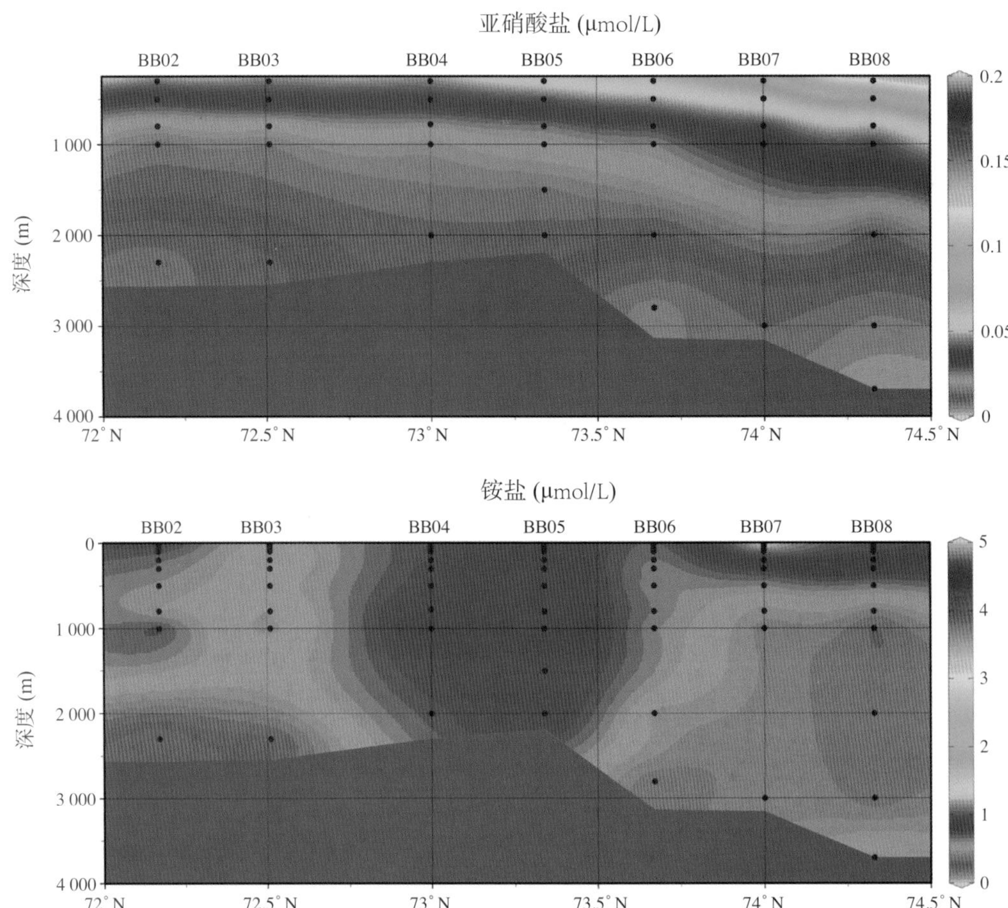

图 10-12 北大西洋 BB 断面营养盐分布，自上而下分别为亚硝酸盐铵盐，站位自左向右为 BB02 ~ BB08
Fig.10-12 Nutrients distribution along BB transect in Northern Atlantic Sea, stations from left to right are BB09 to BB01

10.8.2.2 北大西洋AT断面营养盐分布

AT 断面亚硝酸盐呈现出了更复杂的分布特征，在 AT07、AT04 以及 BB02 站位，亚硝酸盐极大值仍然出现在了 SCM 层，并且在 SCM 层以浅亚硝酸盐均维持在较高的含量水平，SCM 层以下亚硝酸盐呈现出骤降的趋势。但是，在 AT02 站位，全水层深度上均未检测到有较高浓度的亚硝酸盐存在，并且该站位亚硝酸盐含量最大值出现在了表层（5 m）水体中，含量也仅有 0.073 μmol/L。虽然 AT04 站的 SCM 和亚硝酸盐极大层分布最浅，只有 40 m 水深，但是 AT 断面最大的亚硝酸盐含量出现在该站位的 SCM 层，达到了 0.32 μmol/L。AT07 站 SCM 层的亚硝酸盐含量虽然只有 0.12 μmol/L，但是该站位在 75 m 深度还能明显检测到亚硝酸盐的存在，说明此处表层水体的垂向混合作用较强，SCM 层富集的亚硝酸盐得以通过水体混合过程在垂向上进行重新分配。与 BB 断面类似，在各站位 300 m 以深的水体中，亚硝酸盐含量仍处于极低的水平，大部分都在 0.01 μmol/L 上下浮动。AT 断面铵盐分布特征总体上还是呈现出了上部高下部低的特点。与 BB 断面相比，AT 断面的铵盐含量整体较低，尤其是 AT02 站位，全水层范围内的铵盐含量与其亚硝酸盐含量一样都处于较低的水平，最大值出现在 500 m 深度处，含量达到了 0.46 μmol/L。

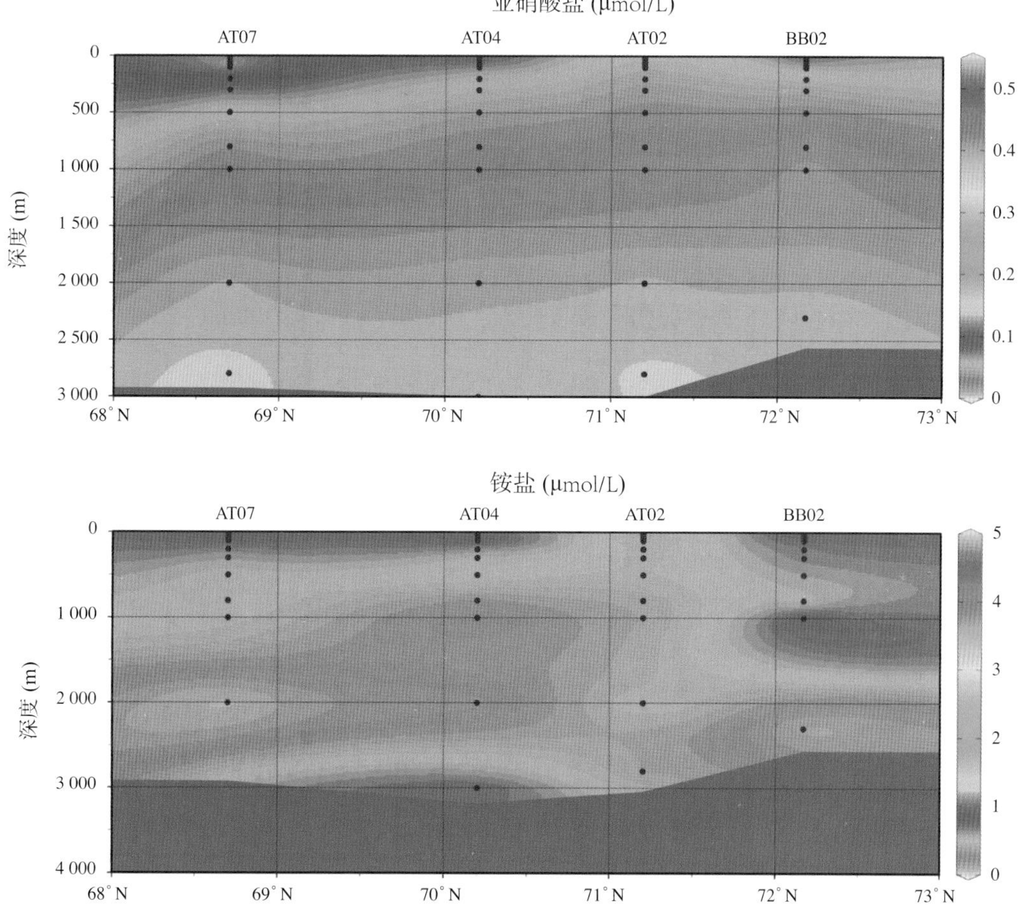

图 10-13 北大西洋 AT 断面的营养盐分布，自上而下分别为亚硝酸盐，铵盐，站位自左向右为 AT07 ~ BB02

Fig.10-13 Nutrients distribution along AT transect in Northern Atlantic Sea, stations from left to right are AT07 to BB02

10.9 环境分析与评价

受融冰水输入和浮游植物勃发的影响，2017 年第八次北极科考 R 断面水体呈现为明显的无机氮和硅酸盐共同的营养盐限制（浮游植物生长阈值分别为 DIN < 1 μmol/L 和 SiO_3^{2-} < 2 μmol/L）。硅酸盐浓度范围为 0.6 ~ 48.9 μmol/L，平均浓度为 11.8 μmol/L；硝酸盐 + 亚硝酸盐浓度范围为 0 ~ 17.4 μmol/L，平均浓度为 3.8 μmol/L；磷酸盐浓度范围为 0.22 ~ 2.13 μmol/L，平均浓度为 0.94 μmol/L。如图 10-13 所示，R 断面营养盐在 R03 和 R09 站下层（30 m 以深）出现了两个高值区。总体而言， 2017 年 R 断面上层水体营养盐浓度明显低于底层，上下水体存在明显的营养盐跃层，随着断面向北延伸表层营养盐浓度随之降低，其分布特征与历次北极考察调查结果较为一致。

北大西洋表层水体（75 m 以浅）表现为显著的硅限制（SiO_3^{2-} < 2 μmol/L），无机氮和磷酸盐相对丰富，表现出与西北冰洋差异显著的水体营养盐结构。硅酸盐浓度相对于无机氮浓度很低，无机氮相对于硅酸盐过剩（按照 Redfield 比值 1∶1; Redfiled et al., 1965），这与大西洋在全球海洋中最强的固氮作用相符。

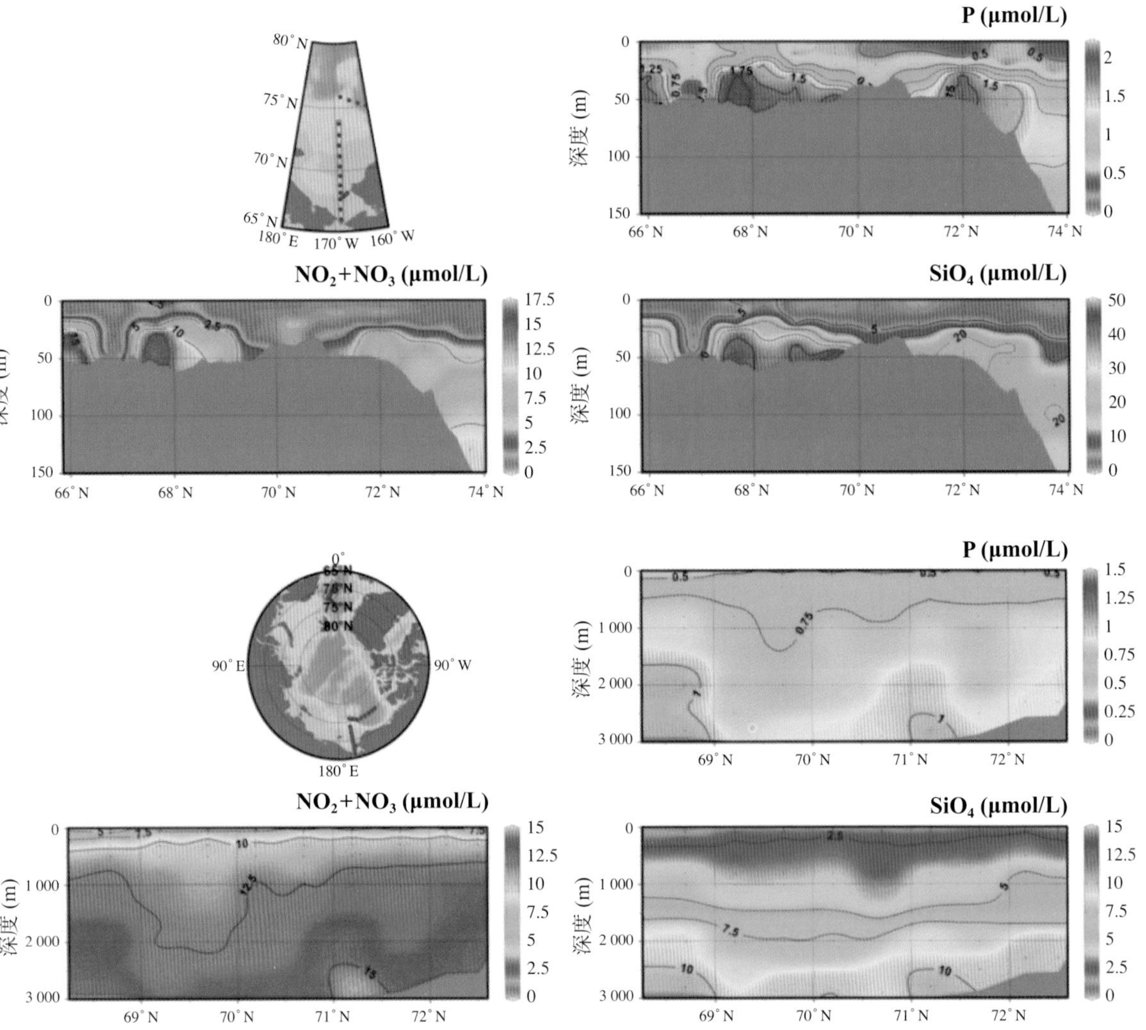

图 10-14 中国第八次北极科学考察太平洋扇区 R 断面（上）和大西洋扇区 AT 断面（下）营养盐分布
Fig.10-14 Nutrients distribution (μmol/L) along R transects in Pacific Arctic Region (upper panel) and AT transect in Atlantic Arctic Region (below panel)

对历次北极考察西北冰洋陆架水柱和海盆 100 m 以浅水柱平均营养盐浓度进行对比发现，2017 年陆架水柱中硝酸盐和磷酸盐浓度与 1999 年相比没有明显变化，硅酸盐浓度较 1999 年呈明显下降趋势（从 1999 年的 24.5 μmol/L 下降至 2017 年的 14.9 μmol/L）。而海盆 100 m 以浅水柱中硝酸盐浓度从 1999 年的 2.3 μmol/L 上升至 2017 年的 4 μmol/L，硅酸盐浓度则从 1999 年的 15.6 μmol/L 下降至 2017 年的 10.6 μmol/L（图 10-15）。

从整个北冰洋来看，表层硝酸盐、磷酸盐和硅酸盐浓度表现出明显的区域差异。中国历次北极科学考察调查结果显示（图 10-16），北欧海具有最高的硝酸盐浓度，与大西洋在全球海洋中最强的固氮作用相符。楚科奇海陆架和加拿大海盆的硝酸盐浓度则相对较低。磷酸盐浓度的分布显示，北冰洋太平洋扇区的磷酸盐浓度远远高于大西洋扇区。对于硅酸盐，楚科奇—白令海陆架的硅酸盐浓度分布则表明太平洋对北冰洋有显著的硅酸盐净输出，输出通量与育空河的流量具有一定的关系。

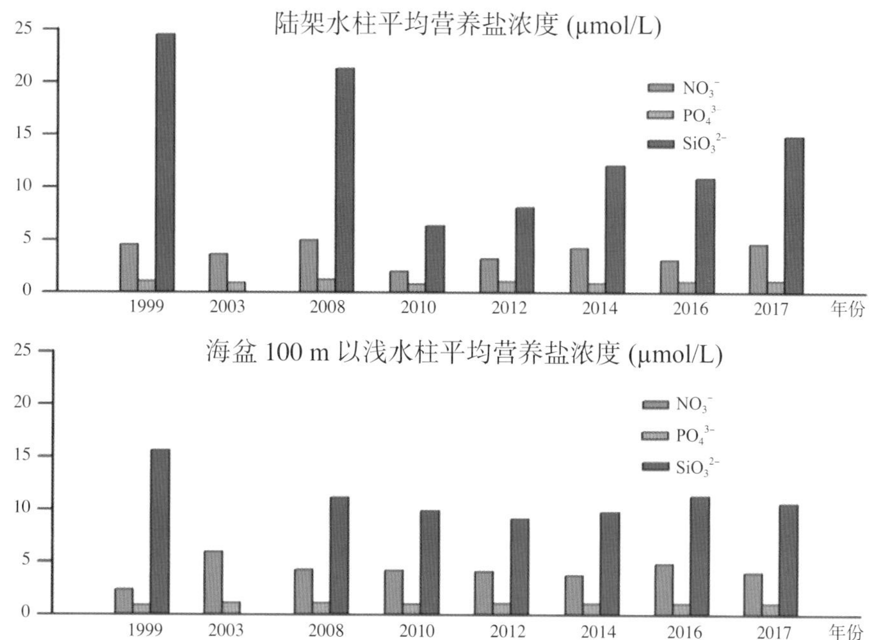

图 10-15 陆架水柱和海盆 100 m 以浅水柱平均营养盐浓度的年际变化趋势

Fig.10-15 Annual variation trend of mean nutrient concentration (μM) in shelf water column and less than 100m column in basin

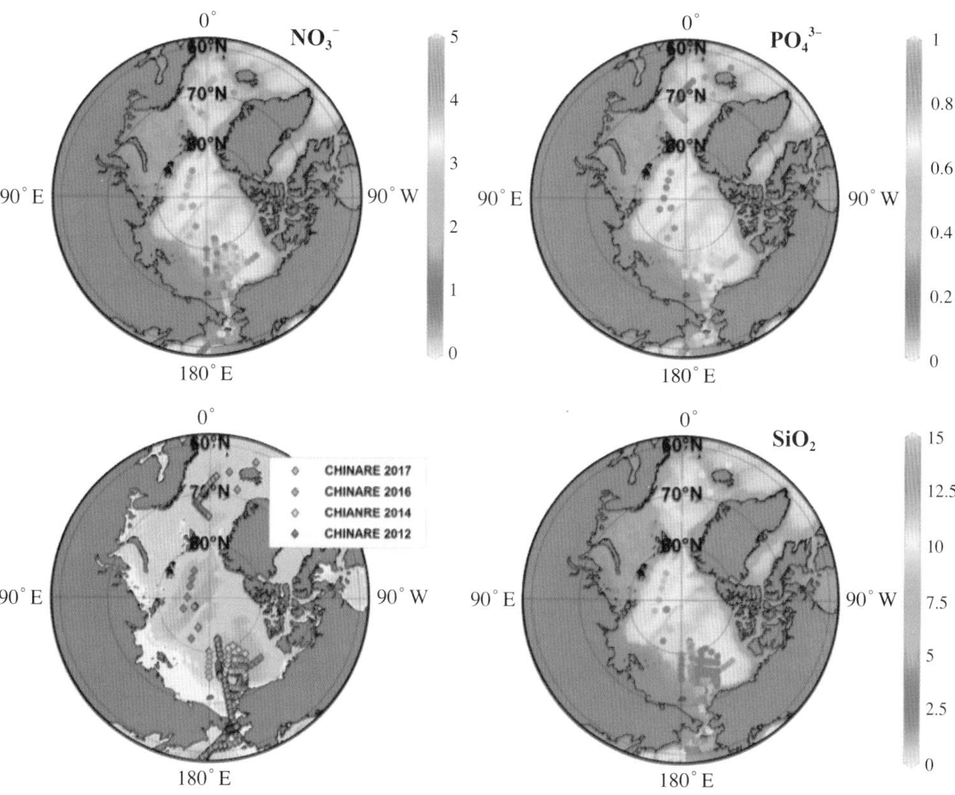

图 10-16 中国北极科学考察（2012—2017 年）北冰洋表层主要营养盐分布特征

Fig. 10-16 The distribution of surface layer nutrients (nitrate, Phosphate and Silicate, μmol/dm³) in the Chinese Arctic Scientific Expedition (2012—2017)

第 11 章　海洋生物多样性

11.1　概述

北极地区是对全球气候变化响应和反馈最敏感的地区之一。过去 30 多年对北极地区连续观测研究证明，北极地区气候正在发生快速变化。全球气候变暖对北极海域的最直接影响是海冰覆盖面积在不断减少，与此同时，北极气候与生态系统的快速变化导致极地自然环境保护面临日益严峻的挑战。近几十年来，全球增温以及相应的北极放大效应导致的北极环境快速变化受到广泛关注，一系列诸如表层增温、海冰覆盖率较少、海冰变薄、陆地冰川和积雪融化引起地表径流流量增加深刻影响了北极和亚北极海域海水环境。随之而来观测到的海洋生物分布变化、群落结构组成和粒级结构变迁以及生态系统整体迁移现象揭示了海洋生态系统对环境变化的响应。对北极海域生物生态多学科的综合科学考察，有助于了解北极周边海域生物和初级生产力的组成、分布及调控机制，对认识全球碳循环、评估北极资源潜力具有重要意义，研究北极海洋和海冰变化与全球变暖的关系不仅是当前国际前沿科学问题，也是我国制定适应全球变化问题对策的科学依据。

中国第八次北极科学考察自 2017 年 7 月 20 日至 9 月 25 日期间，在白令海、楚科奇海、北欧海及北冰洋中心区（穿行北极中央航道期间）设置海洋观测站位及短期冰站，共进行了 54 个站位叶绿素调查、13 个站位初级生产力样品采集、23 个走航站位和 50 个断面调查站位的微型和微微型浮游生物群落结构和多样性样品采集、20 个站位鱼类浮游生物水平拖网样品采集、5 个站位底栖生物（鱼类）拖网采集，以及共对 6 个短期冰站进行了冰芯和冰下水采样，另采集了 1 个冰表融池水样，对海冰理化和海冰生态相关参数进行了测定和取样，并对一些样品和数据进行了初步分析，对北冰洋海洋生物多样性，尤其是北冰洋中心区域海洋生物多样性有了进一步的认识。

11.2　调查内容

11.2.1　基础环境参数

通过考察，了解北极海域浮游植物叶绿素浓度和初级生产力的分布、粒级特征；浮游植物生物量和生产力与物理、化学过程之间的耦合关系，以及不同粒级浮游植物群落对生物量和初级生产力的贡献。

11.2.2 微型和微微型浮游生物群落结构与多样性

进行了包括浮游细菌、微微型和微型浮游植物样品的采集，及其丰度生物量、结构组成和多样性的分析。

11.2.3 鱼类浮游生物

通过水平拖网采集鱼类浮游生物样品，分析考察区域鱼类浮游生物种类组成、丰度水平及多样性特征。

11.2.4 底栖生物群落（鱼类）

分析考察海域大型底栖生物种类组成和数量分布特征；研究底栖生物与海洋物理、化学等环境因子的相关关系；分析底栖生物群落结构组成及多样性现状。

11.2.5 海冰生物群落

进行了海冰生物样品的采集，分析其生物量、种类组成和空间分布及与环境因子的关系。

11.3 调查站位设置

11.3.1 基础环境参数调查站位

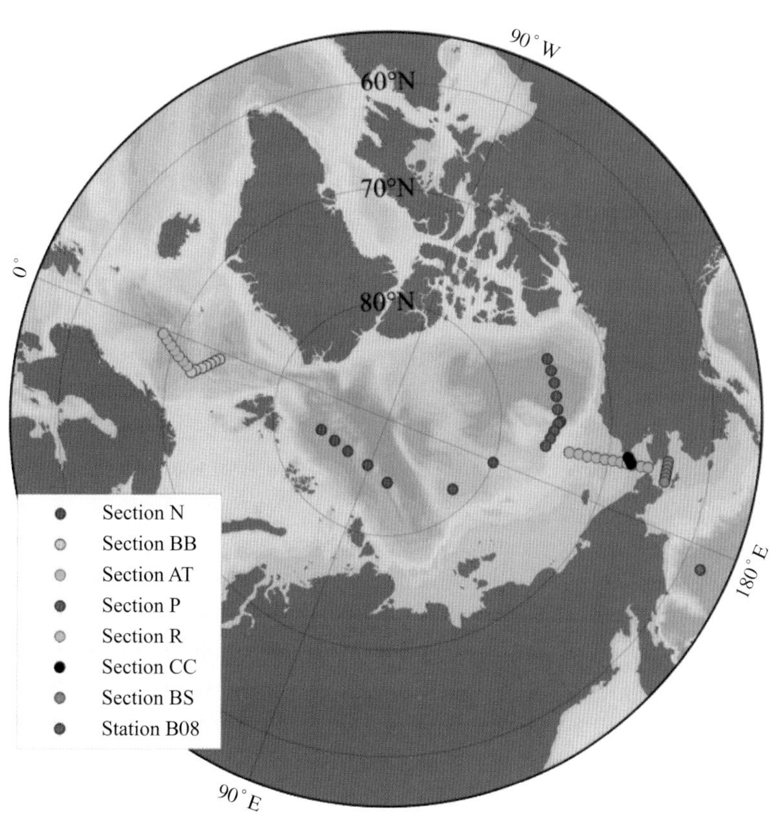

图 11-1 考察期间叶绿素采样站位

Fig. 11-1 Locations of sampling station for Chl a investigation during 8th CHINARE

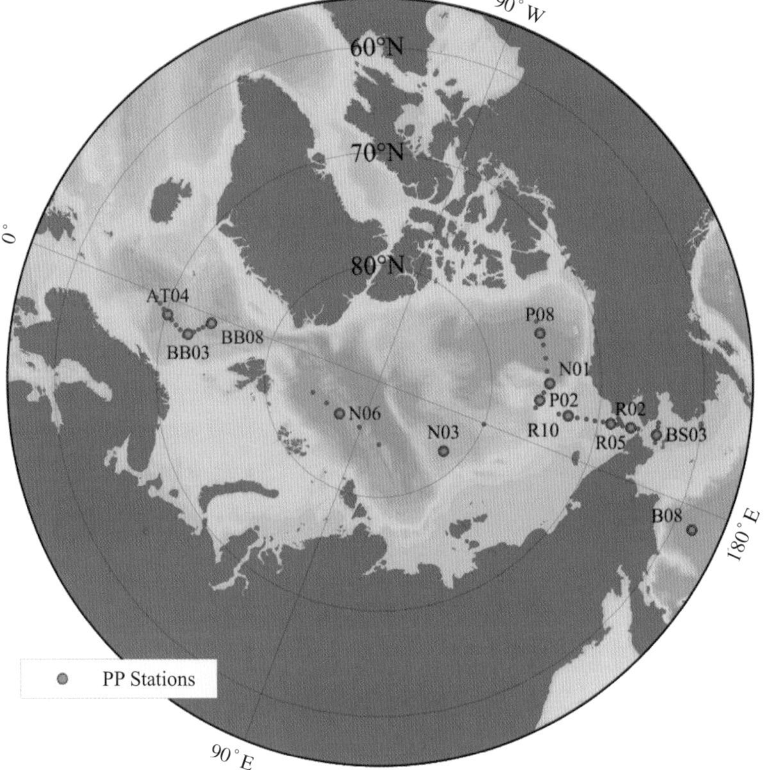

图 11-2 考察期间初级生产力采样站位
Fig. 11-2 Locations of sampling station for primary production investigation during 8th CHINARE

表11-1 基础环境参数调查站位信息
Table 11-1 Station information of Chl a and primary production investigation during 8th CHINARE

测区	站位	日期	时间	纬度(N)	经度	水深(m)	叶绿素	初级生产力
白令海	B08	2017-07-28	06:07	58°6.01′	176°24.11′E	3 754	√	√
中心区	N01	2017-08-02	04:41	74°46.75′	159°26.13′W	1 859	√	√
中心区	N02	2017-08-05	10:07	80°1.89′	179°32.97′E	1 688	√	
中心区	N03	2017-08-09	06:32	81°43.92′	155°13.01′E	2 746	√	√
中心区	N04	2017-08-12	00:13	84°35.81′	111°5.09′E	3 984	√	
中心区	N05	2017-08-13	06:10	85°45.07′	87°39.66′E	2 737	√	
中心区	N06	2017-08-14	04:45	85°36.21′	59°34.72′E	3 870	√	√
中心区	N07	2017-08-15	02:43	85°0.92′	43°4.75′E	3 960	√	
中心区	N08	2017-08-16	01:19	84°7.99′	30°18.15′E	4 004	√	
北欧海	BB08	2017-08-19	06:50	74°19.98′	2°20.25′E	3 700	√	√
北欧海	BB07	2017-08-19	14:09	74°0.17′	3°19.86′E	3 160	√	
北欧海	BB06	2017-08-19	20:22	73°40.21′	4°29.61′E	3 138	√	
北欧海	BB05	2017-08-20	00:33	73°20.35′	5°28.37′E	2 192	√	
北欧海	BB04	2017-08-21	00:20	73°0.02′	6°29.80′E	2 299	√	
北欧海	BB03	2017-08-21	04:23	72°30.32′	7°31.58′E	2 548	√	√
北欧海	BB02	2017-08-21	09:07	72°10.19′	8°19.59′E	2 567	√	

续表11-1

测区	站位	日期	时间	纬度(N)	经度	水深(m)	叶绿素	初级生产力
北欧海	AT01	2017-08-21	13:41	71°41.66′	6°59.74′E	2 873	√	
北欧海	AT02	2017-08-21	20:07	71°11.90′	5°59.99′E	3 045	√	
北欧海	AT03	2017-08-22	00:43	70°42.07′	4°59.53′E	3 153	√	
北欧海	AT04	2017-08-22	05:18	70°12.00′	4°0.57′E	3 179	√	√
北欧海	AT05	2017-08-22	13:12	69°41.89′	3°0.30′E	3 226	√	
北欧海	AT06	2017-08-22	19:33	69°12.22′	2°0.56′E	3 230	√	
北欧海	AT07	2017-08-23	00:04	68°41.74′	1°0.69′E	2 923	√	
加拿大海盆区	P09	2017-09-08	01:30	74°59.97′	138°26.27′W	3 563	√	
加拿大海盆区	P08	2017-09-08	11:04	75°0.01′	142°32.79′W	3 719	√	√
加拿大海盆区	P07	2017-09-08	21:22	74°59.92′	146°43.32′W	3 780	√	
加拿大海盆区	P06	2017-09-09	06:29	74°59.94′	151°11.33′W	3 835	√	
加拿大海盆区	P05	2017-09-09	20:26	74°59.96′	155°29.48′W	3 842	√	
加拿大海盆区	P04	2017-09-10	06:50	74°59.58′	160°12.24′W	1 821	√	
加拿大海盆区	P03	2017-09-10	12:19	75°17.96′	162°35.77′W	2 047	√	
加拿大海盆区	P02	2017-09-10	19:18	75°34.69′	165°16.31′W	572	√	√
加拿大海盆区	P01	2017-09-10	23:53	75°52.66′	168°02.25′W	235	√	
楚科奇海	R11	2017-09-20	13:29	73°44.04′	168°49.26′W	146	√	
楚科奇海	R10	2017-09-20	18:58	72°50.96′	168°47.49′W	62	√	√
楚科奇海	R09	2017-09-20	23:30	72°00.45′	168°54.96′W	51	√	
楚科奇海	R08	2017-09-21	04:37	71°09.23′	168°51.84′W	48	√	
楚科奇海	R07	2017-09-21	08:38	70°20.88′	168°50.90′W	40	√	
楚科奇海	R06	2017-09-21	13:45	69°34.59′	168°47.33′W	53	√	
楚科奇海	R05	2017-09-22	03:37	68°48.55′	168°49.32′W	54	√	√
楚科奇海	R04	2017-09-22	07:16	68°12.55′	168°47.15′W	59	√	
楚科奇海	CC5	2017-09-22	11:19	68°10.97′	167°18.81′W	50	√	
楚科奇海	CC4	2017-09-22	12:14	68°06.87′	167°30.88′W	52	√	
楚科奇海	CC3	2017-09-22	13:29	68°00.40′	167°53.48′W	52	√	
楚科奇海	CC2	2017-09-22	14:38	67°53.48′	168°14.70′W	57	√	
楚科奇海	CC1	2017-09-22	15:53	67°46.63′	168°37.44′W	50	√	
楚科奇海	R03	2017-09-22	16:59	67°40.13′	168°54.36′W	51	√	
楚科奇海	R02	2017-09-22	20:54	66°51.34′	168°53.87′W	48	√	√
楚科奇海	R01	2017-09-23	01:00	66°11.37′	168°50.85′W	55	√	
白令海	BS06	2017-09-24	03:06	64°19.63′	166°59.79′W	32	√	
白令海	BS05	2017-09-24	05:39	64°18.13′	167°48.24′W	35	√	
白令海	BS04	2017-09-24	08:19	64°19.53′	168°35.92′W	43	√	
白令海	BS03	2017-09-24	10:14	64°19.44′	169°23.86′W	43	√	√
白令海	BS02	2017-09-24	12:15	64°19.77′	170°11.76′W	41	√	
白令海	BS01	2017-09-24	14:09	64°19.79′	170°59.41′W	41	√	

11.3.2 微型微微型浮游生物调查站位

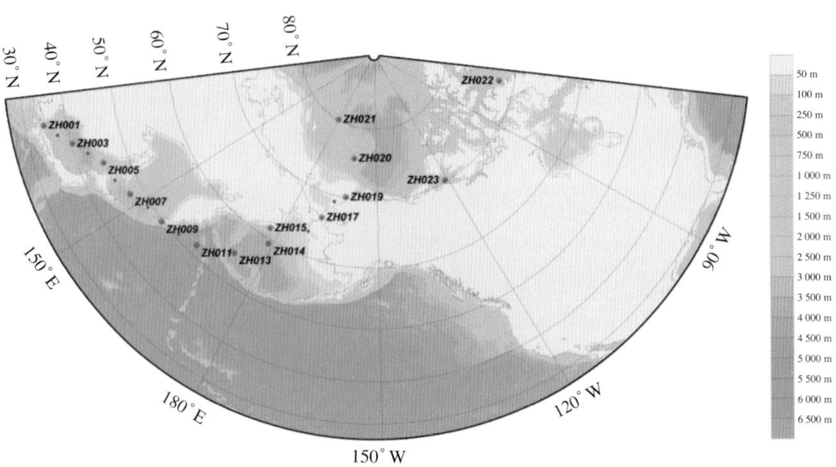

图 11-3 中国第八次北极考察微小型浮游生物走航调查站位分布
Fig. 11-3 Location map of microbial samples during cruise in 8th CHINARE

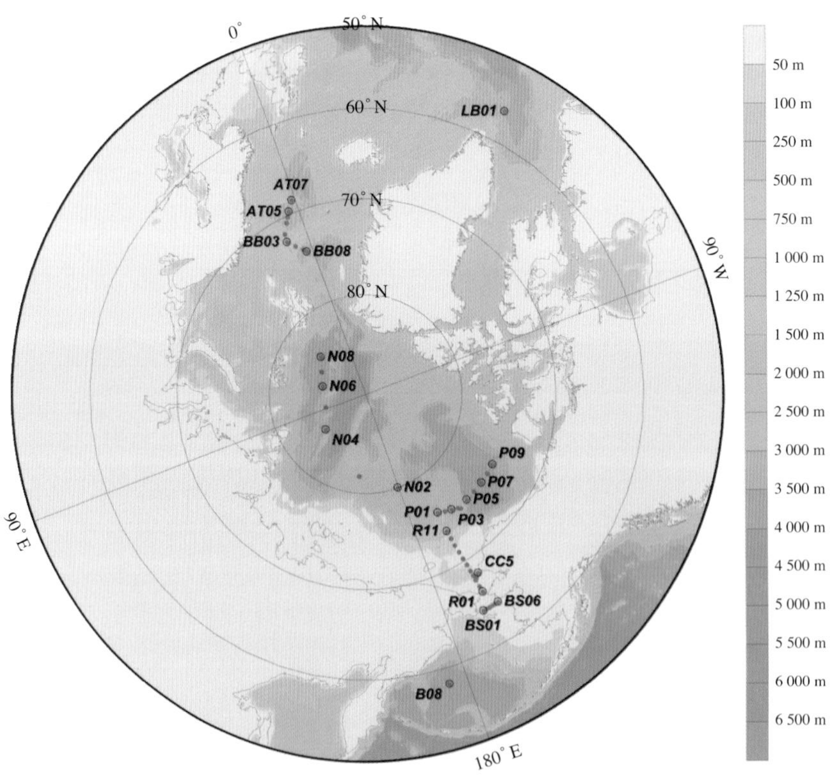

图 11-4 中国第八次北极考察微小型浮游生物断面调查站位分布
Fig. 11-4 Location map of microbial samples during section investigation in 8th CHINARE

表11-2 中国第八次北极考察微小型浮游生物走航调查站位信息

Table 11-2 Station information of microbial samples during cruise in 8th CHINARE

站位	日期	时间	纬度	经度	水深 (m)
ZH001	2017-07-21	09:19	34°51′10″N	130°23′56″E	158.8
ZH002	2017-07-22	00:05	37°33′41″N	132°30′54″E	1 873.02
ZH003	2017-07-22	12:05	40°13′24″N	134°35′55″E	821.3
ZH004	2017-07-23	00:08	42°44′32″N	137°4′34″E	3 733.7
ZH005	2017-07-23	19:57	45°09′47″N	139°43′59″E	1 131.3
ZH006	2017-07-24	00:14	45°57′45″N	143°45′54″E	193
ZH007	2017-07-24	12:00	47°28′55″N	147°37′20″E	3 422.3
ZH008	2017-07-25	00:14	49°03′56″N	151°46′09″E	1780
ZH009	2017-07-25	12:15	49°40′34″N	155°54′17″E	155.9
ZH010	2017-07-26	00:14	50°41′16″N	160°16′52″E	6 060.9
ZH011	2017-07-26	12:07	51°41′23″N	164°43′35″E	4 836.9
ZH012	2017-07-27	00:09	52°45′42″N	169°26′46″E	5 828.6
ZH013	2017-07-27	11:56	55°01′55″N	172°43′20″E	3 907.3
ZH014	2017-07-29	12:10	59°21′09″N	178°48′11″E	3 546
ZH015	2017-07-30	00:05	61°31′24″N	176°59′21″E	116.71
ZH016	2017-07-30	12:10	63°46′05″N	172°16′54″W	53.41
ZH017	2017-07-31	00:06	66°23′18″N	169°21′57″W	58.31
ZH018	2017-07-31	12:04	69°11′14″N	166°37′51″W	37.67
ZH019	2017-08-01	00:20	70°7′43″N	162°36′28″W	38.16
ZH020	2017-08-02	12:06	75°40′21″N	162°21′17″W	2 070.5
ZH021	2017-08-05	12:30	80°3′19″N	179°38′17″E	2 700
ZH022	2017-09-01	15:02	72°13′31″N	72°27′34″W	862.3
ZH023	2017-09-06	00:45	70°12′53″N	121°12′58″W	410.5

表11-3 中国第八次北极考察微小型浮游生物断面调查站位信息

Table 11-3 Station information of microbial samples during section investigation in 8th CHINARE

序号	日期	时间	站位	经度	纬度	水深 (m)	分子生物学	宏基因	流失细胞分析
1	2017-07-28	06:07	B08	176°24.11′E	58°6.01′N	3 754	√	√	√
2	2017-08-02	04:41	N01	159°26.13′W	74°46.75′N	1 859	√	√	√
3	2017-08-05	10:07	N02	179°32.97′E	80°1.89′N	1 688		√	√
4	2017-08-05	06:32	N03	155°13.01′E	81°43.92′N	2 746		√	√
5	2017-08-12	00:13	N04	111°5.09′E	84°35.81′N	3 984		√	√
6	2017-08-13	06:10	N05	87°39.66′E	85°45.07′N	2 737		√	√
7	2017-08-14	04:45	N06	59°34.72′E	85°36.21′N	3 870	√	√	√
8	2017-08-15	02:43	N07	43°4.75′E	85°0.92′N	3 960	√	√	√
9	2017-08-16	01:19	N08	30°18.15′E	84°7.99′N	4 004		√	√
10	2017-08-19	06:50	BB08	2°20.25′E	74°19.98′N	3 700	√	√	√

续表11-3

序号	日期	时间	站位	经度	纬度	水深 (m)	分子生物学	宏基因	流失细胞分析
11	2017-08-19	14:09	BB07	3°19.86′E	74°0.17′N	3 160	√		√
12	2017-08-20	00:33	BB05	5°28.37′E	73°20.35′N	2 192	√		√
13	2017-08-21	04:23	BB03	7°31.58′E	72°30.32′N	2 548	√		√
14	2017-08-21	13:41	AT01	6°59.74′E	71°41.66′N	2 873	√		√
15	2017-08-22	00:43	AT03	4°59.53′E	70°42.07′N	3 153	√		√
16	2017-08-22	05:18	AT04	4°0.57′E	70°12.00′N	3 179		√	√
17	2017-08-22	13:12	AT05	3°0.30′E	69°41.89′N	3 226	√		√
18	2017-08-23	00:04	AT07	1°0.69′E	68°41.74′N	2 923	√		√
19	2017-08-27	14:59	LB01	46°59.32 W	56°19.62′N	3 496		√	√
20	2017-09-08	01:30	P09	138°26.27′W	74°59.97′N	3 563	√		√
21	2017-09-08	11:04	P08	142°32.79′W	75°0.01′N	3 719		√	√
22	2017-09-08	21:22	P07	146°43.32′W	74°59.92′N	3 780	√		√
23	2017-09-09	06:29	P06	151°11.33′W	74°59.94′N	3 835		√	√
24	2017-09-09	20:26	P05	155°29.48′W	74°59.96′N	3 842	√		√
25	2017-09/10	06:50	P04	160°12.24′W	74°59.58′N	1 821			√
26	2017-09-10	12:19	P03	162°35.77′W	75°17.96′N	2 047	√		√
27	2017-09-10	19:18	P02	165°16.31′W	75°34.69′N	572			√
28	2017-09-10	23:53	P01	168°02.25′W	75°52.66′N	235	√		√
29	2017-09-20	13:29:00	R11	168°49.26′W	73°44.04′N	146	√		√
30	2017-09-20	18:58:00	R10	168°47.49′W	72°50.96′N	62			√
31	2017-09-20	23:30:00	R09	168°54.96′W	72°00.45′N	51	√		√
32	2017-09-21	04:37:00	R08	168°51.84′W	71°09.23′N	48			√
33	2017-09-21	08:38:00	R07	168°50.90′W	70°20.88′N	40	√		√
34	2017-09-21	13:45:00	R06	168°47.33′W	69°34.59′N	53			√
35	2017-09-22	03:37:00	R05	168°49.32′W	68°48.55′N	54	√		√
36	2017-09-22	07:16:00	R04	168°47.15′W	68°12.55′N	59			√
37	2017-09-22	11:19:00	CC5	167°18.81′W	68°10.97′N	50	√		√
38	2017-09-22	12:14:00	CC4	167°30.88′W	68°06.87′N	52			√
39	2017-09-22	13:29:00	CC3	167°53.48′W	68°00.40′N	52	√		√
40	2017-09-22	14:38:00	CC2	168°14.70′W	67°53.48′N	57			√
41	2017-09-22	15:53:00	CC1	168°37.44′W	67°46.63′N	50	√		√
42	2017-09-22	16:59:00	R03	168°54.36′W	67°40.13′N	51			√
43	2017-09-22	20:54:00	R02	168°53.87′W	66°51.34′N	48	√		√
44	2017-09-23	01:00:00	R01	168°50.85′W	66°11.37′N	55	√		√
45	2017-09-24	03:06:00	BS06	166°59.79′W	64°19.63′N	32			√
46	2017-09-24	05:39:00	BS05	167°48.24′W	64°18.13′N	35			√
47	2017-09-24	08:19:00	BS04	168°35.92′W	64°19.53′N	43	√		√
48	2017-09-24	10:14:00	BS03	169°23.86′W	64°19.44′N	43			√
49	2017-09-24	12:15:00	BS02	170°11.76′W	64°19.77′N	41			√
50	2017-09-24	14:09:00	BS01	170°59.41′W	64°19.79′N	41	√		√

11.3.3 鱼类浮游生物调查站位

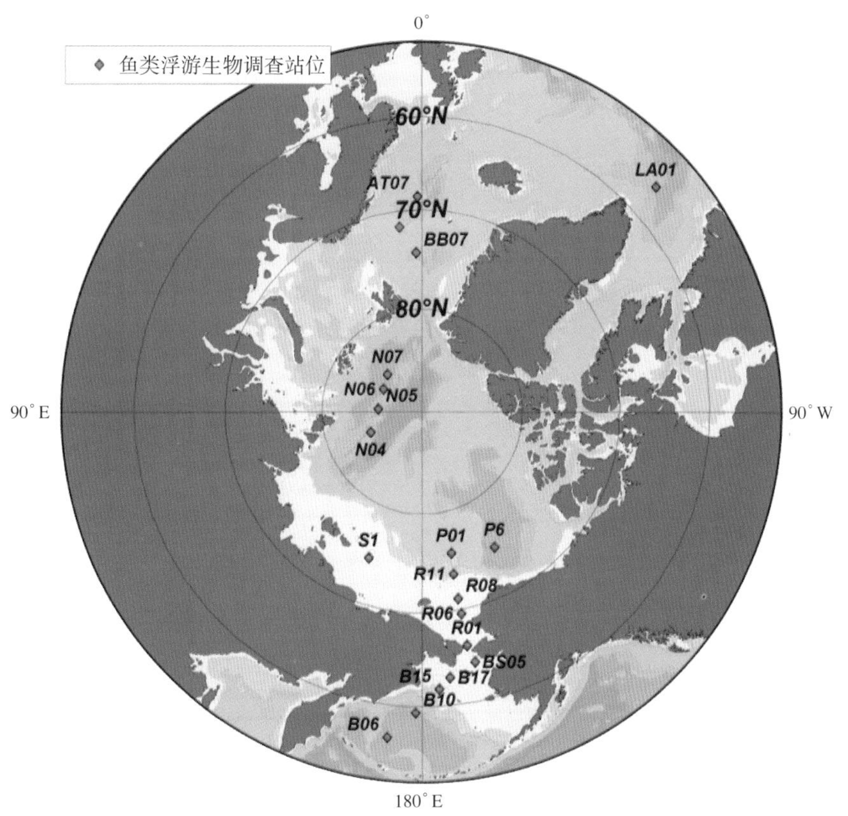

图 11-5 中国第八次北极科学考察鱼类浮游生物调查站位

Fig. 11-5 Horizontal trawls locations of planktonic fish samples during 8th CHINARE

表11-4 中国第八次北极科学考察鱼类浮游生物水平拖网调查站位信息

Table 11-4 Station information of horizontal trawls for planktonic fish samples during 8th CHINARE

编号	站位	日期	区域	经度（°E）	纬度（°N）
1	B06	2017-07-28	白令海	173.7	56.33
2	B10	2017-07-29	白令海	178.78	59.32
3	S1	2017-08-01	楚科奇海	159.54	74.74
4	N04	2017-08-12	北冰洋冰区 1	111.11	84.58
5	N05	2017-08-13	北冰洋冰区 1	86.08	85.68
6	N06	2017-08-14	北冰洋冰区 3	59.628	85.606
7	N07	2017-08-15	北冰洋冰区 4	43.077	85.035
8	BB07	2017-08-19	北欧海	2.05	74.352
9	AT01	2017-08-21	北欧海	6.989	71.617
10	AT07	2017-08-22	北欧海	1.204	68.583
11	CB01	2017-08-27	加拿大海盆	−138.758	73.396
12	P6	2017-09-08	楚科奇海	151.128	74.838
13	P01	2017-09-10	楚科奇海	−167.966	75.873
14	R11	2017-09-20	楚科奇海	−168.855	73.748

编号	站位	日期	区域	经度(°E)	纬度(°N)
15	R08	2017-09-21	楚科奇海	-168.861	71.171
16	R06	2017-09-21	楚科奇海	-168.756	69.588
17	R01	2017-09-23	楚科奇海	-168.872	66.215
18	BS05	2017-09-24	白令海	-167.775	64.32
19	B17	2017-09-25	白令海	-173.872	63.099
20	B15	2017-09-25	白令海	-176.382	61.912

11.3.4 底栖生物拖网调查站位

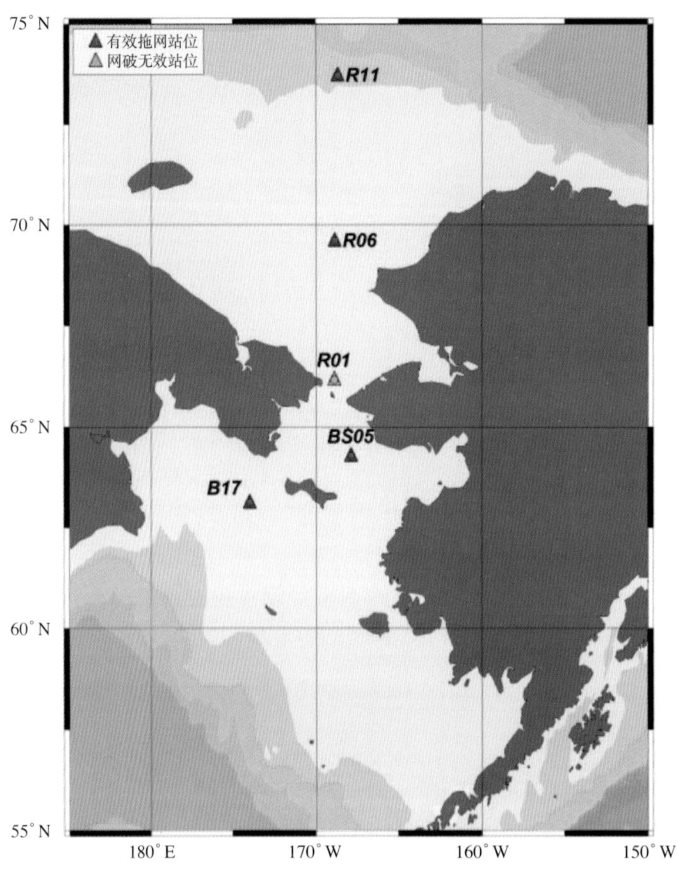

图 11-6 中国第八次北极科学考察底栖生物调查站位

Fig. 11-6 Locations of bottom trawl stations for benthos samples during 8th CHINARE

表11-5 底栖生物拖网调查站位信息

Table 11-5 Station information of bottom trawls for planktonic fish samples during 8th CHINARE

编号	站位	日期	区域	经度(°E)	纬度(°N)	水深(m)	备注
1	R11	2017-09-20	楚科奇海	-168.671	73.699	151.4	\
2	R06	2017-09-21	楚科奇海	-168.85	69.603	53.5	\
3	R01	2017-09-23	楚科奇海	-168.878	66.161	57	网破
4	BS05	2017-09-24	白令海	-167.846	64.276	35.3	\
5	B17	2017-09-25	白令海	-173.937	63.107	78.7	\

11.3.5 海冰生物调查站位

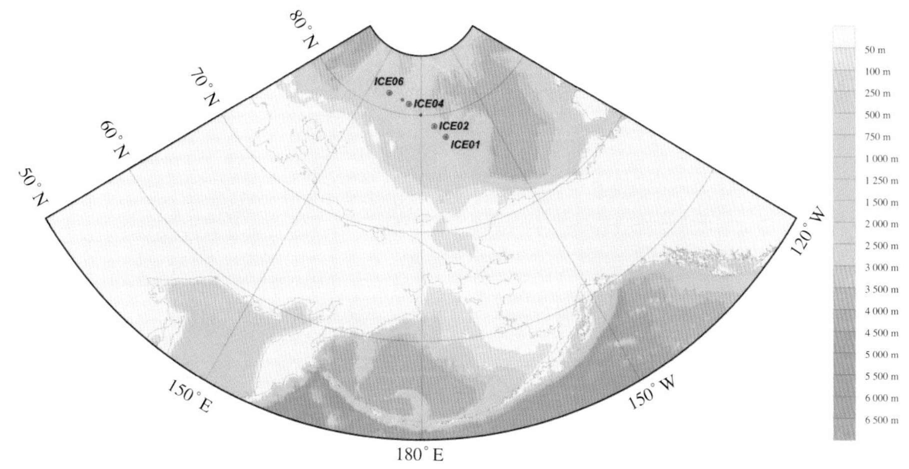

图 11-7 中国第八次北极考察海冰生物项目冰站位置分布
Fig. 11-7 Location map of ice camp during 8th CHINARE

表11–6 中国第八次北极考察海冰生物项目冰站位置信息
Table 11–6 Station information of ice camp during 8th CHINARE

站位	日期	起始时间	结束时间	纬度	经度
ICE01	2017–08–03	1:50	4:30	78°00′16″N	170°04′23″W
ICE02	2017–08–04	6:20	11:20	79°01′30″N	174°24′29″W
ICE03	2017–08–05	4:30	8:00	80°03′08″N	179°37′21″E
ICE04	2017–08–06	0:30	3:30	80°54′4″N	173°22′38″E
ICE05	2017–08–07	5:00	10:20	81°10′15″N	169°24′14″E
ICE06	2017–08–08	1:40	5:00	81°27′54″N	161°21′30″E

11.4 调查仪器及设备

11.4.1 叶绿素荧光仪

型号 Turner Design Trilogy （图 11-8）。可对叶绿素萃取荧光和活体荧光进行测量，测量精度为 0.02 g/L。

11.4.2 现场初级生产力培养器

用于初级生产力水样的模拟现场培养，通过设置不同光衰减层，可以模拟光照 100%、75%、50%、32%、25%、10%、3% 和 1% 的水层。通过现场培养、过滤和实验室液闪计数分析，可以得到各水层浮游植物的固碳量，积分平均计算得到单位面积海域的初级生产力。

图 11-8 叶绿素荧光仪 TD 7200
Fig. 11-8 Chlorophyll fluorescence spectrometer model TD 7200

图 11-9 初级生产力培养器
Fig. 11-9 Incubator for primary production measuring

11.4.3 流式细胞仪BD FACSCalibur

图 11-10 流式细胞仪 BD FACSCalibur
Fig. 11-10 Flow Cytometer mode: BD FACSCalibur

该仪器拥有 488 nm 和 633 nm 两根激光管，可对 FSC，SSC，FL1，FL2，FL3 以及 FL4 荧光信号进行检测，流速分 low，med 以及 hi 三级，最大检测细胞数可达 10 000 个 /s，利用独特的液流系统使得检测目标一个一个通过检测器，激光管照射检测目标激发检测目标荧光，并通过分析检测目标荧光信号种类和强弱来达到区分检测目标的目的，可对海水中微微型浮游植物、微型浮游生物以及浮游细菌进行检测和丰度测量。

11.4.4 切向流超滤系统

Pall 公司生产，通过切向超滤对水体微小颗粒进行富集，用于大体积海水病毒样品富集。

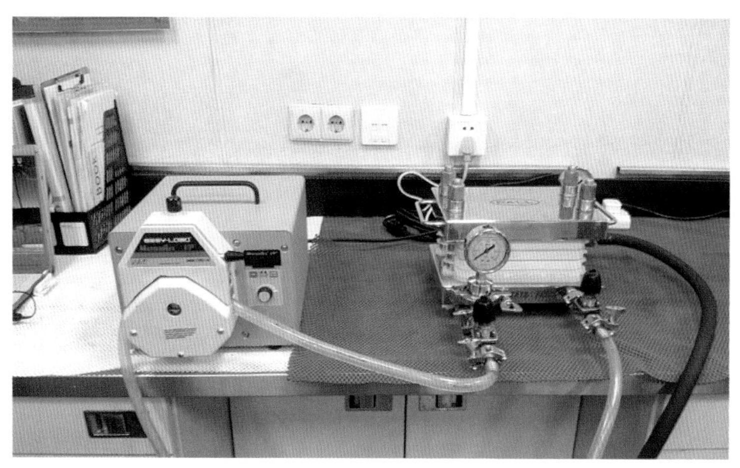

图 11-11 切向流超滤系统
Fig. 11-11 Tangential Flow Filtration Systems

11.4.5 底栖拖网

底栖拖网采用三角拖网，仍用船载的万米绞车作业。作业时，拖网绳长为当地水深的 2 ~ 3 倍，船速控制在 3 kn 以内。起网后，挑选部分样品在现场拍照，记录其形状体色等特征，而后尽可能收集所有的生物类别，样品装袋后，放入盛有固定液的标本桶中，带回实验室分析。

图 11-12 底栖生物三角拖网
Fig. 11-12 Triangle trawls for benthos

11.4.6 大型浮游生物网

鱼类浮游生物样品采集采用大型浮游生物网水平拖网采集，网口直径为 80 cm，网衣长 280 cm。

图 11-13 鱼类浮游生物水平拖网
Fig. 11-13 Zooplankton net (horinzontal trawls)

11.5 调查方法

11.5.1 浮游植物叶绿素和初级生产力

11.5.1.1 总叶绿素的水平和垂直分布特征

浮游植物总叶绿素 a 的测定采用萃取荧光法。使用干净取样瓶在规定站位和层次采取水样，水样收集前，经 200 μm 孔径的筛绢预过滤，以除去大多数的浮游动物。采样层次按标准层。过滤 250 cm^3 水样，色素用 90% 丙酮萃取 24 h，用唐纳荧光计进行测定。浮游植物总叶绿素的水平和垂直分布特征通过设置断面并测定真光层不同水层叶绿素 a 含量来实现。

11.5.1.2 分级叶绿素浓度水平和垂直分布特征

分级叶绿素 a 水样经孔径 20 μm 的筛绢、孔径 2.0 μm 的核孔滤膜和 Whatman GF/F 玻璃纤维滤膜过滤，以分别获取网采（Net 级，> 20 μm）、微型（Nano 级，2 ~ 20 μm）和微微型 (Pico 级，0.2 ~ 2 μm) 的光合浮游生物，具体测定方法与叶绿素 a 相同。不同粒级结构的叶绿素浓度水平和垂直分布特征通过设置断面并测定真光层不同水层叶绿素 a 含量来实现。

11.5.1.3 初级生产力的分布特征

初级生产力的测定系采用 ^{14}C 同位素示踪法。自每个光层次（100%、50%、32.5%、10%、3% 和 1%）采得的水样，注入 2 个 250 cm^3 的平行白瓶和 1 个 250 cm^3 的黑瓶中，每瓶加入 3.7′10^5 Bq $NaH^{14}CO_3$，置于甲板模拟现场培养器中培养 4 ~ 6 h。培养完毕，水样过滤，滤膜经浓盐酸雾熏蒸后，干燥和避光保存，带回实验室使用液体闪烁计数器分析测定。水样同样经孔径 20 μm 的筛绢、孔径 2.0 μm 的核孔滤膜和 Whatman GF/F 玻璃纤维滤膜过滤。

11.5.2 微型和微微型生物

11.5.2.1 丰度分布（流式细胞术）

CTD 采水后，经 50 μm 筛绢过滤 50 mL 于棕色 PEB 瓶中，取水 1 mL 于 BD falcon 上样管中，加入 10 μL polyscience 公司产的 1 μm 标准黄绿荧光微球，直接检测微微型浮游植物丰度和群落结构，另取水样 1 mL，加入 SYBR Green I（终浓度 1/10 000）避光染色 15 min 后用于检测异养浮游细菌；另 3.6 mL 水样加入 400 μL 戊二醛混合固定剂（0.5%），避光固定 15 min 后液氮冷冻保存用于样品备份。

11.5.2.2 生物多样性（分子生物学方法）

海洋站位 100 m 以浅每层 CTD 取水 1 ～ 2 L，分别经 47 mm 的 20 μm，3 μm 和 0.2 μm 3 张滤膜过滤；100 m 以深取水 1 L，直接过滤到 47 mm 直径的 0.2 μm 孔径滤膜上，收集滤膜于 1.5 mL 冻存管中，–20℃冷冻保存。

11.5.2.3 色素结构（HPLC法）

海洋站位重点站位表层和叶绿素极大层 CTD 取水 2 ～ 3 L 经 20 μm 和 3 μm 孔径滤膜过滤后再过滤到 GF/F 膜上，过滤压力均小于 0.5 mm Hg，滤膜用铝箔纸包好后 –80℃保存。

11.5.3 鱼类浮游生物

采用鱼类浮游生物水平拖网进行鱼类浮游生物样品采集，水平拖网每站需要 10 min，大约在到站前 0.2 n mile 处放网，水平拖曳 10 min 起网。拖网网具为 280 cm（网长）× 80 cm（网口内径）× 0.5 m^2（网口面积）的大型浮游生物网。

11.5.4 底栖生物

大型底栖生物拖网使用网口为 2.5 m 的阿氏拖网进行底栖生物拖网取样，上部网衣网孔小于 2 cm，底部网衣网孔小于 0.7 cm，船速控制在 2 ～ 3 kn，拖网绳长为水深的 2 ～ 3 倍，拖网时间 15 ～ 30 min。尽可能地收集所采到的所有生物样品，并记录优势种的重量和数量，取样结束后，必须清除网衣上的遗留生物，以免带入下一站所采生物中。标本经初步处理后，除用于活体观测的样品外，均应及时使用固定液固定和保存，并小心地放入标本箱中，带回实验室分析鉴定。

11.5.5 海冰生物群落

海冰理化：到达冰站后，首先测定冰面气温和冰表积雪厚度。冰芯由 Mark Ⅱ 冰芯钻获得（内径 9 cm），冰芯采集后，立即转移至 PVC 管中。每隔 5 cm 用电钻钻孔，用 Testo 温度计测定冰芯温度；然后对冰芯进行 20 cm 等份分割（其中冰底 5 cm），用冰芯袋包裹并敲碎后放入经稀酸浸泡和 Milli-Q 水冲洗的 PE 小桶中自然融化，测定融水盐度以及叶绿素含量，并进行营养盐取样。

海冰生态：对 ICE01、ICE02、ICE04 和 ICE06 冰站获取的冰芯进行 20 cm 等份分割（其中冰底 5 cm），敲碎并加入 0.2 μm 滤膜过滤后的海水进行等渗融化后，同时对积雪进行低温融化，进行微小型生物群落结构和生物多样性样品采集。

11.6 质量控制

11.6.1 现场考察所采用的标准

现场考察各专业样品和数据采集、保存、运输、分析和标本制作均按照《GB/T 12763.1—2007 海洋调查规范 第 1 部分：总则》、《GB17378.3—2007 海洋监测规范 第 3 部分：样品采集、储存与运输》、《GB/T 12763.6—2007 海洋调查规范　第 6 部分：海洋生物调查》、《GB/T 12763.9—2007 海洋调查规范　第 9 部分：海洋生态调查指南》、《HY/T 084—2005 海湾生态监测技术规程》、《极地海洋水文气象、化学和生物调查技术规程》第 10 部分海洋生物调查和中国人民共和国海洋行业标准《极地生态环境监测规范（草案稿）》中的有关规定进行，保证产生合格数据。

11.6.2　现场考察人员培训

在航次进行前组织考察队员参加由国家标准计量中心组织的第八次北极科学考察质量管理培训，学习北极科考质量控制与监督管理办法、实施方案及考察数据管理要求等，并组织仪器使用、实验操作以及航次物质准备培训，确保现场考察人员能够严格按照规范进行各项操作，并在航次进行中定时对各项流程进行自查，并做相关记录。

11.6.3　仪器设备校准与检定

在航次开始之前对各专业需要检定、校准的仪器按规定送检。如航次主要使用仪器流式细胞仪 FACSCalibur 起航前经 BD 公司工程师校准，并出具仪器状态报告，航次过程中也经常使用 BD 公司提供微球进行激光信号检测且无异常现象出现，数据可靠。流式细胞仪测定微微型浮游生物的方法和操作参照国标《GB/T 30737—2014 海洋微微型光合浮游生物的测定——流式细胞测定法》执行。用于光合浮游生物群落结构分析的 HPLC 在样品分析前由本仪器代理公司负责仪器标定，色谱柱检验。样品分析过程由两人共同操作，检查标样及样品分析。

11.6.4　数据记录与质量评估

海上采样和分析记录由具有资质的人员实施。具体结果填入调查信息的各相关记录表格中，并将各调查要素的原始资料进行整理与整编。样品采集和分离后，认真分拣，做好标识及样品固定。需要现场鉴定的样品立即做好记录并由操作人签字确认。分样后确认样品已经妥善固定保存。实验室测定的样品，做好样品存储、输送过程中的标识，记录样品状态，并做唯一性标识，填写采样记录。确保样品记录准确有序，样品采集和处理过程应由操作人员签字确认。

本次考察中样品和数据的采集、保存、运输、分析等过程严格按照规范进行，参与人员经过相关培训，所用仪器设备符合相关要求，样品和数据采集、交接原始记录清晰，所获数据符合质量控制要求。

11.7　任务分工与完成情况

11.7.1　任务分工

中国第八次北极科学考察海洋生物多样性现场调查主要由国家海洋局第三海洋研究所、国家海洋局第二海洋研究所、中国极地研究中心和国家海洋局东海分局共同完成。其中，国家海洋局第三海洋研究所为牵头单位，负责底栖生物和鱼类浮游生物调查；国家海洋局第二海洋研究所负责基础环境参数调查；中国极地研究中心负责微型和微微型浮游生物及海冰生物调查，国家海洋局东海分局协助完成微型和微微型浮游生物及海冰生物调查。现场考察执行人员及航次任务情况见表 11-7。

表11-7 生物多样性现场考察人员及航次任务情况
Table 11-7 Information of scientists from the marine biodiversity

序号	姓名	性别	单位	航次任务
1	宋普庆	男	国家海洋局第三海洋研究所	现场执行负责人，负责底栖生物及鱼类浮游生物样品现场采集
2	李 海	男	国家海洋局第三海洋研究所	协助底栖生物及鱼类浮游生物样品现场采集
3	乐凤凤	女	国家海洋局第二海洋研究所	负责基础环境参数样品的采集和分析
4	蓝木盛	男	中国极地研究中心	负责微型和微微型浮游生物及海冰生物样品的现场采集和分析
5	崔丽娜	女	国家海洋局东海分局	协助微型和微微型浮游生物及海冰生物样品的现场采集和分析

11.7.2 完成情况

11.7.2.1 基础环境参数

截至 2017 年 9 月 24 日，共累计完成 54 个叶绿素站位、13 个初级生产力站位的作业，共获取总叶绿素样品 86 个，分级叶绿素（分 Net，Nano，Pico 3 个粒级）样品 705 个；初级生产力样品 513 个。

2017 年 8 月 1—16 日，于北冰洋中心区 75°N 以北的密集冰区完成分级叶绿素测站 8 个，初级生产力测站 3 个，获得粒度分级叶绿素样品 159 个，初级生产力样品 81 个。

2017 年 8 月 19—23 日，于北冰洋大西洋扇区北欧海测区，完成叶绿素测站 14 个，其中分级叶绿素测站 7 个。总计获得总叶绿素样品 46 个，粒度分级叶绿素样品 129 个；初级生产力测站 3 个，初级生产力样品 162 个。

2017 年 9 月 7—10 日，于北冰洋加拿大海盆测区，完成叶绿素测站 9 个，其中分级测站 5 个，获得总叶绿素样品 30 个，粒度分级叶绿素样品 108 个；初级生产力测站 2 个，初级生产力样品 108 个。

2017 年 9 月 20—23 日，于北冰洋楚科奇海测区，完成叶绿素测站 16 个，全部进行分级过滤，共获得分级叶绿素样品 243 个；初级生产力测站 3 个，初级生产力样品 81 个。

2017 年 9 月 24 日，于北冰洋白令海测区，完成叶绿素测站 6 个，其中分级测站 4 个，获得总叶绿素样品 9 个，粒度分级叶绿素样品 48 个；初级生产力测站 1 个，初级生产力样品 27 个。

11.7.2.2 微型和微微型浮游生物

通过走航调查站位作业，共获取微微型浮游植物和异养浮游细菌丰富数据各 23 份，获取分子生物学样品 74 份（含宏基因样品 5 份）；在断面调查期间，共完成了 50 个站位的调查，进行了 FCM 现场分析、分子生物学样品采集与宏基因样品采集，分子生物学样品使用 47 mm/20 μm、47 mm/3 μm 和 47 mm/0.2 μm 滤膜分级过滤，宏基因样品经切向流大体积富集后使用 47 mm/0.2 μm 滤膜过滤，共获取微微型浮游植物丰度数据 251 份，异养浮游细菌丰富数据 396 份，分子生物学分级样品 822 份，宏基因样品 41 份。

11.7.2.3 鱼类浮游生物

截至 2017 年 9 月 14 日，共完成 20 个站位的鱼类浮游生物水平拖网，其中白令海 5 个站位，楚科奇海 7 个站位，北冰洋中心区 4 个站位，北欧海和戴维斯海峡 4 个站位。

11.7.2.4 底栖生物

本次底栖生物拖网调查共进行了 5 个站位的调查，除在 R01 站因网衣破损没有采集到样品外，共获取 4 个站位的有效样品，楚科奇海和白令海各 2 个站位。

11.7.2.5 海冰生物

海冰理化观测方面总计获得 6 个短期冰站的 6 个气温数据、30 个积雪厚度数据、24 组冰下上层海水温盐数据、1 组冰表融池温盐数据。共采集冰芯 60 根，最长 284 cm，最短 105 cm；采集积雪样品 4 份。对其中 4 根冰芯进行现场温度测量，获取冰芯温度数据 144 个；对另外 4 根冰芯进行 20 cm 等长分割，破碎融化后进行盐度测量，获取盐度数据 36 个，同时获取营养盐和分级叶绿素样品。

海冰生态观测方面对 ICE01、ICE02、ICE04 和 ICE06 冰站获取的冰芯进行 20 cm 等份分割（其中冰底 5 cm），敲碎并加入 0.2 μm 滤膜过滤后的海水进行等渗融化后，同时对积雪进行低温融化，进行微小型生物群落结构和生物多样性样品采集；对 ICE03 和 ICE05 冰站获取的冰芯进行整冰芯等渗海水融化，进行宏基因样品采集。获得分子生物学样品 47 mm / 20 μm、47 mm / 3 μm 和 47 mm / 0.2 μm 膜样共 18 张，宏基因样品 47 mm / 0.2 μm 膜样 3 张。此外，获取冰下海水分子生物学样品 47 mm / 20 μm、47 mm / 3 μm 和 47 mm / 0.2 μm 膜样共 48 张。

11.8 数据处理与分析

11.8.1 基础环境参数

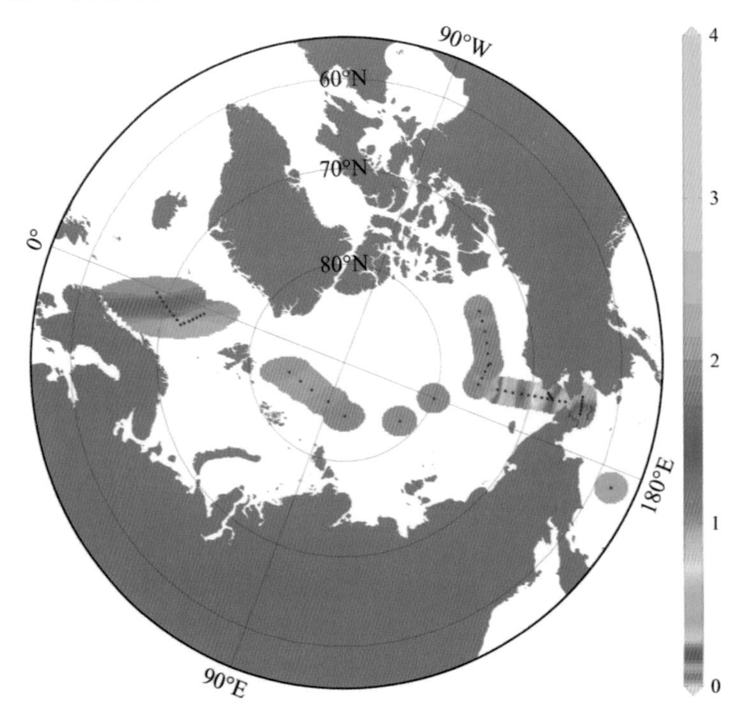

图 11-14 调查海域积分平均叶绿素浓度（mg/m^3）分布

Fig. 11-14 Distribution of integral averaged Chl a concentration during 8th CHINARE

从已获得的结果来看（图 11-14），楚科奇海域是整个北冰洋海域浮游植物生物量最高的区域（Chl a >1.0 mg/m^3），尤其是白令海峡附近。高叶绿素浓度集中出现在南端的 R01 ~ R03 站位，最高值 7.81 mg/m^3 出现在 R01 站的底层（50 m）。垂直分布上，R 断面叶绿素浓度在水体中的分布较均匀，这与调查期间海况较差、混合层深度较深有关。R01 底层的叶绿素高值则极有可能是楚科奇海独特的"食物脉冲"的表现，上层浮游植物旺发被较强的水体垂直混合携带至底层。R08 站叶绿素浓度显著高于相邻站位，30 m 以浅水体中叶绿素浓度均较高，需结合理化参数进一步分析（图 11-15）。从粒级结构看，浮游植物各粒级对总生物量的贡献为 Net > Nano > Pico，小型浮游植物是该海域的优势类群，这与以往航次调查结果相符。

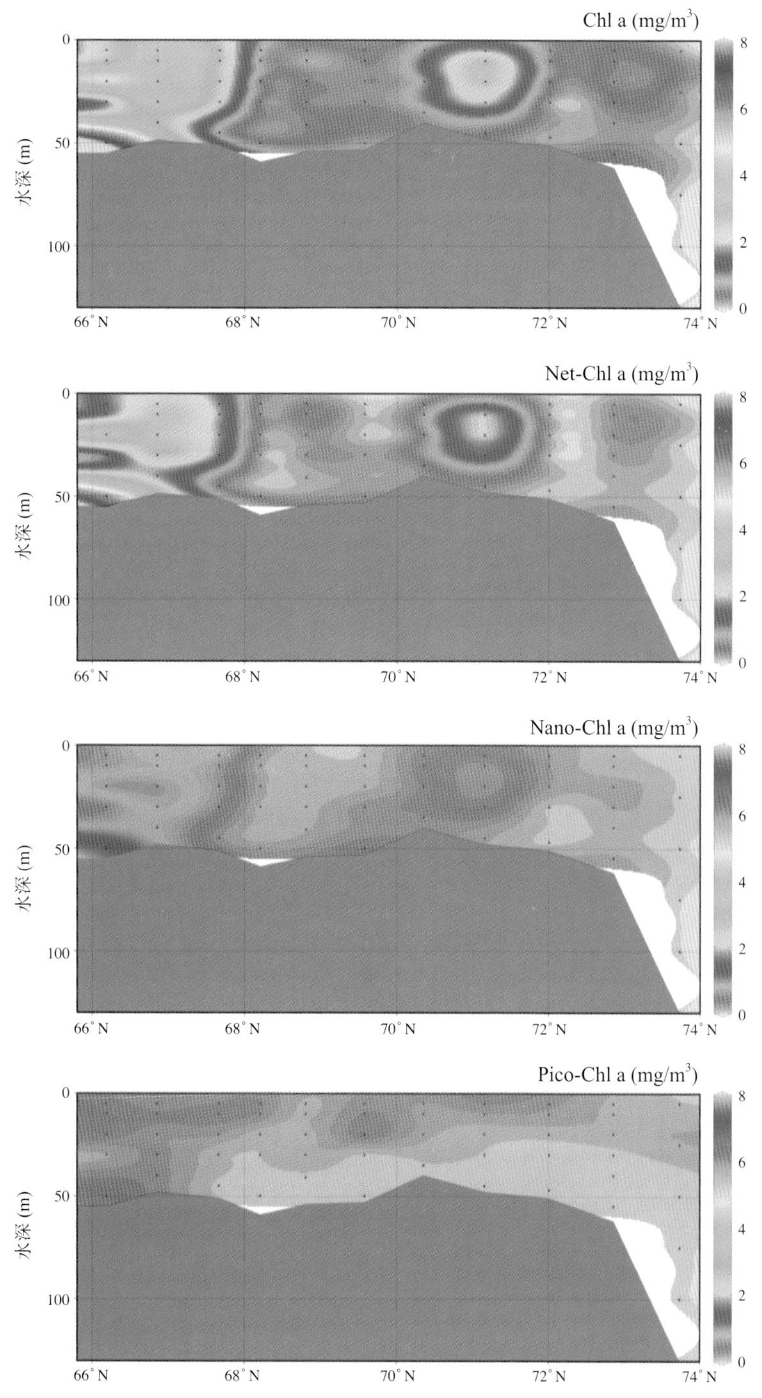

图 11-15 楚科奇海 R 断面各粒级叶绿素浓度分布

Fig. 11-15 Chl a distribution along section R at Chukchi Sea during 8th CHINARE

北欧海测区叶绿素浓度明显高于北冰洋中心区 75°N 以北密集冰区和加拿大海盆区。温暖的大西洋入流水给北欧海带来大量营养盐，且该区域终年不结冰，是北冰洋海域生产力最高的区域之一（Popova et al., 2010）。在北欧海测区的 BB 和 AT 断面，纬度较低的 AT 断面浮游植物生物量较高（AT02 站表层 Chl a 浓度高于 1.0 mg/m^3），浮游植物各粒级对总生物量的贡献均为 Pico＞Nano＞Net（图 11-16，图 11-17）。在垂直分布上，BB 断面中北部站位存在较为明显的次表层叶绿素浓度最大值（SCM）现象，一般在 50 m 水层附近。而 AT 断面 Chl a 浓度的最高值均出现在 20 m 以浅水体中，贡献率最高的 Pico 级叶绿素主要存在于光线较好的表层和次表层，且最高值往往出现在表层，在 50 m 水深以下其生物量急剧下降。

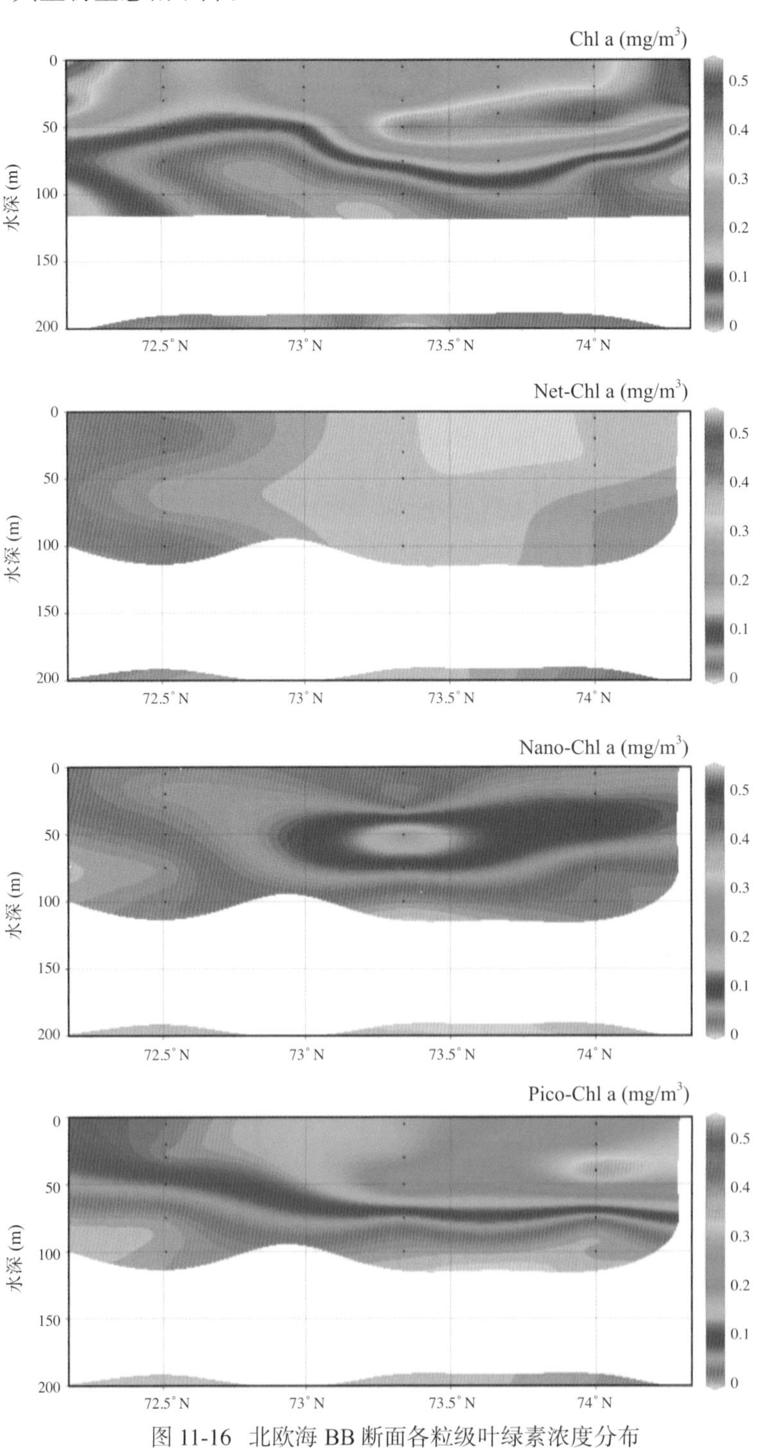

图 11-16 北欧海 BB 断面各粒级叶绿素浓度分布

Fig. 11-16 Chl a distribution along section BB at North Europe Sea during 8th CHINARE

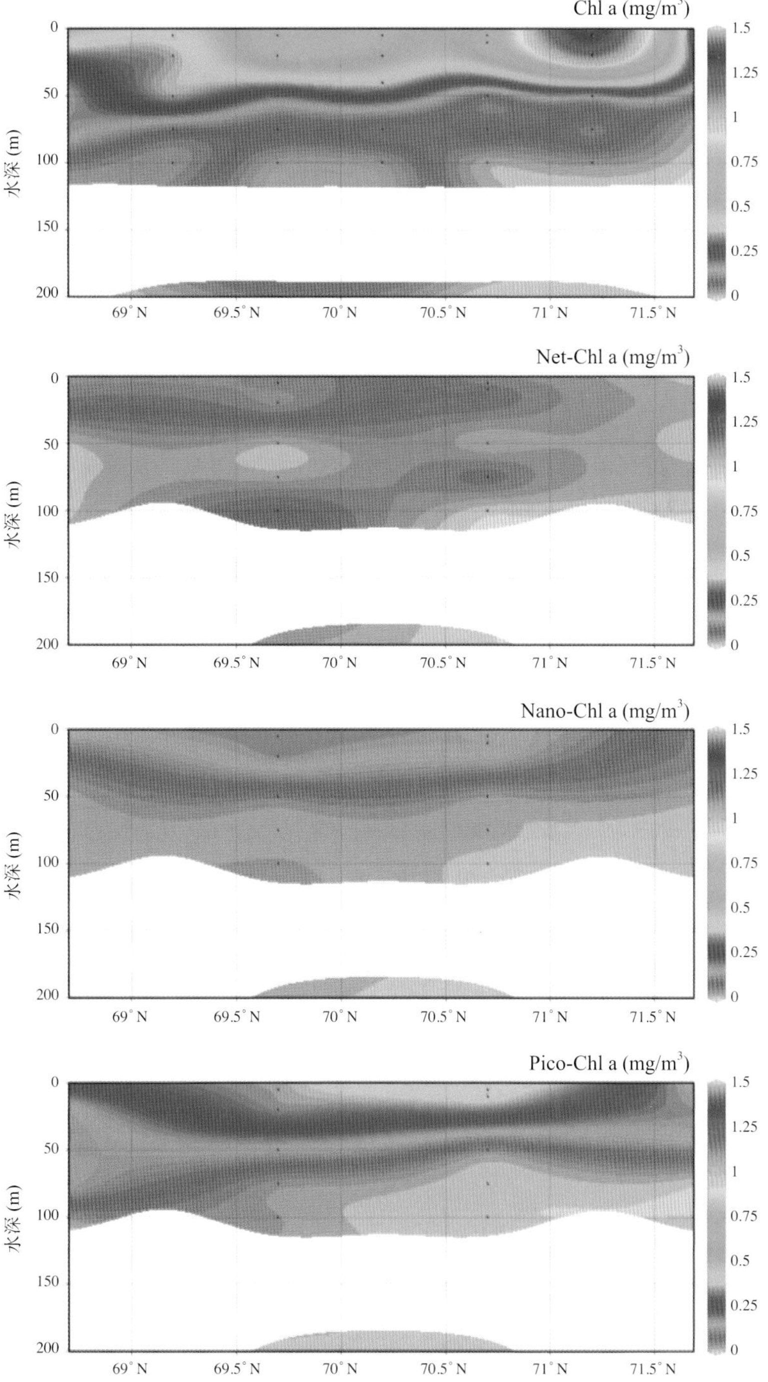

图 11-17 北欧海 AT 断面各粒级叶绿素浓度分布

Fig. 11-17 Chl a distribution along section AT at North Europe Sea during 8th CHINARE

加拿大海盆区浮游植物生长受营养盐限制，叶绿素浓度普遍较低（< 0.2 mg/m^3），且存在明显的次表层叶绿素浓度最大值现象（SCM）。8—9 月该区域近表层营养盐趋于耗尽，主要依赖于底层水的补充，因此浮游植物叶绿素的高值出现在光照和营养盐达到最佳权衡的次表层（50 ~ 80 m）。从各粒级对总叶绿素的贡献来看，在海盆区以小颗粒 Pico 级分的贡献为主（图 11-18）。

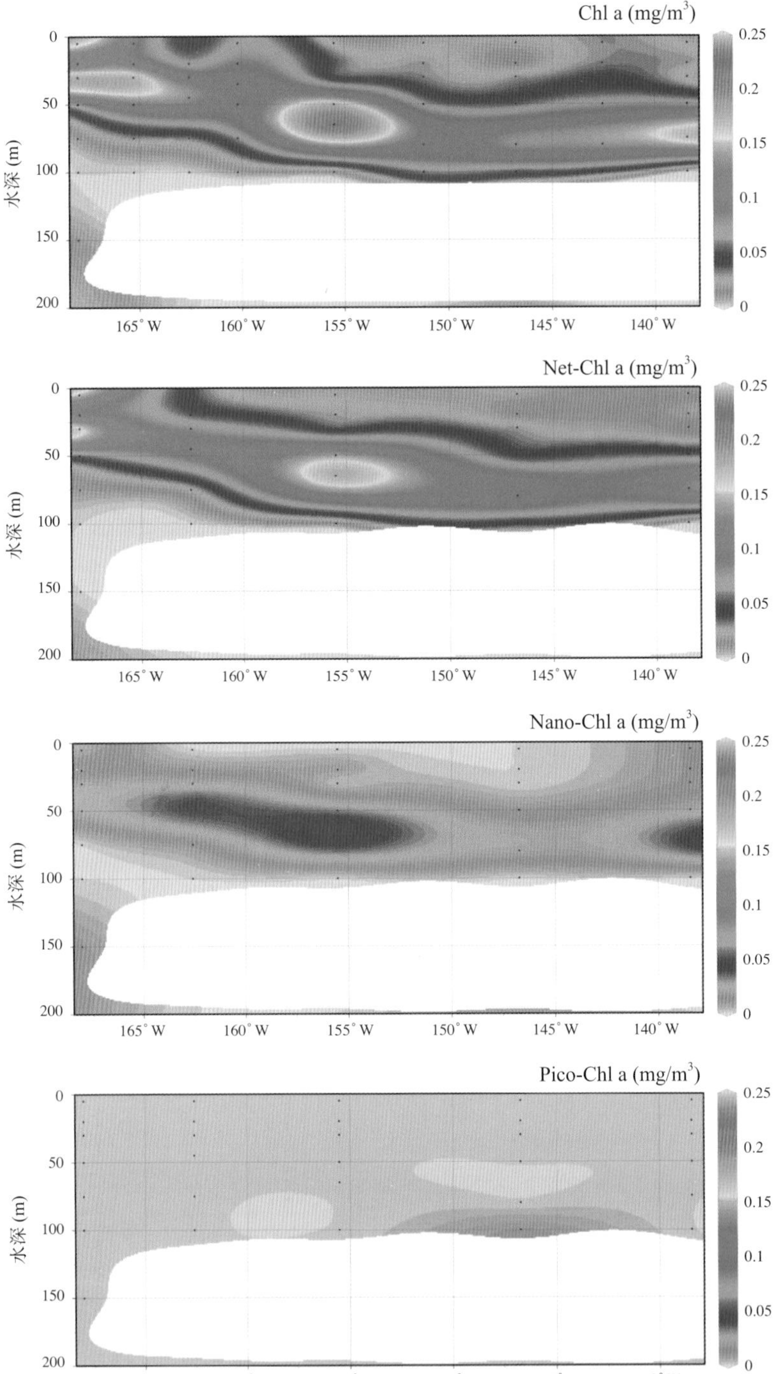

图 11-18　加拿大海盆区 P 断面各粒级叶绿素浓度分布
Fig. 11-18　Chl a distribution along section P at Canada Basin during 8th CHINARE

北冰洋中心区 N 断面的观测结果显示（图 11-19），浮游植物生物量水平与加拿大海盆区相当，但二者的分布特征有较大差别。N 断面叶绿素浓度的高值往往出现在表层和近表层，随着深度的增加，海冰覆盖所导致的光限制增加，叶绿素浓度迅速降低。在粒级结构上，Net 和 Nano 级分所占比例较之加拿大海盆区明显增加，这可能与营养盐浓度分布有关。这种生物—地理分布上的差异显示出北冰洋不同生境下浮游植物生长具有截然不同的受控机制，有待结合其他专业数据资料进行深入分析。

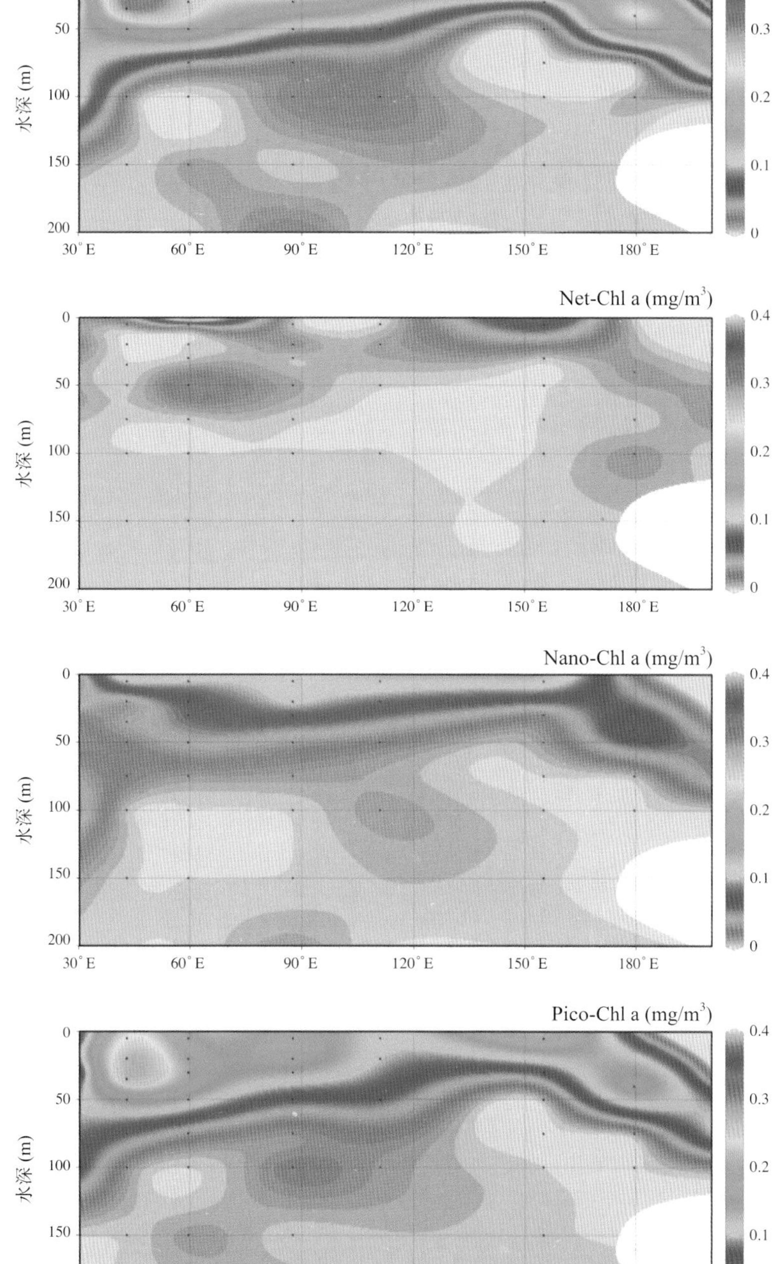

图 11-19 北冰洋中心区 N 断面各粒级叶绿素浓度分布

Fig. 11-19 Chl a distribution along section N at the Central Arctic Ocean during 8th CHINARE

11.8.2 微型和微微型浮游生物

11.8.2.1 北冰洋太平洋扇区与北欧海微微型光合浮游植物的丰度与分布

1）北冰洋太平洋扇区

在北冰洋太平洋扇区，采集了 64° ～ 75° N 范围海域 24 个站位共 120 层的水样，通过流式细胞仪对微微型光合浮游植物的丰度进行现场测量，结果显示北冰洋太平洋扇区海洋微微型光合浮游植物主要由聚球藻和微微型真核浮游植物组成。聚球藻丰度在 23×10^3 ~ 77.764×10^3 cells/mL 范围内，最高值位于 BS06 站表层；微微型真核浮游植物丰度在 6×10^3 ~ 45.915×10^3 cells/mL 范围内，最高值同样位于 BS06 站表层。

如图 11-20 和图 11-21 所示，从水平分布上来看，表层海水中的聚球藻丰度分布和微微型真核浮游植物具有明显的相似性，总体上从白令海陆架至楚科奇海陆坡呈现由南往北递减的趋势，加拿大海盆中聚球藻和微微型真核藻都低于或接近检测限。受水团的影响，靠近阿拉斯加一侧其聚球藻丰度和微微型真核浮游植物丰度明显高于中部。二者的分布差异主要体现在：进入 71°N 以北的楚科奇海域陆坡后，聚球藻迅速消失，而微微型真核藻仍然有少量分布。

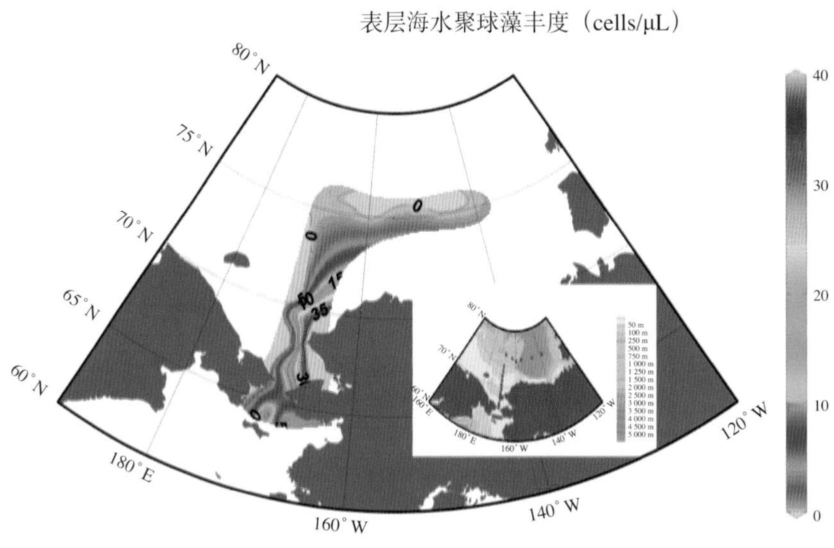

图 11-20　北冰洋太平洋扇区表层海水中聚球藻的丰度分布

Fig. 11-20 Distribution of Synechococcus in the surface water of Chukchi Sea during 8th CHINARE (cells/μL)

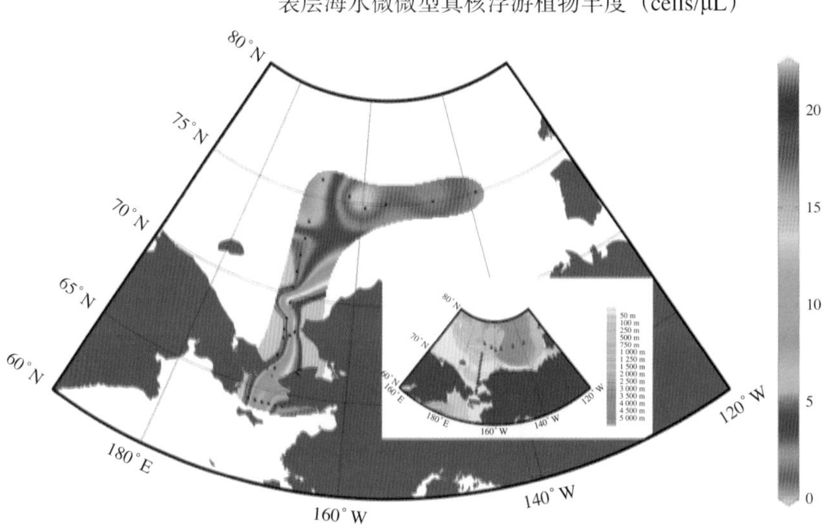

图 11-21　北冰洋太平洋扇区表层海水中微微型真核浮游植物的丰度分布

Fig. 11-21 Distribution of pico-eukaryotic phytoplankton in the surface water of Chukchi Sea during 8th CHINARE (cells/μL)

如图 11-22 ～图 11-25 所示，从剖面垂直分布来看，在白令海北部陆架区 BS 断面，聚球藻和微微型真核浮游植物主要分布在 30 m 水深以浅，丰度自西向东递增，这与该海域的水团分布直接相关，自西向东分别为阿纳德尔水、白令海陆架水和阿拉斯加沿岸水，阿拉斯加沿岸水因为水温高同时接受陆地来源的藻类输入，聚球藻和微微型真核浮游植物的丰度均明显高于中部的白令海陆架水和西部的阿纳德尔水控制区。在楚科奇海陆架区 R 断面，聚球藻主要分布于 71°N 以南海域 30 m 以浅水体中，微微型真核浮游植物除了在 71°N 以南海域 30 m 以浅水体中有明显分布外，其在楚科奇海陆坡 R11 站也有明显检出。此外，二者均在 R06 站出现高值，这可能与夏季东西伯利亚流的入侵有关系。

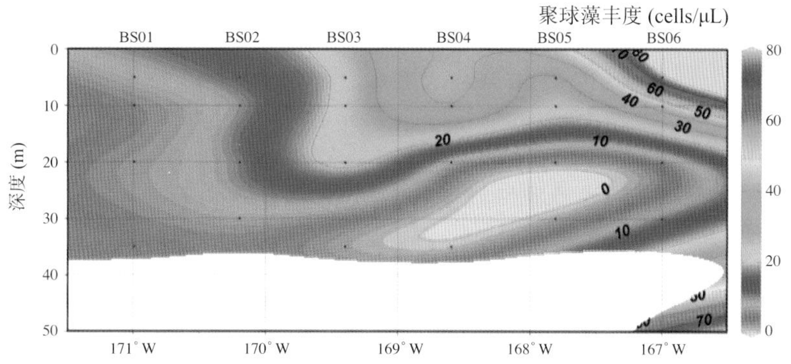

图 11-22 白令海陆架区 BS 断面海水中聚球藻的丰度分布

Fig. 11-22 Distribution of Synechococcus on section BS of Bering Sea Shelf during 8th CHINARE (cells/μL)

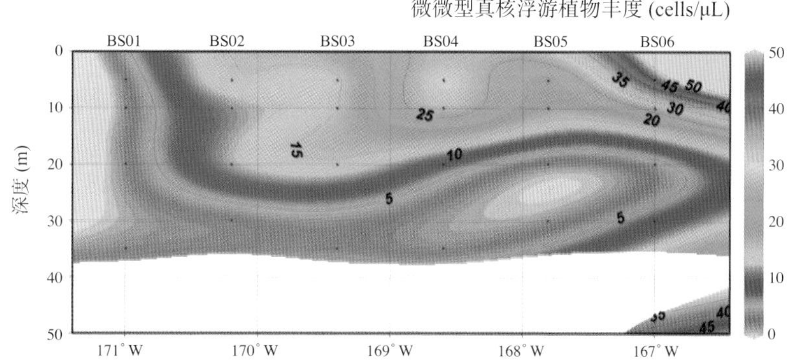

图 11-23 白令海陆架区 BS 断面海水中微微型真核浮游植物的丰度分布

Fig. 11-23 Distribution of pico-eukaryotic phytoplankton on section BS of Bering Sea Shelf during 8th CHINARE (cells/μL)

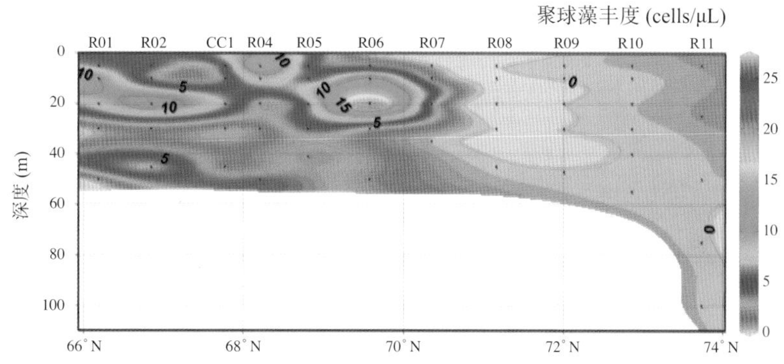

图 11-24 楚科奇海陆架区 R 断面海水中聚球藻的丰度分布

Fig. 11-24 Distribution of Synechococcus on section R of Chukchi Sea Shelf during 8th CHINARE (cells/μL)

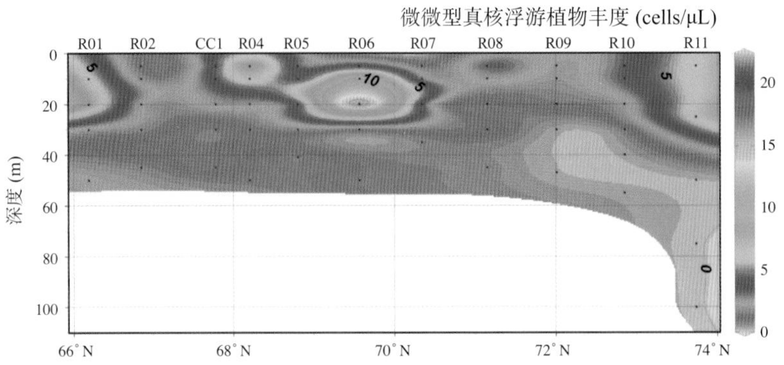

图 11-25 楚科奇海陆架区 R 断面海水中微微型真核浮游植物的丰度分布
Fig. 11-25 Distribution of pico-eukaryotic phytoplankton on section R of Bering Sea Shelf during 8th CHINARE (cells/μL)

（2）北欧海

在北欧海，采集了 68°～ 75° N 范围海域中 AT 和 BB 两个断面共 11 个站位 54 层的水样，利用流式细胞仪对海洋微微型光合浮游植物进行了现场测定。测定结果显示，该海域海洋聚球藻的丰度范围为 59×10^3 ～ 128.298×10^3 cells/mL，最高值位于 BB03 站位表层；微微型真核浮游植物的丰度范围为 41×10^3 ～ 18.932×10^3 cells/mL，最高值位于 AT01 站位表层。

如图 11-26 和图 11-27 所示，从分布上来看，聚球藻的丰度总体较高，AT 断面南部和 BB 断面南部均出现高值，BB03 及邻近站位出现的高值可能与这些站位靠近挪威而受到沿岸水的影响有关。微微型真核浮游植物的在断面水体垂向上的分布特征与聚球藻基本一致，主要分布于 40 m 深度以浅（见图 11-28 和图 11-29），而在纬度梯度上的分布上，二者的分布特征基本相反。在北欧海，微微型光合浮游植物的分布深度与北冰洋太平洋扇区相比更深，这可能与该海域受到风和海流的作用强烈导致混合层更深有关。

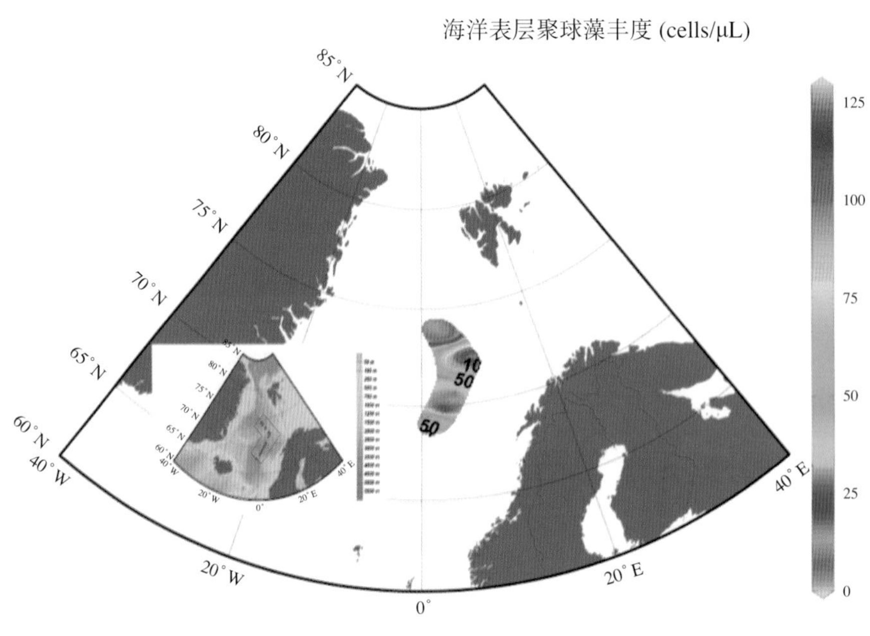

图 11-26 BB 和 AT 断面海洋表层聚球藻丰度分布
Fig. 11-26 Distribution of Synechococcus in the surface water of section BB and AT at Atlantique Arctic Ocean during 8th CHINARE (cells/μL)

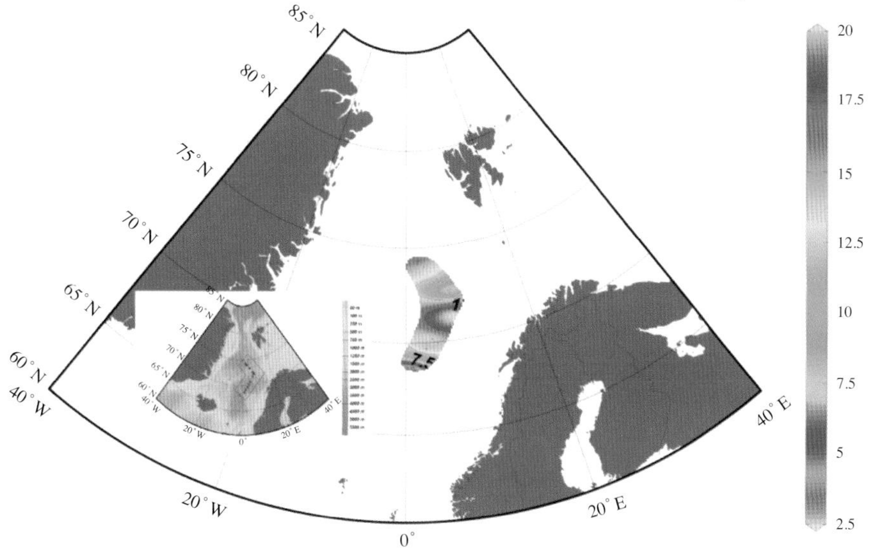

图 11-27 BB 和 AT 断面海洋表层微微型真核浮游植物丰度分布

Fig. 11-27 Distribution of pico-eukaryotic phytoplankton in the surface water of section BB and AT at Atlantique Arctic Ocean during 8th CHINARE (cells/μL)

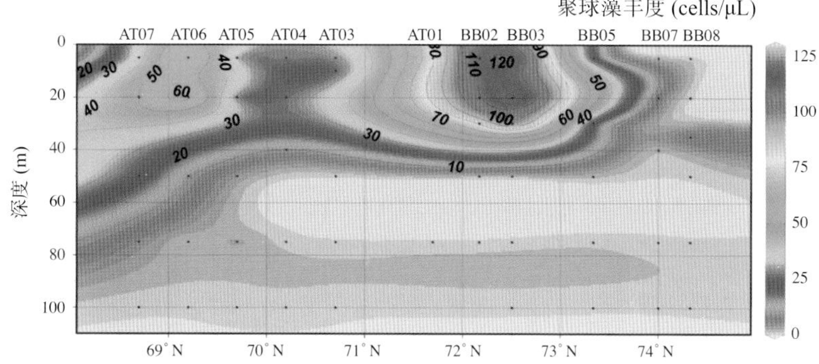

图 11-28 BB 和 AT 断面聚球藻剖面丰度分布

Fig. 11-28 Distribution of Synechococcus on section BB and AT at Atlantique-Arctic Ocean during 8th CHINARE (cells/μL)

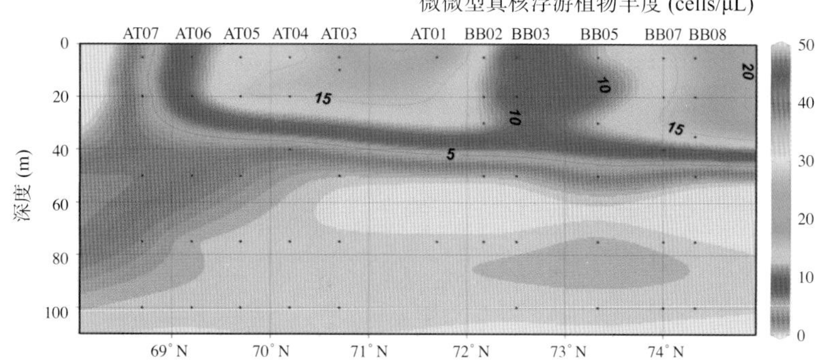

图 11-29 BB 和 AT 断面微微型真核浮游植物剖面丰度分布

Fig. 11-29 Distribution of pico-eukaryotic phytoplankton on section BB and AT at Atlantique-Arctic Ocean during 8th CHINARE (cells/μL)

3）历年数据比较

楚科奇海 R 断面是我国北极考察的传统调查断面，该断面微微型浮游生物丰度分布能良好地显示微微型浮游生物随纬度的变化及断面各区域水团对生物丰度分布的影响。与中国第七次北极科学考察获取的调查结果相比（见图 11-30 和图 11-31），两次考察得出的聚球藻和微微型真核浮游植物分布特征均基本一致。在丰度水平上，第八次北极科学考察获取的测量结果无论是聚球藻丰度还是微微型真核浮游植物丰度，均普遍高于第七次北极科学考察，这可能与本航次在该断面的调查时间稍晚于第七次北极科学考察有关。

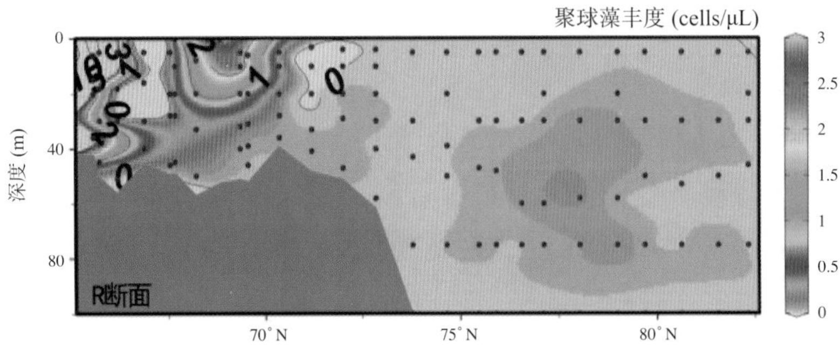

图 11-30 中国第七次北极科学考察期间 R 断面聚球藻剖面丰度分布

Fig. 11-30 Distribution of Synechococcus on section R of Chukchi Sea during 7th CHINARE (cells/μL)

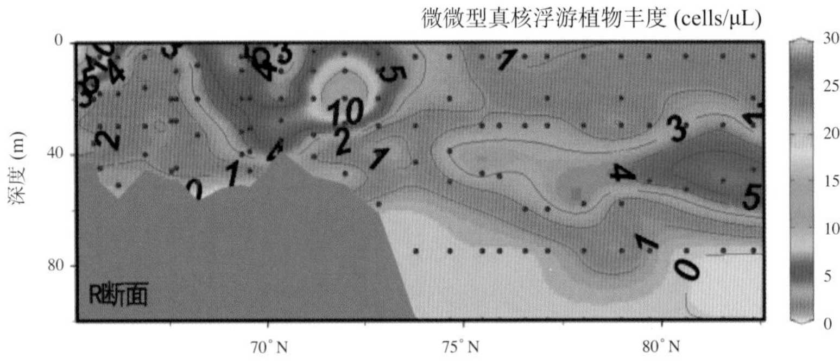

图 11-31 中国第七次北极科学考察期间 R 断面微微型真核浮游植物剖面丰度分布

Fig. 11-31 Distribution of pico-eukaryotic phytoplankton on section R of Chukchi Sea during 7th CHINARE (cells/μL)

11.8.2.2 白令海、楚科奇海台、加拿大海盆断面浮游细菌多样性及群落结构

对白令海、楚科奇海台、加拿大海盆断面的 13 个站位共 41 个层位（图 11-32）的浮游细菌多样性通过第二代高通量测序技术进行测序分析。经过对原始下机序列的质检，剔除引物序列、嵌合体及不合格序列，对相似度在 97% 以上序列聚类为 1 个可操作分类单元（OTU），使用 Greengene 13.8 数据库对 OTU 进行注释。

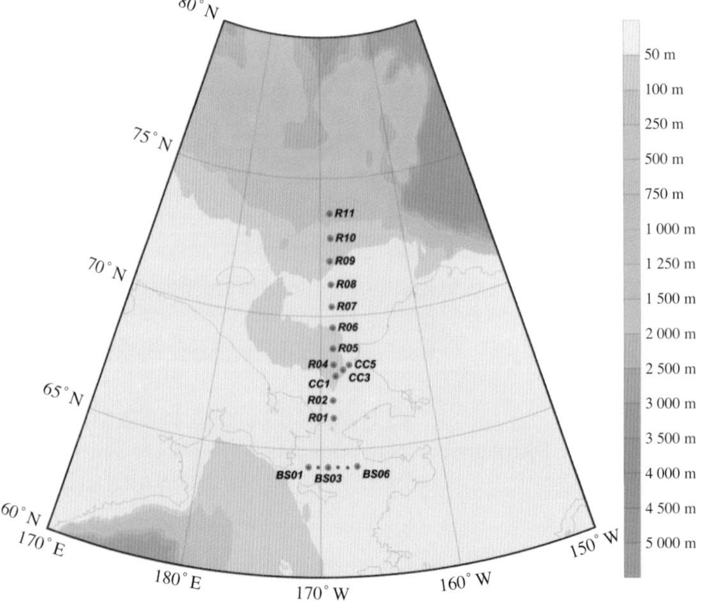

图 11-32 白令海、楚科奇海台、加拿大海盆采样站位

Fig. 11-32 The map of sampling stations

1）可操作分类单元(OUT)及各分类水平单元的分布

在白令海、楚科奇海台及加拿大海盆 13 个站位 41 个层位的样品中，共获得 4 651 个 OTUs，1 219 382 条有效序

列，平均每样品 1 978 个 OTUs，29 741 条有效序列。为分析地理位置对微浮游细菌分布的影响，对 4 个断面浮游细菌组成进行了比较（图 11-33），发现在注释到的 4 651 个 OTUs 中，23.59%（1 097 OTUs）为 B 断面、BS 断面、CC 断面和 R 断面所共有，30.85%（1 435 OTUs）为 BS 断面、CC 断面和 R 断面所共有，位于白令海纬度相对较低的 B08 站位浮游细菌群落组成与纬度较高，相距较远的其他断面站位浮游细菌组成较远。此外，有 12.69%（590 OTUs）为特有 OTUs，其中 3.5%（163 OTUs）为 B 断面所特有，0.99%（46 OTUs）为 BS 断面所特有，1.40%（65 OTUs）为 CC 断面所特有，6.79%（316 OTUs）为 R 断面所特有。

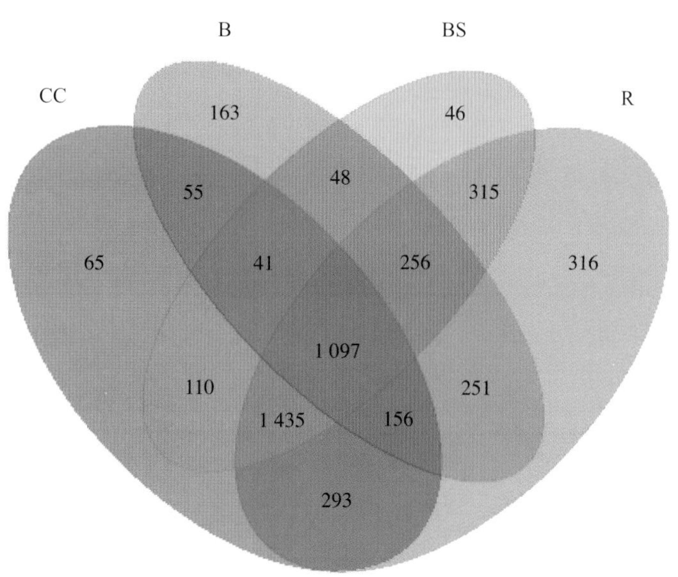

图 11-33 白令海、加拿大海盆、楚科奇海台浮游细菌 OTU 组成韦恩图
Fig. 11-33 The Venn analysis of bacterioplankton OTU in Arctic

2）样品复杂度分析（阿尔法多样性指数Alpha diversity）

采用阿尔法多样性指数来反映白令海、楚科奇海台及加拿大海盆浮游细菌群落结构的多样性特征，包括侧重于体现群落丰富度的 Chao1 指数和 ACE 指数，兼顾群落丰富度和均匀度的 Shannon 指数和 Simpson 指数。Chao1 或 ACE 指数越大，表明群落的丰富度越高；Shannon 或 Simpson 指数值越高，表明群落的多样性越高。其中，Shannon 指数对群落的丰富度以及稀有 OTU 更敏感，而 Simpson 指数对均匀度和群落中的优势 OTU 更敏感。对有效序列抽平处理后，阿尔法多样性指数如表 11-8 所示。

表11–8 各样品阿尔法多样性指数
Table 11–8 The alpha diversity of bacterioplankton

站位	Chao1	ACE	Simpson	Shannon	Goods coverage
B08.0	1 244.01	1 269.37	0.98	7.42	0.99
B08.30	1 406.05	1 464.07	0.99	8.14	0.99
B08.60scm	1 381.11	1 349.41	0.99	7.69	0.99
B08.100	1 260.67	1 241.74	0.99	7.48	0.99
B08.200	1 258.39	1 274.67	0.98	7.48	0.99
BS01.0	1 676.15	1 650.73	0.99	7.63	0.98

续表11-8

站位	Chao1	ACE	Simpson	Shannon	Goods coverage
BS01.10scm	1 668.32	1 674.50	0.99	7.76	0.98
BS01.35	1 790.01	1 798.47	0.99	7.88	0.98
BS04.0	1 431.71	1 448.63	0.99	7.93	0.98
BS04.10scm	1 747.02	1 765.43	0.99	8.22	0.98
BS04.35	1 626.12	1 697.74	0.99	8.25	0.98
BS06.0	1 437.16	1 457.29	0.98	7.68	0.98
BS06.10scm	1 278.78	1 340.04	0.99	8.00	0.99
BS06.30	1 881.57	1 938.86	0.99	8.14	0.98
CC1.0	1 569.81	1 563.21	0.97	7.43	0.98
CC1.10	1 047.00	1 047.00	0.99	7.73	1.00
CC1.45	1 362.18	1 413.21	0.99	8.09	0.99
CC3.0	671.02	672.60	0.65	4.17	1.00
CC3.10	1 191.17	1 230.25	0.99	7.84	0.99
CC3.46	1 561.77	1 632.43	0.98	8.12	0.99
CC5.5	950.00	950.00	0.98	7.22	1.00
CC5.10	1 594.89	1 591.96	0.98	7.53	0.98
CC5.45	1 857.63	1 853.50	0.99	8.09	0.98
R01.0	1 458.53	1 491.09	0.98	8.21	1.00
R01.10	1 744.05	1 757.67	0.99	8.05	0.98
R01.50	1 645.71	1 600.65	0.98	7.64	0.98
R02.0	1 791.02	1 769.69	0.99	8.10	0.98
R02.10	1 870.56	1 887.13	0.99	8.39	0.98
R02.40	1 935.54	2 023.33	0.99	8.40	0.98
R05.0	1 256.26	1 260.02	0.98	7.24	0.99
R05.10	1 371.24	1 378.29	0.98	7.62	0.98
R05.41	1 759.28	1 773.30	0.99	8.11	0.98
R07.0	1 103.04	1 152.98	0.98	7.45	0.99
R07.10scm	1 603.57	1 622.78	0.98	7.68	0.98
R07.35	1 417.09	1 469.01	0.98	7.44	0.98
R09.0	1 279.33	1 312.51	0.96	6.91	0.98
R09.10	1 424.27	1 444.62	0.98	7.40	0.98
R09.47	1 597.07	1 604.79	0.97	7.60	0.98
R11.0	1 236.80	1 264.20	0.98	7.46	0.99
R11.25	1 265.47	1 253.02	0.96	7.09	0.99
R11.130	1 118.27	1 134.12	0.99	7.70	1.00

对白令海、楚科奇海台及加拿大海盆的 B 站位、 BS 断面、CC 断面和 R 断面样品的多样性指数进行比较，结果显示体现群落丰富度的 Chao1 指数、ACE 指数，兼顾群落丰富度和均匀度的 Shannon 指数，Simpson 指数在 BS 断面最高（表 11-9），Chao1 指数、ACE 指数在 B 站位最低，

Simpson 指数在 R 断面最低，而 Shannon 指数在 B 站位最低。同时，单因素方差分析结果显示，阿尔法多样性指数在各断面间无显著差异（表 11-10）。基于对目前样品的分析，以上结果表明浮游细菌的群落丰富度及均匀度在不同断面间存在差异，开阔大洋的白令海 B 站位浮游细菌丰富度及稀有类群相对于其北侧高位断面较低，而纬度较高的 R 断面其优势浮游细菌类群和均匀度低于其他断面。

表11-9　白令海、楚科奇海台及加拿大海盆多样性指数均值

Table 11-9　Alpha index of each samples

项目		样品数（个）	均值	标准差	标准误	均值的 95% 置信区间		极小值	极大值
						下限	上限		
Chao1	B	4	1 326.56	78.07	39.03	1 202.33	1 450.78	1 258.39	1 406.05
	BS	6	1 665.30	209.74	85.62	1 445.20	1 885.41	1 278.78	1 881.57
	CC	6	1 435.77	295.14	120.49	1 126.04	1 745.51	1 047.00	1 857.63
	R	12	1 562.68	248.26	71.67	1 404.94	1 720.41	1 118.27	1 935.54
	总数	28	1 523.74	250.34	47.31	1 426.67	1 620.82	1 047.00	1 935.54
ACE	B	4	1 332.47	98.62	49.31	1 175.54	1 489.40	1 241.74	1 464.07
	BS	6	1 702.51	200.61	81.90	1 491.98	1 913.03	1 340.04	1 938.86
	CC	6	1 461.39	292.41	119.38	1 154.53	1 768.26	1 047.00	1 853.50
	R	12	1 579.06	259.32	74.86	1 414.29	1 743.82	1 134.12	2 023.33
	总数	28	1 545.07	256.98	48.56	1 445.43	1 644.72	1 047.00	2 023.33
Simpson	B	4	0.987 5	0.00	0.00	0.98	1.00	0.98	0.99
	BS	6	0.990 0	0.00	0.00	0.99	0.99	0.99	0.99
	CC	6	0.986 7	0.01	0.00	0.98	0.99	0.98	0.99
	R	12	0.981 7	0.01	0.00	0.98	0.99	0.96	0.99
	总数	28	0.985 4	0.01	0.00	0.98	0.99	0.96	0.99
Shannon	B	4	7.697 5	0.31	0.16	7.20	8.19	7.48	8.14
	BS	6	8.041 7	0.20	0.08	7.84	8.25	7.76	8.25
	CC	6	7.900 0	0.24	0.10	7.65	8.15	7.53	8.12
	R	12	7.760 0	0.40	0.12	7.51	8.01	7.09	8.40
	总数	28	7.841 4	0.33	0.06	7.71	7.97	7.09	8.40

表11-10　白令海、楚科奇海台及加拿大海盆多样性指数单因素方差分析

Table 11-10　ANOVA of diversity index of the Bering Sea, the Chukchi sea and the Canada Basin

多样性指数		平方和	自由度	均方	*F*	显著性 *
Chao1	组间	546 720.367	3	182 240.122	2.584	0.068
	组内	2 609 271.158	37	70 520.842		
	总数	3 155 991.525	40			
ACE	组间	586 454.048	3	195 484.683	2.736	0.057
	组内	2 643 267.948	37	71 439.674		
	总数	3 229 721.996	40			
Simpson	组间	0.010	3	0.003	1.233	0.312
	组内	0.101	37	0.003		
	总数	0.111	40			
Shannon	组间	1.564	3	0.521	1.191	0.326
	组内	16.192	37	0.438		
	总数	17.756	40			

* 均值差的显著性水平为 0.05。

3）浮游细菌群落结构及多样性组成

在白令海、楚科奇海台及加拿大海盆共有 27 个门 62 个纲的浮游细菌分布。其中，伽玛变形菌（*Gammaproteobacteria*）相对丰度最高（40% ~ 70%），其次为阿尔法变形菌（*Alphaproteobacteria*）(15% ~ 25%)、蓝细菌中的聚球藻类群（*Synechococcophycideae*）、拟杆菌（*Flavobacteriia*）类群、放线菌类群（*Actinobacteria*）、微酸菌类群（*Acidimicrobiia*）和疣微菌类群（*Verrucomicrobiae*）(图 11-34)。随着纬度的增加，不同浮游细菌类群相对丰度呈现不同的变化趋势：伽玛变形菌相对丰度呈现由 B 断面（69.99%）向 BS 断面（41.25%）、CC 断面（43.50%）、R 断面（42.31%）降低的趋势；阿尔法变形菌相对丰度在 BS 断面（14.10%）降到最低值后，随纬度增加由 CC 断面（18.47%）向 R 断面（23.19%）逐渐增加；聚球藻类群相对丰度在 BS 断面出现高峰值（18.10%）后，随着纬度增加由 CC 断面（12.89%）向 R 断面（3.16%）逐渐降低；而拟杆菌类群和放线菌类群的相对丰度则随纬度增加而呈现增加趋势（B 断面：6.04%，2.01%；BS 断面：8.56%，6.24%；CC 断面 8.89%，5.96%；R 断面：12.09%，7.36%）。

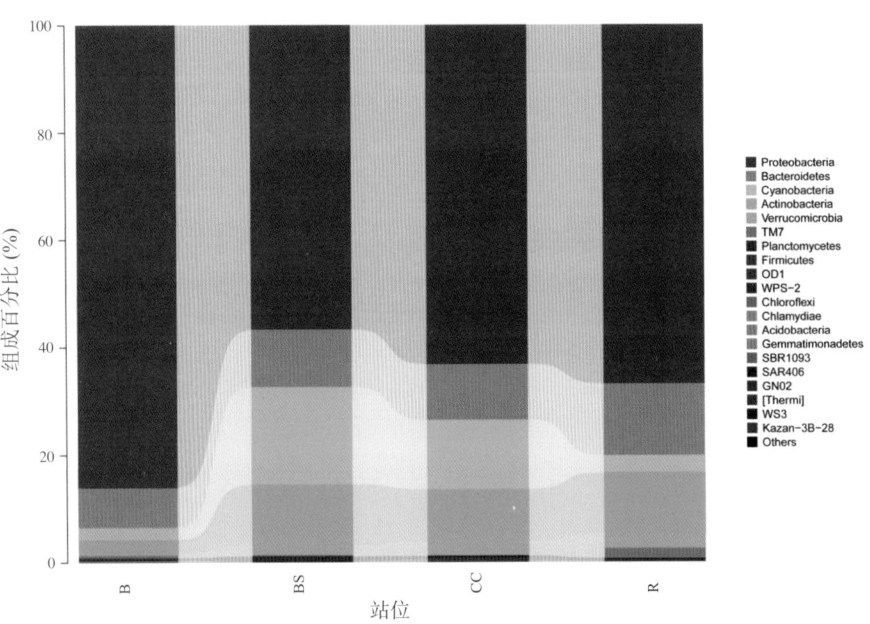

图 11-34 白令海、楚科奇海台、加拿大海盆浮游细菌群落组成（门水平）

Fig. 11-34 Bacterioplankton compositions in the Bering Sea, the Chukchi sea and the Canada Basin (phylum)

通过小提琴图结合箱线图呈现的各分类单元在不同断面的丰度分布，对上述显著性差异分析结果进行解读（图 11-35）。其中，小提琴图直观地显示数据的分布特征，“小提琴”的“胖瘦”反映了样本数据分布的密度高低（宽度越宽，表明相应序列量的样本越多）；箱线图边框代表上下四分位数间距（Interquartile range, IQR），横线代表中位值，上下触须分别代表上下四分位以外的 1.5 倍 IQR 范围，符号“•”表示超过范围的极端值。

在门分类水平上，变形菌门在 B08 站位的丰度明显高于 BS 断面、CC 断面和 R 断面，而放线菌门、芽单胞菌门（Gemmatimonadetes）、疣微菌门（Verrucomicrobia）和柔膜菌门（Tenericutes）在 B08 站位的丰度明显低于其他断面。蓝细菌门在 B08 站位和 R 断面的丰度明显高于 BS 断面、CC 断面，而迷踪菌门（Elusimicrobia）的丰度要明显高于 BS 断面和 CC 断面。拟杆菌门（Bacteroidetes）和厚壁菌门（Firmicutes）在各断面的丰度相似，前者由 B 站位、BS 断面、CC 断面至 R 断面呈现增加趋势，后者呈现减少趋势。

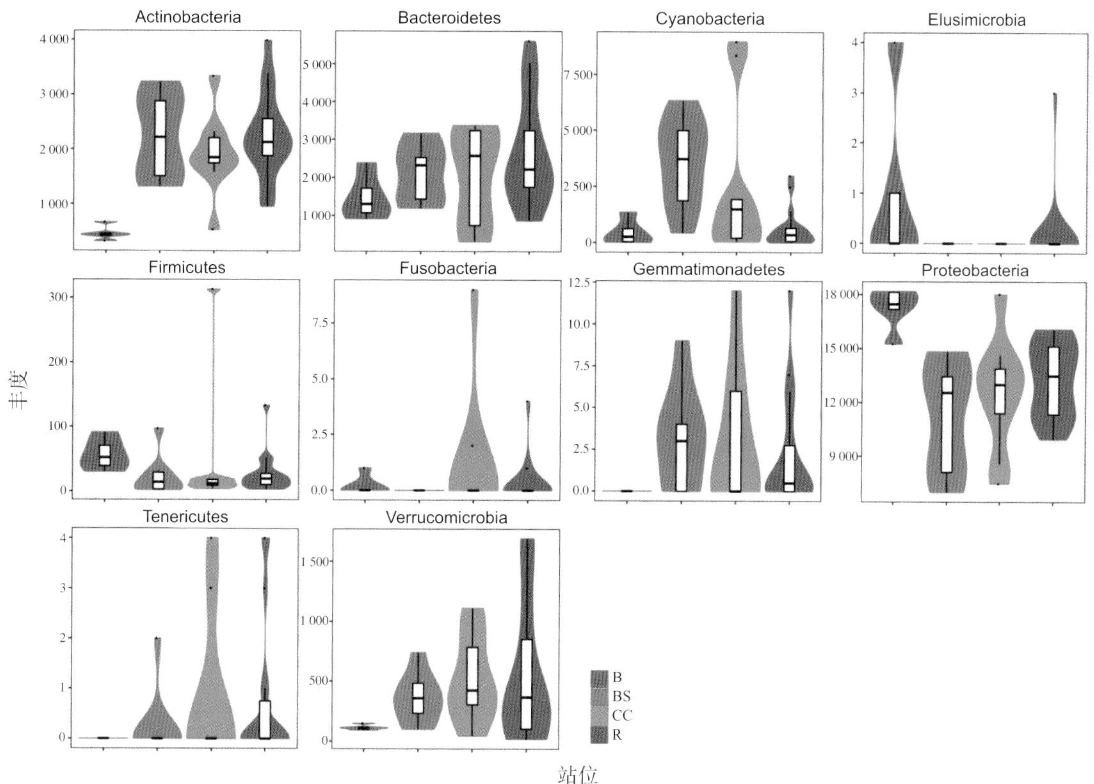

图 11-35 断面间差异最显著的前 10 个分类单元的丰度分布（门水平）

Fig. 11-35 Abundance distributions of the top 10 phyla with the most significant differences among sections

在白令海 B08 站位，优势类群为伽玛变形菌，其次为阿尔法变形菌、拟杆菌、聚球藻纲等。随着采样水层深度的增加，不同浮游细菌类群的相对丰度呈现不同的变化趋势：伽玛变形菌相对丰度总体呈现减少趋势，由 0 m 水层的 72.51% 减少至 200 m 水层的 69.67%；阿尔法变形菌的相对丰度呈现波浪变化趋势；而拟杆菌相对丰度在微弱增加 0 m 为 7.50%，30 m 为 15.31%）后整体呈现降低趋势（在 200 m 水层仅为 4.09%）；聚球藻纲类群相对丰度在 30 m 水层呈现峰值（6.71%），整体呈现降低趋势（200 m 仅为 0.03%）。在 B08 站位 30 m 水层，大洋浅层优势类群如伽玛变形菌、拟杆菌类群的相对丰度出现峰值，而淡水或深水优势类群如阿尔法变形菌类群、聚球藻纲类群相对丰度出现低值，很可能受到了一股相对高温低盐的水团影响。

在楚科奇海台的 BS 断面和 CC 断面，浮游细菌优势类群的组成及相对丰度变化趋势相似（图 11-36）。优势类群依次为伽玛变形菌、阿尔法变形菌、拟杆菌、聚球藻纲类群。在 BS 断面，随着采样水层深度的增加，伽玛变形菌的相对丰度呈曾加趋势，如在 BS06 站位其相对丰度由 18.51%（0 m）增加至 49.11%（30 m）；阿尔法变形菌相对丰度随采样深度增加，总体呈现微弱减少趋势，如在 BS06 站位相对丰度由 15.79%（0 m）减少至 12.98 %（30 m）；淡水优势类群拟杆菌、聚球藻纲类群相对丰度整体呈现降低趋势，如在 BS06 站位的拟杆菌相对丰度由 8.69%（0 m）减少至 7.59%（30 m），聚球藻类群相对丰度由 32.06%（0 m）减少至 9.43%（30 m）。在 CC 断面，随着采样水层深度的增加，伽玛变形菌的相对丰度呈现曾加趋势，如 CC5 站位其相对丰度由 30.27%（0 m）增加至 36.64%（45 m）；阿尔法变形菌的相对丰度总体呈现增加趋势，如在 CC5 站位相对丰度由 6.09%（0 m）增加至 19.84%（45 m）；拟杆菌相对丰度呈现增加趋势，如在 CC5 站位相对丰度由 1.22%（0 m）增加至 6.37%（45 m）；聚球藻纲类群相对丰度整体呈现降低趋势，如在 CC5 站位相对丰度由 44.85%（0 m）锐减至 9.84%（45 m）。

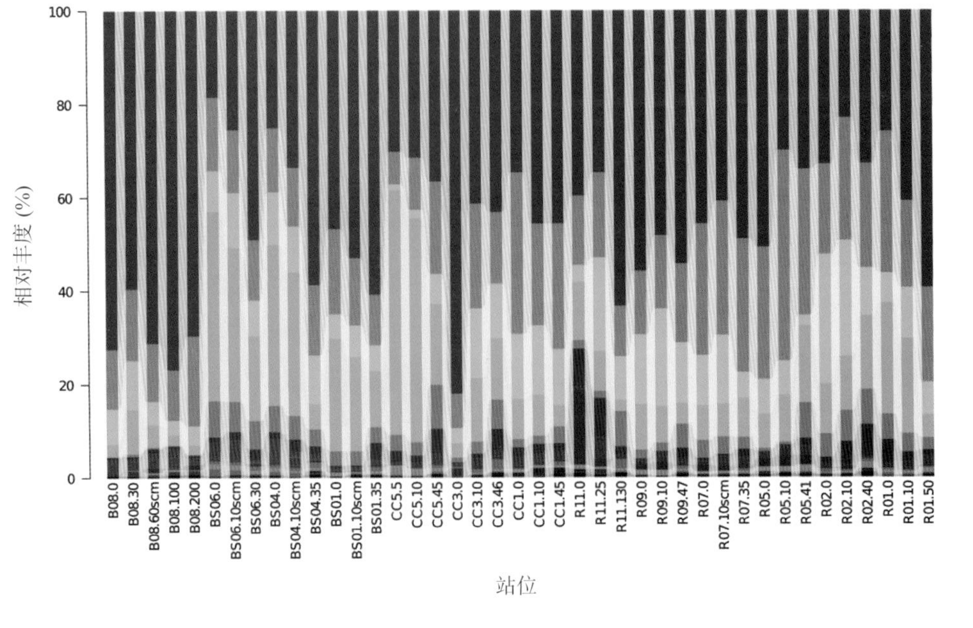

图 11-36　各样品浮游细菌群落组成（纲水平）
Fig. 11-36　Bacterioplankton composition of each samples (phylum)

在 R 断面，优势类群组成与白令海、楚科奇海台相似，即优势类群为伽玛变形菌、阿尔法变形菌、拟杆菌。伽玛变形杆菌相对丰度随所在海域而呈现不同的变化规律，在靠近楚科奇海台的 R01 站位，其变化趋势与楚科奇海台站位相似，即随采样深度的增加其相对丰度增加（0 m，25.96%；50 m，59.39%），随着越靠近加拿大海盆核心区，其相对丰度极值出现在次表层。阿尔法变形菌和拟杆菌相对丰度出现不规则变化，其中阿尔法变形菌相对丰度的峰值出现在 R06 ~ 10 m（45.07%），拟杆菌相对丰度的峰值出现在 R02 ~ 0 m（27.74%）。聚球藻纲类群仅在靠近楚科奇海台的 R01、R02、R05 站位有少量分布，在靠近加拿大海盆核心区的 R07、R09、R11 站位几乎没有分布，其中其相对丰度峰值出现在 R01 ~ 0 m（15.00%）。

同时，由于陆源水体如阿拉斯加沿岸流对楚科奇海台的影响，大洋优势浮游细菌的相对丰度由白令海、楚科奇海台至加拿大海盆降低后增加，而聚球藻纲类群呈现为先增加后减少的变化趋势。此外，在楚科奇海台的 BS 断面和 CC 断面，其越靠近海岸的站位，伽玛变形菌相对丰度减少而聚球藻纲类群相对丰度增加。

根据各分类单元的丰度分布及样本间的相似程度加以聚类，根据聚类结果对分类单元和样本分别排序，通过热图的形式加以呈现。对白令海、楚科奇海台、加拿大海盆丰度前 50 位的属进行分析并绘制热图（图 11-37）。热图结果显示，受到陆源水体影响较大的楚科奇海台断面浮游细菌在属水平上的浮游细菌群落组成相似，淡水或近岸水体优势类群丰度较高，如聚球藻属（*Synechococcus*）、十球藻属（*Octadecabacter*）等。同时，开阔大洋白令海和加拿大海盆断面样品浮游细菌优势属组成相似。

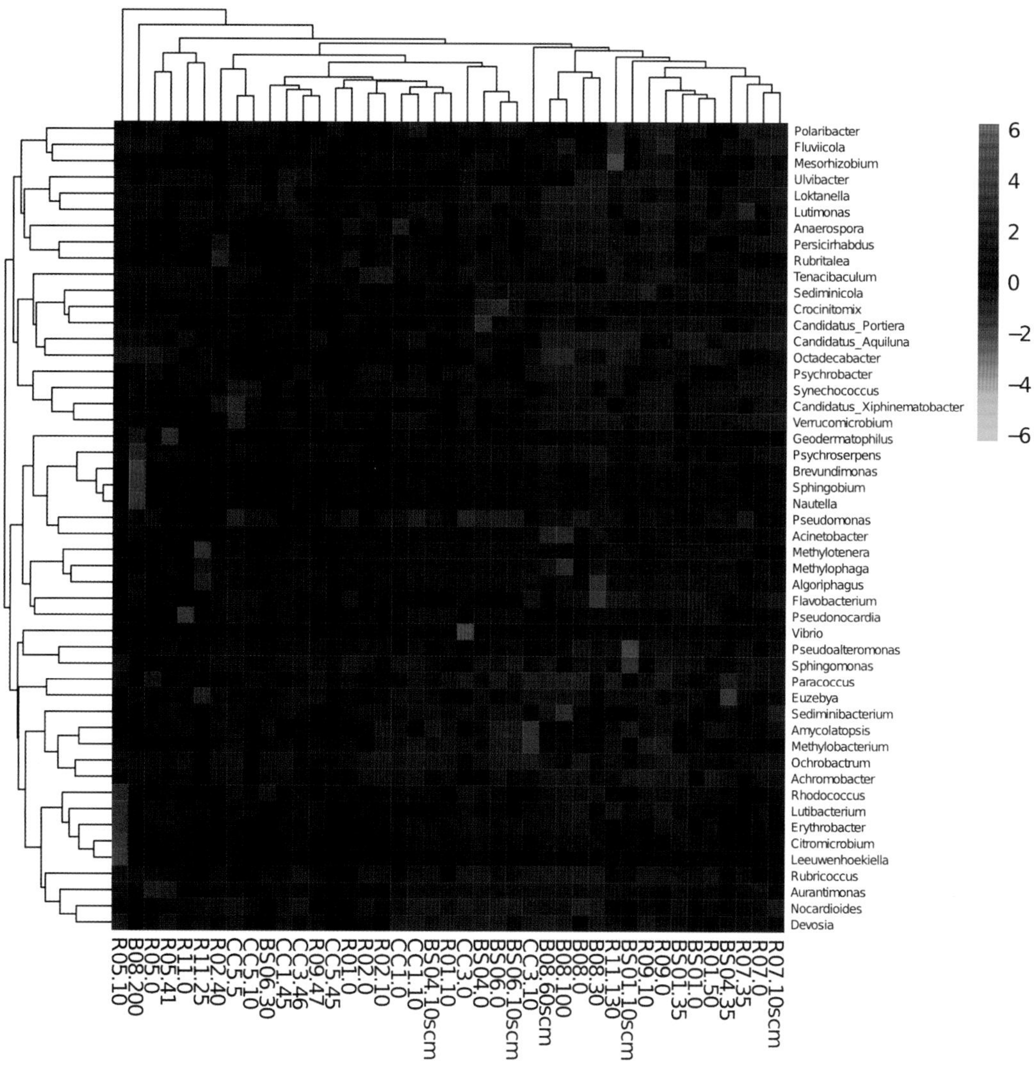

图 11-37 结合聚类分析的属水平群落组成热图

Fig. 11-37 The heatmap of bacterioplankton composition combined with cluster analysis (genus)

4）菌群比较分析

偏最小二乘判别分析（Partial Least Squares Discriminant Analysis, PLS-DA）是以偏最小二乘回归模型为基础，作为一种有监督的模式识别方法，根据给定的样本分布 / 分组信息，对群落结构数据进行判别分析。PLS-DA 通过寻找物种丰度矩阵和给定的样本分布 / 分组信息的最大协方差，从而在新的低维坐标系中对样本重新排序。PLS-DA 可以减少变量间多重共线性产生的影响，因此，比较适合用于微生物群落数据的研究。根据物种丰度矩阵和样本分组数据构建 PLS-DA 判别模型。并计算每个物种的 VIP（Variable importance in projection）系数（VIP 值需 > 1，值越大，说明该物种对于组间差异的贡献越大）。

对第八次北极科学考察采集的白令海、楚科奇海台和加拿大海盆浮游细菌的菌群进行 PLS-DA 分析。结构如图 11-38 所示，每个点代表一个样本，颜色相同的点属于同一分组，相同分组的点以椭圆标出。其中白令海 B08 站位样品聚为一组，楚科奇海台的 BS 断面、CC 断面样品及加拿大海盆 R 断面样品虽然可以分为 3 组，但部分样品覆盖在一起。PLS-DA 结果表明，按照海域和采样断面对样品的分组虽然有一定的区分度，但是临近海域浮游细菌群落组成相似。

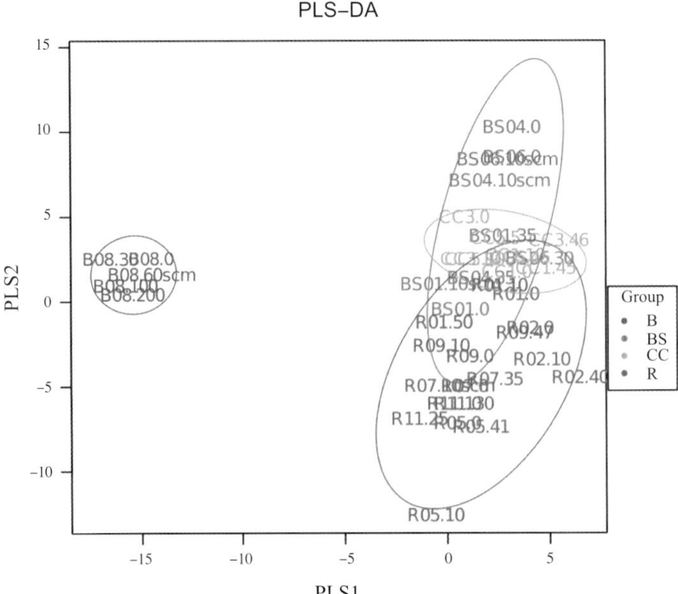

图 11-38　偏最小二乘判别分析（PLS-DA）（属水平）
Fig. 11-38　Analysis of PLS-DA (genus)

5）历年数据比较

R 断面是一条纬向断面，其浮游细菌群落分布能良好地显示断面各区域水团的影响。中国第七次北极科学考察在 2016 年 8—9 月初完成 R 断面样品的采集。其浮游细菌以拟杆菌类群、阿尔法变形菌、伽玛变形菌为优势类群，其中随着站位纬度的增加，伽玛变形菌相对丰度呈现增加趋势，阿尔法变形菌、拟杆菌类群相对丰度呈现降低趋势。陆源水体的输入，如阿拉斯加沿岸流对 R 断面 R01、R03 站位浮游细菌群落组成具有重要影响。

对比第七次（图 11-39）与第八次北极科学考察（9 月）采集 R 断面浮游细菌群落结构，后者以伽玛变形菌为优势类群，其次为阿尔法变形菌、拟杆菌类群。两次考察采集样品浮游细菌优势类群在 R 断面的分布趋势相似，但相对丰度最高优势类群由阿尔法变形菌演替为伽玛变形菌，阿尔法变形菌和拟杆菌类群的相对丰度都有不同程度的降低。出现这样的变化很可能是由于样品采集的季节差异导致的。

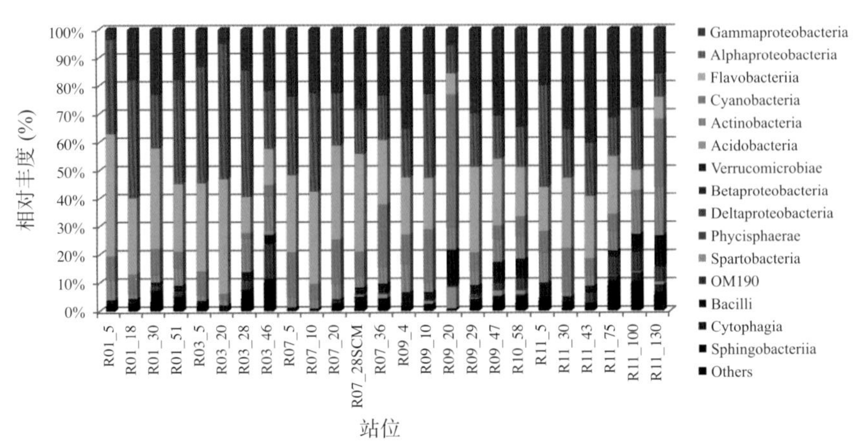

图 11-39　中国第七次北极科学考察 R 断面浮游细菌群落结构组成（纲水平）
Fig. 11-39　The bacterioplankton composition of R sections during 7th Arctic expedition (Class)

6）小结

白令海、楚科奇海台、加拿大海盆4个断面浮游细菌群落组成分析、比较发现，在注释到的4 651个OTUs中，23.59%（1 097 OTUs）为B断面、BS断面、CC断面和R断面所共有，30.85%（1 435 OTUs）为BS断面、CC断面和R断面所共有，位于白令海纬度相对较低的B08站位浮游细菌群落组成与纬度较高，相距较远的其他断面站位浮游细菌组成较远。此外，有12.69%（590 OTUs）为特有OTUs，其中3.5%（163 OTUs）为B断面所特有，0.99%（46 OTUs）为BS断面所特有，1.40%（65 OTUs）为CC断面所特有，6.79%（316 OTUs）为R断面所特有。

对白令海、楚科奇海台及加拿大海盆的4个断面样品的多样性指数进行比较，单因素方差分析结果显示，阿尔法多样性指数在各断面间无显著差异。基于对目前样品的分析，以上结果表明浮游细菌的群落丰富度及均匀度在不同断面间存在差异，开阔大洋的白令海B站位浮游细菌丰富度及稀有类群相对于其北侧高位断面较低，而纬度较高的R断面其优势浮游细菌类群和均匀度低于其他断面。

随着纬度的增加，不同浮游细菌类群相对丰度呈现不同的变化趋势：伽玛变形菌相对丰度呈现由B断面（69.99%）向BS断面（41.25%）、CC断面（43.50%）、R断面（42.31%）降低的趋势；阿尔法变形菌相对丰度在BS断面（14.10%）降到最低值后，随纬度增加由CC断面（18.47%）向R断面（23.19%）逐渐增加；聚球藻类群相对丰度在BS断面出现高峰值（18.10%）后，随着纬度增加由CC断面（12.89%）向R断面（3.16%）逐渐降低；而拟杆菌类群和放线菌类群的相对丰度则随纬度增加而呈现增加趋势（B断面：6.04%，2.01%；BS断面：8.56%，6.24%；CC断面8.89%，5.96%；R断面：12.09%，7.36%）。同时，由于陆源水体如阿拉斯加沿岸流对楚科奇海台的影响，大洋优势浮游细菌的相对丰度由白令海、楚科奇海台至加拿大海盆降低后增加，而聚球藻纲类群呈现为先增加后减少的变化趋势。此外，在楚科奇海台的BS断面和CC断面，其越靠近海岸的站位，伽玛变形菌相对丰度减少而聚球藻纲类群相对丰度增加。

在属水平上，白令海、楚科奇海台、加拿大海盆浮游细菌也呈现出相似结果，即受到陆源水体影响较大的楚科奇海台其在属水平上的浮游细菌群落组成相似，淡水或近岸水体优势类群丰度较高，如聚球藻属（Synechococcus）、十球藻属（Octadecabacter）等。开阔大洋白令海和加拿大海盆站位浮游细菌优势属组成相似。

经过韦恩图、阿尔法多样性指数的单因素方差分析、浮游细菌纲水平群落组成、属水平热图分析及LPS-DA分析，白令海、楚科奇海台和加拿大海盆浮游细菌丰富度和平均度无显著性差异，但群落结构随着环境的改变而发生演替，浮游细菌群落结构的演替保证了其群落多样性的相对稳定。同时，由于浮游细菌在各类有机、无机营养盐代谢中的重要作用，其群落结构的演替将对各类营养盐的代谢、循环产生影响。

对比第七次与第八次北极科学考察（9月）采集R断面浮游细菌群落结构，后者以伽玛变形菌为优势类群，其次为阿尔法变形菌、拟杆菌类群。两次考察采集样品浮游细菌优势类群在R断面的分布趋势相似，但相对丰度最高优势类群由阿尔法变形菌演替为伽玛变形菌，阿尔法变形菌和拟杆菌类群的相对丰度都有不同程度的降低。出现这样的变化很可能是由于样品采集的季节差异导致的。

11.8.3 鱼类浮游生物

本次考察对所采集的鱼卵仔稚鱼的数量数据进行了统计和分析，结果表明，在调查海域鱼卵的数量较少，且分布范围较小，仅在白令海的B06/B10/B17站位及楚科奇海的R06站位有分布，数量最高仅为20粒，出现在B10站（图11-40）。而仔稚鱼的数量较为丰富，且分布广泛，在20个调查站位中有 14 个站位均有采集到仔稚鱼，但是其数量分布较为集中，高值区在白令海 B 断面的浅水区域和楚科奇海 R 断面的高纬海区，最高值出现在 R11 站位，高达 556 尾（图 11-41）。表明白令海陆架和楚科奇海台浅水区域是鱼类产卵和育肥的主要场所，而 R11 站位出现的仔稚鱼的高值还需要结合其饵料生物的分布进一步分析其原因。

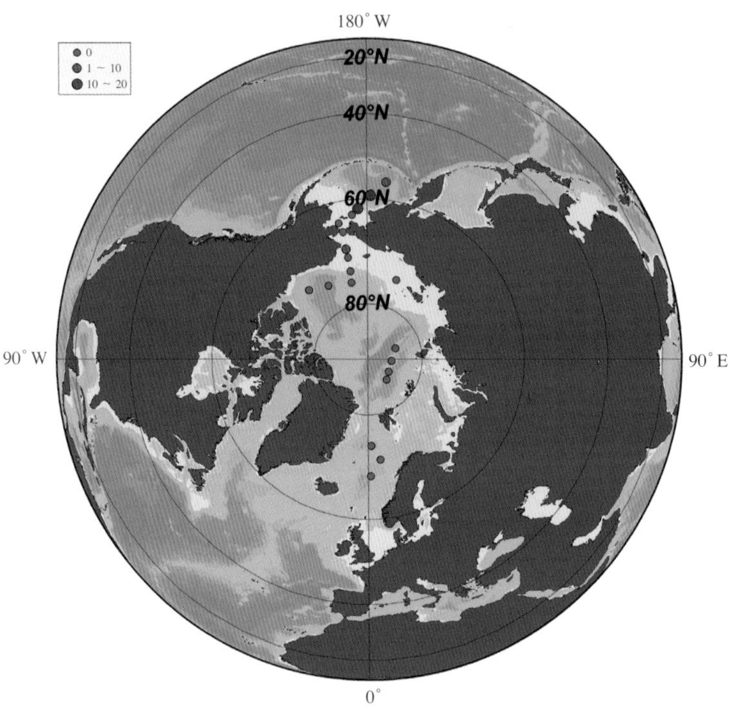

图 11-40　第八次北极科学考察鱼卵数量分布

Fig. 11-40　Abundance distribution of fish eggs during 8th CHINARE (ind.)

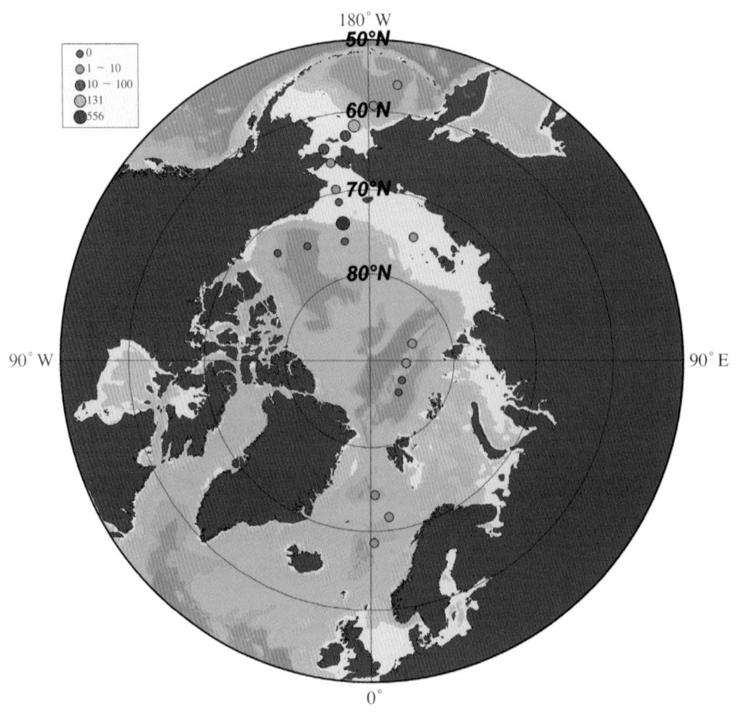

图 11-41　第八次北极科学考察仔稚鱼数量分布

Fig. 11-41　Abundance distribution of fish larvae during 8th CHINARE (ind.)

11.8.4 底栖生物

11.8.4.1 大型底栖生物

1）数量组成

调查站位中大型底栖生物平均个体数为 27 949 个，其中棘皮动物最多，平均个体数达到 20 777 个，占总个体数的 74.3%；其次是软体动物（6 526 个），占总个体数的 23.3%；甲壳类、多毛类和其他类生物个体数均较少，分别占总个体数的 1.4%、0.5% 和 0.3%（图 11-42）。

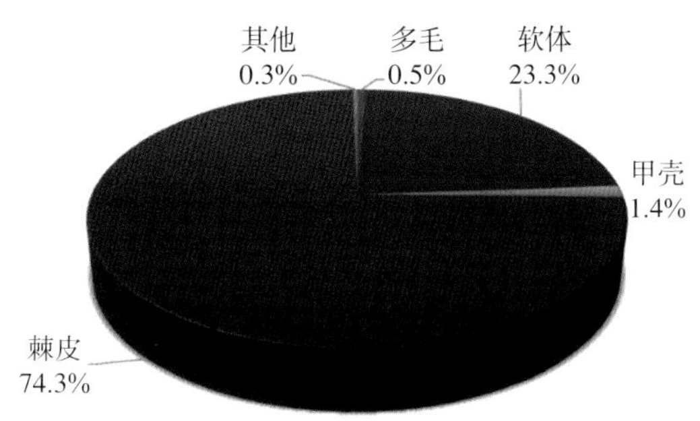

图 11-42 各生物类群数量组成占比

Fig. 11-42 Abundance composition of benthos during 8th CHINARE

在不同站位中，B17 站位获得物种个体最多，达到 109 480 个，其次是 BS05 站位（1 089 个），R11 站位最少，仅 349 个。其中 R06 站位和 BS05 站位以甲壳类动物为主，R11 站位以软体动物占优势，B17 站位以棘皮和软体动物为主。其详细分布见图 11-43。

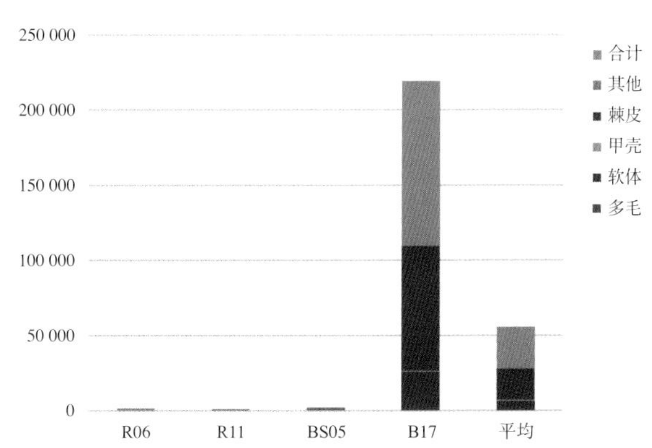

图 11-43 各站位不同生物类群数量分布（个）

Fig. 11-43 Abundance composition of benthos in different stations during 8th CHINARE

2）重量组成

调查站位中大型底栖生物平均重量为 26 825.3 g，其中棘皮动物重量最大，其均值达到 9 885.1 g，占平均总重量的 36.8%；其次是甲壳动物（7 948.9 g），占平均总重量的 29.6%；软体动物重量为 6 962.8 g，占平均总重量的 26.0%；多毛类和其他类生物重量均较少，分别占平均总重量的 1.6% 和 5.9%（图 11-44）。

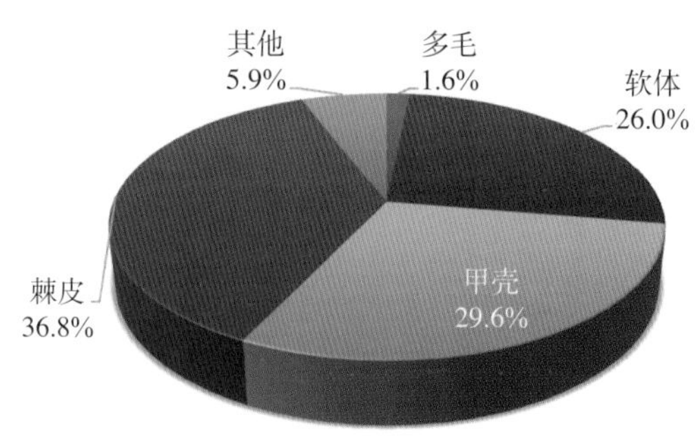

图 11-44 各生物类群重量组成占比
Fig. 11-44 Biomass composition of benthos during 8th CHINARE

在不同站位中，B17 站位获得物种重量最大，达到 56 691.6 g，其次是 R06 站位（27 748.2 g），R11 站位最小，仅 2 285.4 g。其中 R06 站位生物重量以甲壳类动物为主，R11 站位以软体动物重量占优势，B17 和 BS05 站位生物重量均是以棘皮动物为主。其详细分布见图 11-45。

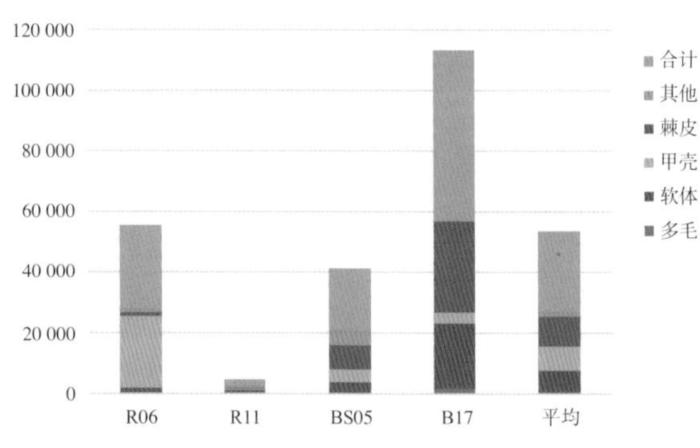

图 11-45 各站位不同生物类群重量分布 (g)
Fig. 11-45 Biomass composition of benthos in different stations during 8th CHINARE

3）优势种分布

本次调查优势种分布明显，其中绝对优势种是萨氏真蛇尾（*Ophiura sarsii* Lütken, 1855）和北太平洋雪蟹 [*Chionoecetes opilio*（O. Fabricius, 1788）]（图 11-46），萨氏真蛇尾仅在 B17 站位出现，其数量高达 82 600 个，重量为 30 240 g；北太平洋雪蟹在 4 个站位中均有出现，其平均个体数为 236 个，平均重量为 7 157.8 g。

萨氏真蛇尾 *Ophiura sarsii* Lütken, 1855

北太平洋雪蟹 *Chionoecetes opilio*

图 11-46 底栖生物拖网优势种
Fig. 11-46 Dominant species of benthos during 8th CHINARE

11.8.4.2 底栖鱼类

1）种类组成和分布

本次考察 4 个拖网站位共鉴定鱼类 12 种，隶属于 4 目 6 科 10 属，鲉形目种类最多，为 4 种，鲈形目和鲽形目各有 3 种，鳕形目有 1 种。其中，白令海有 8 种，楚科奇海有 7 种，主要差别为在楚科奇海出现的狼绵鳚属的种类在白令海没有出现。

表11–11 第八次北极科学考察鱼类种类组成与分布
Table 11–11 The composition and distribution of fish species during 8th CHINARE

目	科	属	种	拉丁名	白令海	楚科奇海
鳕形目	鳕科	鳕属	太平洋鳕	*Gadus macrocephalus*	※	
		极鳕属	北极鳕	*Arctogadus glacialis*	※	※
鲉形目	杜父鱼科	裸棘杜父鱼属	东方裸棘杜父鱼	*Gymnocanthus tricuspis*	※	※
		冰杜父鱼属	项棘冰杜父鱼	*Icelus spatula*	※	
		钩杜父鱼属	大西洋杜父鱼	*Artediellus atlanticus*		※
	八角鱼科	胶八角鱼属	北极胶八角鱼	*Aspidophoroides olrikii*	※	
鲈形目	绵鳚科	狼绵鳚属	阿氏狼绵鳚	*Lycodes adolfi*		※
			狼锦鳚属	*Lycodes* sp.		※
	线鳚科	细鳚属	斑细鳚	*Leptoclinus maculates*	※	
鲽形目	鲽科	拟庸鲽属	粗壮拟庸鲽	*Hippoglossoides robustus*	※	※
			拟庸鲽属 SP	*Hippoglossoides* sp.		※
		双线鲽属	北爱尔兰双线鲽	*Lepidopsetta polyxystra*	※	

2）数量组成和分布

本次考察 4 个网次的拖网作业共渔获鱼类 66 尾，980.8 g，从单个种类看，北极鳕最多，有 24 尾，占 36.36%，其次是粗壮拟庸鲽，为 20 尾，占 30.30%，其余种类都不超过 10 尾（图 11-47）。

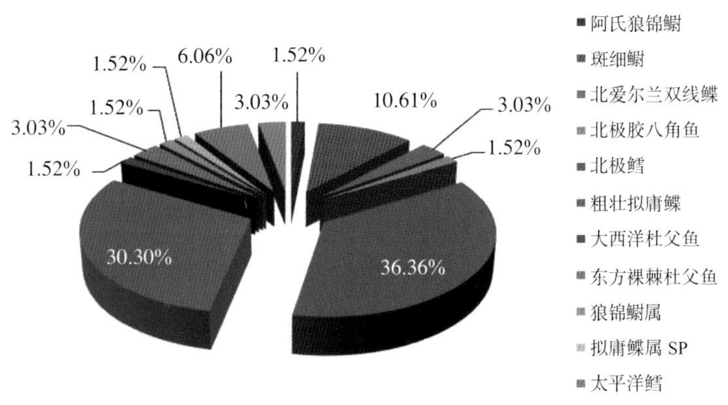

图 11-47 第八次北极科学考察鱼类尾数组成
Fig. 11-47 Abundance composition of fish during 8th CHINARE

从生物量上看，粗壮拟庸鲽所占比例最大，达 53.79%，其次为北极鳕，占 11.66%，其余种类所占比例均小于 10%。总体来看，调查海域优势种为粗壮拟庸鲽和北极鳕，两种鱼类在该海域都广泛分布，但是粗壮拟庸鲽主要分布在楚科奇海，主要在 R11 站位，而北极鳕主要分布在白令海，主要是在 BS05 站位（图 11-48）。

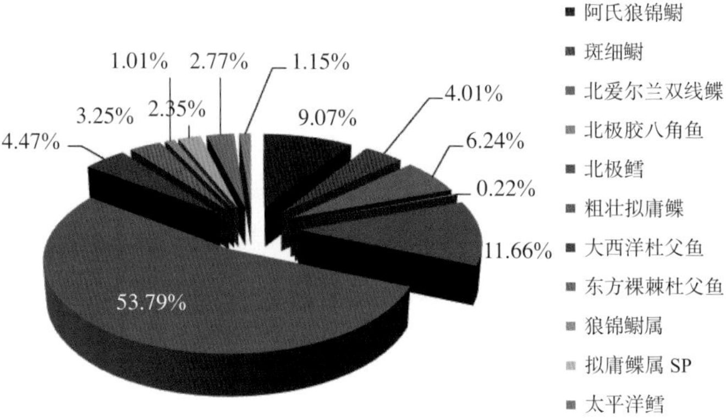

图 11-48　第八次北极科学考察鱼类生物量组成

Fig. 11-48　Biomass composition of fish during 8th CHINARE

11.8.5　海冰生物

根据本次考察短期冰站获取的现场实测冰芯温度与冰下海水温度，如图 11-49 所示，其中纵坐标中长度表示冰芯的长度，冰下海水（冰下 0 m、2 m、5 m 和 8 m）的温度在图中的位置分别为冰芯长度加 5 cm、200 cm、500 cm 和 800 cm。各个站位冰芯温度从表到底逐渐降低，冰芯温度在 –1.5 ～ 0℃范围；冰下海水温度较低，在 –1.5 ～ –1.7℃范围，与冰芯底部温度接近。从图示可以看出，冰芯长度与纬度变化关系不明显，各站冰芯温度均从表到底逐渐降低且梯度较均匀，冰下 0 ～ 8 m 海水的温度较接近且与纬度变化关系不明显。

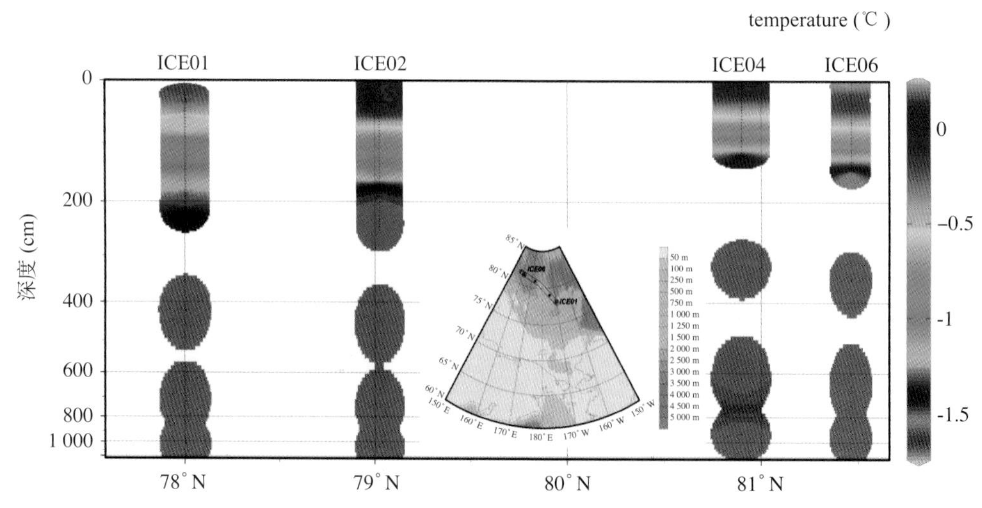

图 11-49　中国第八次北极考察海冰冰芯和冰下水温度变化

Fig. 11-49　Temperature distribution at ice cores and underlying sea waterduring 8th CHINARE

根据本次考察短期冰站获取的现场实测冰芯盐度和冰下海水盐度，如图 11-50 所示，其中纵坐标中长度表示冰芯的长度，冰下海水（冰下 0 m、2 m、5 m 和 8 m）的盐度在图中的位置分别为冰芯长度加 5 cm、200 cm、500 cm 和 800 cm。各个站位冰芯盐度从表到底逐渐升高，冰芯盐度在 0 ~ 3.5 范围；冰下海水盐度在 28.4 ~ 30.4 范围。从图示可以看出，各站冰芯平均盐度随纬度有所升高，这与各冰站冰下海水盐度随纬度的升高而升高是相一致的。

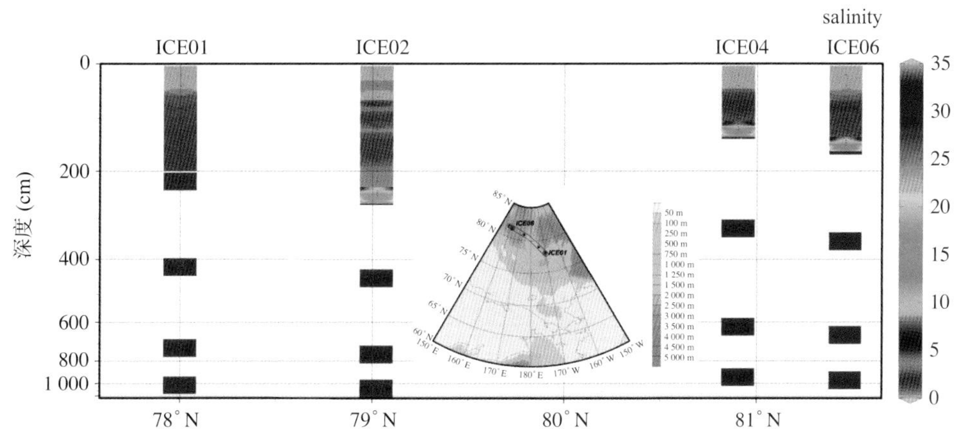

图 11-50　中国第八次北极考察海冰冰芯和冰下水盐度变化

Fig. 11-50　Salinity distribution at ice cores and underlying sea waterduring 8th CHINARE

11.9　环境分析与评价

调查结果表明，调查海域中楚科奇海的浮游植物生物量最高（Chl a > 1.0 mg/m^3，见图 11-14），叶绿素浓度在水体中的分布较为均匀，浮游植物各粒级对总生物量的贡献为小型 > 微型 > 微微型（Net > Nano > Pico）。在北欧海测区，纬度较低的 AT 断面浮游植物生物量较高，浮游植物各粒级对总生物量的贡献均为 Pico > Nano > Net。加拿大海盆区叶绿素浓度普遍较低（< 0.2 mg/m^3），以小颗粒 Pico 级分的贡献为主，且存在明显的次表层叶绿素最大值（SCM）现象。北冰洋中心区 N 断面的浮游植物生物量水平与加拿大海盆区相当，在粒级结构上，Net 和 Nano 级分所占比例较之加拿大海盆区明显增加（图 11-14，图 11-51）。与历史记录相比，本次调查楚科奇海 Chl a 浓度极值较低，最高值仅为 8 mg/m^3，而在 2012 年的第五次北极科考中，该海域 Chl a 浓度超过 20 mg/m^3。

浮游细菌群落组成分析结果表明，白令海、楚科奇海台和加拿大海盆浮游细菌丰富度和平均度无显著性差异，但群落结构存在较大差异。共鉴定出 27 门 62 纲。其中，伽玛变形菌相对丰度最高（40% ~ 70%），其次为阿尔法变形菌（15% ~ 25%），蓝细菌中的聚球藻类群、拟杆菌类群、放线菌类群、微酸菌类群和疣微菌类群也占有一定的比例（图 11-52）。而随着纬度的增加，伽玛变形菌和聚球藻类群相对丰度呈下降趋势，阿尔法变形菌、拟杆菌类群和放线菌类群的相对丰度则呈增加趋势。相对中国第七次北极科学考察结果，浮游细菌优势类群在 R 断面的分布趋势相似，但相对丰度最高优势类群由阿尔法变形菌演替为伽玛变形菌，而阿尔法变形菌和拟杆菌类群的相对丰度都有不同程度的降低。

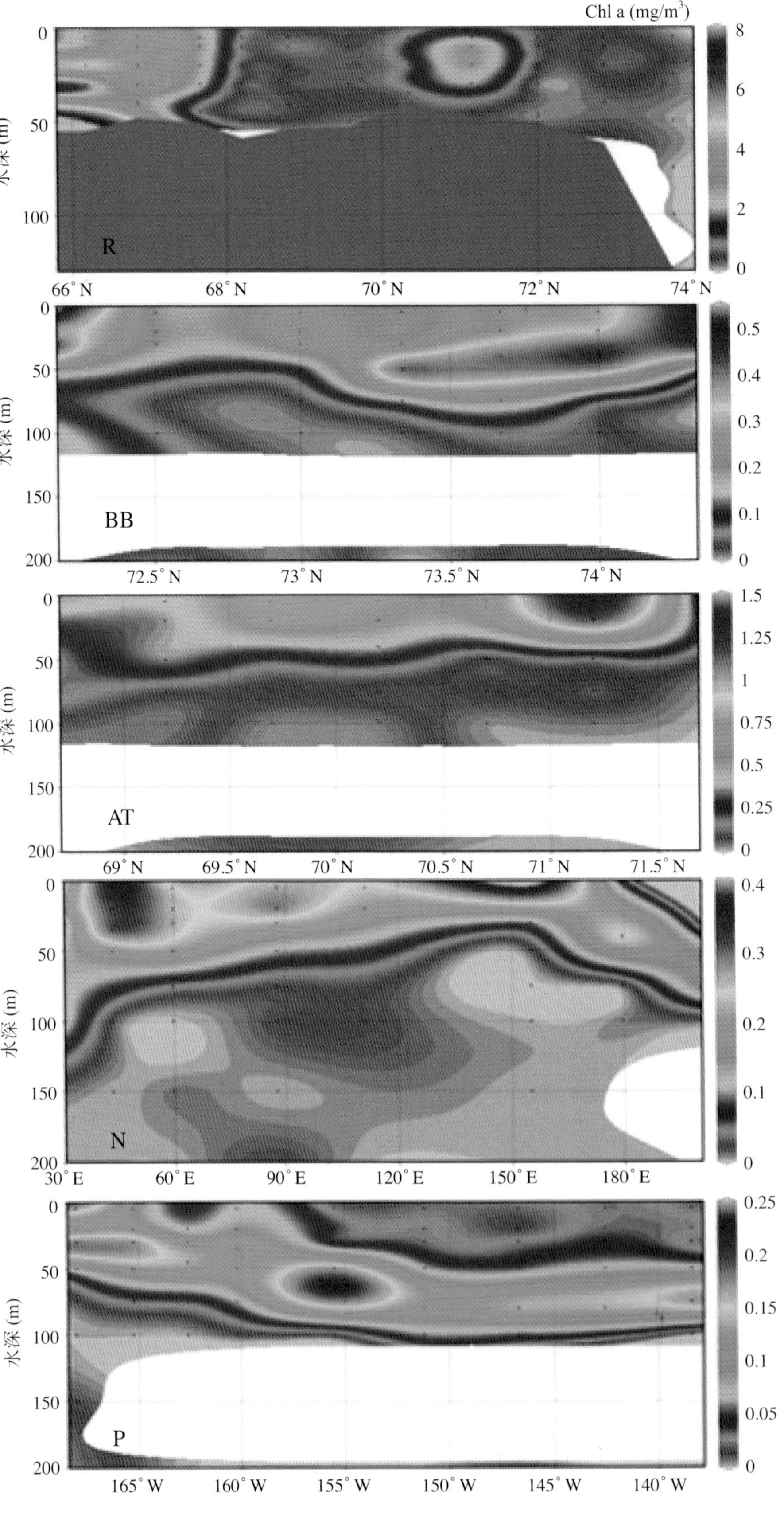

图 11-51　第八次北极科学考察各断面叶绿素浓度分布

Fig. 11-51　Chl a distribution along sections during 8th CHINARE (mg/m^3)

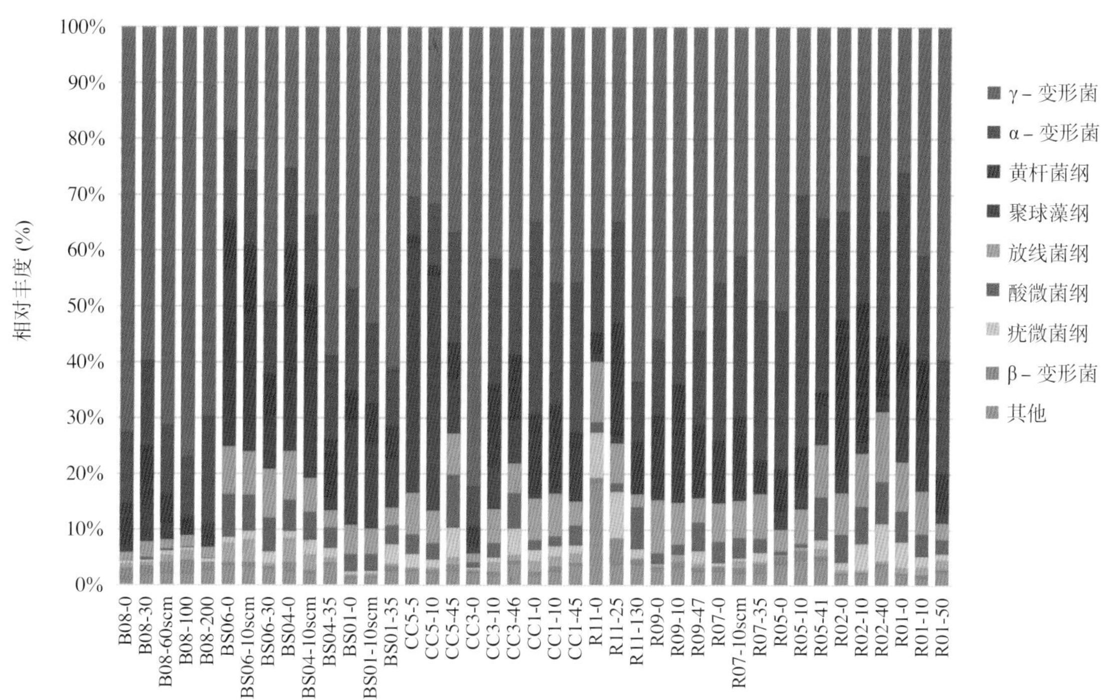

图 11-52　中国第八次北极科学考察浮游细菌群落组成（纲水平）
Fig. 11-52　Composition of bacterioplankton community during 8th CHINARE (class level)

在楚科奇海南部共鉴定出了大型底栖生物 44 种，主要类群为棘皮动物和甲壳动物（图 11-42 及图 11-44），主要优势种为萨氏真蛇尾（*Ophiura sarsii*）和北太平洋雪蟹（*Chionoecetes opilio*）；鱼类 12 种，主要种类为鲉形目、鲈形目、鲽形目和鳕形目，主要优势种类为狭鳕（*Walleye pollock*）。

在调查海域鱼卵的数量较少，最高仅为 20 粒，且分布范围仅限白令海和楚科奇海。仔稚鱼的数量较为丰富，且分布广泛，但其数量分布较为集中，高值区在白令海 B 断面的浅水区域和楚科奇海 R 断面的高纬海区，最高值出现在 R11 站位，高达 556 尾，优势种为太平洋玉筋鱼（*Ammodytes hexapterus*）（图 11-53，图 11-54）。

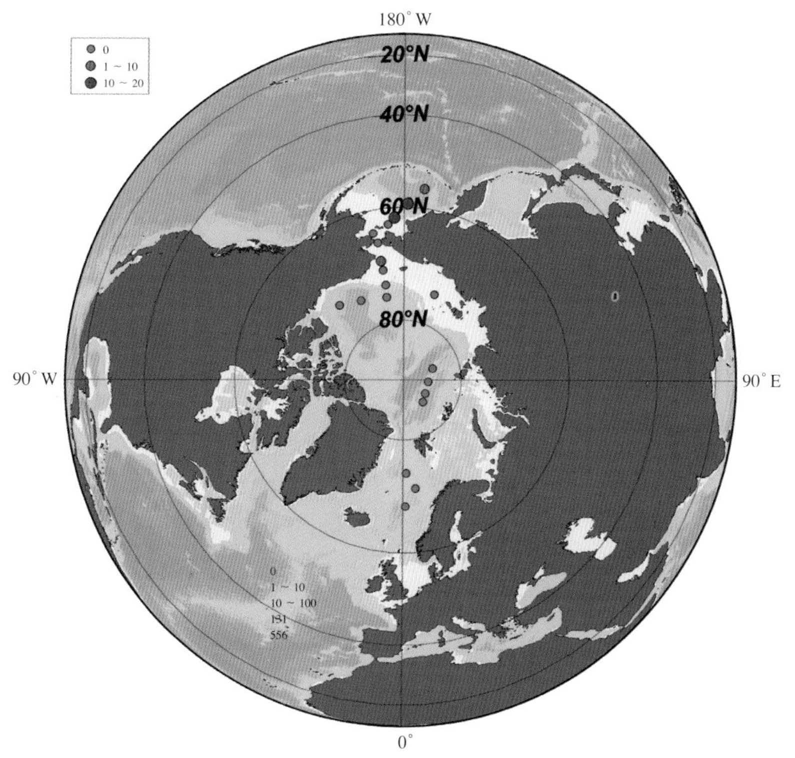

图 11-53　中国第八次北极科学考察鱼卵数量分布
Fig. 11-53　Abundance distribution of fish eggs during 8th CHINARE (ind.)

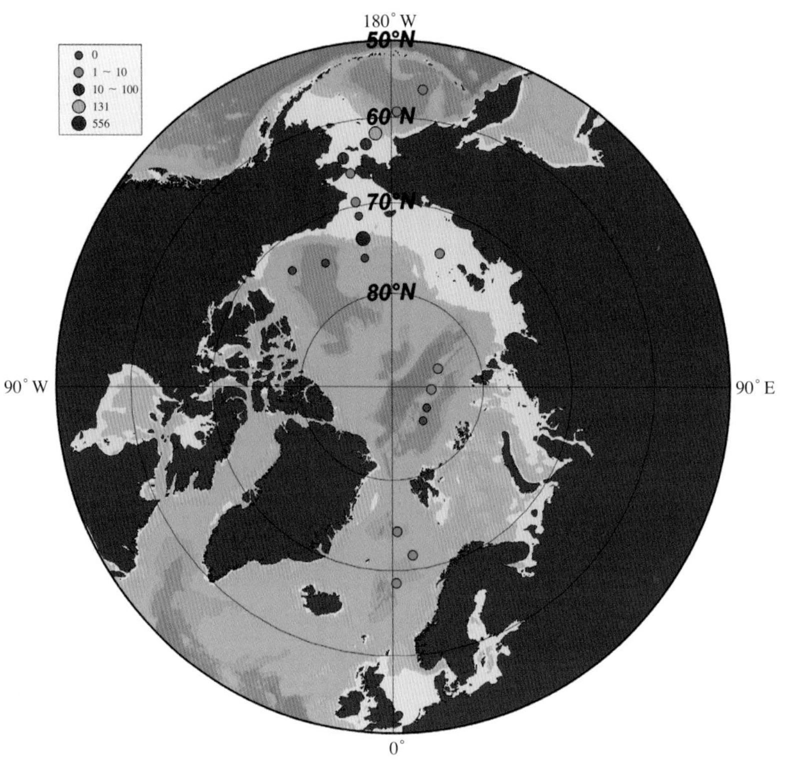

图 11-54　第八次北极科学考察仔稚鱼数量分布

Fig. 11-54　Abundance distribution of fish larvae during 8th CHINARE (ind.)

11.10　小结

中国第八次北极科学考察共进行了 54 个站位的叶绿素调查，13 个站位的初级生产力样品采集，23 个走航站位和 50 个断面调查站位的微型和微微型浮游生物群落结构和多样性样品采集，20 个站位的鱼类浮游生物水平拖网样品采集，5 个站位的底栖生物（鱼类）拖网采集（其中 4 个有效站位），以及共对 6 个短期冰站进行的冰芯和冰下水采样，另采集了 1 个冰表融池水样。对所获数据进行了初步分析和整理，具体结论总结如下。

（1）北极各海区叶绿素表现为不同的分布趋势和粒级结构，这种生物 - 地理分布上的差异显示出北冰洋不同生境下浮游植物生长具有截然不同的受控机制。

（2）虽然本次底栖生物调查站位较少，但也表现出来一定的种类组成差异和斑块状的分布特点。在楚科奇海台边缘的 R11 站位出现了高丰度的仔稚鱼数量分布，其鱼类数量也相对较高，这是否与气候变暖和海冰融化有关还需要持续的监测和分析。

第 12 章　底质环境

12.1　概述

北极 / 亚北极海域的海底沉积物组成与结构除受到气候、水文和生物过程的共同影响外，海冰或周缘陆地冰盖的变化也对其有极大的影响，使其成为了揭示复杂的海洋环境与气候演化历史的重要信息源。与以往历次北极科考一样，底质环境调查也是本次考察海洋基础环境调查的重要工作内容之一，主要目的是利用不同的取样设备获取海底表层及浅层的沉积物样品，在为新兴污染物微塑料、人工核素和底栖生物调查任务提供研究材料的同时，可结合历史资料，系统认识考察海域的沉积物分布特征和沉积作用特点，重建该地区晚第四纪古海洋、冰川（冰盖 / 海冰）和气候演变历史。并基于多种环境、气候替代指标的沉积记录，探讨太阳辐射、冰期气候旋回、海平面、大洋环流等关键气候要素变化对北极和亚北极海域海洋环境的影响，为更全面、更详细地了解北极 / 亚北极地区长期气候演变提供依据和支撑。

自 2017 年 8 月 1 日开始第一个柱状沉积物取样作业，至 9 月 25 日完成最后一个表层沉积物取样作业，本次考察底质环境调查累计完成了 18 个站位的海底沉积物取样作业。其中利用重力取样器获得的 10 个总长逾 34.6 m 柱状沉积物岩芯，单芯最长达 5.9 m，平均作业水深 2 990 m，最大水深达 3 980 m。利用箱式取样器在楚科奇海和白令海陆架区完成了 8 个站位的表层沉积物取样。在北冰洋洋中脊、南森海盆、北大西洋拉布拉多海等海域获得的沉积物岩芯填补了我国在上述海域的调查空白，在加拿大海盆 138°26.817′W，73°23.75′N 处取得的长度为 4.1 m 的沉积物岩芯为我国历次北极科考在加拿大海盆的最东取样点。

12.2　调查内容

根据本次考察《实施方案》的相关要求，底质环境的调查内容为表层沉积物取样，为新兴污染物微塑料、人工核素和底栖生物等调查任务提供样品支持，并在条件允许的情况下开展柱状沉积物取样，为底质环境变化的多尺度、多指标沉积记录研究提供样品。沉积物样品采至甲板后，对样品的颜色、气味、厚度、稠度、黏性、物质组成、结构构造、含生物状况及其他有地质意义的现象进行详细描述。各类沉积物样品将在现场根据不同项目的需求进行分取和保存。

12.3 调查站位设置

12.3.1 表层沉积物取样站位设置

根据新兴污染物微塑料和人工核素监测任务的需求，在白令海和楚科奇海陆架区设置表层沉积物取样站位 8 个（图 12-1），计划在每个站位利用箱式取样器进行表层沉积物取样，然后根据实际取样情况确定是否开展多管沉积物取样。

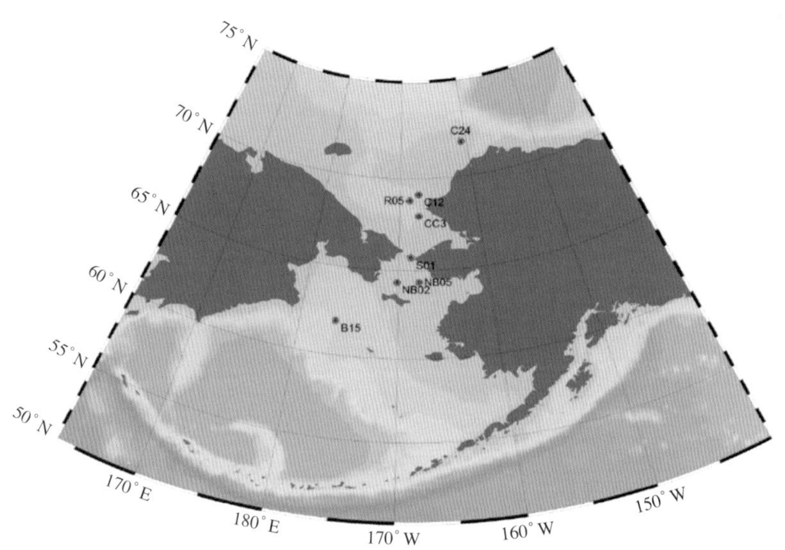

图 12-1 表层沉积物取样（箱式取样）设计站位
Fig. 12-1 Station map of surface sediments for Box core sampling

12.3.2 柱状沉积物取样站位设置

本次考察未对柱状沉积物取样做工作量要求，因此计划在“雪龙”船开展航道环境综合考察过程中，选择北冰洋中心区及北冰洋—大西洋扇区的关键海底地形区利用重力取样器进行柱状沉积物取样，调查站点将根据具体航线确定。

12.4 调查仪器与设备

底质环境调查的各类取样作业将依托“雪龙”船后甲板作业平台，利用不同的取样器，借助地质绞车、生物绞车、A 形架、揽缆机和折臂吊车等甲板支撑系统来完成。

12.4.1 箱式取样器

箱体规格：50 cm × 50 cm × 65 cm

仪器重量：200 kg

采 泥 量：约 90 kg

箱式取样器是专为表层沉积物调查而设计的底质取样设备，适用于各种河流、湖泊、港口、海洋等不同水深条件下各种表层底质的取样工作。采用重力贯入的原理，可取得海底以下 60 cm 范围内的沉积物样品，并可取到深达 20 cm 的上覆水样（图 12-2）。

图 12-2 自制箱式取样器
Fig. 12-2 Box corer for sediment sampling

12.4.2 多管取样器

规格：框架直径 1 m，高 1.3 m

总重量：150 kg

取样管个数：4 支

取样管规格：直径 10 cm，长度 60 cm

多管取样器也是采用重力贯入的原理，贯入深度可控制（一般不超过 40 cm），设备提起时上下自动密封，从而可以同时获取若干管（最多 4 管）的近底层海水和无扰动的表层沉积物样品（图 12-3）。该设备广泛应用于海洋地质学、海洋生态学、海洋地球化学和海洋工程地质调查研究以及环境污染监测等领域。

图 12-3 多管取样器
Fig. 12-3 Multi-corer for sediment sampling

12.4.3 重力取样器

规格：长度可选择，最长 8 m

取样管长：4 m、6 m 或 8 m，内径 127 mm，外径 145 mm

刀口长：0.2 m

仪器总重量：1 000 kg

该重力取样器是用来获取柱状连续无扰动沉积物样品的取样设备（图 12-4）。它操作方便，实用性强，不用杠杆，不加活塞。作业原理是在取样器的顶端装上重块，在底端的铁管内装入塑料衬管，然后安装上刀口，靠仪器自身的重量贯入海底。适用于底质较软的海区取样，作业水深不限。

图 12-4 自制重力取样器
Fig. 12-4 Gravity Corer for sediment core sampling

12.5 调查方法

本次底质环境调查计划采用箱式取样器和多管取样器开展表层沉积物取样，利用重力取样器进行柱状沉积物取样。各类取样方法详述如下。

12.5.1 表层沉积物取样

利用箱式取样器和多管取样器进行表层沉积物取样。主要的作业步骤如下。

（1）调查船到达计划站点前半小时开始做好各项准备工作：检查取样器的工作状态，特别是箱式取样器和多管取样器的取样管和触发装置需仔细检查，清楚障碍物；准备好记录表格和作业工作中可能用到的各类工具、绳索等。

（2）与驾驶台沟通作业区水深地形情况，并根据风向和海况通知驾驶台控制船舶的方向；船停稳后，协调指挥绞车、A 形架操作人员、取样器操作人员之间的作业次序，安全将取样器放入水中，到达水下后先慢速下放观察取样器的入水和钢缆的垂直程度，然后全速下放取样器。

（3）密切注视地质绞车计数器和张力计指数，待其数值发生突然变小并逐渐平稳后停止下放，通知记录人员记下此时船的位置和水深，然后慢速回收，待张力计指数突然增大并逐渐平稳后开始全速回收。

（4）取样器回收至接近海面时放慢绞车速度，并停留片刻使取样器稳定，然后开始回收至甲板的作业。回收过程中若设备有摇摆的情况需要设置止荡绳防止其与船体和操作人员发生碰撞，确保设备和人员安全。

（5）取样器回收至甲板后，首先观察样品情况，完成现场的测试后取出样品进行拍照、岩性描述，对样品的颜色、气味、厚度、稠度、黏性、物质组成、结构构造、含生物状况及其他有地质意义的现象进行详细记录，填写表层取样记录表，并将记录表格完善后妥善保管，若时间允许可将样品的各类信息录入电脑备份保存。

（6）描述完毕后，根据样品需求和相关管理规定进行取样和样品的分取。

（7）全部工作完毕后对甲板和取样器进行冲洗归位，准备下一站的作业。

12.5.2 柱状沉积物取样

利用重力取样器进行柱状沉积物取样。主要的作业步骤与表层沉积物取样类似。样品取上甲板后应观察取样管内样品的状况和长度，然后抽出 PVC 衬管按相关要求进行封存，对刀口处的沉积物进行岩性描述，填写柱状取样记录表，并将记录表格完善后妥善保管。根据考察区沉积物软硬程度的不同，可对重物的重量进行适当调整，避免冲击力太大，贯入深度超过样品管长度而使得最上部沉积层缺失。

12.6 样品处理、保存与分析

12.6.1 表层沉积物样品（箱式取样器）

箱式取样器吊上来，轻轻放置于甲板，打开取样器上部盖板，观察取样情况并测量样品的厚度，然后根据表层沉积物取样记录表的格式进行沉积特征描述。根据考察队制定的样品分配计划对样品按考察任务优先顺序进行现场分取，用塑料样品袋或铝箔纸包装，在包装上做好标识，保存至“雪龙”船地质样品库（+4℃恒温）。

12.6.2 表层沉积物样品（多管取样器）

多管取样器被回收至甲板并绑扎固定后，科研人员首先观察样品管贯入沉积物的深度和取样厚度。在样品描述完成后按照样品分配计划对样品按任务优先顺序进行现场分取，用于海洋地质研究的样品均按照 1 cm 的间隔进行现场分样，每管所分取的样品装入一个大的样品袋，标示清楚后按需要进行冷冻或冷藏保存。

12.6.3 柱状沉积物样品（重力取样器）

重力取样器回收至甲板并拆卸提管和刀口后，将样品管抽出，将上部空管锯掉，科研人员分别描述岩芯上下端或刀口处的岩性特征，记录在柱状采样记录表内，同时记录的还有海区、站位号、站位位置、调查船名、水深、样长、钻进深度、取样设备、钻进日期等信息。

将样品管按 1 m 的间隔切割后两端用塑料盖封装，用塑料胶带封严密，以防水分蒸发。包装后在管上依次标明上下端、站位号、样品长度、水深、取样日期等，再将其保存于“雪龙”船地质样品库（+4℃恒温）。

12.6.4 样品分析

各类沉积物样品的实验分析将在样品所有单位的专业实验室进行，分析要素、方法和质量控制均需严格按照相关的规程、规范、标准执行。

12.7 任务完成情况

本次底质环境调查任务自 2017 年 8 月 1 日开始，至 9 月 25 日结束，累计在白令海、北冰洋和北大西洋的关键海域完成了 18 个站位的海底沉积物取样作业（表 12-1），其中包括表层沉积物取样 8 个站位（箱式取样 8 个站位，多管取样 2 个站位），柱状沉积物取样 10 个站位。对完成的考察站位和工作量按取样方式分述如下。

表12–1　底质环境调查完成情况统计

Table 12–1　Statistics of marine geological survey of CHINARE 8

考察内容	作业方式（完成站位数）		作业海区	完成站位数（个）
沉积物取样（18 个）	表层沉积物取样（8 个）	箱式取样（8 个）	白令海	2
			楚科奇海	6
		多管取样（2 个）	楚科奇海	2
	柱状沉积物取样（10 个）		加拿大海盆	2
			楚科奇海台与北风海脊	2
			罗蒙诺索夫海脊	1
			北冰洋洋中脊	1
			南森海盆	1
			挪威海	2
			拉布拉多海	1

12.7.1 表层沉积物取样

本次考察利用箱式取样器对 8 个站位进行了表层沉积物取样作业（表 12-2，图 12-5），每个站位均获得足量的样品。在对样品进行现场描述、记录后，各任务组根据需求进行了现场取样，还针对取得的一些厚度较大的箱式样品进行插管取样。根据箱式沉积物取样的完成情况，选择了 2 个站位开展了多管沉积物取样。

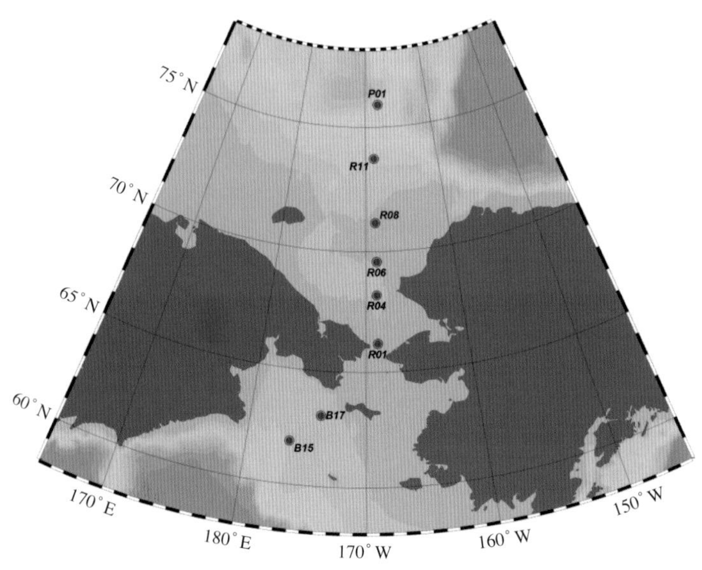

图 12-5　表层沉积物取样作业站位（图中站位名称中省略了 ARC8–）

Fig. 12-5　Station map of Surface sediments

表12-2 表层沉积物取样作业站位信息
Table 12-2 Information of samples collected by Box corer

序号	海区	站号	站位坐标		水深 (m)	取样日期
			经度	纬度		
1	楚科奇海	ARC8-P01	168°00′17″W	75°52′36″N	246	2017-09-10
2	楚科奇海	ARC8-R11*	168°49′26″W	73°44′04″N	151	2017-09-20
3	楚科奇海	ARC8-R08	168°51′52″W	71°09′11″N	49.2	2017-09-21
4	楚科奇海	ARC8-R06*	168°47′52″W	69°34′43″N	53.4	2017-09-21
5	楚科奇海	ARC8-R04	168°52′06″W	68°12′15″N	59.4	2017-09-22
6	楚科奇海	ARC8-R01	168°50′36″W	66°11′27″N	59.1	2017-09-23
7	白令海	ARC8-B17	173°54′26″W	63°06′07″N	77.7	2017-09-25
8	白令海	ARC8-B15	176°24′45″W	61°54′02″N	105.4	2017-09-25

注：* 表示该站位还同时开展了多管沉积物取样。

12.7.2 柱状沉积物取样

本次调查利用重力取样器在北冰洋中央航道海域、加拿大海盆、楚科奇海台、北风海脊、挪威海和拉布拉多海等不同水深、不同地形条件的海域完成了 10 个站位的柱状沉积物取样作业（表 12-3，图 12-6），在对获得的样品进行描述、记录后，按 100 cm 间隔切割后装管封存（图 12-7）。获得的 10 个沉积物岩芯长 100 ~ 590 cm 不等，总长度为 3 464 cm。

表12-3 柱状沉积物取样作业站位信息
Table 12-3 Information of samples collected by Gravity corer

序号	海区	站号	站位坐标		水深 (m)	岩芯长度 (cm)	取样日期
			经度	纬度			
1	北风海脊	ARC8-S01	159°30′34″W	74°46′37″N	1 851.8	320	2017-08-01
2	罗蒙诺索夫海脊	ARC8-LR01	143°41′07″E	82°44′29″N	1 865.1	350	2017-08-10
3	北冰洋洋中脊	ARC8-GR01	99°54′16″E	85°00′19″N	3 976	400	2017-08-12
4	南森海盆	ARC8-NB01	43°06′39″E	85°00′01″N	3 980	100	2017-08-15
5	挪威海	ARC8-AT01	6°59′46″E	71°38′09″N	2 900	300	2017-08-21
6	挪威海	ARC8-AT07	1°08′14″E	68°36′35″N	2 885	354	2017-08-23
7	拉布拉多海	ARC8-LS01	46°55′34″W	56°13′11″N	3 426	590	2017-08-27
8	加拿大海盆	ARC8-CB01	138°26′49″W	73°23′45″N	3 150	410	2017-09-07
9	加拿大海盆	ARC8-P06	151°07′40″W	74°52′38″N	3 835	250	2017-09-09
10	楚科奇海台	ARC8-P03	162°27′32″W	75°17′34″N	2 049	390	2017-09-10

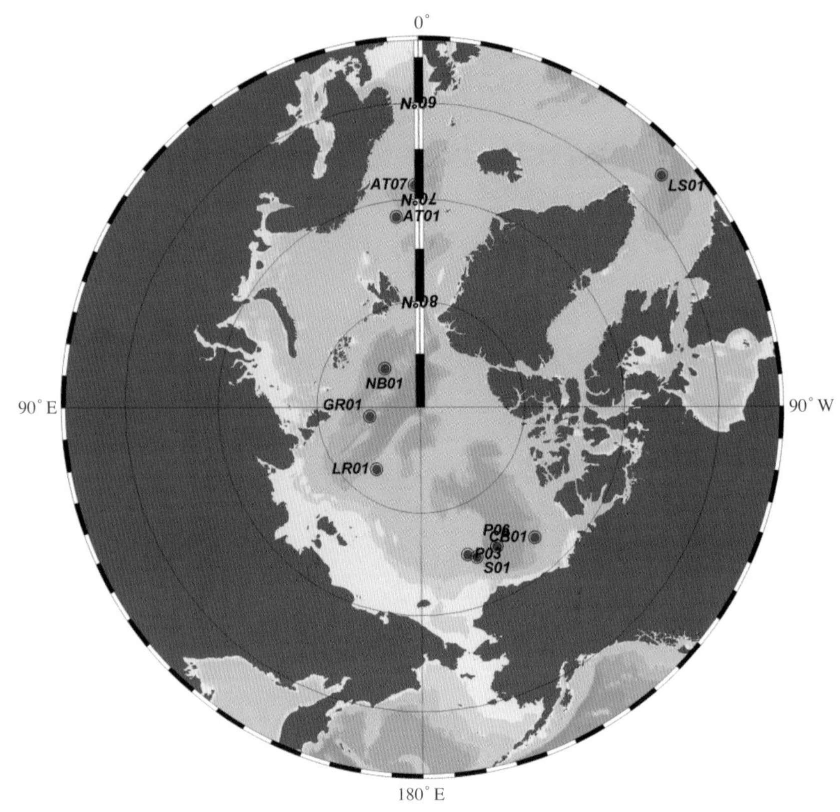

图 12-6　柱状沉积物取样作业站位（图中站位名称中省略了 ARC8-）
Fig. 12-6　Station map of Sediment Cores

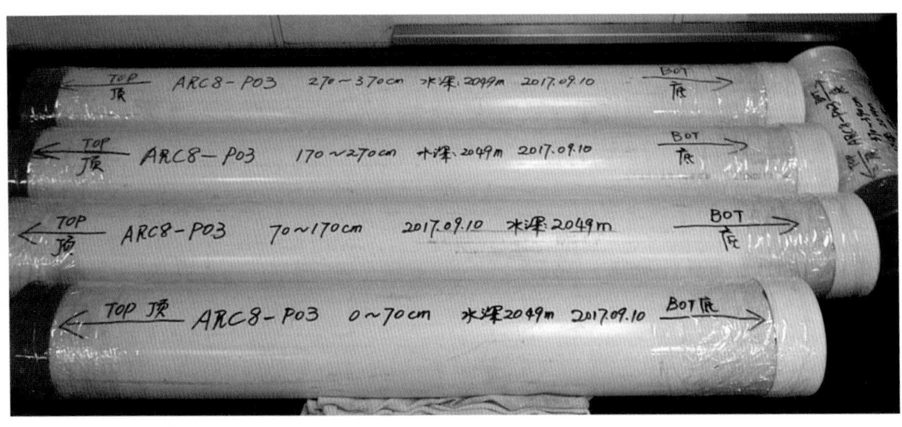

图 12-7　重力取样器获得的沉积物岩芯（ARC8-P03 站）
Fig. 12-7　Sediment core collected by Gravity corer (ARC8-P03)

12.8　环境分析与评价

本次调查获得的表层沉积物样品显示，白令海两个站位的沉积物均为黏土质粉砂，沉积结构不明显，最表面多呈灰色—灰黄色，半流动状，弱黏性，下部呈灰色，较致密，强黏性。有机质含量较高，见海蛇尾等底栖生物和钻孔生物，贝壳碎屑含量较低，偶见砾石。与白令海陆架相比，楚科奇海陆架区的表层沉积物颗粒较细，有机质和贝壳碎屑含量高，底栖生物痕迹更为常见，并且随着纬度的增加，沉积物中冰筏碎屑也逐渐增多。历次北极科学考察获得的表层沉积物样品的粒度分析数据显示，白令海与西北冰洋表层沉积物可划分为 7 种基本类型：砂（S）、粉砂质砂（TS）、砂质粉砂（ST）、粉砂（T）、黏土质粉砂（YT）、粉砂质黏土（TY）和深海黏土（PY）。自白令海峡向南、北两个方向延伸的陆架和陆坡，水深从不足 100 m 增大至 2 000 m 或更深，表层沉积物类型由海峡处的砂（S）逐渐变细，依次出现粉砂质砂（TS）、砂质粉砂（ST）、粉砂（T）、黏土质粉砂（YT）和粉砂质黏土（TY）共 6 种沉积物类型。在西北冰洋和在白令海以南、水深大于 3 000 m 的海盆中，分布着深海黏土（PY）。

表层沉积物样品的土工测试结果显示，白令海—楚科奇海陆架区海底沉积物的含水量较高，孔隙度较大，易压缩，渗透性差，工程地质性质较差。

北冰洋表层沉积物黏土矿物分析结果显示，其黏土矿物主要为伊利石、绿泥石和高岭石，另含有少量的蒙皂石。从楚科奇海到北冰洋深水区，随着水深的增加，蒙皂石和高岭石含量增高，绿泥石和伊利石含量降低，推测主要是源自西伯利亚和阿拉斯加的火山岩、变质岩以及一些含高岭石的古土壤等的物质，经风化、河流搬运入海，在北太平洋的 3 股洋流及西伯利亚沿岸流的作用下沉积形成的。深水区表层沉积物的黏土矿物组合表明，其沉积物来源为欧亚陆架和加拿大北极群岛周缘海域的海冰沉积和大西洋水体的搬运以及加拿大马更些河的河流物质输入。

现代北冰洋海域表层沉积有机碳受陆源输入和海冰的强烈影响，尽管北极的冰盖和海冰覆盖区具有较低的生产力，但与世界其他开放大洋区平均有机碳含量小于 0.5% 相比，其有机碳含量还是很高的（0.4 ~ 2%），这从样品描述中黑色有机质团块的出现也可以证明。陆架区以及北冰洋中心海域中陆源有机碳贡献较高。在北冰洋中心区，海冰常年覆盖导致的海洋初级生产力较低进一步加强了表层沉积物中有机碳的陆源比例。在楚科奇海，受到大西洋水体的影响、海冰覆盖率的降低和富营养太平洋洋流的输入导致的海洋初级生产力提高，使得这些海域的海源来源有机碳比率较其他海域高。

白令海和楚科奇海多管沉积物的沉积速率分析数据表明，白令海陆架的沉积速率高于陆坡区，处于 0.11 ~ 0.44 cm/a 之间。楚科奇海海域现代沉积速率总体上呈现南部最高，东部高于北部，北部最低的趋势，沉积速率最高为 0.6 cm/a，最低仅为 0.04 cm/a。

12.9 小结

本次底质环境调查充分把握和利用了“雪龙”船穿越北冰洋中央航道、试航西北航道并开展首次环北冰洋航行的重大机遇，于 2017 年 8 月 1 日至 9 月 25 日期间，除在我国北极科考传统的位于北冰洋太平洋扇区的调查海域开展沉积物取样之外，在航行途径的北冰洋中央航道区和北大西洋等海域择机开展了沉积物取样作业，先后利用重力取样器和箱式取样器累计完成了 18 个站位的海底沉积物取样作业。其中利用重力取样器获得的 10 个总长逾 34.6 m 沉积物岩芯，单心最长达 5.9 m，平均作业水深 2 990 m，最大水深达 3 980 m。利用箱式取样器和多管取样器在楚科奇海和白令海陆架区完成了 8 个站位的表层沉积物取样。基于这些不同海域、水深、洋流和地形条件下的海底沉积物样品，在开展新兴污染物微塑料和人工核素分析的同时，再利用各种实验室分析手段获得与北极气候、环境快速变化相关联的各类信息，进而从地球系统科学的角度出发，开展多指标和多尺度的沉积记录研究，可在长时间尺度海冰变异、大空间尺度的沉积物源—汇过程、极区与热带海洋的联系、跨北冰洋物质与能量交换等热点领域开展深入的科学研究。

CHINARE

第4篇 污染环境调查

第 13 章　人工核素

13.1　概述

2017 年在北极和亚北极区域开展海洋环境人工放射性水平监测与评价，是中国第八次北极科学考察业务化工作的一项专题。

北极和亚北极区域自 20 世纪 50 年代起就受到多种来源的人工放射性物质的污染影响，其中有：① 地面核试验的大气落下灰。截至 1980 年，全世界共进行了 520 次的核试验，大部分的核试验都发生在北半球。位于北极区域的新地岛曾经是全球主要的地面核试验地点之一，其爆炸裂变产量大于全球爆炸裂变产量的 2/5；② 核废料后处理厂液态废水排放输入。Sellafield、La Hague 和 Dounreay 是欧洲三个主要的核废料后处理厂。1974 — 1978 年期间，Sellafield 向海洋排放了 100 TBq 长寿命的钚，相当于切尔诺贝利核事故释放的 2 倍。Sellafield 共排放了将近 30 PBq 的 ^{137}Cs，其中有近 14 PBq 进入了北极地区；③ 核电站事故的污染输入。如苏联的切尔诺贝利核事故；同时，有研究表明福岛核事故排放的核素已经到达了白令海；④ 固体放射性废物深海投放。喀拉海和巴伦支海曾经是固体放射性废物的海洋深埋区；⑤ 核潜艇事故放射性污染。如发生在挪威海的“Komsomolets”核潜艇事故等。这些人类活动使得北冰洋局部区域的海洋人工放射性活度水平一度较其他大洋区域要高，然而国际上对海洋人工放射性核素的污染，到目前尚未有任何修复措施，只能依靠洋流的输运扩散稀释，加之放射性核素随时间衰减而降低对海洋的污染影响，因此，人类活动对北极海洋环境造成的人工放射性物质污染影响是长期持续的，北极海域的人工放射性污染引起北半球国家尤其是环北极国家的重视，在 20 世纪 70 — 90 年代期间，苏联及之后的俄罗斯、英国、法国、德国等北欧国家，以及美国、加拿大、韩国、日本，在北极或亚北极区域先后独立或联合开展了多次海洋放射性活度水平调查。掌握了北极 / 亚北极区域海洋放射性活度水平变化趋势。

该专题由国家海洋局第三海洋研究所（简称海洋三所）负责，国家海洋局北海分局（简称北海分局）参与，两家单位共派出 3 名科考人员。海洋三所结合太平洋与北冰洋之间的洋流运动趋势，以及国际上在北极区域开展人工核素调查研究的情况，制定了第八次北极人工核素监测与评价实施方案，明确了科考的主要任务是，① 掌握北极 / 亚北极海域不同环境介质中人工放射性核素的水平，开展北极海域海洋放射性环境水平评价；② 了解人工放射性核素在极区海域的空间分布及其迁移、存在形式以及对生物资源的辐射影响；③ 构建相应的海洋环境放射性水平数据库，为开展大尺度海洋生态环境科学研究提供基础数据。

随着中国第八次北极科学考察任务的圆满完成，海洋人工放射性核素在北极 — 亚北极 — 北太平洋海域的业务化监测工作也超额完成，其中完成了 42 个走航表层海水站位和 22 个重点海域深层水站位的调查，共采集了130个海水样品，总采样体积达到了9 m^3；走航大气气溶胶采集30个膜样品；沉积物采集了8个表层沉积物、6个插管柱状样品；还采集了5个短期冰站的表层积雪样品。

13.2 调查内容

人工核素调查内容主要包括5个部分：重点海域深层水样人工核素调查；走航表层水样人工核素调查；走航大气气溶胶；沉积物人工核素调查和短期冰站表层积雪核素调查。调查区域涵盖白令海公海区、楚科奇海、北冰洋中央区、北欧海、加拿大北极区等海域。

走航表层海水和重点海域深层海水人工核素调查核素包括 ^{3}H、^{90}Sr、^{134}Cs、^{137}Cs、^{226}Ra、^{228}Ra。

沉积物人工核素调查核素包括 ^{40}K、^{90}Sr、^{134}Cs、^{137}Cs、^{226}Ra、^{228}Ra、^{228}Th、^{238}U。

走航大气气溶胶核素调查核素包括 ^{7}Be、^{134}Cs、^{137}Cs 和 ^{210}Pb。

短期冰站表层积雪核素调查核素包括 ^{7}Be、^{134}Cs、^{137}Cs 和 ^{210}Pb。

13.3 调查站位设置

13.3.1 重点海域深层水样人工核素调查

项目组在白令海公海区、楚科奇海、北冰洋中央区、北欧海等重点海域开展垂向放射性核素水平调查，调查核素包括 ^{3}H、^{90}Sr、^{134}Cs、^{137}Cs，研究放射性核素在海洋水体中由表层向深层的输送及深层放射性核素的交换情况。福岛核事故泄漏入海的人工放射性核素可能随着洋流输送到白令海、楚科奇海，因此在该区域开展重点调查，可以掌握福岛核事故泄漏入海污染物的输运情况；20世纪，大量的人工核素经由北欧海（核废料后处理厂的排放、核潜艇事故等）进入北极海域，北极海域的人工核素水平在各海区中略高，但是对于北冰洋中央区的核素水平调查数据偏少，因此在北欧海、北冰洋中央区等区域开展重点调查，获取放射性核素水平，具有非常重要的意义。

深层水样人工核素调查目前共完成22个站位的水样采集（图13-1），站位信息见表13-1。

本次调查完成了22个站位、89个样品的采集，站位数超过计划站位的175%，样品数超过计划样品的200%。完成了所有样品 ^{90}Sr（碳酸盐）、^{134}Cs、^{137}Cs（磷钼酸铵）沉淀富集预处理工作，获得了178个沉淀富集样品。

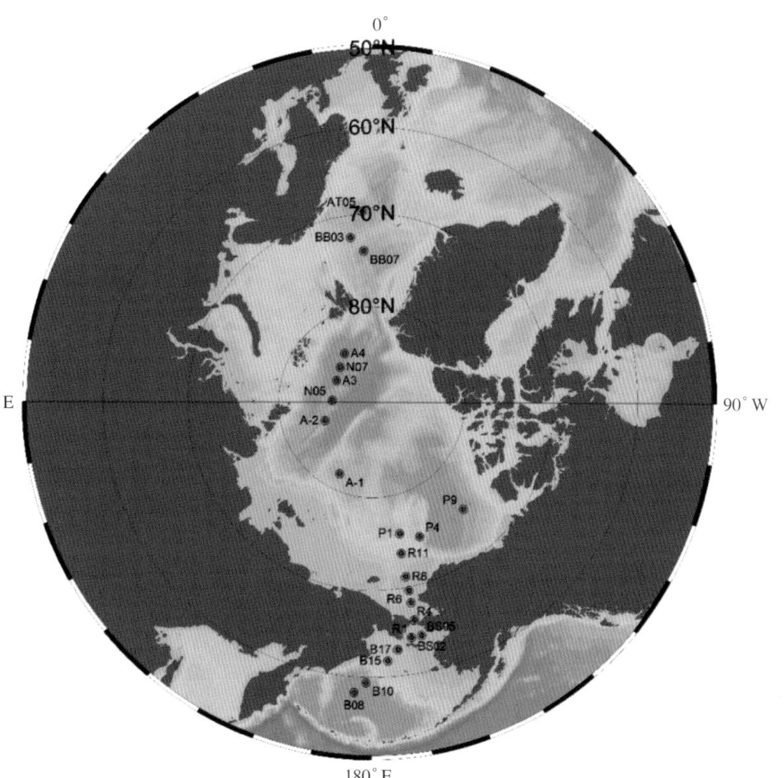

图13-1 中国第八次北极科学考察放射性核素调查采样站位

Fig. 13-1 Sampling sites of anthropogenic radionuclides investigation in 8th CHINARE cruise

表13-1 第八次北极科学考察放射性核素调查采样站位

Table 13-1 Sampling sites of radionuclides investigation in 8th CHINARE cruise

站位	纬度(N)	经度	水深(m)	采样层次
B08	58°6′4″	176°25′7″E	3 790.9	8、200、500、1 000、1 500
B10	59°21′6″	178°46′52″E	3 549.9	8、200、500、1 000、1 500
A1	81°43′29″	155°15′8″E	2 804.4	8、200、500、1 000、1 500
A2	84°35′45″	111°6′10″E	4 044	8、200、500、1 000、1 500
N05	85°44′54″	87°43′2″E	2 831	8、300、1 000、2 600
A3	85°36.151′	59°37.268′E	3 917.4	8、200、500、1 000、1 500
N07	85°1′46″	43°2′18″E	4 013.8	8、300、1 000、3 800
A4	84°9′6″	30°0′7″E	4 057.6	8、200、500、1 000、1 500、3 800
BB07	74°0′27″	3°17′18″E	3 269.9	8、200、500、1 000、1 500、3 300
BB03	72°25′52″	7°35′38″E	2 621.8	8、200、500、1 000、1 500
AT05	69°41′34″	3°3′5″E	3 273.4	8、200、500、1 000、1 500、3 000
P9	75°0′0″	138°37′16″W	3 623.3	8、200、500、1 000、1 500、3 500
P4	74°59′5″	160°12′46″W	1 968.5	8、200、500、1 000、1 500
P1	75°52′34″	167°58′40″W	236.3	8、50、200、500
R11	73.76°	168.9°W		8、50、100、130
R8	71°10′51″	168°51′25″W	48	8、45
R6	69°34′40″	168°47′37″W	53.5	8、50
R4	68°12′11″	168°52′45″W	59.3	8、50
R1	66°12′6″	168°50′41″W	58.8	8、50
BS02	64°19′13″	170°18′39″W	41.2	8、30
B17	63°6′8″	173°54′56″W	78	8、70
B15	61°53′37″	176°25′30″W	105.2	8、70

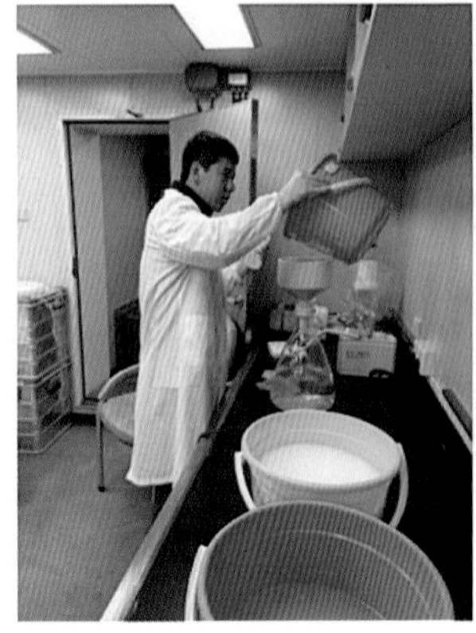

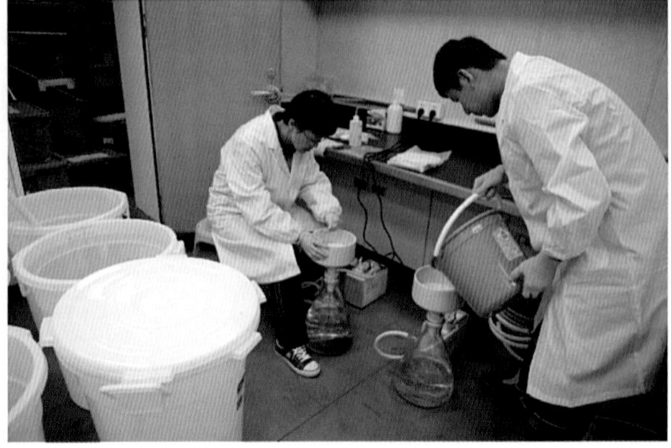

图 13-2 第八次北极科学考察放射性核素调查现场作业

Fig. 13-2 Field operations of anthropogenic radionuclides investigation in 8th CHINARE cruise

13.3.2 走航表层海水人工放射性核素调查

走航表层海水人工放射性核素调查目前共完成42个站位的水样采集（图13-3），站位信息见表13-2。本次考察，表层海水站位覆盖了我国东海区、日本海、北太平洋、白令海及北极海域（楚科奇海、北冰洋中央区、北欧海、加拿大北极区），将有助于全面掌握北极海域放射性核素水平，并与东海区、日本海、北太平洋等海域放射性核素水平进行对比。

本次调查完成了38个站位样品的采集，超过计划站位的90%。完成了所有样品 ^{90}Sr（碳酸盐）、^{134}Cs、^{137}Cs（磷钼酸铵）沉淀富集预处理工作，获得了76个沉淀富集样品。

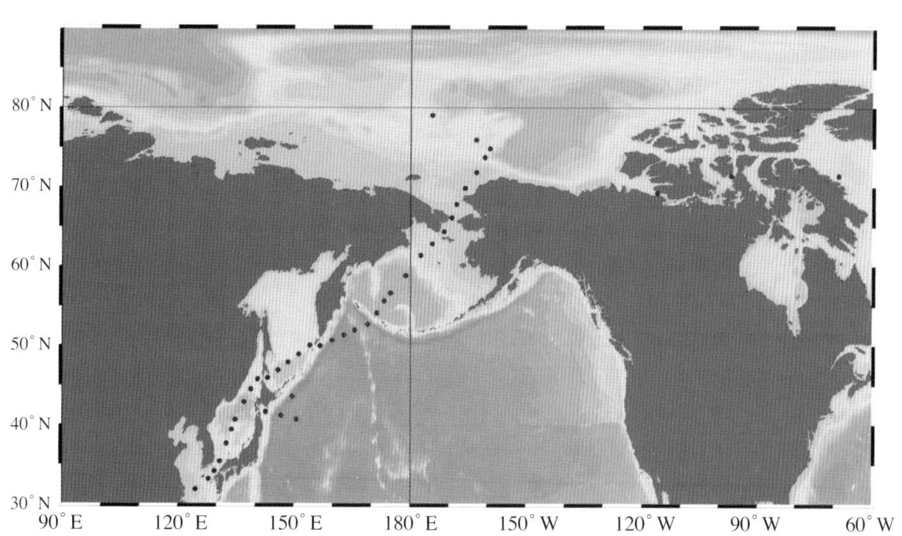

图13-3 第八次北极科学考察走航表层海水放射性核素调查采样站位

Fig.13-3 Surface seawater sampling sites of anthropogenic radionuclides investigation in 8th CHINARE cruise

表13–2 第八次北极科学考察走航表层海水放射性核素调查采样站位

Table 13–2 Surface seawater sampling sites of anthropogenic radionuclides investigation in 8th CHINARE cruise

站位	纬度（N）	经度	水深（m）	调查核素
AZH-1	31°46′10.86″	124°29′50.99″E	45	^{90}Sr、^{134}Cs、^{137}Cs
AZH-2	33°03′56.51″	127°53′56.21″E	138	^{3}H、^{90}Sr、^{134}Cs、^{137}Cs
AZH-3	34°5′38″	129°27′20″E		^{3}H、^{90}Sr、^{134}Cs、^{137}Cs
AZH-4	35°19′30″	130°49′29″E	147	^{3}H、^{90}Sr、^{134}Cs、^{137}Cs
AZH-5	37°33′41″	132°30′54″E	122	^{3}H、^{90}Sr、^{134}Cs、^{137}Cs
AZH-6	39°18′35″	133°52′15″E	1 733.4	^{3}H、^{90}Sr、^{134}Cs、^{137}Cs
AZH-7	40°33′30″	134°49′25″E	2 990	^{3}H、^{90}Sr、^{134}Cs、^{137}Cs
AZH-8	42°47.003′	137°7.234′E		^{3}H、^{90}Sr、^{134}Cs、^{137}Cs
AZH-9	44°23′52″	138°52′38″E	2 660.5	^{3}H、^{90}Sr、^{134}Cs、^{137}Cs
AZH-10	45°41.430′	140°37.910″E	674.5	^{3}H、^{90}Sr、^{134}Cs、^{137}Cs
AZH-11	45°50′13″	143°14′43″E	95.9	^{3}H、^{90}Sr、^{134}Cs、^{137}Cs
AZH-12	46°48′29″	145°53′16″E	3 383.3	^{3}H、^{90}Sr、^{134}Cs、^{137}Cs
AZH-13	47°47′56″	148°26′59″E	3 421.9	^{3}H、^{90}Sr、^{134}Cs、^{137}Cs
AZH-14	48°50′28″	151°10′28″E	1 894.3	^{3}H、^{90}Sr、^{134}Cs、^{137}Cs
AZH-15	49°56′7″	154°5′54″E	1 558.1	^{3}H、^{90}Sr、^{134}Cs、^{137}Cs
AZH-16	49°52′00″	156°42′36″E	1 094.7	^{3}H、^{90}Sr、^{134}Cs、^{137}Cs
AZH-17	50°35′9″	159°49′48″E	7 588.4	^{3}H、^{90}Sr、^{134}Cs、^{137}Cs
AZH-18	51°16′39″	162°53′1″E	5 608.3	^{3}H、^{90}Sr、^{134}Cs、^{137}Cs
AZH-19	51°53′8″	165°37′29″E	4 948.6	^{3}H、^{90}Sr、^{134}Cs、^{137}Cs

站位	纬度（N）	经度	水深（m）	调查核素
AZH-20	52°36′49″	168°54′40″E	5 030.3	^{3}H、^{90}Sr、^{134}Cs、^{137}Cs
AZH-21	54°03′13″	171°16′30″E	4 072	^{3}H、^{90}Sr、^{134}Cs、^{137}Cs
AZH-22	55°33′45″	173°10′32″E	3 887	^{3}H、^{90}Sr、^{134}Cs、^{137}Cs
AZH-23	56°34′6″	174°48′17″E	3 830.5	^{3}H、^{90}Sr、^{134}Cs、^{137}Cs
M01	58°45′29″	178°39′12″E	3 753.5	^{3}H、^{90}Sr、^{134}Cs、^{137}Cs
AZH-24	61°17′57″	177°26′23″W	129.97	^{3}H、^{90}Sr、^{134}Cs、^{137}Cs
AZH-25	62°45′43″	174°26′25″W	76.1	^{3}H、^{90}Sr、^{134}Cs、^{137}Cs
AZH-26	64°18′43″	171°21′13″W	49	^{3}H、^{90}Sr、^{134}Cs、^{137}Cs
AZH-27	66°4′38″	169°22′3″W	53.84	^{3}H、^{90}Sr、^{134}Cs、^{137}Cs
AZH-28	67°47′32″	168°7′4″W	44.5	^{3}H、^{90}Sr、^{134}Cs、^{137}Cs
AZH-29	69°48′22″	165°55′26″W	42.4	^{3}H、^{90}Sr、^{134}Cs、^{137}Cs
AZH-30	71°48′30″	163°0′15″W	41	^{3}H、^{90}Sr、^{134}Cs、^{137}Cs
AZH-31	73°41′55″	160°48′51″W	1 860.8	^{3}H、^{90}Sr、^{134}Cs、^{137}Cs
AZH-32	74°47′54″	159°27′45″W	1 879.4	^{3}H、^{90}Sr、^{134}Cs、^{137}Cs
AZH-33	75°55′18″	163°4′13″W	1 999.6	^{3}H、^{90}Sr、^{134}Cs、^{137}Cs
AZH-34	78°59′53″	174°28′23″W	2 402.1	^{3}H、^{90}Sr、^{134}Cs、^{137}Cs
AZH-35	71°23′25″	68°48′40″W	818.8	^{3}H、^{90}Sr、^{134}Cs、^{137}Cs
AZH-36	71°23′55″	96°54′4″W	239.5	^{3}H、^{90}Sr、^{134}Cs、^{137}Cs
AZH-37	69°12′32″	116°17′14″W	144	^{3}H、^{90}Sr、^{134}Cs、^{137}Cs
AZH-38	43°28′32″	149°31′21″E		^{3}H、^{90}Sr、^{134}Cs、^{137}Cs
AX	40°35′59″	150°33′55″E	5 427.4	^{3}H、^{90}Sr、^{134}Cs、^{137}Cs
AZH-39	41°4′9″	146°41′3″E	5 053.3	^{3}H、^{90}Sr、^{134}Cs、^{137}Cs
AZH-40	41°33′58″	142°40′54″E	1 105.9	^{3}H、^{90}Sr、^{134}Cs、^{137}Cs

13.3.3 沉积物人工核素调查

沉积物人工核素调查目前共完成8个站位的样品采集（图13-4），站位信息见表13-3，主要位于白令海、白令海峡及楚科奇海域等重点海域。

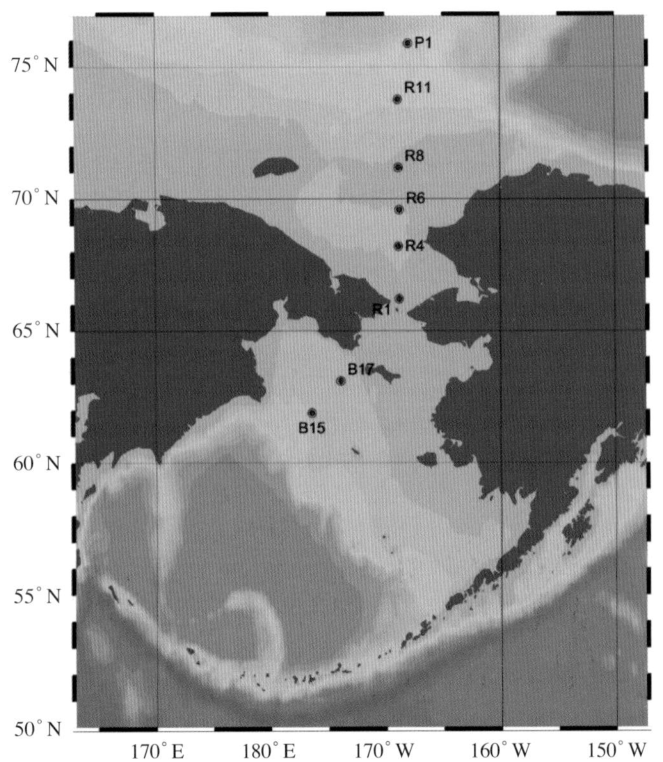

图13-4 第八次北极科学考察沉积物放射性核素调查采样站位

Fig. 13-4 Sediments sampling sites of radionuclides investigation in 8th CHINARE cruise

表 13-3 第八次北极科学考察沉积物放射性核素调查采样站位

Table13-3 Sediments sampling sites of radionuclides investigation in 8th CHINARE cruise

站位	纬度 (N)	经度	水深 (m)	采样类别
P1	75°52′34″	167°58′40″W	236.3	表层
R11	73.76°	168.9°W		表层 + 多管
R8	71°10′51″	168°51′25″W	48	表层 + 插管
R6	69°34′40″	168°47′37″W	53.5	表层 + 多管
R4	68°12′11″	168°52′45″W	59.3	表层
R1	66°12′6″	168°50′41″W	58.8	表层 + 插管
B17	63°6′8″	173°54′56″W	78	表层 + 插管
B15	61°53′37″	176°25′30″W	105.2	表层 + 插管

13.3.4 走航大气气溶胶放射性核素调查

大气输送是放射性核素输运的重要方式之一，因此开展大气气溶胶中放射性核素的调查是放射性业务化调查的重要组成部分。

本次考察期间，在走航路线上开展大气气溶胶放射性核素（^{7}Be、^{210}Pb、^{134}Cs、^{137}Cs）的分析，大气气溶胶采样为平均 2 d 一个样品，共采集了 30 张膜样品（图 13-5）。

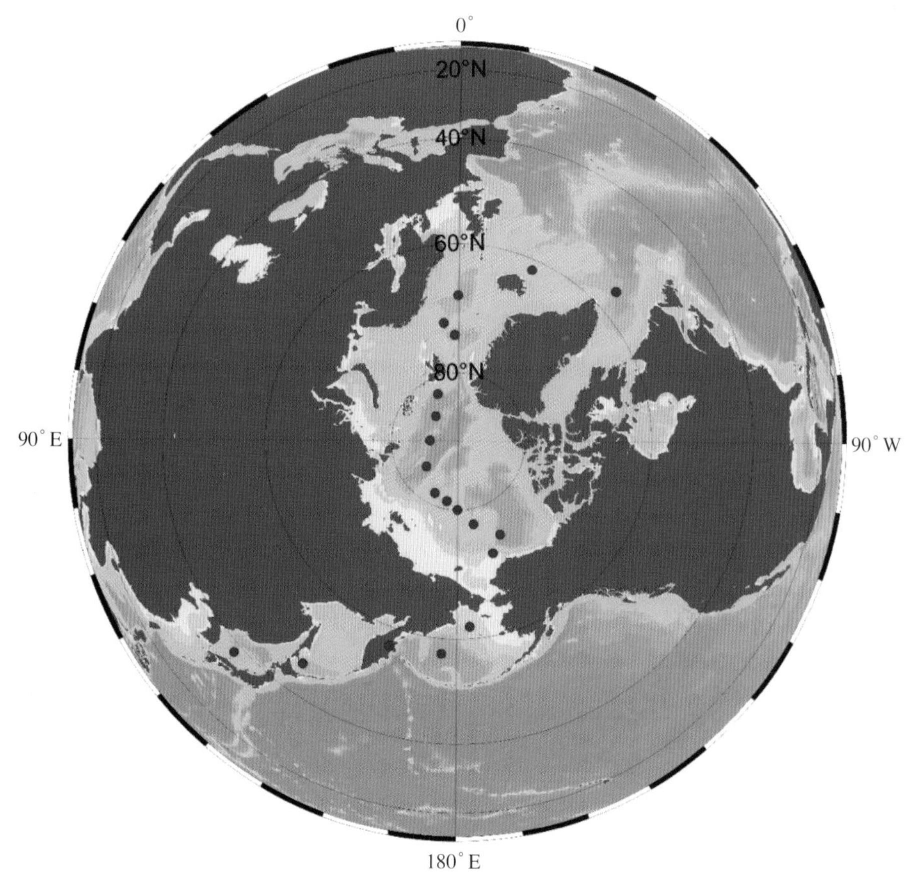

图 13-5 第八次北极科学考察气溶胶放射性核素采样站位

Fig. 13-5 Aerosol sampling sites of radionuclides investigation in 8th CHINARE cruise

图 13-6 第八次北极科学考察气溶胶放射性核素采样现场作业
Fig. 13-6 Field operations of aerosol sampling in 8th CHINARE cruise

13.3.5 海水中人工放射性核素（^{134}Cs、^{137}Cs）分配系数调查

本次考察中开展了人工放射性核素（^{134}Cs、^{137}Cs）在海水颗粒物、溶解态两相之间的分配，在调查放射性核素水平的基础上，进一步研究人工放射性核素在极区海域的迁移和存在形式。

目前，已完成走航表层海水人工核素调查 12 个站位的水样采集（图 13-7），站位信息见表 13-4。预处理完成了所有样品颗粒态和溶解态的过滤、沉淀富集工作，各获得了 12 个颗粒物和沉淀样品。

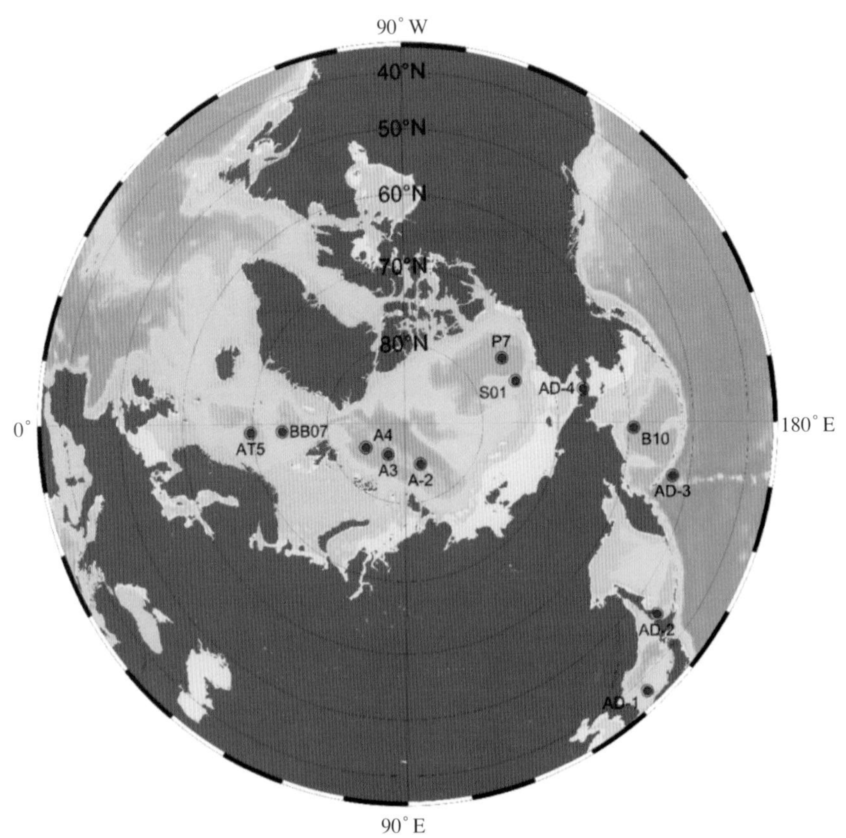

图 13-7 海水人工放射性核素分配系数调查采样站位
Fig. 13-7 Sampling sites of radionuclide's distribution coefficients investigation in 8th CHINARE

表13–4 海水放射性核素分配系数调查采样站位

Table 13–4 Sampling sites of marine radionuclide's distribution coefficients investigation in 8th CHINARE cruise

站位	纬度	经度	水深 (m)
AD-1	37°33′41″N	132°30′54″E	137
AD-2	45°50′6″N	143°13′35″E	96.7
AD-3	52°37′59″N	168°59′55″E	5 302.6
B10	59°20′16″N	178°45′44″E	3 551.8
AD-4	66°05′20″N	169°22′3″W	44.5
S01	74°44′6″N	159°32′40″W	1 819.3
A-2	84°35′45″N	111°6′10″E	4 044
A3	85°36′15″N	59°43′10″E	3 917.4
A4	84°9′6″N	30°0′7″E	4 057.6
BB07	74°0′27″N	3°17′18″E	3 270
AT5	69°41′34″N	3°3′5″E	3 273.4
P7	75°0′2″N	146°48′46″W	3 842.4

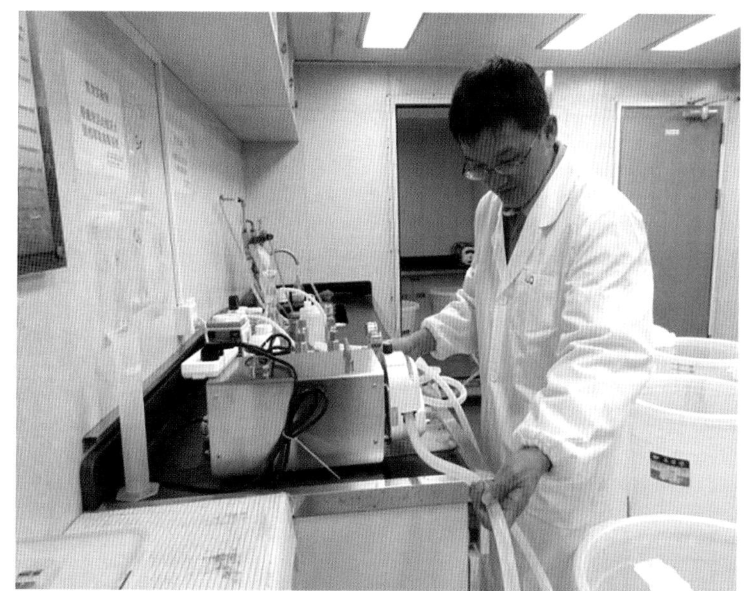

图 13-8 第八次北极科学考察海水放射性核素分配系数调查现场作业

Fig. 13-8 Field operations of radionuclide's distribution coefficients investigation in 8th CHINARE cruise

13.3.6 海水镭同位素（^{226}Ra、^{228}Ra）调查

镭同位素（^{226}Ra、^{228}Ra）具有水溶性特征和不同的半衰期，可以用来研究不同时空间尺度的海洋学过程，特别是示踪大洋环流和生源要素的输运，对全球变化和海洋生物地球化学过程研究有重要的意义。因此，考察期间开展了海洋水体中镭同位素（^{226}Ra、^{228}Ra）的分布调查，可以用于研究北极区域时间和空间尺度上的水团组成和结构，水体交换和水平与垂直涡动扩散机制等。

本次考察共完成了 18 个站位深层水样（84 个样品）和 38 个表层海水样品的采集，镭同位素调查采样站位如图 13-9 所示。

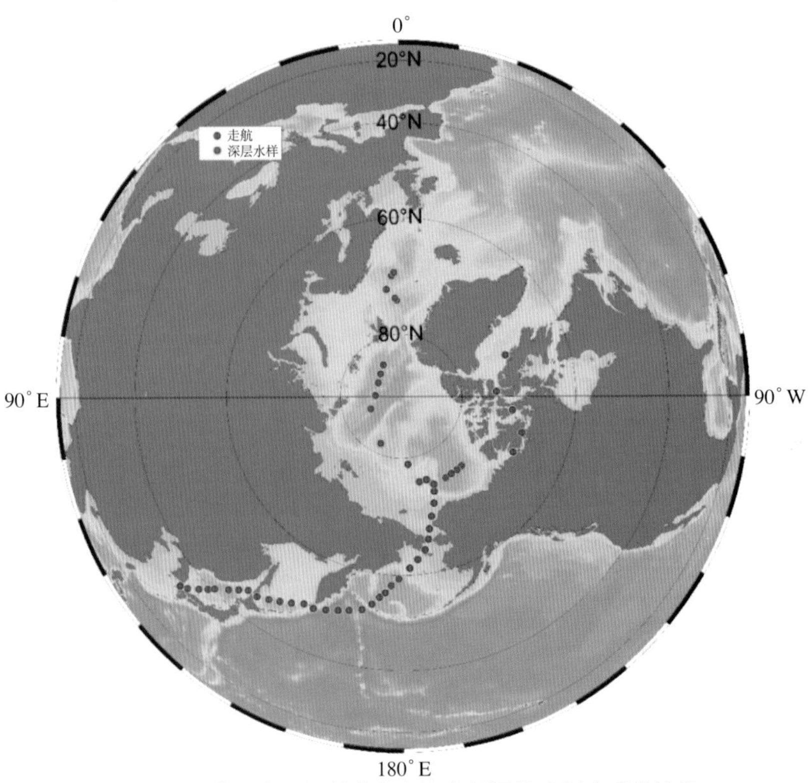

图 13-9　第八次北极科学考察海水镭同位素调查采样站位

Fig. 13-9　Sampling sites of radium investigation in 8th CHINARE cruise

13.3.7　短期冰站表层积雪核素调查

大气沉降是放射性核素输送的主要方式之一。本次考察中，项目组在短期冰站初步开展了表层积雪的放射性核素调查，获取表层积雪中放射性核素的水平，研究放射性核素在北极表层积雪的沉降通量。本次考察期间，共采集了 5 个短期冰站的表层积雪样品（图 13-10）。完成了所有样品 ^{7}Be、^{210}Pb（氢氧化铁）和 ^{134}Cs、^{137}Cs（磷钼酸铵）沉淀富集预处理工作，获得了 10 个沉淀富集样品。

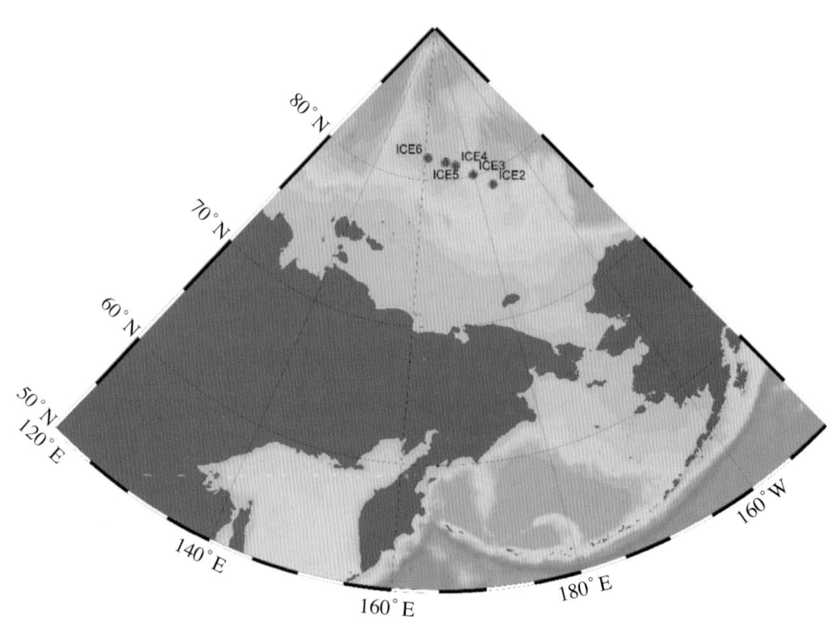

图 13-10　第八次北极科学考察表层积雪核素调查站位

Fig. 13-10　Ice-snow's sampling sites of radionuclide's investigation in 8th CHINARE cruise

图 13-11 第八次北极科学考察表层积雪现场作业

Fig. 13-11 Field operations of ice-snow in 8th CHINARE cruise

13.4 调查仪器与设备

第八次北极科学考察海洋化学调查所使用的调查设备及分析仪器信息见图 13-12 和表 13-5。

放射性核素测量仪器室

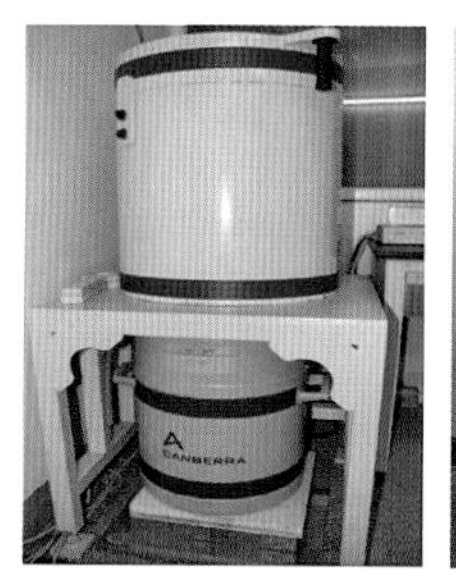

γ 能谱仪

超低本底液闪能谱仪

低本底 α/β 计数器

图 13-12 人工放射性核素调查分析仪器

Fig. 13-12 Equipments and instruments for marine radionuclides monitor

表13-5 人工放射性核素调查分析仪器

Table 13-5 Equipments and instruments for marine radionuclides monitor

测量的核素	仪器	仪器来源（单位）	负责人
γ 核素（^{7}Be、^{40}K、^{134}Cs、^{137}Cs、^{210}Pb、^{226}Ra、^{228}Ra、^{228}Th、^{238}U）	高纯锗 γ 能谱仪	国家海洋局第三海洋研究所	于涛
^{3}H	低本底液体闪烁能谱仪	国家海洋局第三海洋研究所	于涛
^{90}Sr	低本底 α/β 计数器	国家海洋局第三海洋研究所	于涛

13.5 调查方法

本项目严格按照相关标准和规程要求进行样品采集、前处理、分析测定等。

13.5.1 重点海域垂向水体人工放射性核素水平调查

通过“雪龙”船舯部 CTD 采水器采集不同深度的海水样品，每层采集海水 60 L；现场通过共沉淀进行富集前处理（磷钼酸铵富集海水中 ^{134}Cs、^{137}Cs；碳酸盐沉淀富集海水中 ^{90}Sr）。

收集磷钼酸铵沉淀，带回实验室用 γ 能谱仪测量 ^{134}Cs、^{137}Cs；收集碳酸盐，带回实验室进一步分离、分析 ^{90}Sr。

13.5.2 走航表层海水人工放射性核素水平调查

1）表层海水中人工放射性核素水平调查

通过船载的表层水系统，每间隔 2 个纬度采集表层海水 120 L，现场通过共沉淀进行富集前处理（磷钼酸铵富集海水中 ^{134}Cs、^{137}Cs；碳酸盐沉淀富集海水中 ^{90}Sr）。

收集磷钼酸铵沉淀，带回实验室用 γ 能谱仪测量 ^{134}Cs、^{137}Cs；收集碳酸盐，带回实验室进一步分离、分析 ^{90}Sr。

2）表层海水中人工放射性核素的分配

每隔 3 个纬度采集表层海水 500 ~ 800 L，现场用大体积切向过滤器过滤、收集悬浮颗粒物；过滤后，收集 75 L 溶解态海水，通过磷钼酸铵沉淀富集；收集悬浮颗粒物和沉淀，带回实验室用 γ 能谱仪测量。

13.5.3 沉积物人工放射性核素水平调查

通过“雪龙”船上的箱式取样器采集表层沉积物样品（0 ~ 2 cm），每个样品重约 500 g，冷藏保存，带回实验室分析。根据柱状沉积物（插管）长度，按照 2 cm 或 3 cm 进行现场分样，冷藏保存，带回实验室做进一步分析。

13.5.4 走航气溶胶放射性核素水平调查

在“雪龙”船上安装风控大容量气溶胶采样器，在走航过程采集大气气溶胶样品，每 2 d（48 h）采集一个样品，样品放入冰箱冷冻保存，带回实验室分析。

13.6 质量控制

为了达到考察实施方案的质量要求，保证调查结果的可靠性、准确性和科学性，在本次考察实施期间，项目组严格按照相关标准、实施方案等进行外业调查、样品预处理、室内样品分析、数据整理等各项工作，同时对项目的工作质量进行全程检查和监督，使各个环节处于质量控制状态。

13.6.1 实验室人员资质

参加本项目调查工作的人员均由从事海洋环境调查工作的专业技术人员组成。在调查工作中，各技术人员均能熟练操作各种外业采样设备和工作方法，熟悉各样品的实验室分析方法和执行规范、标准，并对监测结果的各种误差来源和数据可靠性具有一定的判断能力。

虽然项目组人员都已具备相应的专业技术或管理能力，但为了满足项目需求，及时掌握新的法律法规、标准、规范、技术及设备的使用，同时培训项目组的新生力量，项目执行期间项目承担单位组织项目组有关人员参加相关要求的内外部培训，尤其是要让关键岗位人员全面了解项目的专门要求，包括项目管理方面和技术方面的要求，以及项目质量保证大纲和项目管理程序的相关要求。培训内容包括：①对管理人员进行质量管理体系基础知识及意识、法律法规的培训，提高管理能力；②对专业技术人员进行质量管理体系意识的培训，进行专业知识、管理知识和推广新工艺、新技术、新材料、新设备使用的培训，确保专业技术人员具备胜任本职工作的能力；③对特殊工种和技术操作人员进行质量管理体系意识和法律法规的教育，安全操作、安全生产、岗位职责和技能要求的培训。培训工作均由熟悉该专业领域工作的合格教师实施。对于内部培训，培训学员由各部门按照项目管理制度进行考核；对于外部培训，培训结束后，培训学员应填写《培训实施评价表》，评价所开展培训的有效性。

13.6.2 仪器检定与校准

所有对分析测试结果的准确性有影响的计量器或检测设备均应由计量部门或其授权的单位进行检定（表 13-6），并保存清晰的检定记录，包括仪器设备名称、最后检定日期、前次检定日期、检定周期、检定单位、台数等，确保每台计量器具或检测设备都在有效检定期内使用。

定期进行测量装置的本底、分辨率、测量效率等仪器参数的检验。新的仪器或检修后的仪器在正式使用前也要进行这种检验。对每台仪器使用前均应绘制质控图，常规测量期间定期检查在测量条件下获得的本底效率是否在控制范围内。当发现异常时，进行调整，重新绘制质控图。

在使用 γ 谱仪测量样品期间，要至少使用两个已知的标准源的 γ 射线检查峰位变化情况，如果变化显著则重新做能量刻度。进行效率刻度时，将放射性参考物质置于相应的样品盒中组成效率刻度源，与测量样品相似的条件下，测量刻度源谱，绘制效率刻度曲线，定期用已知的标准源检查效率变化情况。

对调查期间可能使用的 α 计数器、β 计数器、液闪计数器的则要定期用已知的标准物质制成与待测样品相同形式的标准源标定仪器的探测效率，并做好记录。

表13–6 放射性核素检测仪器设备与检定

Table 13–6 Equipment and instruments for marine radionuclides monitor

序号	仪器设备名称	型号	厂家	编号	检定单位	有效期
1	高纯锗 γ 谱仪	GR4021	CANBERRA	01046253	中国计量科学研究院	2019 年 8 月
2	高纯锗 γ 谱仪	GC4020	CANBERRA	9902398	中国计量科学研究院	2019 年 8 月
3	高纯锗 γ 谱仪	GC10021	CANBERRA	9561	中国计量科学研究院	2019 年 8 月
4	高纯锗 γ 谱仪	BE6530	CANBERRA	8779	中国计量科学研究院	2019 年 8 月
5	高纯锗 γ 谱仪	BE6530	CANBERRA	8782	中国计量科学研究院	2019 年 8 月
6	井型高纯锗 γ 谱仪	GCW2021	CANBERRA	1602	中国计量科学研究院	2019 年 8 月
7	井型高纯锗 γ 谱仪	GCW2021	CANBERRA	1603	中国计量科学研究院	2019 年 8 月
8	超低本底液闪谱仪	Quantulus 1220-003	Perkin Elmer	2200499	中国计量科学研究院	2019 年 8 月
9	低本底 α/β 计数器	MPC9604	Ortec	09058166	中国计量科学研究院	2019 年 8 月
10	低本底 α/β 计数器	MPC9604	Ortec	13189283	中国计量科学研究院	2019 年 8 月

13.6.3 放射标准物质

本项目调查中使用的放射性标准物质（表13-7）无论是用于刻度放射性测量仪器或检测测量仪器的准确性和稳定性，包括标准源和标准溶液等，还是用来检验分析测量程序及人员操作的正确性的环境放射性参考物质，均产自权威部门或机构，并通过正规渠道购买。各放射性标准均应保留有清晰记录，包括各标准物质的名称、来源、证书编号、活度、用途等。

表13-7 放射性调查中使用的标准物质

Table 13-7 Standard materials for marine radionuclides monitor

标准物质名称 / 编号	活度或比活度 参考日期	扩展不确定度 （其中 k 为置信因子）	生产方	适用核素 / 仪器
河流沉积物环境放射性标准物质 GBW08304a	^{238}U:1.58 × 10^{-1} Bq/g 参考日期：1995-01-31	12% （k=3）	中国计量科学研究院	^{238}U、^{226}Ra、^{232}Th、^{40}K、^{60}Co、^{137}Cs；γ 谱仪
	^{226}Ra:1.32 × 10^{-1} Bq/g 参考日期：1995-01-31	7.2% （k=3）		
	^{232}Th:6.56 × 10^{-2} Bq/g 参考日期：1995-01-31	6.9% （k=3）		
	^{40}K:5.75 × 10^{-1} Bq/g 参考日期：1995-01-31	6.0% （k=3）		
	^{60}Co:8.10 × 10^{-2} Bq/g 参考日期：1995-01-31	5.7% （k=3）		
	^{137}Cs:1.37 × 10^{-1} Bq/g 参考日期：1995-01-31	6.0% （k=3）		
海水沉淀物标样	^{238}U: 21.2 Bq/g 参考日期：2006-05-24	8.4% （k=3）	中国计量科学研究院	^{60}Co、^{137}Cs、^{226}Ra、^{232}Th、^{238}U；γ 谱仪
	^{226}Ra: 3.53 Bq/g 参考日期：2006-05-24	7.5% （k=3）		
	^{232}Th: 2.27 Bq/g 参考日期：2006-05-24	7.5% （k=3）		
	^{137}Cs: 2.26 Bq/g 参考日期：2006-05-24	6.9% （k=3）		
	^{60}Co: 3.21 Bq/g 参考日期：2006-05-24	7.5% （k=3）		
^{137}Cs 标准溶液	4.03 kBq/g 参考日期：2013-01-01	1.5% （k=2）	Physikalisch-Technische Bundesanatalt 简称 PTB	^{137}Cs；γ 谱仪
^{90}Sr 标准溶液	3.85 kBq/g 参考日期：2013-01-01	1.8% （k=2）	Physikalisch-Technische Bundesanatalt 简称 PTB	^{90}Sr，α/β 计数器
^{137}Cs 固态点源	3 981 kBq 参考日期：2013-02-01	2.0% （k=2）	Laboratorire Etalons d'Activite 简称 LEA	γ 谱仪
^{90}Sr 固态点源	3.1 kBq 参考日期：2013-01-16	1.5% （k=2）	Laboratorire Etalons d'Activite 简称 LEA	^{90}Sr，α/β 计数器

13.6.4 外业调查的质量控制

（1）样品采集、储存与运输严格按照《海洋监测规范》(GB 17378—2007) 和《海洋调查规范》(GB/T 12763—2007) 执行，对样品采集、储存与运输、分析方法进行全面的质量控制。

（2）现场调查各个岗位的调查人员对样品的质量负责，严格按照相应的技术标准、规程和工作大纲等进行作业，并做好详细记录，对调查过程中出现的问题及时向项目负责人报告，适时调整作业方案。

（3）在现场作业的同时，采样、记录和校对均有相应人员负责并签名。调查人员对原始记录进行初步整理，包括对采样点的坐标、时间、采样要素等现场原始记录资料的收集、检查、核实、编录、储存、复制等工作。根据整理情况及时发现问题，对有异常的数据，进行真实性和可靠性分析，保证外业调查的质量。

13.6.5 实验室分析测量质量控制

（1）项目严格按照质量控制方法及海洋三所质量管理体系的相关要求进行实验室分析质量控制工作。

（2）实验室按分析、测试的介质和核素明确分工，相关分析人员对样品分析测试的质量负责，严格按照规程和国标方法的要求操作，确保分析结果的准确、可靠。

（3）样品分析、测试前做好器皿、试剂、仪器的充分准备。

（4）通过参加样品分析的比对进行质量控制。实验室于 2014 年、2015 年、2016 年参与了国际原子能机构（IAEA）举行的海水样品中 ^{134}Cs、^{137}Cs、^{90}Sr 分析国际比对，取得了良好的成绩，结果见表 13-8。

表 13-8 历年IAEA比对测量值与真实值比较结果

Table 13-8 Comparison of results from IAEA and our lab

2014 年	测量值（Bq/kg）	真实值（Bq/kg）	偏差
^{90}Sr	0.361±0.017	0.343 7±0.002 1	5%
^{134}Cs	0.108±0.013	0.114 9±0.000 5	-6%
^{137}Cs	0.313±0.021	0.304 9±0.001 9	2.6%
2015 年	**测量值（Bq/kg）**	**真实值（Bq/kg）**	**偏差**
^{90}Sr	0.108±0.007	0.099 6±0.000 7	8%
^{134}Cs	0.160±0.017	0.152 3±0.000 6	5.1%
^{137}Cs	0.212±0.019	0.201 7±0.001 3	5.1%
2016 年	**测量值（Bq/kg）**	**真实值（Bq/kg）**	**偏差**
^{90}Sr	0.225±0.014	0.221 6±0.001 6	1.5%
^{134}Cs	0.220±0.020	0.225 3±0.000 9	-2.4%
^{137}Cs	0.196±0.018	0.176 8±0.001 5	10.9%

（5）分析测试人员在实验过程中均有完整的实验记录：①分析、测试样品的名称、站位编号、测试日期、测试时间、制样状况（良好、中等、异样）；②使用仪器的名称、状态（正常、异常）、测试结果；③分析者、测试者、核对者的签名。

（6）对有疑问的数据进行复核或者重测。

13.7 任务分工与完成情况

13.7.1 任务分工

任务分工见表 13-9。

表13-9 人工核素调查考察人员及航次任务情况

Table 13-9 Information of scientists from the for marine radionuclides monitor

序号	姓名	性别	单位	航次任务
1	于 涛	女	国家海洋局第三海洋研究所	专题负责人，负责专题方案现场执行与调整，组织协调现场采样，负责水体放射性核素调查样品的采集和预处理工作
2	黄德坤	男	国家海洋局第三海洋研究所	专题技术骨干，负责专题现场水体、沉积物、气溶胶放射性核素调查样品的采集和预处理工作
3	王荣元	男	国家海洋局北海分局	参与专题现场采样，完成水体、沉积物放射性核素调查样品的采集和预处理

13.7.2 完成情况

人工放射性核素水平调查圆满完成了本航次实施计划规定的各项考察任务，大部分考察任务都超额完成（表 13-10）。其中重点海域垂向海水放射性核素水平调查共完成 22 个站位的水样采集和预处理，计划观测站位数为 8 个，完成任务量为 275%；走航表层海水中人工放射性核素水平调查完成 42 个站位的水样采集和预处理，计划样品为 20 个，完成任务量的 210%；沉积物人工放射性核素水平调查按计划完成 8 个表层沉积物采样；气溶胶人工放射性核素水平调查计划采样 20 个，实际采样 30 个，超额完成任务量的 150%。此外，表层积雪及海水镭同位素调查均为实施计划外增加的调查内容。

表13-10 人工核素调查工作内容及工作量

Table 13-10 Work areas and workload of marine chemistry group in Arctic Ocean

考察项目	计划任务（个）	完成任务（个）	完成情况	完成百分比
重点海域垂向海水放射性核素水平调查	8	22	超额	275%
走航表层海水中人工放射性核素水平调查	20	42	超额	210%
沉积物放射性核素水平调查	8	8	完成	100%
走航气溶胶放射性核素水平调查	20	30	超额	150%
海水镭同位素调查	0	130	超额	—
冰站表层积雪	0	5	超额	—

13.8 数据处理与分析

13.8.1 海水中^{137}Cs的分布

本次考察走航表层海水人工放射性核素调查目前共完成 42 个站位的水样采集。本次考察，表层海水站位覆盖了我国东海区、日本海、北太平洋、白令海及北极海域（楚科奇海、北冰洋中央区、北欧海、加拿大北极区)，这将有助于全面掌握北极海域放射性核素水平，并与东海区、日本海、北太平洋等海域放射性核素水平进行对比。目前，已完成部分样品的处理、分析和测量。

13.8.1.1 白令海和楚科奇海海水中^{137}Cs的分布

本次调查，部分表层海水中 ^{137}Cs 的分布如图 13-13 所示。在已完成的样品中，表层海水 ^{137}Cs 的比活度范围为 0.94 ~ 2.42 Bq/m^3。

其中，楚科奇海、白令海的表层海水 ^{137}Cs 比活度略高于加拿大海盆表层海水的 ^{137}Cs 比活度。根据图 13-13 所示，白令海的表层海水 ^{137}Cs 比活度略高于楚科奇海表层海水的 ^{137}Cs 比活度。

将本次考察的调查结果与以往在该海域的调查结果进行比较，白令海 (55°~ 70° N) 的表层海水 ^{137}Cs 的比活度范围为 1.68 ~ 2.42 Bq/m^3，初步判断略高于报道的 2013—2014 年期间的调查结果（图 13-14），初步结果表明，福岛核事故的污染已经影响到白令海海域。

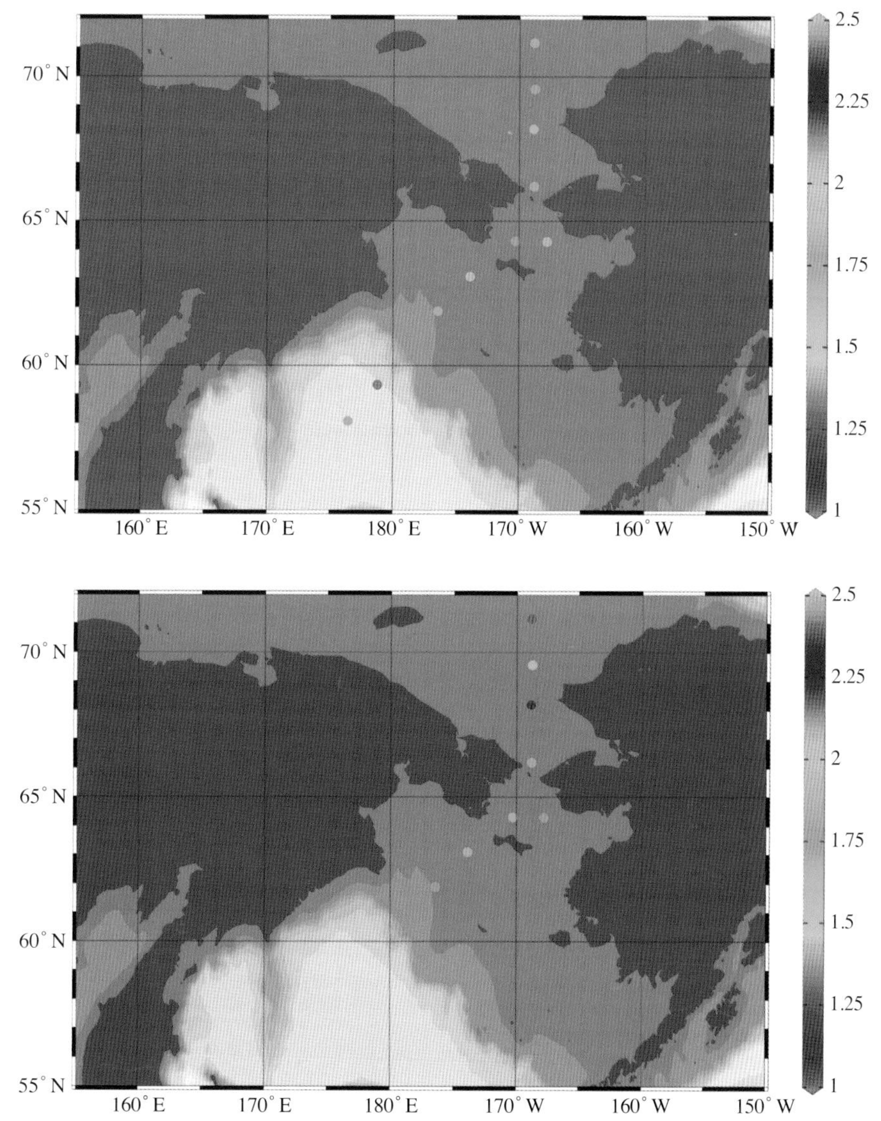

图 13-13 白令海和楚科奇海海水中 ^{137}Cs 的分布
（上图为表层海水，下图为底层海水）
Fig. 13-13 Distribution of ^{137}Cs in waters of Bering and Chukchi Seas
(upper: surface waters; lower: bottom waters)

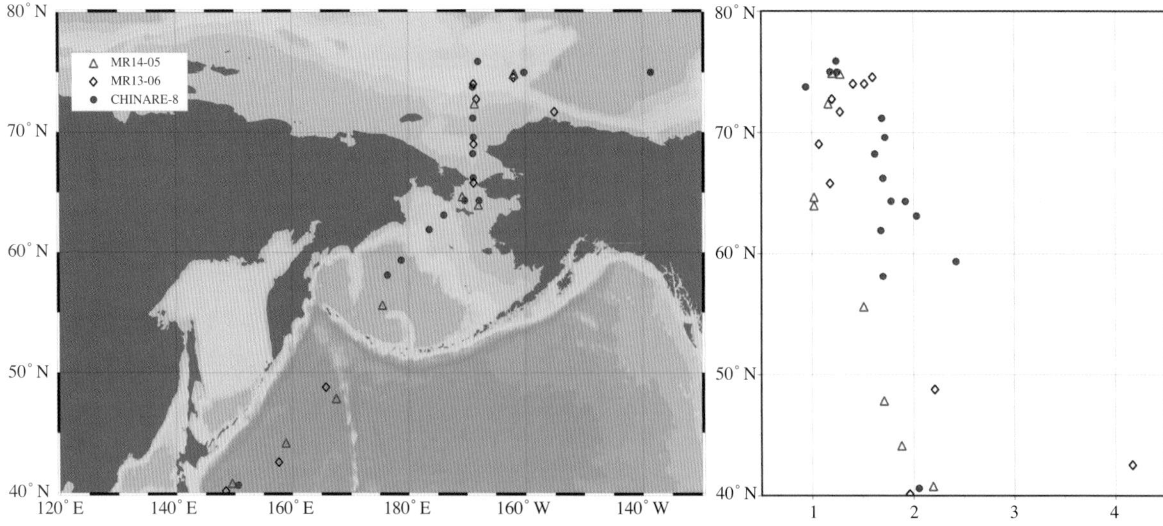

图 13-14　白令海和楚科奇海海水中 ^{137}Cs 的分布与历史数据比较

Fig. 13-14　Camparison of ^{137}Cs with historic data in Bering and Chukchi Seas

13.8.1.2　加拿大海盆海水中^{137}Cs的分布

加拿大海盆 3 个站位（P1， P4， P11）海水中 ^{137}Cs 随深度的分布如图 13-15 所示。海水中 ^{137}Cs 的活度随深度的变化趋势完全一致，从表层到 500 m 深度，^{137}Cs 的活度随着深度的增加而增大；随后，随着深度的增加，^{137}Cs 的活度减小。该变化趋势与已有的报道相似。

该结果表明，加拿大海盆的中层水（500 m）存在 ^{137}Cs 的极大值，该层属于北冰洋中层水。其主要来源为大西洋表层水在斯瓦尔巴德群岛的北部形成大范围的下沉区，下沉水体沿着陆坡输运到北冰洋各个海盆，形成中层水；通过巴伦支海进入的北大西洋水，也有一部分加入中层水。而这两个来源，是北极人工放射性核素的两个主要来源。

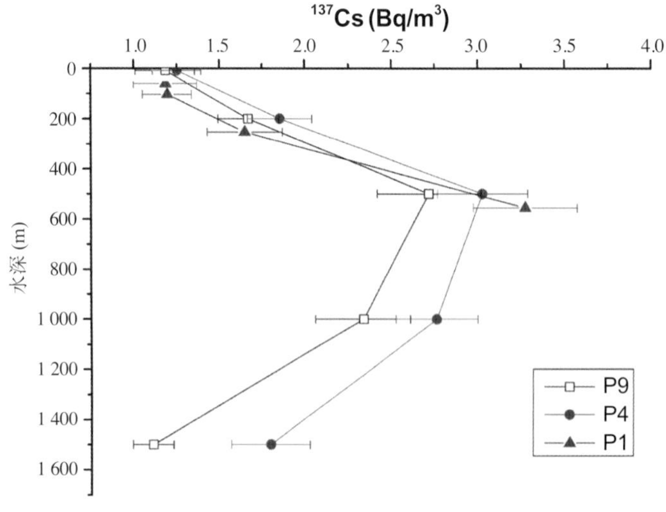

图 13-15　加拿大海盆海水中 ^{137}Cs 随深度的分布

Fig.13-15　Profiles of ^{137}Cs in waters of Canada Basin

13.8.2 海水中^{90}Sr的分布

13.8.2.1 表层海水中^{90}Sr的分布

本次调查表层海水中 ^{90}Sr 的分布如图 13-16 所示。表层海水 ^{90}Sr 的比活度范围为 0.31 ~ 3.58 Bq/m^3。

其中，楚科奇海、白令海（B8、B10）、鄂霍次克海的表层海水 ^{90}Sr 比活度略高于其他海域的 ^{90}Sr 比活度。

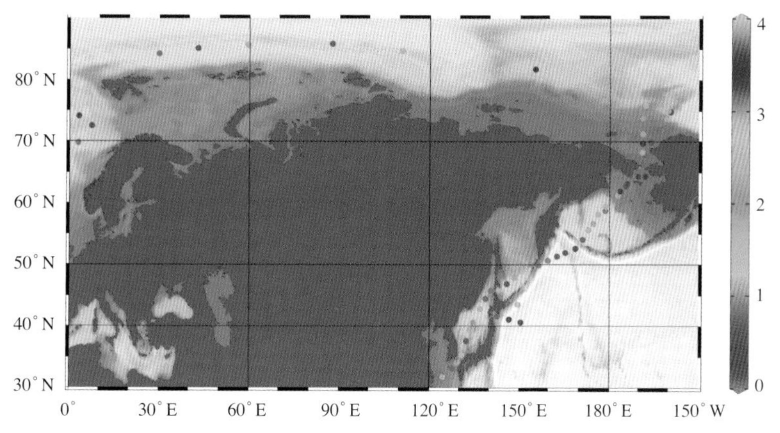

图 13-16 沿途表层海水 ^{90}Sr 的分布（Bq/m^3）

Fig.13-16 Distribition of ^{90}Sr in the surface waters along the track

13.8.2.2 白令海、加拿大海盆海水中^{90}Sr的垂向分布

B8、B10 两个站位海水 ^{90}Sr 活度随深度的增加，基本呈现降低的趋势（图 13-17）。B8 站位海水 ^{90}Sr 的活度随水深的变化范围为 0.50 ~ 1.37 Bq/m^3；B10 站位海水 ^{90}Sr 的活度随水深的变化范围为 0.38 ~ 1.32 Bq/m^3。

加拿大海盆 P4、P9 两个站位海水 ^{90}Sr 活度随深度的增加也呈现降低的趋势（图 13-18）。P9 站位海水 ^{90}Sr 的活度随水深的变化范围为 0.31 ~ 1.80 Bq/m^3；P4 站位海水 ^{90}Sr 的活度随水深的变化范围为 0.96 ~ 1.50 Bq/m^3。

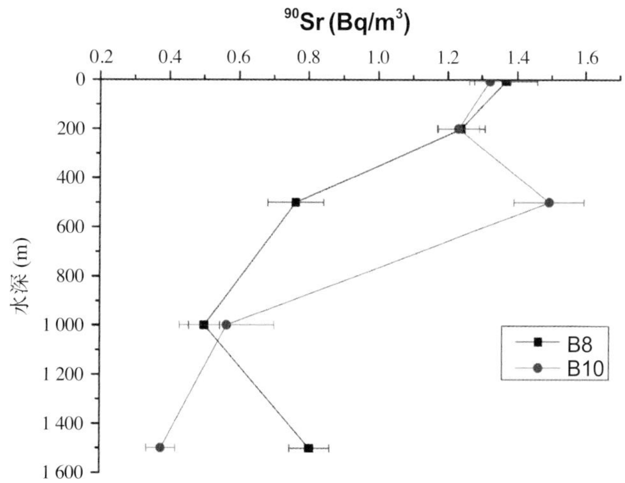

图 13-17 白令海海水中 ^{90}Sr 随深度的分布

Fig. 13-17 The profiles of ^{90}S in water column of Bering Sea

第 13 章 人工核素

第四篇 污染环境调查

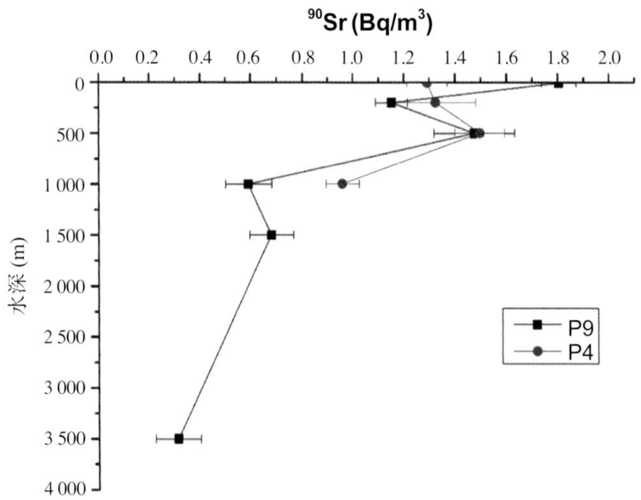

图 13-18 加拿大海盆海水中 ^{90}Sr 随深度的分布

Fig. 13-18 The profles of ^{90}Sr in water column of Canada Basin

13.8.3 走航大气气溶胶放射性核素分布特征

大气输送是放射性核素输运的重要方式之一，因此开展大气气溶胶中放射性核素的调查是放射性业务化调查的重要组成部分。

本次考察期间，在走航路线上开展大气气溶胶放射性核素（^{7}Be、^{210}Pb、^{134}Cs、^{137}Cs）的分析，大气气溶胶采样为平均 2 d 一个样品，全程共采集了 34 张膜样品，目前已经完成所有样品的测量。对已获得的数据进行初步分析，可获得如下结果。

1）^{134}Cs、^{137}Cs

本次调查采集的所有气溶胶样品中 ^{134}Cs、^{137}Cs 均低于检测下限，表明本次调查中在走航大气气溶胶中均未检出人工放射性核素 ^{134}Cs、^{137}Cs。

2）^{7}Be

本次调查采集的气溶胶样品中 ^{7}Be 的比活度范围为 0.054 ~ 5.3 mBq/m^{3}，平均活度为 (1.39 ± 0.11) mBq/m^{3}。气溶胶中 ^{7}Be 的活度分布如图 13-19 所示，^{7}Be 在中纬度区域的活度最大，高纬度地区的活度最小。在纬度大于 50° N 的气溶胶样品中，^{7}Be 的比活度范围为 0.054 ~ 2.1 mBq/m^{3}，平均活度为 (0.67 ± 0.09) mBq/m^{3}。

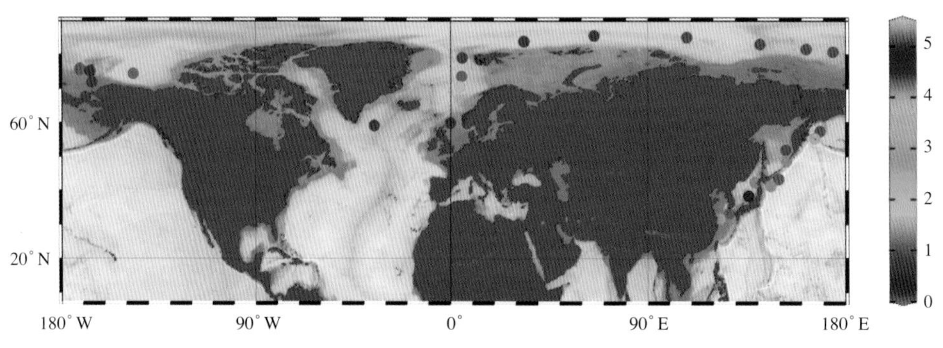

图 13-19 走航气溶胶中 ^{7}Be 的分布（mBq/m^{3}）

Fig.13-19 Distribution of ^{7}Be in aerosol along the track (mBq/m^{3})

3）^{210}Pb

本次调查采集的气溶胶样品中 ^{210}Pb 的比活度范围低于检测下限～ 0.82 mBq/m^3，平均活度为 (0.19±0.04) mBq/m^3。气溶胶中 ^{210}Pb 的活度分布如图 13-20 所示，^{210}Pb 活度随着纬度的升高而降低。在纬度大于 50°N 的气溶胶样品中，^{210}Pb 的比活度范围低于检测下限～ 0.25 mBq/m^3，平均活度为 (0.079±0.035) mBq/m^3。

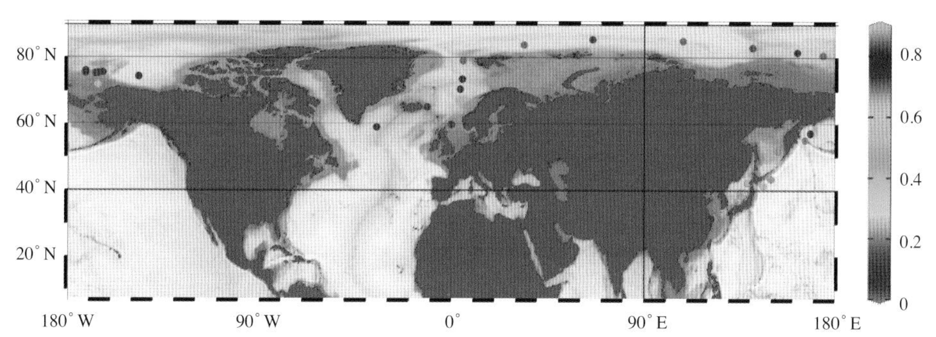

图 13-20　第八次北极科学考察走航气溶胶中 ^{210}Pb 的分布（mBq/m^3）
Fig.13-20　Distribution of ^{210}Pb in aerosol along the track (mBq/m^3)

13.9　环境评价

13.9.1　走航大气气溶胶和表层积雪放射性核素分布特征

根据走航大气气溶胶中放射核素的监测结果，本次调查中在走航大气气溶胶和表层积雪中均未检出人工放射性核素 ^{134}Cs、^{137}Cs。表明在监测期间，没有通过大气传输途径进入北冰洋海域的人工放射性核素。走航大气气溶胶样品中 ^{7}Be 的比活度范围为 0.054 ～ 5.3 mBq/m^3；^{210}Pb 的比活度范围低于检测下限～ 0.82 mBq/m^3 (图 13-19、图 13-20)。

13.9.2　海水中放射性核素的分布

1）表层海水中 ^{90}Sr、^{134}Cs 和 ^{137}Cs 的分布

整个监测区域表层海水中 ^{137}Cs 的分布如图 13-21 所示，^{137}Cs 的比活度范围为 0.70 ～ 2.73 Bq/m^3，活度变化范围较小，加拿大海盆和北欧海站位的表层海水 ^{137}Cs 活度略小于其他海域。其中，白令海、楚科奇海表层海水中人工放射性核素 ^{137}Cs 比活度范围为 1.06 ～ 2.35 Bq/m^3，58°～ 70°N，明显高于该区域历史资料结果（0.96 ～ 1.41 Bq/m^3）；并且在部分站位海水中检测出少量 ^{134}Cs。因此，表明日本福岛核事故泄漏的放射性污染物已通过大洋洋流传输到白令海海域。

北冰洋中央区和北欧海表层海水 ^{137}Cs 的比活度范围为 0.88 ～ 2.08 Bq/m^3，远低于 1990 年在格陵兰岛东岸海域表层海水 ^{137}Cs 的比活度（2.2 ～ 8.8 Bq/m^3）。

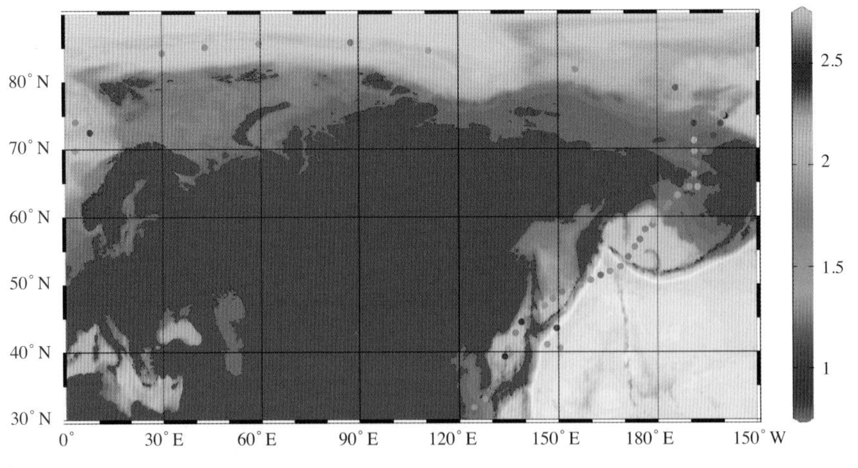

图 13-21 第八次北极科学考察表层海水中 ^{137}Cs 的分布

Fig. 13-21 Distribution of ^{137}Cs in surface water in 8th CHINARE cruise

整个监测区域表层海水中 ^{90}Sr 的分布如图 13-16 所示。表层海水 ^{90}Sr 的比活度范围为 0.31 ～ 3.58 Bq/m^3。楚科奇海、白令海、鄂霍次克海的表层海水 ^{90}Sr 比活度略高于其他海域的 ^{90}Sr 比活度。楚科奇海、白令海、鄂霍次克海的表层海水 ^{90}Sr 比活度与北太平洋表层海水的 ^{90}Sr 比活度相比处于同一水平。

北冰洋中央区和北欧海表层海水 ^{90}Sr 的比活度范围为 0.31 ～ 1.81 Bq/m^3，远低于 1989 年在格陵兰岛东岸海域表层海水 ^{90}Sr 的比活度（1.6 ～ 4.1 Bq/m^3）。

2）海水中 ^{90}Sr、^{134}Cs 和 ^{137}Cs 的垂向分布

加拿大海盆（P1，P4，P11）和北冰洋中央区海域海水中 ^{137}Cs 随深度的分布如图 13-22 所示。海水中 ^{137}Cs 的活度随深度的变化趋势基本一致，从表层到 500 m 深度，^{137}Cs 的活度随着深度的增加而增大；随后，随着深度的增加，^{137}Cs 的活度减小。该变化趋势与国际已有的报道相似，可能受来自大西洋海域人工放射性核素输入影响。两个区域的中层水（^{137}Cs 最大值）属于北冰洋中层水，其主要来源为大西洋表层水在斯瓦尔巴群岛的北部形成大范围的下沉区，沿着陆坡输运到北冰洋各个海盆，形成中层水；通过巴伦支海进入的北大西洋水，也有一部分加入中层水。

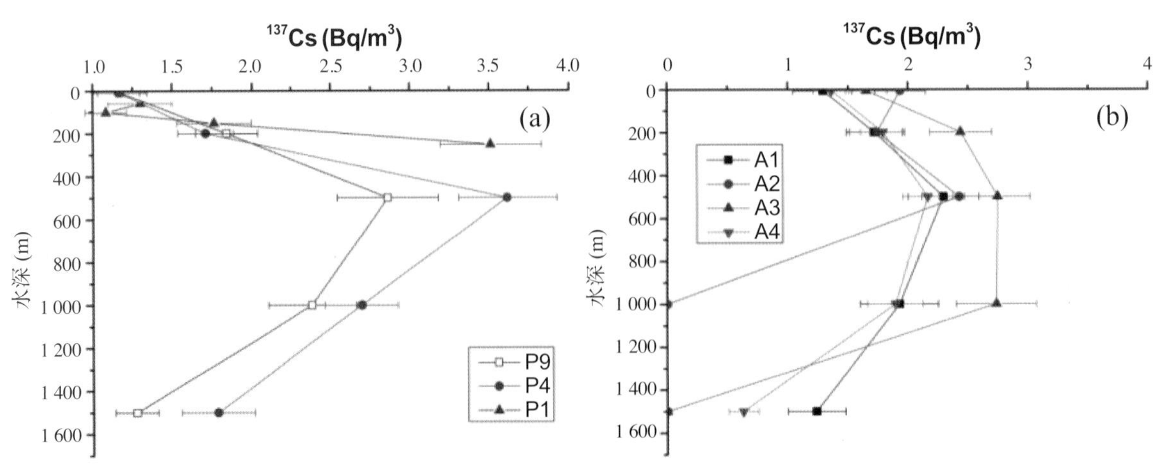

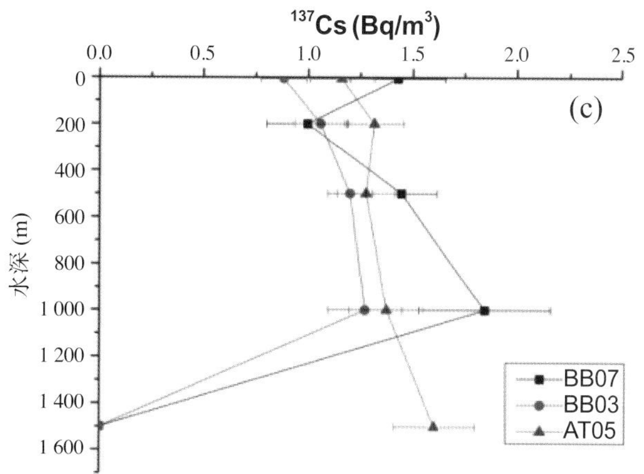

图 13-22 加拿大海盆 (a)、北冰洋中央区 (b)、北欧海 (c) 海水中 ^{137}Cs 活度（Bq/m^3）随深度的分布
Fig. 13-22 Vertical distribution of ^{137}Cs in water of Canadian Basin, Arctic Ocean and Nordic Sea in 8th CHINARE cruise

在北欧海海域，海水 ^{137}Cs 随深度的分布如图 13-22 所示。北欧海海水 ^{137}Cs 活度随深度的增加呈现增加的趋势。

13.9.3 沉积物和海洋生物中放射性核素的分布

白令海和楚科奇海沉积物中 ^{137}Cs、^{40}K、^{226}Ra、^{228}Th、^{238}U 的活度范围分别为 0 ~ 1.62 Bq/kg、（3.18 ~ 5.94）$\times 10^2$ Bq/kg、14.9 ~ 86.3 Bq/kg、13.6 ~ 38.6 Bq/kg、10.7 ~ 37.8 Bq/kg。沉积物调查结果表明，人工放射性核素 ^{137}Cs 和天然放射性核素 ^{40}K、^{226}Ra、^{228}Th、^{238}U 比活度与历史资料海洋沉积物放射性核素活度相比处于同一水平（^{137}Cs、^{40}K、^{226}Ra、^{228}Th、^{238}U 的活度范围分别为 0.02 ~ 4.26 Bq/kg、6.07×10^2 ~ 7.32×10^2 Bq/kg、12.6 ~ 44.1 Bq/kg、40.9 ~ 58.0 Bq/kg、6.0 ~ 56.2 Bq/kg）。

楚科奇海和白令海峡生物调查结果表明，海星、海蛇尾等生物中未检测到 ^{58}Co、^{60}Co、^{110}Ag、^{134}Cs、^{137}Cs 等人工放射性核素。

13.10 小结

中国第八次北极科学考察期间放射性核素调查顺利圆满地完成了航次计划任务，这是在北极首次开展海洋人工放射性核素业务化监测。其中完成了 42 个走航表层海水站位和 22 个重点海域深层水站位的调查，共采集了 130 个海水样品，总采样体积达到了 9 m^3；走航大气气溶胶采集了 30 个膜样品；沉积物采集了 8 个表层沉积物，6 个插管柱状样品；还采集了 5 个短期冰站的表层积雪样品。

本次考察放射性核素调查区域涵盖了白令海公海区、楚科奇海、北冰洋中央区、北欧海、加拿大北极区等海域，基本覆盖了整个北极海域；并且，各区域均采集了不同深度的水样（多个站位还覆盖了全水深），有助于全面地获取和评估北极海域放射性核素水平。

本次考察中放射性核素调查的介质包括气溶胶、海水、沉积物和表层积雪等，调查的核素包括 ^{3}H、^{7}Be、^{90}Sr、^{134}Cs、^{137}Cs、^{210}Pb、^{226}Ra、^{228}Ra 等，为更全面地了解放射性核素在极区海域的空间分布及其迁移、存在形式以及对生物资源的辐射影响提供了基础资料。

项目组在完成相关样品的采集和处理的基础上，还完成了题为《拓展我国在极区的海洋放射性监测，提升业务能力建设》的专报，为开展极地区域海洋放射性业务化调查提出了建议；同时完成了《中国第八次北极业务化调查操作规程》中放射性核素调查部分的编制，为开展极地放射性业务化调查提供了标准操作规程。

第 14 章　塑料垃圾

14.1　目的与意义

遍布海洋的塑料垃圾，特别是直径小于 5 mm 的“微塑料”，对海洋环境、渔业资源、旅游业和公众健康等的威胁已日渐凸显。海洋塑料垃圾问题已成为重大的全球性环境问题，是当前全球治理体系的重要内容之一。北极区域是受人类活动影响较小的区域，维护其生态环境稳定，免受外源污染是北极国家及国际社会的共同义务。国际社会高度重视海洋微塑料问题，也正在逐步寻求建立海洋微塑料防治的国际规则，而掌握国际热点区域及北极地区关键海域的塑料垃圾尤其是微塑料的赋存状况，是主动参与和引领全球治理，掌握国际规则制定主动权的重要抓手。为此，2017 年，中国第八次北极科学考察首次对北极环境中的塑料垃圾进行了业务化监测，旨在初步掌握北极区域海洋垃圾与微塑料的赋存现状，为我国主动参与海洋塑料污染的全球治理、提升我国在其相关领域的国际话语权提供保障。

14.2　调查内容

为掌握北极地区海漂垃圾与微塑料的赋存现状，中国第八次北极科学考察围绕“雪龙”船航线上的海漂垃圾和白令海与楚科奇海等重点海域的微塑料进行了监测。按照《中国第八次北极科学考察现场实施计划》(以下简称《现场实施计划》) 的监测站位设计，共完成了 27 个海漂垃圾的走航观测、19 个站位的表层水体微塑料拖网作业、8 个站位的表层沉积物和 4 个站位的底栖生物的采集。此外，为优化现有表层微塑料采样方法，在实验室同步进行了表层水体微塑料的过滤采集工作，共获得了 32 个站位的海水样品，获得了 330 μm、250 μm 和 125 μm 3 个不同孔径过滤的 96 份样本，覆盖了当前航线上的关键区域，包括东海、日本海、鄂霍次克海、白令海、楚科奇海、挪威海、戴维斯海峡和波弗特海等。总体上，顺利圆满地完成了海漂垃圾与微塑料监测的计划任务，并超额完成了在高纬度冰区的微塑料监测，获得了极为宝贵的样品。

14.2.1　海漂垃圾监测

海漂垃圾监测内容主要是考察水体中、大型漂浮垃圾的分布与组成情况，包括塑料瓶类、泡沫类、塑料袋类、网（渔）具类、橡胶类、木制类等海漂垃圾，在“雪龙”船的航迹上进行全程监测。

14.2.2 海洋微塑料调查

海洋微塑料调查主要包括表层水体、沉积物和生物体的监测，监测区域涵盖了白令海盆、白令海—楚科奇海陆架区、楚科奇海台、波弗特海、北欧海、巴芬湾、北冰洋中心海盆等海域。

14.2.2.1 表层海水

通过拖网与实验室过滤相结合的方式开展表层水体中微塑料的监测，监测的内容包括微塑料的丰度、组成和区域分布特征等信息，同时收集水温、盐度、溶解氧和叶绿素 a 等基础环境信息。监测区域包括白令海盆、白令海—楚科奇海陆架区、楚科奇海台、波弗特海、北欧海、巴芬湾、北冰洋中心海盆等海域。

14.2.2.2 沉积物

沉积物监测与地质调查相结合，通过箱式采泥器获得表层沉积物样品，具体分析沉积物样品中微塑料的丰度、组成和区域分布等信息，并收集水温、盐度、深度、有机质含量等基础环境信息。监测区域集中在白令海—楚科奇海陆架区。

14.2.2.3 生物体

生物体中的微塑料监测与底栖生物多样性调查相结合，通过底栖生物拖网获得生物样品，采集优势生物物种，并分析其体内微塑料的丰度、组成等信息，并收集水体、盐度、深度和优势种等基础环境信息。监测区域集中在白令海—楚科奇海陆架区。

14.3 调查站位

海漂垃圾与微塑料监测是北极科学考察新增内容，2017 年首次开展。在历次北极科学考察的基础上，结合洋流，为初步掌握北极地区海漂垃圾与微塑料的赋存现状，拟定了 3 个断面 17 个调查站位，具体情况如下。

白令海：在白令海设置 1 个断面，开展不少于 8 个表层水体、不少于 4 个沉积物和不少于 2 个底栖生物站位的微塑料调查。

北极太平洋扇区：在楚科奇海设置 1 个断面，开展不少于 6 个表层水体、不少于 4 个沉积物和不少于 1 个底栖生物站位的微塑料调查。

北极大西洋扇区：在北欧海设置 1 个断面，开展不少于 3 个表层水体的微塑料调查。

采样站位见图 14-1 和图 14-2， 站位信息表见表 14-1。

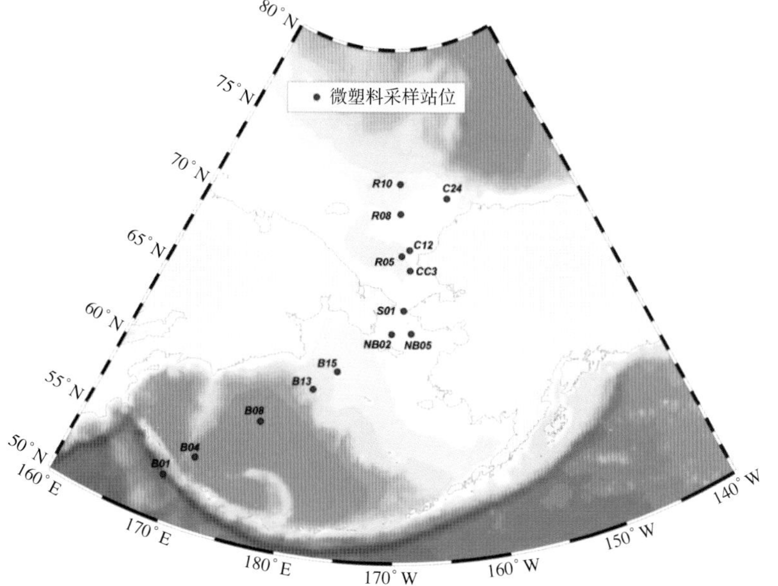

图 14-1 白令海和北冰洋太平洋扇区、楚科奇海海漂垃圾与微塑料计划调查站位

Fig. 14-1 Map of designed surveying location for marine floating debris and mciroplastics in Berling Sea and Chukchi Sea

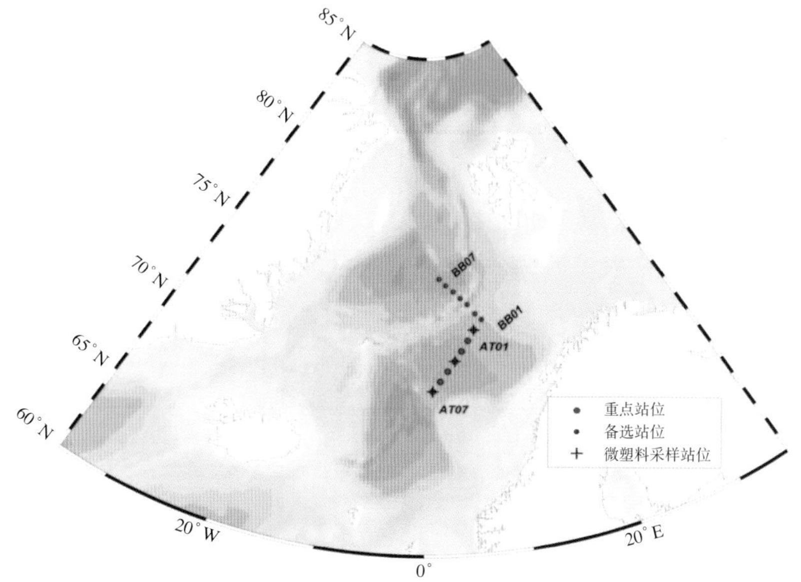

图 14-2 北欧海海漂垃圾与微塑料计划调查站位

Fig. 14-2 Map of designed surveying location for marine floating debris and microplasitcs in Nordic Sea

表14–1 海漂垃圾与微塑料监测计划站位信息

Table 14–1 Information of designed location for marine floating debris and microplastics

序号	站位名	经度（°E）	纬度（°N）	水体	沉积物 *	生物 *
1	B01	169.07	52.96	√		
2	B04	171.27	54.73	√		
3	B08	176.4	58.1	√		
4	B13	−178.86	60.69	√		
5	B15	−176.4	61.93	√	√	√
6	NB02	−170.19	64.33	√	√	
7	NB05	−167.77	64.34	√	√	

序号	站位名	经度（°E）	纬度（°N）	水体	沉积物*	生物*
8	S01	−168.65	65.69	√	√	√
9	R05	−168.75	68.81	√	√	√
10	R08	−168.83	71.18	√		
11	R10	−168.79	72.83	√		
12	CC3	−167.62	67.97	√	√	
13	C12	−167.56	69.14	√	√	
14	C24	−160.83	71.81	√	√	
15	AT01	7	71.7	√		
16	AT04	4	70.2	√		
17	AT07	1	68.7	√		

* 站位根据考察实际情况进行调整，沉积物站位同人工核素调查。

14.4 调查方法

14.4.1 海漂垃圾观测方法

海漂垃圾观测方法参照《中国第八次北极业务化调查技术规程——海漂垃圾观测部分》执行，具体方法简要概括如下。

观测组至少由2名成员组成。观测者面向不晃眼的一侧，目测有效观测宽度内的海面漂浮垃圾，望远镜用于帮助确认目标物体的类型和尺寸。监测范围为船舷一侧向外视线可及范围内一定宽度的带状观测区。有效观测宽度一般设为50 ~ 100 m，也可根据现场实际情况设定，但应保证所有监测断面的有效观测宽度相同。观测期间，当观测到垃圾后立即记录，同时用相机拍摄体积较大或较为典型的海漂垃圾。每次的观测时间为1 h，观测结束后统计海漂垃圾的总数。单位面积海漂垃圾的数量，按以下公式进行初步估算：

$$N = \frac{n}{V \times L \times T}$$

式中，N为单位面积内海漂垃圾的数量（个/km^2）；

n为观测期间所观察到的垃圾总数（个）；

T为观测总时间（h）；

L为观测的有效距离（km），“雪龙”船有效观测距离为0.1 km，距离通过后甲板生物绞车的缆绳进行测量；

V为“雪龙”船航行的平均速度（km/h）。

14.4.2 表层水体中微塑料采集方法

表层水体中微塑料采集方法参照《中国第八次北极业务化调查技术规程——海洋微塑料部分》执行，具体方法概括如下。

采用Neuston表层微塑料采集器（FMPS-1）进行微塑料收集，网衣为孔径0.33 mm的浮游生物网，长度为3 m。

· 到达预设站位后，将采样器与绞车钢丝绳进行固定，并检查固定情况，确保牢固；

· 打开网底管底端，通过支架将采样器吊起至高于船舷，推出至船舷外侧，并将网衣和网框前端拖网绳索置于船舷外；

· 取现场海水自上而下反复冲洗网衣外表面，将网衣冲洗干净，关闭网底管底端；

· 取现场海水自上而下反复冲洗网衣外表面（切勿使冲洗的海水进入网口）及筛绢套，网具收回到甲板，开启网底管活门，将空白样品装入玻璃样品瓶并带回实验室继续开展实验室空白实验；

· 旋紧网底管，记录流量计数值；

· 通过支架，将网具调至船舷外侧，缓慢降至海水表面（1 m/s）；

· 采样开始，船速控制在 3 kn 左右；

· 在尾部作业时，为避免尾流对采样的影响，钢丝绳长度释放长度至少超过船体长度（如在“雪龙”船操作，则释放长度为 170 m），若在中部甲板或侧甲板操作，则需确保采样器在海水表面呈自然漂浮状态（网衣框架上表面处于海平面）；

· 拖网时间至少持续 20 min；

· 在冰区作业时，需时刻保持与驾驶台的沟通，告知若发现前方有数量较多或体积较大的浮冰，则应及时调整船行驶的方向；

· 若在拖网过程中不可避免地拖到小块浮冰，此时需适当降低船速至 2 kn 左右，保持平稳前进，避免网衣破损；

· 拖网结束后停船，缓慢起网（速度宜保持在 0.5 m/s）至便于冲洗的高度处；

· 取现场海水自上而下反复冲洗网衣外表面（切勿使冲洗的海水进入网口），保证网衣内壁附着的样品被冲洗到网底管；

· 将网具收回到甲板，用螺丝刀将网底管从网衣上取下（此过程避免网底管过大倾斜或倒立）；

· 利用干净镊子将网底管内直径大于 5 mm 的塑料垃圾和其他废弃物取出（对于视觉分拣无法现场确定尺寸和成分的样品，放入玻璃样品瓶，待实验室进一步分析）；

· 开启网底管活门，将样品装入玻璃样品瓶（大量样品可先转移至铁盆后再转移至样品瓶）；

· 关闭网底管活门，用洗瓶中纯水冲洗筛绢套，反复多次，直至样品被全部收集至玻璃样品瓶；

· 取下并记录流量计的数值，补充完成记录；

· 若有拖上来浮冰，则将其保留在拖网中，在室温条件下自然融化，然后按上述步骤收集融化后的水体；

· 样品加入 5 mL 10 % 的甲醛溶液固定后用封口胶将样品瓶封口、冷藏 / 冷冻保存；

· 取下网衣、筛绢套用淡水进行多次清洗，并准备下一站位采样。

14.4.3 沉积物中微塑料采集方法

沉积物中微塑料的采集方法参照《中国第八次北极业务化调查技术规程——海洋微塑料部分》执行，具体方法概括如下。

沉积物的采样与地质调查同步进行，采样站位数依地质调查情况而定，原则上沉积物站位不少于表层拖网站位数的 1/3。同时开展柱状样取样，站位数不少于沉积物站位数的 1/2。其样品编号须与该站的水样编号一致。若在冰区进行作业，应事先与驾驶台沟通，寻找大小合适的开阔水域进行采样，避免浮冰干扰；在作业过程中，需随时观察海面浮冰的漂移状况，并根据现场情况及时调整作业计划，避免浮冰卡住缆绳或采样设备。采样器为箱式采泥器。当箱式采泥器采完样品打开后，用金属铲选取 20 cm × 20 cm 的样方，采集表层 3 cm 深沉积物样品（总重量不少于

1 kg)。柱状样用直径为 10 cm、长度为 40 cm 的样品管进行采集。表层沉积物样品置于玻璃瓶中或用锡箔纸包裹。全部样品冷冻保存，待实验室进一步处理和分析。

14.4.4 底栖生物中微塑料采集方法

底栖生物的调查方法按照《中国第八次北极业务化调查技术规程——海洋微塑料部分》执行，具体步骤如下：样品的采集方法参照海洋生物与生态考察中的大型底栖生物拖网作业方式进行。每一站重点采集 2 ~ 3 类在个体数量上所占比例较大的代表性优势物种。根据现场经验，优势物种主要包括：软体动物（毛蚶、扇贝、蛤蜊等双壳贝类和各种螺类）、节肢动物（虾、蟹）和棘皮动物（海蛇尾、海星）。除此之外，若发现其他在数量上占有较大比例的生物，也按照上述生物的采集方法进行。原则上每种生物的取样量为 50 ~ 60 个，最少取样量为 30 个，对于个体较大的生物（如大海星），取样量可减少到 15 ~ 20 个；当遇到采集的生物种类和数量不足的情况，若条件允许，则应重新进行拖网；若条件不允许，则应采集拖网得到的所有生物个体。接着，用走航海水将上述生物样品冲洗干净，同一种类的生物在取样时应确保个体大小基本一致，并详细记录采集海域、站位信息、物种编号、优势物种类型、物种名称、物种数量、保存方式等信息。所有采集的生物样品均根据预设的实验目的分别进行冷冻和中性甲醛固定保存，并标记好内外标签及详细填写采样记录表。同时，将每一站位具有代表性的优势物种分别进行拍照记录。采集的样品均运回实验室后首先进行物种鉴定，然后再进行微塑料含量和种类等的分析测定。操作过程避免与塑料制品接触。如无法避免，需先将其充分冲洗干净再进行后续操作。

14.5 调查仪器与设备

海洋微塑料采样主要在艉部甲板作业，表层水体中微塑料的采用国家海洋环境监测中心自主研发的 Neuston 表层微塑料采集器（FMPS-1）进行采集。沉积物中微塑料则与地质调查同步进行，通过箱式采泥器获得沉积物样品。生物体中的微塑料样品则通过底栖生物调查获取，采用的是底栖生物网。同时，在采样过程中需要借助地质绞车、生化绞车、A 形架、绞缆机等甲板支撑系统来完成。主要调查和分析设备如下。

14.5.1 Neuston表层微塑料采集器（FMPS-1）

图 14-3 Neuston 表层微塑料采集器（FMPS-1）

Fig. 14-3 Neuston net for collecting microplastics from surface water

Neuston 表层微塑料采集器是国家海洋环境监测中心自主研发的微塑料采样设备，该设备主要是在近岸作业的基础上，针对极区与大洋的海况特点而定制，可满足五级海况下作业。网衣的孔径为 330 μm，尺寸为 3 m 长 × 0.95 m 长度 × 0.45 m 宽，其孔径是国际上通用尺寸，所获结果与相关研究具有可比性。

14.5.2 箱式取样器

箱式取样器是专为表层沉积物调查而设计的底质取样设备，适用于各种河流、湖泊、港口、海洋等不同水深条件下各种表层底质的取样工作。采用重力贯入的原理，可取得海底以下 60 cm 范围内的沉积物样品，并可取到多达 20 cm 的上覆水样。箱体规格为 50 cm × 50 cm × 65 cm、重量为 200 kg、采泥量约为 90 kg。见图 14-4。

图 14-4 取样使用的箱式取样器
Fig. 14-4 Box corer used for sampling

14.5.3 网口流量计（43811）

网口流量计主要用于测定表层微塑料拖网过程中单位时间内的海水体积。该流量计生产商为德国 HYDRO-BIOS 公司生产。该型号的流量计主要应用于浮游生物口，并用于计算流经网口的海水体积，具有操作简单、性能稳定、价格低廉的优点。见图 14-5。

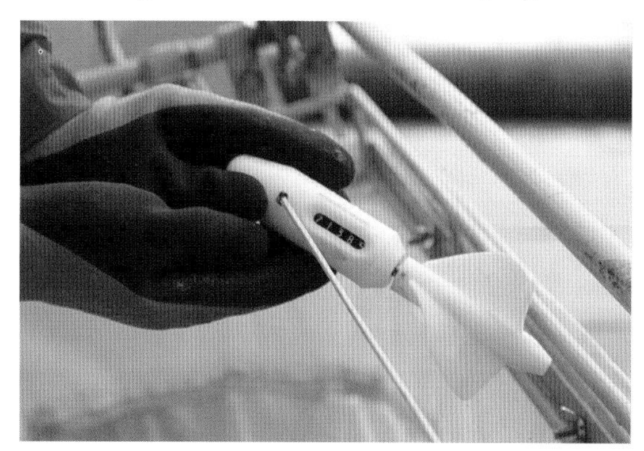

图 14-5 网口流量计
Fig. 14-5 Mechanical flow meter

14.5.4 表层水体微塑料分级过滤系统

表层水体微塑料分级过滤系统由真空泵和 500 μm 、330 μm、250 μm、125 μm、62.5 μm 等不同孔径的不锈钢网筛组成，进水与船载走航水相连，用于过滤收集表层海水中的微塑料。本航次采用 330 μm、250 μm、125 μm 三种孔径的网筛，三个平行同时进行过滤，每个站位每次过滤的体积至少为 2 000 L，可在绝大多数的海况条件下收集微塑料样品，获得比拖网作业更为详细的分布信息。见图 14-6。

图 14-6 表层水体微塑料分级过滤系统
Fig. 14-6 Stainless steel sieve system for microplastics in surface

14.6 质量控制

在样品采集之前保证底栖拖网、万米地质绞车、3 000 m 生物拖网绞车和 A 形架等都已处于正常可用状态，钢缆、滑轮和绳索完整。拖网过程中严格按照现场操作过程进行，并由安全员在现场进行监督，网具入水后的船速、钢缆拉力都在预设范围之内，并由专人对每一站位的水深、水温、钢缆长度等信息进行拍照记录，确保每一站位获取的样品的可靠性和精确性。样品的收集、分类、采样和保存过程等均严格按照《中国第八次北极科学考察业务化调查质量控制与监督管理实施方案》和《中国第八次北极科学考察业务化调查质量监督管理规定》以及《海洋调查规范》中的相关规定执行，保证所得样品和数据的可靠性。采集的样品根据种类和用途分别进行冷冻和中性甲醛固定保存，同时标记好外标签并放入内标签，并详细填写采样记录表。所有样品均运回实验室后进行微塑料含量的分析测定。

14.7 任务分工与完成情况

14.7.1 任务分工

中国第八次北极科学考察海漂垃圾与微塑料组主要由 3 名国内考察队员组成，分别来自国家海洋环境监测中心和国家海洋局第三海洋研究所，此外还有 3 名参与人员协助样品的采集。

表14-2 海漂垃圾与微塑料考察人员及航次任务情况
Table 14-2 Information of scientists from the floating debris and microplastics

序号	姓名	性别	单位	航次任务
1	穆景利	男	国家海洋环境监测中心	现场执行负责人，负责海水、沉积物中微塑料采集与海漂垃圾观测
2	方　超	男	国家海洋局第三海洋研究所	负责底栖生物中微塑料样品采集，参与水体和沉积物样品采集，以及海漂垃圾观测
3	马新东	男	国家海洋环境监测中心	协助完成水体、沉积物和底栖生物中微塑料样品的采集
4	刘焱光	男	国家海洋局第一海洋研究所	协助完成水体、沉积物和底栖生物中微塑料样品的采集
5	王荣元	男	国家海洋局北海分局	协助完成水体、沉积物和底栖生物中微塑料样品的采集
6	宋普庆	男	国家海洋局第三海洋研究所	协助完成水体、沉积物和底栖生物中微塑料样品的采集

14.7.2 任务完成情况

本次北极科考的海漂垃圾与微塑料监测任务自 2017 年 7 月 20 日起航后 1 天开始，7 月 21 日开始了海漂垃圾的走航观测，并在 7 月 28 日起在白令海开始第一个海域微塑料的监测。至 9 月 26 日，在白令海完成最后一个站位的综合考察，共历时 70 余天，累积在白令海、楚科奇海、北冰洋冰区、北欧海、戴维斯海峡、波弗特海等重点海域的 6 断面上完成了 90 个站位的海漂垃圾观测和微塑料监测工作。其中海漂垃圾观测累积完成 27 个站位、表层水体微塑料拖网 19 个站位、表层水走航过滤 32 个站位、沉积物站位 8 个、底栖生物站位 4 个，圆满完成了航次实施计划规定的各项考察任务，部分考察任务超额完成。具体情况如表 14-3 所示。

表14-3 考察内容与任务完成情况

Table 14-3 Summary of investigation on marine floating debris and microplastics

<table>
<tr><th>监测项目</th><th colspan="2">监测内容</th><th>监测区域</th><th>计划任务</th><th>完成任务</th><th>完成情况</th><th>任务负责单位</th><th>完成单位</th></tr>
<tr><td rowspan="2">海漂垃圾</td><td colspan="2">走航观测</td><td>全航段观测</td><td>无</td><td>27 个</td><td>超额</td><td rowspan="5">国家海洋环境监测中心</td><td rowspan="6">国家海洋环境监测中心
国家海洋局第三海洋研究所</td></tr>
<tr><td colspan="2">定点拖网</td><td>白令海、楚科奇海、北冰洋中心冰区、北欧海等</td><td>17 个</td><td>19 个</td><td>超额</td></tr>
<tr><td rowspan="4">海洋微塑料</td><td rowspan="2">表层水体</td><td>定点拖网</td><td>白令海、楚科奇海、北冰洋中心冰区、北欧海等</td><td>17 个</td><td>19 个</td><td>超额</td></tr>
<tr><td>走航过滤</td><td>全航段观测</td><td>无</td><td>32 个</td><td>超额</td></tr>
<tr><td>沉积物</td><td>表层</td><td>白令海—楚科奇海陆架区</td><td>8 个</td><td>8 个</td><td>完成</td></tr>
<tr><td colspan="2">生物体</td><td>白令海—楚科奇海陆架区</td><td>3 个</td><td>4 个</td><td>超额</td><td>国家海洋局第三海洋研究所</td></tr>
</table>

14.7.2.1 海漂垃圾走航观测

海漂垃圾走航观测自 7 月 21 日开始，在天气和海况允许的条件下，每天观测 1 ~ 2 次，每次持续 1 h，本航次累计获得 27 组观测数据，涵盖了日本海、鄂霍次克海、白令海、楚科奇海、北欧海、巴芬湾和波弗特海等区域。

表14-4 海漂垃圾走航观测内容

Table 14-4 Summary of investigation on marine floating debris during the 8th CHINARE

序号	观测时间	日期	监测海域	开始经纬度		合计（个）	单位面积（个 /km²）
				经度（°E）	纬度（°N）		
1	09:15	2017-07-21	日本海九州附近，未进入海峡	128.064	34.248	1 710	570
2	13:40	2017-07-21	朝鲜海峡	129.141	33.625	482	160.7
3	08:45	2017-07-22	日本海中部	132.577	37.643	578	192.7
4	16:45	2017-07-22	日本海中部	133.997	39.476	142	94.7
5	10:25	2017-07-23	日本海靠近北海道	137.138	42.801	294	98
6	09:35	2017-07-24	鄂霍次克海入口	144.150	46.120	64	21.3
7	16:00	2017-07-24	鄂霍次克海	146.264	46.957	54	18
8	10:15	2017-07-25	靠近鄂霍次克海海峡	152.362	49.288	22	7.3
9	10:10	2017-07-27	阿留申群岛 B01 站位附近	170.100	49.288	4	1.5
10	09:50	2017-07-28	白令海公海	175.257	56.999	6	2.2
11	08:50	2017-07-30	白令海公海	176.724	61.652	16	5.3
12	08:05	2017-07-31	楚科奇海	169.365	66.360	2	0.7
13	14:40	2017-08-01	楚科奇海	160.869	73.656	2	0.7

续表14-4

序号	观测时间	日期	监测海域	开始经纬度		合计（个）	单位面积（个/km²）
				经度（°E）	纬度（°N）		
14	08:30	2017-08-24	挪威海（靠冰岛附近）	10.881	64.533	42	7
15	08:40	2017-08-25	挪威海（靠冰岛附近）	23.425	61.723	10	1.67
16	09:50	2017-08-26	戴维斯海峡（近格陵兰岛）	35.174	59.043	12	2
17	15:54	2017-09-08	波弗特海	-147.244	74.993	0	0
18	09:41	2017-09-21	楚科奇海	-168.853	71.719	2	0.7
19	11:36	2017-09-23	楚科奇海	-168.663	65.586	1	0.33
20	09:40	2017-09-28	西北太平洋	158.347	51.566	76	6.3
21	09:00	2017-09-29	鄂霍次克海	152.148	48.727	306	58.8
22	11:45	2017-09-29	鄂霍次克海	151.284	48.088	482	92.7
23	08:40	2017-10-01	西北太平洋	149.974	40.656	140	23.3
24	10:10	2017-10-03	西北太平洋	150.195	40.806	78	15.6
25	08:19	2017-10-04	西太北海道附近	142.850	41.544	170	31.5
26	13:40	2017-10-04	北海道附近	141.281	41.646	176	32.6

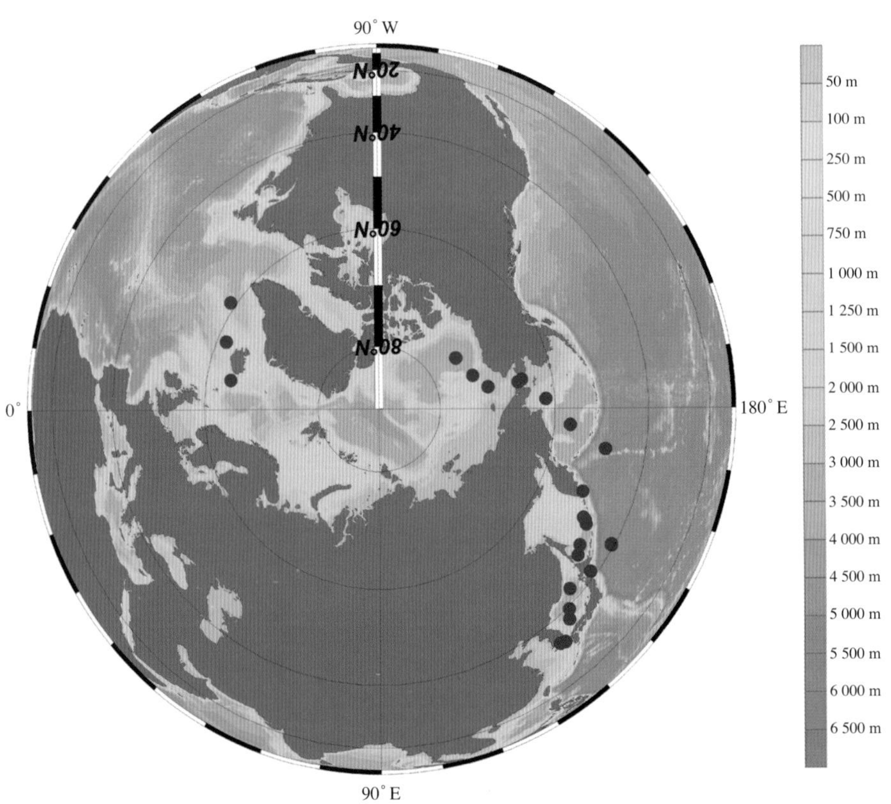

图 14-7　海漂垃圾走航观测站位

Fig. 14-7　Map of surveying location for floating plastics debris

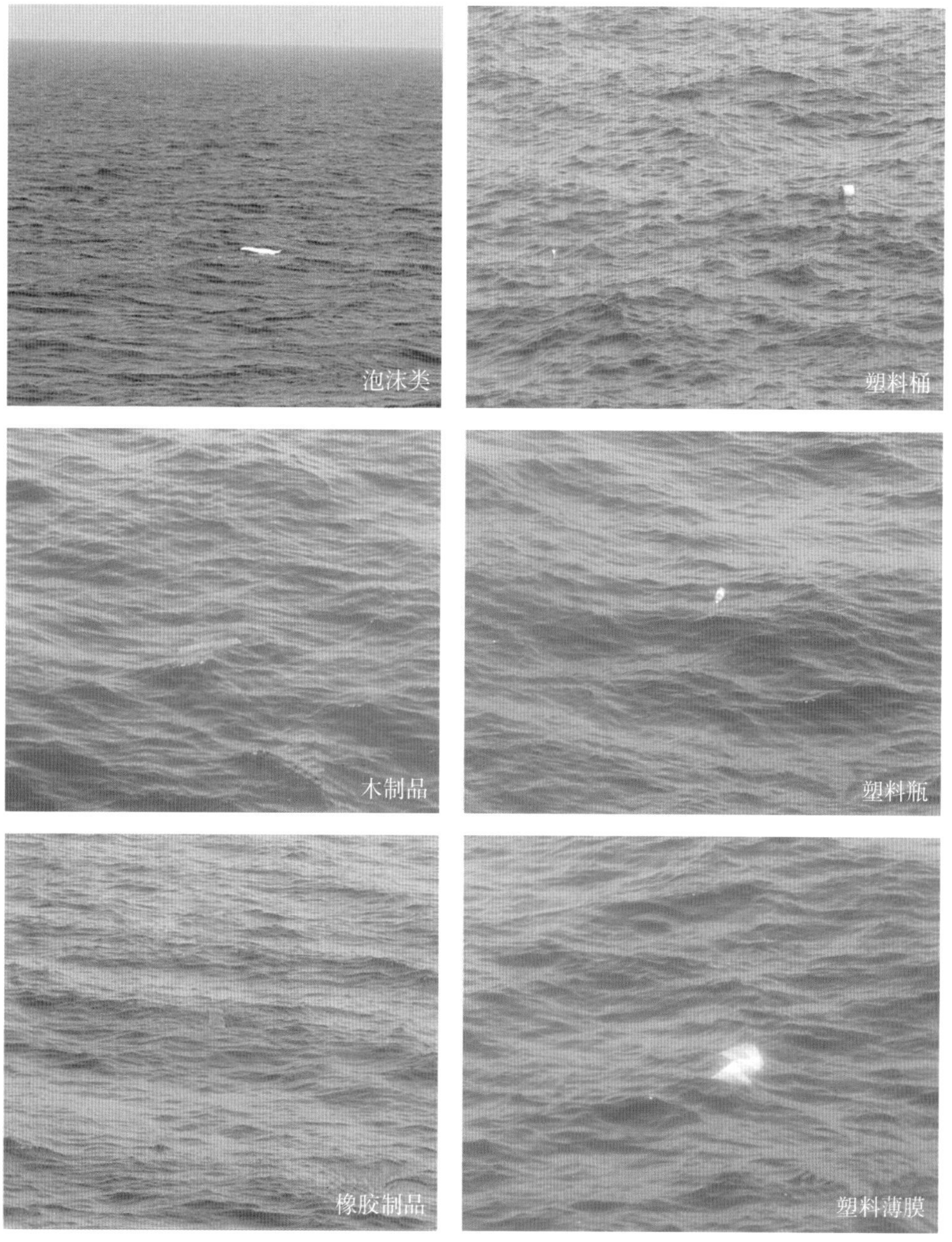

图 14-8 典型的海漂垃圾
Fig. 14-8 Examples of marine floating debris in Open Ocean

14.7.2.2 海水中微塑料与海漂垃圾监测

海水中的微塑料与海漂垃圾监测，采用两种方式开展：其一为定点拖网作业，收集不同尺寸的塑料颗粒，用于分析评价尺寸大于 0.33 mm 的微塑料和海漂塑料垃圾的组成等信息；其二为走航过滤方式，收集粒径范围在 0.125 ～ 5 mm 的塑料颗粒，用于分析评价微塑料的组成和分布等信息。两种方式可保障满足微塑料与海漂垃圾监测在不同海况、不同海域条件下的作业，较大程度地保障了样品的可获得性，并丰富了相应的监测信息。本航次定点拖网共采集 19 个站位海水微塑料样品，走航过滤了 32 个站位获得了 125 μm、250 μm 和 330 μm 三种不同粒径 96 份海水微塑料样品，具体信息见图 14-9、表 14-5 和表 14-6。所有样品将带回实验室进行后续分析与评价。

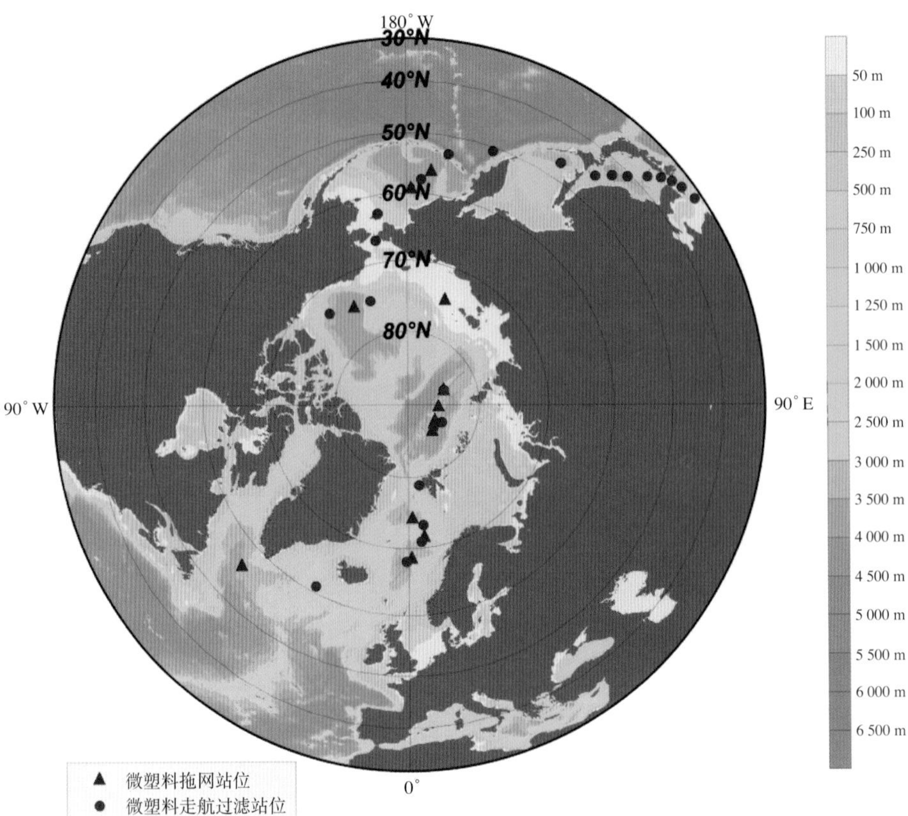

图 14-9 海水微塑料拖网和走航过滤站位分布

Fig. 14-9 Map of sampling locations for microplastics and marine floating debris in surface water

表14-5 表层海水中微塑料走航过滤信息

Table 14-5 Summary of sampling microplastics through a series of sieves from surface water during the 8th CHINARE

编号	站位	采样时间	采样日期	监测海域	站位信息		过滤累积时间 (h)	单位流量	过滤总体积 (L)			滤膜编号
					经度 (°E)	纬度 (°N)			330 μm	250 μm	125 μm	
1	MP01	23:00	2017-07-20	东海	124.752	31.834	8.5 h	50 L/20 min	1 275	2 550	2 550	1 号
2	MP02	08:30	2017-07-21	朝鲜海峡	127.499	32.915	6.5 h	50 L/15 min	1 300	2 600	2 600	2 号
3	MP03	15:30	2017-07-21	日本海	129.264	33.936	7 h	50 L/15 min	1 400	2 800	2 800	3 号
4	MP04	22:40	2017-07-21	日本海	130.903	35.428	9 h	50 L/15 min	1 800	3 600	3 600	4 号
5	MP05	08:00	2017-07-22	日本海	132.614	37.622	7 h	50 L/15 min	1 400	2 800	2 800	5 号
6	MP06	22:30	2017-07-22	日本海	135.101	40.761	10.5 h	50 L/15 min	2 100	4 200	4 200	6 号
7	MP07	08:30	2017-07-23	日本海	137.316	42.801	10 h	50 L/15 min	2 000	4 000	4 000	7 号
8	MP08	19:30	2017-07-23	鄂霍次克海	139.669	45.107	12.5 h	50 L/15 min	2 500	5 000	5 000	8 号
9	MP09	18:30	2017-07-24	鄂霍次克海	146.641	47.102	17 h	50 L/20 min	2 550	5 100	5 100	9 号
10	MP10	09:00	2017-07-26	白令海	160.600	50.762	11.5 h	50 L/20 min	1 725	3 450	3 450	10 号
11	MP11	10:30	2017-07-27	白令海	170.090	53.229	8 h	50 L/20 min	1 200	2 400	2 400	11 号
12	MP12	12:00	2017-07-28	白令海	176.105	57.796	18 h	50 L/20 min	2 700	5 400	5 400	12 号

续表14-5

编号	站位	采样时间	采样日期	监测海域	站位信息		过滤累积时间（h）	单位流量	过滤总体积（L）			滤膜编号
					经度（°E）	纬度（°N）			330 μm	250 μm	125 μm	
13	MP13	10:30	2017-07-30	楚科奇海	171.277	62.888	10 h	50 L/20 min	1 500	3 000	3 000	13 号
14	MP14	10:00	2017-07-31	楚科奇海	169.1047	66.822	12 h	50 L/20 min	1 800	3 600	3 600	14 号
15	MP15	16:00	2017-08-02	楚科奇海	160.356	75.022	17 h	50 L/20 min	2 550	5 100	5 100	15 号
16	MP16	09:00	2017-08-12	北冰洋	111.093	84.596	13.5 h	50 L/20 min	2 025	4 050	4 050	16 号
17	MP17	10:00	2017-08-14	北冰洋	62.478	84.621	12 h	50 L/20 min	1 800	3 600	3 600	17 号
18	MP18	09:00	2017-08-15	北冰洋	48.401	85.243	7 h	50 L/20 min	1 050	2 100	2 100	18 号
19	MP19	8:30	2017-08-18	挪威海	7.774	78.845	12 h	50 L/20 min	1 800	3 600	3 600	19 号
20	MP20	14:30	2017-08-20	挪威海	7.196	73.269	9 h	50 L/20 min	1 350	2 700	2 700	20 号
21	MP21	21:00	2017-08-21	挪威海	5.564	70.969	11 h	50 L/20 min	1 650	3 300	3 300	21 号
22	MP22	09:00	2017-08-23	北欧海	0.745	68.108	11 h	50 L/20 min	1 650	3 300	3 300	22 号
23	MP23	10:00	2017-08-25	北欧海	27.586	60.994	12 h	50 L/20 min	1 800	3 600	3 600	23 号
24	MP24	09:30	2017-09-07	波弗特海	138.919	73.513	12 h	50 L/20 min	1 800	3 600	3 600	24 号
25	MP25	10:30	2017-09-09	波弗特海	−155.372	75.000	24 h	50 L/20 min	3 600	7 200	7 200	25 号
26	MP26	19:40	2017-09-13	楚科奇海北部	−170.791	76.0	13 h	50 L/20 min	1 950	3 900	3 900	26 号
27	MP27	09:00	2017-09-20	楚科奇海	−161.772 5	74.7	15.5 h	50 L/20 min	2 325	4 650	4 650	27 号
28	MP28	09:30	2017-09-22	白令海	−168.901	69.3	12 h	50 L/20 min	1 800	3 600	3 600	28 号
29	MP29	11:00	2017-09-23	白令海	−168.679	66.0	12 h	50 L/20 min	1 800	3 600	3 600	29 号
30	MP30	10:30	2017-09-24	白令海	−167.043	64.4	12 h	50 L/20 min	1 800	3 600	3 600	30 号
31	MP31	11:30	2017-09-25	鄂霍次克海	−175.728	62.2	12 h	50 L/20 min	1 800	3 600	3 600	31 号
32	MP32	10:30	2017-09-29	西北太平洋	151.7	48.4	12 h	50 L/20 min	1 800	3 600	3 600	32 号

图 14-10　走航过滤的微塑料样品

Fig. 14-10　Representative samples of microplastics through a series of sieves from surface water

表14–6　表层海水微塑料拖网作业信息

Table 14–6　Summary of sampling microplastics through a trawling net from surface water

序号	站位号	日期	监测海域	开始时间	经纬度		结束时间	流量计初始值（m）	流量计结束值（m）	风向（°）	风速（m/s）	航速（kn）	样品描述
					经度（°E）	纬度（°N）							
1	B06	2017–07–28	白令海	2:15	173.7	56.33	02:35	5 181	12 389	105	5.8	3.5	生物量大，鱼卵和幼鱼若干，样品呈深白色
2	B10	2017–07–29	白令海	18:10	178.78	59.32	18:30	20 180	23 812	312.2	6.8	3	生物量大，鱿鱼、虾和幼鱼等，样品呈深白色
3	S1	2017–08–01	楚科奇海	19:48	159.54	74.74	20:08	23 812	29 881	23.4	7.4	3	大量浮游生物，样品呈红色
4	N04	2017–08–12	北冰洋冰区 -1	12:03	111.11	84.58	12:23	29 881	35 264	151.9	2	3	少量小虾，样品呈透明状
5	N05	2017–08–13	北冰洋冰区 -2	19:02	86.08	85.68	19:22	35 265	40 874	281.9	2.74	2.8	生物量大，大型浮游动物为主，样品呈红色
6	N06	2017–08–14	北冰洋冰区 -3	14:39	59.628	85.606	14:59	40 877	45 189	191	8.8	2.8	生物量小，小型浮游动物为主，样品呈透明状
7	N07	2017–08–15	北冰洋冰区 -4	12:27	43.077	85.035	12:50	405 190	50 669	151.1	7	2.9	生物量大，大型浮游动物为主，样品呈红色
8	BB07	2017–08–19	北欧海	12:26	2.05	74.352	12:50	50 669	58 941	53.4	4.9	2.8	生物量大，小型浮游动物为主，样品呈红色
9	AT01	2017–08–21	北欧海	17:28	6.989	71.617	17:52	58 942	64 058	294.9	4.1	2.5	生物量大，小型浮游动物为主，样品呈黑褐色
10	AT07	2017–08–22	北欧海	4:23	1.204	68.583	04:46	64 058	67 004	324.1	12.5	2.1	生物量大，大型藻类和小型浮游动物为主，样品呈黑褐色
11	LA01	2017–08–27	戴维斯海峡	16:27	46.875	56.173	16:50	67 003	71 384	297.1	15.39	2.4	生物量大，大型藻和小型浮游动物为主，样品呈红色
12	P6	2017–09–08	波弗特海	3:52	151.128	74.838	04:16	79 972	84 611	343	9.16	2.3	生物小，小型浮游动物为主，样品呈红色
13	P01	2017–09–10	波弗特海	13:56	–167.966	75.873	14:20	84 614	89 288	277.2	4.3	2.6	生物量大，小型浮游动物为主，样品呈浅红色
14	R11	2017–09–20	楚科奇海	20:55	–168.85	73.75	21:24	89 289	94 531	258.2	11.1	2.2	生物量大，浮游动物和幼鱼，样品呈浅褐色
15	R06	2017–09–21	楚科奇海	0.88	–168.75	69.59	21:20	97 202	99 588	72.3	5.98	2.4	生物量大，浮游动物、幼鱼、羽毛等，样品呈浅褐色
16	R01	2017–09–23	楚科奇海	0.34	–168.87	66.22	08:34	99 589	101 519	353.3	11.21	2.4	生物量大，浮游植物为主，样品为深褐色

序号	站位号	日期	监测海域	开始时间	经纬度		结束时间	流量计初始值(m)	流量计结束值(m)	风向(°)	风速(m/s)	航速(kn)	样品描述
					经度(°E)	纬度(°N)							
17	BS05	2017-09-24	白令海	0.55	−167.77	64.32	13:21	101 521	103 639	9.5	14.75	3.3	生物量大，浮游植物为主，样品为深褐色
18	B17	2017-09-25	白令海	0.23	−173.85	63.10	05:51	103 639	109 060	24.5	5.32	3.1	生物量大，羽毛和幼鱼等，样品为浅褐色
19	B15	2017-09-25	白令海	0.57	−176.04	61.91	13:57	109 060	115 286	6	8.6	3.1	生物量大，一根蓝色绳子

图 14-11 拖网获得的微塑料样品

Fig. 14-11 Representative samples of micro-plastics through a trawling net

14.7.2.3 沉积物中微塑料监测

沉积物中的海洋微塑料采用箱式采泥器的方式进行收集，根据《现场实施方案》，本航次定点采集 8 个站位的表层沉积物样品，每份样品重量约为 1 kg，置于锡箔纸中 −20℃下保存，具体信息见图 14-12 和表 14-7。所有样品将带回实验室进行后续分析与评价。

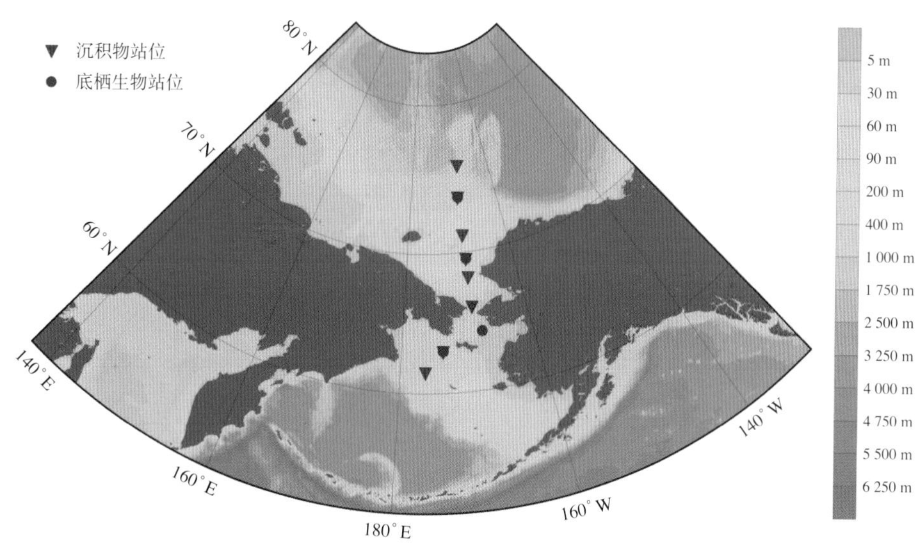

图 14-12 表层沉积物和底栖生物站位

Fig. 14-12 Map of sampling locations for sediments and organisms.

表14-7 表层沉积物采样信息
Table14-7 Summary of sampling microplastics in sediment

编号	站位	调查海域	采样日期	经度 (°E)	纬度 (°N)	水深 (m)	样品编号	表层 / 柱状	备注
1	P01	北冰洋公海区	2017-09-10	-168.4	75.8	290	P01	表层	泥质，含水量大
2	R11	楚科奇海	2017-09-20	-168.9	73.7	150	R11	表层 +3 根柱状	泥质
3	R08	楚科奇海	2017-09-21	-168.9	71.2	48	R08	表层	泥质
4	R06	楚科奇海	2017-09-21	-168.8	73.7	52	R06	表层	泥质
5	R04	楚科奇海	2017-09-22	-168.8	68.2	50	R04	表层	海况较差，采样量少
6	R01	楚科奇海	2017-09-23	-168.8	66.2	57	R01	表层	泥中贝壳较多，臭味重
7	B17	白令海	2017-09-25	-173.8	63.1	77.6	B17	表层 +2 根柱状	泥质，含水量大
8	B15	白令海	2017-09-25	-176.4	61.6	105	B15	表层	泥质，含水量大

14.7.2.4 底栖生物中微塑料监测

底栖生物中微塑料监测采用定点底栖拖网作业，采集每一站位的底栖生物，网具类型为三角拖网，拖网时间为 15 min。根据《现场实施方案》，本航次共计完成 4 个站位的定点底栖拖网，主要集中在白令海—楚科奇海陆架区海域，共计获得 12 种具有代表性的底栖生物样品，主要包括大小海星、蟹类、螺类和双壳贝类，均根据预设实验目的分别进行冷冻保存，留作实验室微塑料含量和种类等分析。底栖拖网具体站位见图 14-12，各站位现场调查作业信息见表 14-8 ~表 14-11，底栖优势物种代表性照片见图 14-13 ~图 14-16。

表14-8 站位1底栖生物微塑料调查作业信息
Table 14-8 Summary of monitoring microplastics from benthos at site 1

编号：001	第 1 页　　共 1 页
调查项目名称：生物微塑料拖网	航次：第八次北极科考
调查单位：海洋三所、监测中心	调查船："雪龙"船
采样人：方超、穆景利等	调查海区：楚科奇海
采样时间：2017-09-20 23:23	站位名称：R11
物种类型：小海星和螺类为优势种	起始经纬度：73°41′58″N，168°40′15″W
船速 (kn)：3.1	结束经纬度：73°41′16″N，168°39′27″W
拖网时间：15 min	站位水深 (m)：151.4
拖网类型：三角拖网	钢缆长度 (m)：501
底质类型：泥质较软	天气状况：阴
风向：258.2°	风速 (m/s)：11.12

序号	样品名称	样品数量	备　注
1	小海星	100 个左右	优势种。取 10 个直接放入液氮中保存，其余存放于 -20℃冰柜
2	螺类	30 个	优势种。30 个存放于 -20℃冰柜，另取 5 个解剖后放液氮保存，5 个分 2 管用中性甲醛溶液固定保存
3	大海星	20 个	均存放于 -20℃冰柜，个体较大

表14-9 站位2底栖生物微塑料调查作业信息

Table 14-9 Summary of monitoring microplastics from benthos at site 2

编号：002	第 1 页　　共 1 页
调查项目名称：生物微塑料拖网	航次：第八次北极科考
调查单位：海洋三所、监测中心	调查船："雪龙"船
采样人：方超、穆景利等	调查海区：楚科奇海
采样时间：2017-09-21 21:23	站位名称：R06
物种类型：贝类和蟹类为优势种	起始经纬度：69°35′18″N，168°45′16″W
船速 (kn)：2.7	结束经纬度：
拖网时间：15 min	站位水深 (m)：53.35
拖网类型：三角拖网	钢缆长度 (m)：152
底质类型：泥质（较硬）	天气状况：阴
风向：72.3°	风速 (m/s)：5.98

序号	样品名称	样品数量	备　注
1	双壳贝类	65 个	优势种。65 个存放于 -20℃冰柜中，另取 8 个解剖取其软体组织保存于液氮，5 个解剖后用 10% 甲醛溶液固定（见现场照片）
2	蟹类	29 个	优势种。29 个存放于 -20℃冰柜中，另取 4 个解剖分别取其性腺、消化腺和鳃保存于液氮中
3	虾类	20 个	整体数量较少，均存放于 -20℃冰柜中

表14-10 站位3底栖生物微塑料调查作业信息

Table 14-10 Summary of monitoring microplastics from benthos at site 3

编号：003	第 1 页　　共 1 页
调查项目名称：生物微塑料拖网	航次：第八次北极科考
调查单位：海洋三所、监测中心	调查船："雪龙"船
采样人：方超、穆景利等	调查海区：白令海
采样时间：2017-09-20 23:23	站位名称：BS05
物种类型：海星和螃蟹为优势种，海星个体较大	起始经纬度：64°16′32″N，167°50′50″W
	结束经纬度：64°25′59″N，167°51′45″W
船速 (kn)：3.0	站位水深 (m)：35.37
拖网时间：15 min	钢缆长度 (m)：121
拖网类型：三角拖网	天气状况：多云
底质类型：砂质，未采到沉积物	风速 (m/s)：13.91
风向：6.1°	

序号	样品名称	样品数量	备　注
1	大海星	16 个	优势种。取 16 个存放于 -20℃保存，另取 5 个分成两大组织（消化腺和性腺）于液氮中保存（个体较大，取样量相应减少）
2	蟹类	50 个	优势种，个体比前两站小。取 50 个存放于 -20℃冰柜中保存，另取 7 个解剖取鳃和消化腺于液氮中保存

表14-8 站位4底栖生物微塑料调查作业信息

Table 14-11 Summary of monitoring microplastics from benthos at site 4

编号：004			第 1 页　　共 1 页
调查项目名称：生物微塑料拖网			航次：第八次北极科考
调查单位：海洋三所、监测中心			调查船："雪龙"船
采样人：方超、穆景利等			调查海区：白令海
采样时间：2017-09-25 6:33			站位名称：B17
物种类型：海蛇尾和双壳贝类为优势种			起始经纬度：63°06′17″N，173°55′55″
船速 (kn)：2.6			结束经纬度：
拖网时间：15 min			站位水深 (m)：77.95
拖网类型：三角拖网			钢缆长度 (m)：240
底质类型：泥质较软			天气状况：晴
风向：16.3°			风速 (m/s)：5.98
序号	样品名称	样品数量	备　注
1	双壳贝类	90 个	优势种。选 8 个同一种类的取内脏团放液氮；另取 5 个软体组织放 10% 的甲醛溶液固定；90 个放 -20℃冰柜中保存
2	海蛇尾	约 100 个	优势种。约 100 个放 -20℃冰柜中；另取 15 个放液氮中保存
3	螺类	40 个	大小不一（见现场照片），均放 -20℃冰柜中保存
4	蟹类	15 个	从中取 6 个分别取鳃和消化腺放液氮中保存，剩余的均放于 -20℃冰柜

图 14-13 R11 站位底栖生物优势物种代表性照片

(a) 螺类；(b) 小海星

Fig.14-13 Representative photography of dominant benthos at site R11. (a) snail; (b) small starfish

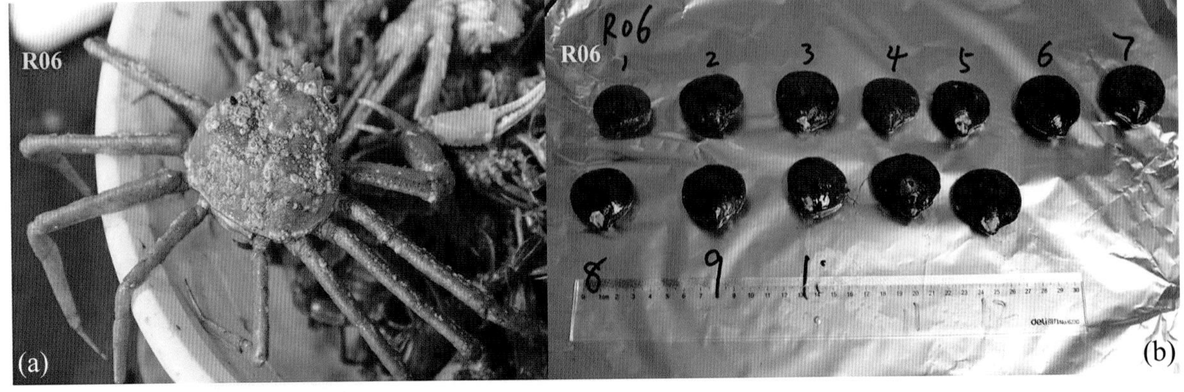

图 14-14 R06 站位底栖生物优势物种代表性照片

(a) 蟹类；(b) 双壳贝类

Fig. 14-14 Representative photography of dominant benthos at site R06. (a) crab; (b) bivalve

图 14-15 BS05 站位底栖生物优势物种代表性照片
(a) 大海星；(b) 蟹类

Fig. 14-15 Representative photography of dominant benthos at site BS05. (a) big starfish; (b) crab

图 14-16 B17 站位底栖生物优势物种代表性照片
(a) 海蛇尾；(b) 双壳贝类

Fig. 14-16 Representative photography of dominant benthos at site B17. (a) ophiuran; (b) bivalve

14.8 数据处理与分析

14.8.1 海漂垃圾走航观测

海漂垃圾走航观测采用目测法进行，观测地点选择在“雪龙”船三层的左舷一侧，在可见度大于 200 m、海况三级以下进行，对约 100 m 有效观测宽度内的可见垃圾进行统计，垃圾类型及位置通过望远镜和可定位的相机来确定，观测时间每次持续 1 h。总体上，该方法可对海面上体积较大的，且颜色易于识别的垃圾进行有效的统计；但对于个体较小、水色干扰大、漂浮在水面以下的垃圾，不易被识别和统计。因此，受观测范围、观测地点、海况影响和垃圾自身干扰等因素影响，海漂垃圾走航观测的结果具有一定的不确定性，统计结果仅代表大型、可见和易于识别的海漂垃圾。故此，该结果可能低估了海漂垃圾的实际污染水平。

14.8.2 表层水体中微塑料

表层水体中微塑料采用拖网和走航过滤两种方式获取，拖网位置选在“雪龙”船艉部作业区，为避免尾流对拖网的影响，绞车缆绳释放的长度要求在 100 m 以上。通过现场测试，当船速控制在 3 kn 以下，缆绳释放长度为 120 m 时，即可有效避免尾流对拖网的影响（图 14-17），尽量保证了微塑料样品不受污染及随机性。在进行现场拖网作业前，现场空白基本是同步进行，以便对样品数据进行空白校正，保证数据质量。由于现场作业条件限制（恶劣海况、流速过大、温度过低和浮冰等）

和设备本身的问题，本次考察所完成的 21 个站位中，有部分站位在拖网过程中网衣破裂，未成功取得微塑料样品（如 P9 和 R08 站）；有部分站位在更换了网衣后进行第二次拖网才获得样品（如 B10 站）。在冰区作业时，N04 站和 N06 站位拖网中均有少量浮冰进入网衣中，样品收集待浮冰融化后才进行。此外，不同区域生物量也不同，生物量的种类与多寡可体现在样品中，如在北欧海区域，大型藻类和鸟类羽毛被收集，在白令海有大量幼鱼和浮游动物被捕获，这些生物的存在可能会对后期样品的消化和分离等产生明显影响。当前所采集的微塑料水样样品在加入适量甲醛溶液后均保存在 4℃条件下，微塑料的丰度、种类和材质等信息将待实验室分析后给予确认。

图 14-17 表层水体中微塑料拖网作业

Fig. 14-17 A trawling net for microplastics sampling in surface waters

14.8.3 沉积物中微塑料

表层沉积物采样自 2017 年 9 月 10 日在 P01 楚科奇海北部开始，9 月 25 日截止于白令海北部，共完成了 8 个站位的采样工作，其中 3 个站位表层沉积物含水量较大，3 个站位的泥质硬度较大，1 个站位泥质中含有大量贝壳且臭味较浓，1 个站位受海况和底质硬等影响采样量较少。表层沉积物的采集、采样和保存过程均按照《中国第八次北极业务化调查技术规程》中的表层沉积物微塑料监测以及《海洋调查规范 第 5 部分：海洋沉积物调查》（GB/T 12763.5—2007）进行操作。每个站位采集约 1 kg 的表层沉积物样品，锡纸包裹后置于 -20℃冰柜中保存，待后续实验室分析。

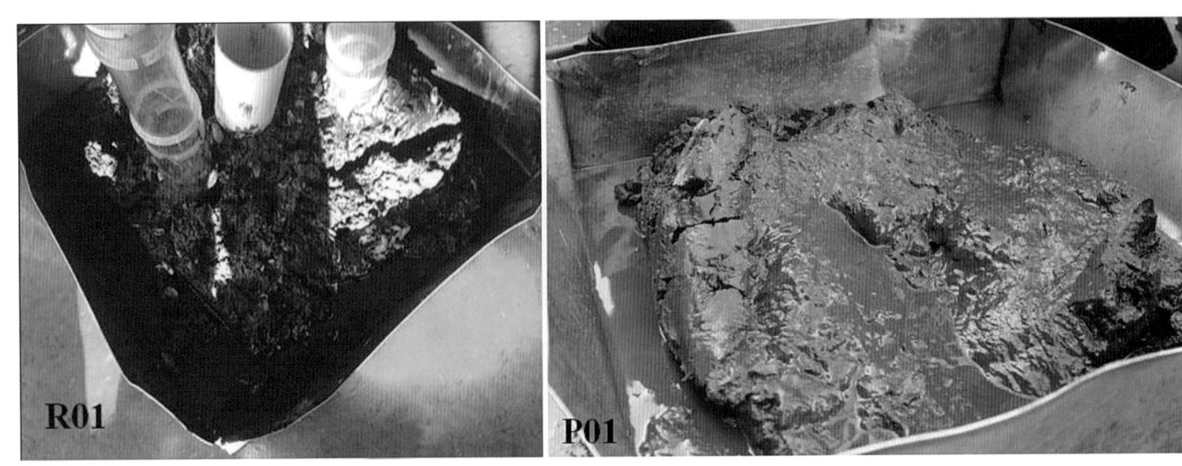

图 14-18 代表性表层沉积物

Fig. 14-18 Samples for sediment.

14.8.4 生物体内微塑料

底栖生物样品的采集采用三角底栖拖网进行，所选站位基本集中在白令海—楚科奇海陆架区附近海域，站位水深均在 100 m 以下，以确保生物种类较为丰富。现场拖网时生物绞车的钢缆长度为站位水深的 3 倍，船速控制在 3 kn 左右，拖网时间为 15 min，同时要严密注意钢缆所受的拉力，若出现拉力突然变大的情况，则要注意是否拖到石头等重物，这时需要根据现场情况及时做出调整。

生物样品拖上甲板后的收集、分类、采样和保存过程均严格按照事先制定的《中国第八次北极业务化调查技术规程》中的海洋生物体内微塑料监测以及《海洋调查规范　第 6 部分：海洋生物调查》（GB/T 12763.6—2007）进行操作。每个站位重点采集用于微塑料含量监测的生物应为个体数量明显较多的优势物种，以增大今后的调查采集到相同物种的可能性，使调查内容与结果更具有延续性和可比性。从本次现场调查的结果来看，4 个站位中有 3 个站位均采集到了蟹类，其中在 2 个站位为优势物种，说明蟹类是本次和今后调查应该重点关注的对象；有 2 个站位采集到了双壳贝类，且均为优势物种，但属于不同种类；有 2 个站位采集到了大小海星，且均为优势物种，是另一类值得关注的对象。总体来说，本次调查采集到的生物种类具有一定的代表性，并且恰好处于不同的营养级，如双壳贝类和螺类处于较低营养级，而蟹类和海星则处于较高营养级，这为了解微塑料在不同生物体内的分布规律奠定了基础。

每个站位对具有代表性的优势物种都进行了拍照记录，并且现场作业的各项关键参数及采集到生物的种类和数量等信息都进行了详细记录，为今后的现场调查提供参考。所有采集的样品均根据预设的实验目的分别进行冷冻和中性甲醛溶液固定保存，并标记好内外标签及详细填写采样记录表。所有样品均运回实验室后进行微塑料含量和种类等的分析测定。但由于采集到的许多生物在现场无法准确辨别物种类别，所以运回实验室后首先要进行物种鉴定，然后再进行后续分析。

14.9 环境评价

14.9.1 北冰洋海面漂浮垃圾

在日本海、鄂霍次克海、西北太平洋、白令海、楚科奇海、挪威海和戴维斯海峡开展了海面漂浮垃圾监测，各海域的平均丰度分别为 178.7 个 /km^2、39.6 个 / km^2、19.2 个 / km^2、3.1 个 / km^2、0.6 个 / km^2、4.4 个 / km^2 和 2.2 个 / km^2，丰度最高值出现在济州岛至朝鲜海峡海域，为 570 个 / km^2（图 14-19）。在巴芬湾北部、波弗特海东部和北部海域未观测到漂浮垃圾。海面漂浮垃圾主要为泡沫和塑料薄膜，分别占 49% 和 21%（图 14-20）。调查表明，大块漂浮塑料垃圾多位于受人类活动影响较多的近岸和近海区域。

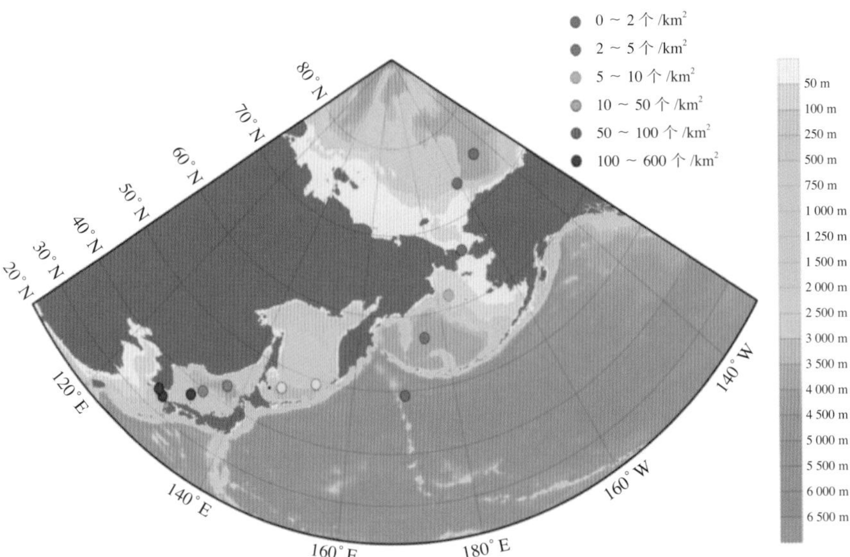

图 14-19 中国第八次北极科学考察沿途海面漂浮垃圾分布状况

Fig. 14-19 Abundances of floating marco-plastic debris in water along the route of the 8th Chinese National Arctic Research Expedition

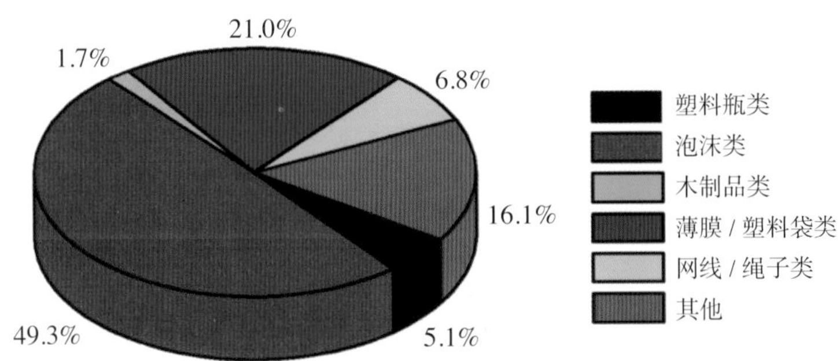

图 14-20 中国第八次北极科学考察海面漂浮垃圾主要类型

Fig.14-20 The types of floating macro-plastic debris in water along the route of the 8th Chinese National Arctic Research Expedition

14.9.2 北冰洋水体中微塑料

采用两种独立的采样方式对北极和亚北极水体中的微塑料进行了监测，表层水体（0 ~ 0.5 m）采用 Manta 网拖网方式收集样品，亚表层水体（水面下 4 ~ 5 m）采用走航过滤的方式采集样品。

表层水体：表层水体中微塑料平均丰度为 0.033 个 /m^3，最高为 0.16 个 /m^3。白令海、白令海海峡、楚科奇海、北冰洋冰区、北欧海、波弗特海和西北太平洋的微塑料平均丰度分别为 0.013 个 /m^3、0.16 个 / m^3、0.028 个 / m^3、0.044 个 / m^3、0.015 个 / m^3、0.021 个 / m^3 和 0.018 个 / m^3。表层水体中微塑料的形状主要为纤维状，成分主要为聚对苯二甲酸乙二醇酯（PET）。

亚表层水体：亚表层水体中微塑料平均丰度为 2.91 个 /m^3，最高为 6.88 个 /m^3。白令海、白令海海峡、楚科奇海、北冰洋冰区、北欧海、波弗特海和西北太平洋的微塑料平均丰度分别为 2.1 个 / m^3、6.9 个 / m^3、1.2 个 / m^3、4.6 个 / m^3、2.5 个 / m^3、2.9 个 / m^3 和 1.1 个 / m^3。微塑料形状主要为纤维状，成分主要为聚对苯二甲酸乙二醇酯（PET）。

数据分析表明，表层水体中微塑料的丰度随纬度的增加而升高，丰度较高的区域主要位于楚科奇海（0.24 个 /m^3 ± 0.078 个 /m^3）和北冰洋冰区（0.15 个 /m^3 ± 0.11 个 /m^3），其平均含量显著高于西北太平洋（0.030 个 /m^3 ± 0.016 个 /m^3）1、白令海（0.049 个 /m^3 ± 0.020 个 /m^3）和大西洋西部与赤道海域（0.001 个 /m^3 ± 50.04 个 /m^3）2，明显低于东亚海（3.7 个 /m^3 ± 10.4 个 /m^3）3 和北大西洋垃圾聚集区（13 ~ 501 个 /m^3）4 等海域。北极水体中的微塑料可能来自太平洋和大西洋的洋流输入，并在楚科奇海、波弗特海和北冰洋冰区产生一定的蓄积效应。

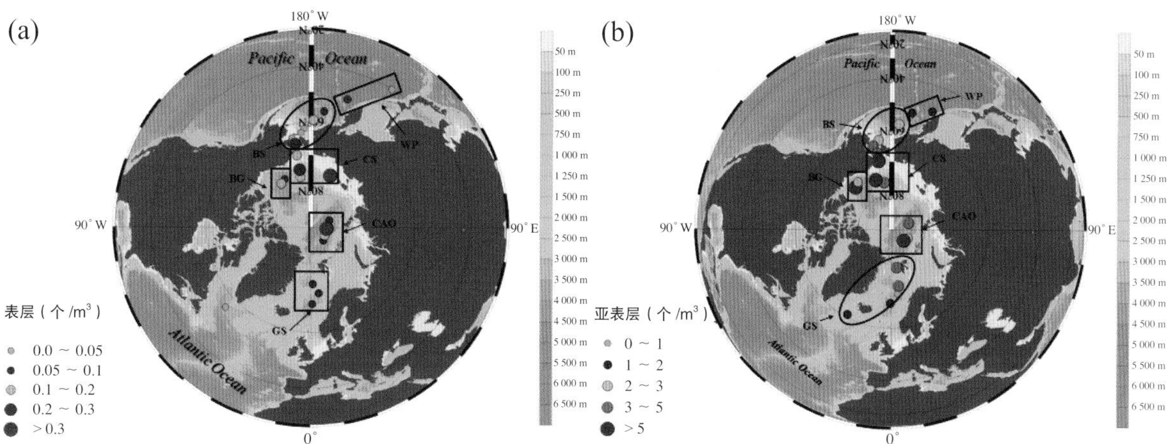

图 14-21 中国第八次北极科学考察水体中微塑料丰度及分布

(a) 表层；(b) 次表层（WP：西太平洋；BS：白令海；CS：楚科奇海；BG：波弗特海；CAO：北冰洋中央区；GS：格陵兰海）

Fig.14-21 Maps of the abundance and distribution of microplastic in the Arctic waters.

(a) Surface water; (b) Sub-surface water

(WP, West Pacific; BS, Bering Sea; CS, Chukchi Sea; BG, Beaufort Sea; CAO, Central Arctic Ocean; GS, Greenland Sea.)

14.9.3 北冰洋沉积物中微塑料

在白令海—楚科奇海台区开展了表层沉积物微塑料监测，平均密度为 20.5 个 /kg（干重），密度最高值出现在楚科奇海北部，为 68.8 个 /kg（干重）。沉积物微塑料形状主要为纤维状和线状，成分主要为聚丙烯、聚对苯二甲酸乙二醇酯（PET）和赛璐玢。从密度范围看，沉积物内微塑料总体水平相对较低且多为 PET 和人造纤维。

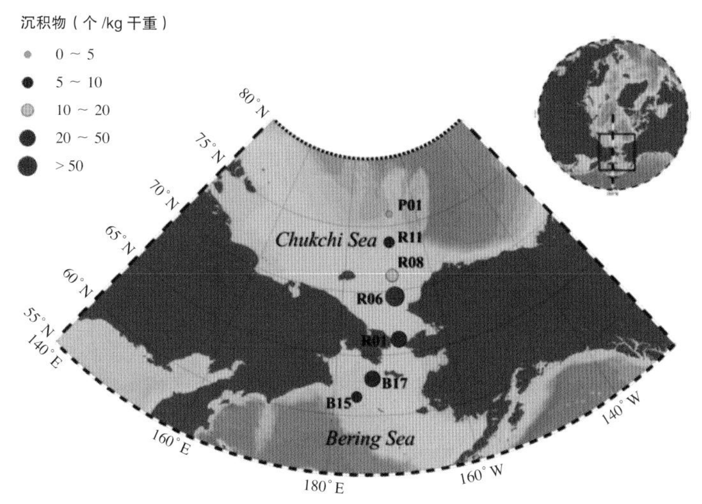

图 14-22 中国第八次北极科学考察白令海和楚科奇海沉积物中微塑料含量（个 /kg）及分布

Fig.14-22 Abundances of microplastics detected in sediment from the Bering Sea – Chukchi Sea shelf

14.9.4 北冰洋生物体内微塑料

在白令海—楚科奇海台区开展了底栖生物体内微塑料监测，微塑料在海星、螃蟹、贝类、海蛇尾和螺类体内的密度范围为 0.07 ~ 0.24 个 /g（湿重），其中海星体内微塑料含量最高，其次为螺类和螃蟹。底栖生物体内微塑料形状主要为纤维状，成分主要为聚乙烯、涤纶和尼龙。从密度范围看，生物体内微塑料总体水平相对较低且多为 PET 和人造纤维。

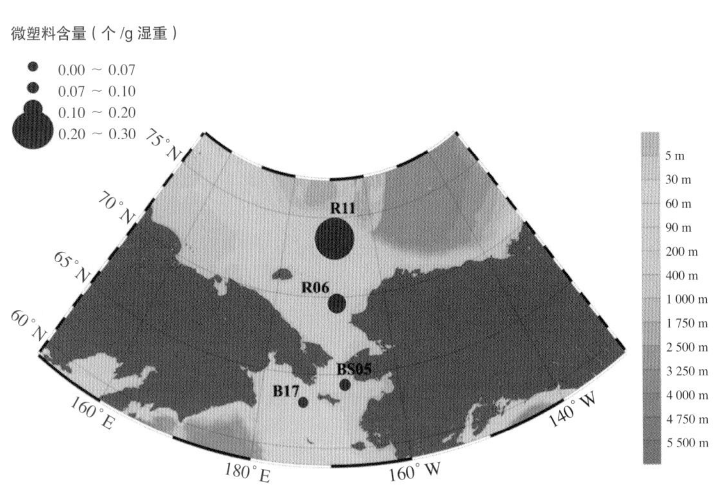

图 14-23 中国第八次北极科学考察底栖生物内微塑料含量（个 /g 湿重）及分布

Fig.14-23 The graphical representation of the mean abundance of microplastics (MPs) in all the benthic organisms collected from each site located in the Bering-Chukchi Seas shelf.

14.9.5 北极峡湾及邻近海域沉积物中微塑料调查分析

北极峡湾表层沉积物中颗粒尺寸较大的微塑料存在较少。通过超声分散、高密度盐溶液的浮选分离、过氧化氢氧化和筛分过滤等步骤对沉积物样品进行处理，分离出 50 μm ~ 5 mm 的微塑料（图 14-24），结果显示：王湾表层沉积物中检出的微塑料含量为 (1.5 ± 1.0) 个 /kg，而在赖普峡湾表层沉积物中检出微塑料含量为 (3.2 ± 1.9) 个 /kg。显然，多为粒径 50 μm 以下，这与 Bergmann 等（2018）在邻近地区的研究结果较为一致。据他们报道，在王湾以西的弗拉姆海峡，2 000 ~ 5 000 m 的深海沉积物中 78% 的微塑料粒径小于 25 μm；颗粒越小，数量越多；而粒径超过 500 μm 的微塑料只有 0.9 ~ 9.4 个 /kg。因此，未来针对北极地区沉积物微塑料的研究，颗粒尺寸较小的微塑料群体可能更值得重点关注。

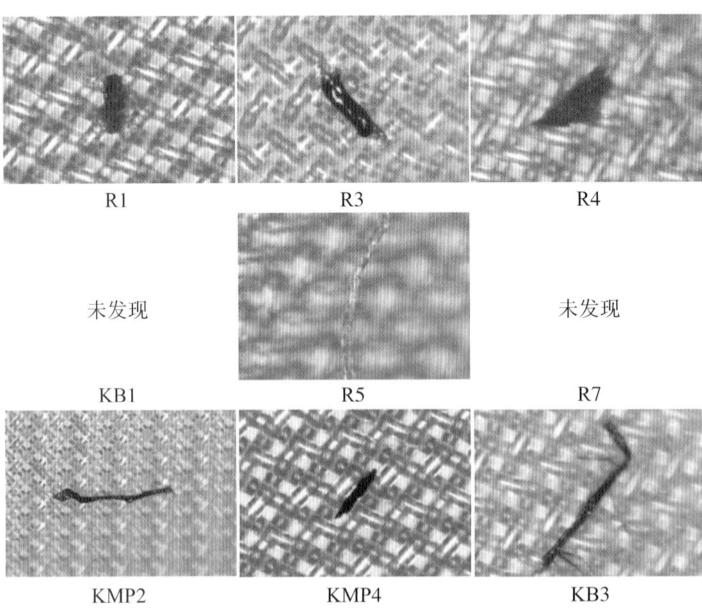

图 14-24 2017 年北极峡湾表层沉积物中检出的微塑料示例

Fig.14-24 Typical microplastics found in the surface sediments from arctic fjords in 2017

14.9.6 北极峡湾水体中微塑料调查分析与评估

目前国际上较为流行的微塑料调查方法是利用浮游动物网（网目 300 ~ 500 μm）或者在此基础上改造的微塑料网（如 Manta Net，标准孔径 300 μm，现拓展到 100 ~ 500 μm 范围不同尺寸）进行拖网采样（Kroon et al., 2018），主要包括水平拖网和垂直拖网两种方式。我国《海洋微塑料监测技术规程》(试行）也是采用拖网采样方法，所用的微塑料网采用了孔径为 333 μm 的网衣。有关北极水体微塑料浓度的最先报道是 Lusher 等（2015），斯瓦尔巴群岛南部海域表层和亚表层水的微塑料分别为 (0.34 ± 0.31) 个 /m^3 和 (2.68 ± 2.95) 个 /m^3；最近 La Daana 等（2018）报道在北极中央区亚表层水中微塑料浓度范围为 0 ~ 375 个 /m^3，浓度中值为 0.7 个 /m^3。

在本次考察调查期间，我们对多种微塑料采样网具和采样方式都进行了试验，尽管没有对峡湾水体的微塑料进行定量分析，但获得了以下认识。

（1）经典的拖网采样方法所用的塑料网具可能会带入微塑料污染。用于微塑料采集的拖网无论是浮游动物网还是微塑料网，其网衣和底部收集篮通常为塑料材质，将不可避免地引入微塑料污染。因此，已有研究者开始琢磨使用不锈钢网衣进行微塑料采集。

（2）经典的拖网采样方法所用的网具残留的微塑料可能会引起样品之间的交叉污染，这一问题，即使换成不锈钢网衣也可能无法避免。通常网衣很大且很长，拖网采集到的微塑料很难完全被冲淋至底部收集篮，未被转移出来的微塑料将滞留在网具上，沾污下一次采集的样品。在采集王湾的微塑料时用装有纯净水的高压喷水壶冲洗，也未能完全消除该问题。在采集赖普峡湾微塑料时，借助高压水枪进行全面反冲洗较为有效，但实际上洁净的高压水很难保证供应充足。目前，已有研究者开始使用一次性或抛弃式网具以减少这种交叉污染。

（3）在高生物量海区，长距离拖网捕获到的少量微塑料夹杂在大量的浮游生物中，准确分离的难度较大。如 Lusher 等（2015）在北极斯瓦尔巴德群岛南部海域的研究结果表明，表层水中的微塑料密度仅为浮游动物密度的 0.055%。在北极峡湾微塑料的采样实践中，王湾和赖普峡湾的两个站位 0 ~ 10 m、0 ~ 25 m 和 0 ~ 225 m 等不同水层的 9 次垂直拖网中均收集到大量的浮游动物，而在赖普峡湾的 1 个站位水平拖网中则采集到大量的浮游植物，分离难度大。

第 15 章　海洋脱氧和酸化调查

15.1　概述

北极海洋是对全球气候变化响应和反馈最敏感的地区。在过去的 20 年间，全球变暖和气候变化引起极区的一系列环境快速变化。由于海水长期处在水温较低状况下，吸收了更多的人为 CO_2，导致极区海洋为全球海洋范围内海洋酸化最为最严重的海区。据预测，整个 21 世纪，北冰洋表层海水 pH 值将会降低 0.23 ~ 0.45，海洋酸化已经引起北冰洋海水 $CaCO_3$（文石）饱和度（Ω 文石，海洋酸化的另一个重要指标）的大范围不饱和。模式预测表明，南大洋的 Ω 文石将在 2050 年前后就可能出现不饱和现象，未来大气 CO_2 的浓度达到 450 ppm，南大洋冬季的 Ω 文石就会出现不饱和的临界值。北极酸化引起的海水 $CaCO_3$ 类生物（文石、方解石等）饱和度下降，未来几十年这类钙质类生物可能停止生长，尤其是有壳的浮游动物，如翼足类。这类生物在极区生态系统食物链中占有重要地位，是其他浮游动物或更高级捕食者的主要食物之一。例如，翼足目类海螺是极区生物食物链中重要的一环，是三文鱼和鲱鱼重要的食物，其总量下降将对生态系统造成严重影响。因此，极区酸化的持续加剧，将对极区生态系统造成不可逆转的损害。

当前国际上北极海洋酸化相关的研究处于起步阶段，观测数据匮乏，无法准确地评估与预测北极由于气候变暖、海冰融化、人为 CO_2 排放等过程引起的该地区海洋酸化及其对海洋钙质类生物和生态系统的影响。北极海洋的暖化一方面降低了海洋对温室气体的吸收；另一方面导致海洋溶解氧含量的不断降低，因此，北极是海洋脱氧过程的源头区域。在北极开展相应的工作对于了解全球变化条件下海洋环境及生态系统的变化尤为重要。

15.2　调查内容

重点调查 R 断面以及加拿大海盆高纬度海域和中央航道高纬度区域。海水表层 pCO_2 走航测量、TAlk 走航测量（实验测量阶段）及 pH 走航测量（实验测量阶段）。定点站位 CTD 垂直分层海水样品的海水化学参数：溶解氧、pH 值、碱度、DIC、钙离子。

15.3　调查站位设置

近年来北冰洋海冰快速融化、已经延伸到高纬度海域。调查站位设置主要集中在 R 断面和北冰洋中央区。北欧海是全球深层水生成源地，深层水的形成减缓，穿透深度变浅，反映了海洋变暖的影响，也是站位重点关注的区域。

具体站位见图 15-1。

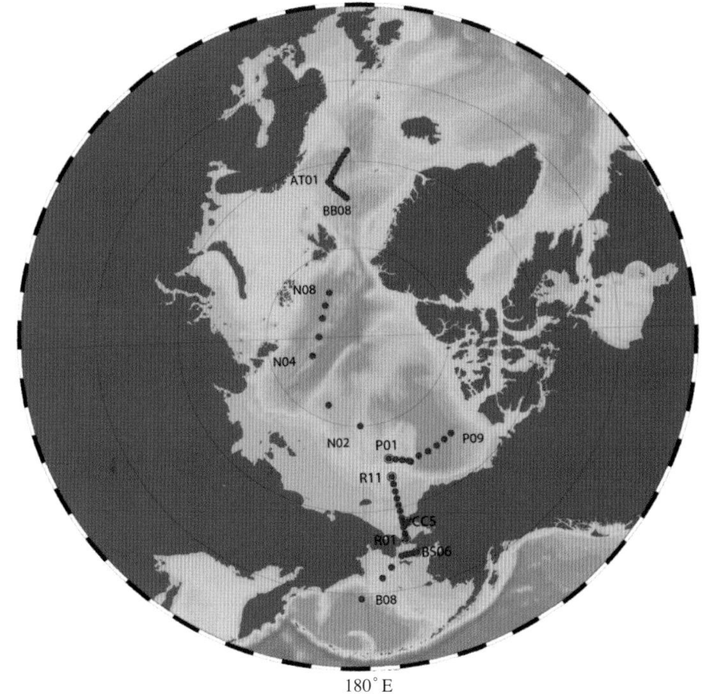

图 15-1 第八次北极科学考察海洋酸化调查站位
Fig. 15- 1 Sampling sites of ocean acidification investigation in 8th CHINARE cruise

15.4 调查仪器与设备

15.4.1 海水表层 pCO_2 自动走航观测系统

该系统由湿盒（包括海水过滤器、水流量计、水汽平衡器、精密温度探头、Naphion 气路干燥管等组成）和干盒（由 LI-840 红外二氧化碳分析仪和 Hp 笔记本电脑等组成），配合一套海鸟 42 的温度、盐度计测定海水温盐度，采用 4 瓶 20 L 的美国进口不同浓度 CO_2 标准气体和一瓶高纯氮进行每 2 h 一次的标定，测量精度可达 0.1% ~ 0.2%，进行高精度的表层海水和大气二氧化碳浓度的测定，用于海—气二氧化碳的连续走航观测，平均每 2.5 min 获得一组海水与大气二氧化碳分压的数据。

15.4.2 高精度酸碱度走航分析仪

基于分光光度法测定 pH 的原理，使用注射泵将海水与试剂混合后注入一个恒温的反应环路进行比色测定。仪器抽取平衡指示剂，流经光学池的同时，将在两个特定波长分别测量指示剂的氢化（HI^-）和非氢化（I_2^-）物的光吸收。用户可根据自己选定的关心范围，对仪器的响应进行标定，进而获得标准曲线。在船舶走航期间，通过船底的潜水泵，连续不断地将所经过海区的表层海水抽至一个小水瓶中后进行测定，可每 3 min 获得一组高精度的 pH 值，测量精度达到 0.001 pH。

15.4.3 海水总碱度走航分析仪

利用单步滴定技术和分光光度法测定 pH 值的原理，采用溴甲酚绿 (BCG) 与 HCl 的混合液作为滴定剂，实现海水样品的酸化和显色指示作用。使用八通阀切换流路技术将海水流路和试剂流路连接形成一个封闭的反应环路，实现样品和滴定剂的混合反应。走航期间海水经过过滤器接入，连续不断地将所经过海区的表层海水抽至一个小型水槽后进行测定，大约 7 min 分析一个样品。

15.4.4 溶解氧分光光度分析仪

溶解氧（DO）分析的基本原理是海水样品中的氧定量地把碘离子氧化成碘分子，然后用分光光度法测定碘分子的浓度，以生成的碘分子的浓度计算氧分子的浓度。在波长 466 nm 下测定样品的吸光值。

(a)

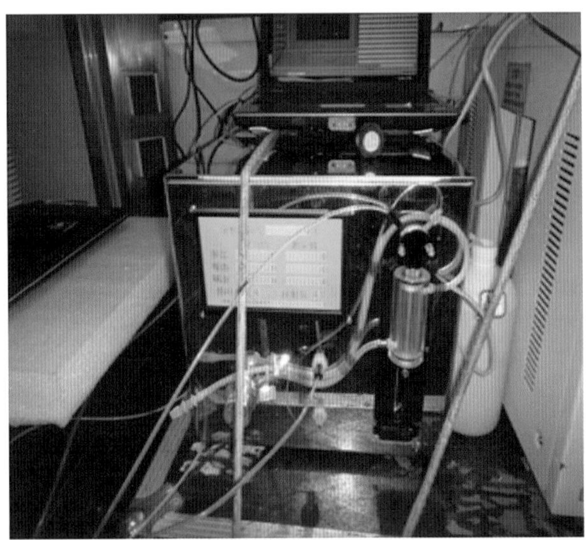

(b)

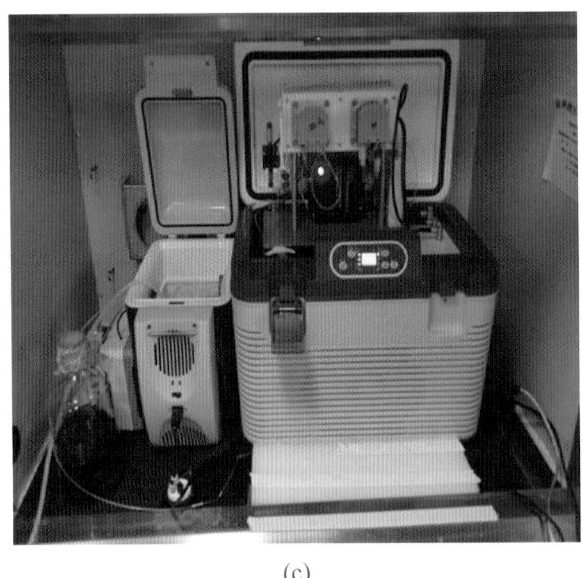

(c)

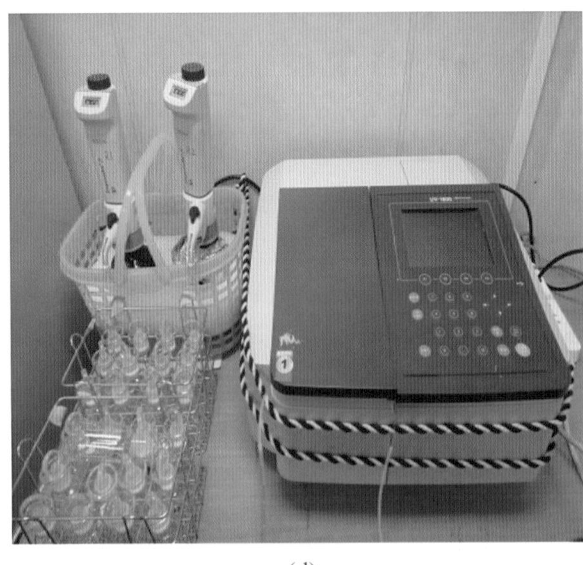

(d)

图 15-2 脱氧与酸化调查设备

(a) pCO_2 自动走航观测系统；(b) 酸碱度走航分析仪；(c) 总碱度走航分析仪；(d) 溶解氧分光光度分析仪

Fig. 15-2 Equipments for deoxidization and acidification investigations

(a) underway pCO_2 observation system; (b) pH analyzer; (c) total alkalinity analyzer; (d) DO spectrophotometer

15.5 调查方法

15.5.1 站位采样

采用“雪龙”船的 SBE CTD 采水系统（配置有 24 瓶 10 L 的 Niskin 采水器）分层采集海水。现场海水温度、盐度及站位水深等海洋环境参数由 CTD 在采集海水时同步测定完成。

1）DO采样

溶解氧的采样在 SBE CTD 采水瓶到甲板后立即进行，采样顺序为，首先检验采水瓶是否漏气，确认不漏气后开始采样。采样管将水样引出，排净气泡后用水样荡洗采样瓶 3 次，然后迅速将采样管放至采样瓶底部将水样引入采样瓶，充满并溢流。溢流量至少达到采样瓶体积的一倍，冲洗瓶盖立即盖上采样瓶盖，采样过程尽量迅速完成，而且每次采样应非常注意防止气泡产生。用定量加液器分别加氯化锰（R_1）和碱性 NaI（R_2）试剂各 0.5 mL，加前把加液器枪头的气泡排掉，注入口埋入液面以下（1 ~ 5 mm），然后把瓶盖轻轻盖上，全部过程均保证没有气泡。瓶盖盖好后上下颠倒摇晃至少 20 次，然后用淡水把外壁的海水冲洗干净并且液封后静置在阴凉处，待反应完全后尽快测量。

2）DIC、TAlk采样

方法参照全球碳通量联合研究（JGOFS）计划的采样规范。采样管将水样引出，排净气泡后用水样荡洗采样瓶 3 次，然后迅速将采样管放至采样瓶底部将水样引入采样瓶，充满并溢流。溢流量至少达到采样瓶体积的一倍。样品的预处理：在水样中加入饱和 $HgCl_2$ 溶液进行固定（添加 1mL）。然后在采样瓶盖侧边均匀涂上对样品无沾污的硅脂，盖紧采样瓶盖后左右拧转数次，使硅脂涂抹均匀，并用橡胶带固定采样瓶盖，防止水样与大气间 CO_2 交换及水样的蒸发。上下颠倒采样瓶使饱和 $HgCl_2$ 溶液与样品充分混匀，室温避光存放，不得冷冻储存。

3）Ca^{2+}海水样品

采样时用水样荡洗采样瓶 3 次，将采样管放至采样瓶内部直到水样充满采样瓶并溢流。盖紧即可。

15.5.2 样品分析

（1）溶解氧样品测量在波长 466 nm 下测定样品的吸光值（Labasque et al., 2004）。测定前把样品放在 25.0℃的恒温槽中恒温 30 min 以上。测定前检查分光光度计的波长是否正确，然后用纯净水冲洗管路并调零。测定时用卫生纸吸干瓶口的存水，然后小心地打开瓶塞，把瓶身适当倾斜，用塑料镊子放入 1 颗洁净干燥的搅拌子；用加液器加入 0.5 mL 28% 的 H_2SO_4 溶液 (R_3)，立即放在搅拌器上搅拌；搅匀后停止搅拌，迅速将虹吸装置的进样管放在瓶子中下部，旋动三通阀使样品进入分光光度计，待光度计示数稳定后记下读数 A_1。如果样品浑浊，则要进行浊度校正。在记下读数 A_1 后，用滴管滴加 R_4 试剂 ($Na_2S_2O_3$)，同时搅拌，至溶液退成无色时停止滴加、搅拌，测定并记录此时的吸光值 A_2。

（2）DIC 用美国 Apollo 公司生产的 DIC 测定仪（DIC Analyzer AS-Ⅱ或 AS-Ⅲ）测定，原理是用 10% 的 H_3PO_4 和 NaCl 溶液把水样中的 HCO^{3-} 和 CO_3^{2-} 都转变成 CO_2 并用氮气吹出，经干燥后进入非分散红外检测器（Li-Cor®7000）检测。总碱度（TAlk）样品用基于 Gran 滴定法的碱度自动滴定仪（美国 Apollo 公司）测定。DIC 和 TAlk 的测定精度均可达到 0.1%。DIC 和 TAlk 测定以美国 Scripps 海洋研究所 Andrew Dickson 博士研制的无机碳参考海水校正。

（3）Ca^{2+} 测定基于 EGTA（Ethylene Glycol bis (2-aminoethylether) -N, N, N′, N′-Tetraacetic Acid）电位滴定法（Lebel and Poisson, 1976），测定流程如下：准确称量 4.000 0 g 水样和 4 g 氯化汞（$HgCl_2$）溶液（浓度为～ 1 mmol/L），再精确加入一定量的浓度为～ 10 mmol/L 的 EGTA 溶液以络合全部的 Hg^{2+} 和 95% 以上的 Ca^{2+}。对于盐度超过 28 的水样，上述 EGTA 溶液的加入量为 4.000 0 g，随后，用 4 mL 0.05 mmol/L 的硼砂缓冲液调节溶液 pH 值至 10.1，再将剩余的游离 Ca^{2+} 用～ 2 mmol/L 的 EGTA 溶液进行滴定。滴定时使用万通 809 型自动电位滴定仪（Methrom 809 Titrando）和汞齐化复合银电极（Methrom Ag Titrode），以电位突跃来确定滴定终点。所用 EGTA 溶液的日常标定通过 IAPSO（International Association for the Physical Sciences of the Oceans）提供的标准海水（Batch P147，盐度为 34.993）来进行，此法测定的 Ca^{2+} 数据的精度水平为 < 1‰。

15.5.3 表层海水 pCO_2 采样走航

pCO_2 海—气走航观测系统（8050 型，美国 GO 公司）表层海水 pCO_2 和大气 pCO_2 是采用连续走航的测量方法获得的。采样方法：表层海水由水泵从海面下 2 ～ 3 m 抽取，通过水管输送到船上实验室的水 - 气平衡器，在一定的水压下，海水在平衡器内形成微小水滴，与平衡器中的空气充分接触并达到平衡。平衡后的空气由小气泵抽出，经过干燥系统除去水汽，调节一定的流量，然后送入非色散红外分析仪测量干燥空气中 CO_2 的吸光值。在相同条件下，测定至少 3 种 CO_2 浓度准确已知的标准气体的吸光值，利用标准曲线计算气体样品中的 CO_2 浓度。测量过程中，红外分析仪的尾气应进入平衡器再循环。

当测定大气 pCO_2 时，在大气进气口，用气泵将空气样品通过管道输送到船上实验室，大气样品经过干燥后，调至一定的流量，送入非色散红外分析仪，按照测定海水 pCO_2 的方法进行测量和计算。海水 pCO_2 和大气 pCO_2 测量系统实现采样、平衡、抽气、干燥、检测、记录和校准等的自动化操作。测量数据经过处理后得到海水 pCO_2 和大气 pCO_2 分压值。

15.6 质量控制

现场分析测定仪器均在航前进行专业校正标定或严格自校。海洋化学样品的采集和保存方法均严格按照《海洋调查规范》(GB 12763—2007）和《海洋监测规范　第 4 部分：海水分析》进行操作。

在采集样品过程中采集平行样，过程重复样等来保证样品分析质量的高水准，测量数据根据平行样品误差进行修正，提高数据准确性。样品常温下避光保存。

15.7 任务分工与完成情况

15.7.1 任务分工

表 15-1 为本航次完成脱氧酸化采样的人员与分工。

表15–1　海洋酸化第八次考察人员任务情况

Table 15–1　Information of ocean acidification investigation in 8th CHINARE cruise

序号	姓名	性别	单位	航次任务
1	李　伟	男	国家海洋局 第三海洋研究所	现场执行负责人，负责站位海水样品采样和走航表层 pCO_2、高精度 pH 走航仪观测
2	林红梅	女	国家海洋局 第三海洋研究所	负责站位海水样品采集和现场溶解氧分析，海水总碱度走航仪观测

续表15-1

序号	姓名	性别	单位	航次任务
3	林　奇	男	国家海洋局 第三海洋研究所	协助站位海水样品采集
4	陆　茸	女	国家海洋局 南海调查技术中心	协助站位海水样品采集和现场溶解氧分析

15.7.2　完成情况

第八次北极科学考察，脱氧酸化计划完成采样站位 27 个，实际完成了 52 个站位，最重要的是获得了中央航道高纬度深水站位的海水样品。海水表层 pCO_2 自动走航观测系统全程工作正常，海水总碱度走航分析仪（除了加拿大区域外）全部走航数据。详细站位信息见表 15-2。

使用"雪龙"船的 SBE CTD 采水系统分层采集海水样品。DO 现场采集和分析完成了 52 个站位、472 个样品；DIC/TAlk 现场采集完成了 50 个站位、446 个样品；Ca^{2+} 采样完成了 45 个站位、389 份样品。

表层海水 pCO_2 和大气 pCO_2 采用连续走航的测量全程共获得 6.1 MB（29 679 179 字节）采样数据。表层海水总碱度走航分析仪全程获得 1 MB 走航数据，高精度酸碱度走航分析仪目前处于海试阶段，测量数据需要回实验室分析得出。

表15-2　第八次北极科学考察海洋酸化调查站位信息

Table 15-2　Sampling sites of ocean acidification investigation in 8th CHINARE cruise

测区	站位	日期	时间	纬度（N）	经度	水深（m）	DO	DIC/TA	Ca^{2+}
白令海	B08	2017-07-28	06:07	58°6.01′	176°24.11′ E	3 754	√	√	√
中心区	N01	2017-08-02	04:41	74°46.75′	159°26.13′ W	1 859	√	√	√
中心区	N02	2017-08-05	10:07	80°1.89′	179°32.97′ E	1 688	√		√
中心区	N03	2017-08-09	06:32	81°43.92′	155°13.01′ E	2 746	√	√	√
中心区	N04	2017-08-12	00:13	84°35.81′	111°5.09′ E	3 984	√	√	√
中心区	N05	2017-08-13	06:10	85°45.07′	87°39.66′ E	2 737	√	√	√
中心区	N06	2017-08-14	04:45	85°36.21′	59°34.72′ E	3 870	√	√	√
中心区	N07	2017-08-15	02:43	85°0.92′	43°4.75′ E	3 960	√		√
中心区	N08	2017-08-16	01:19	84°7.99′	30°18.15′ E	4 004	√		√
北欧海	BB08	2017-08-19	06:50	74°19.98′	2°20.25′ E	3 700	√	√	√
北欧海	BB07	2017-08-19	14:09	74°0.17′	3°19.86′ E	3 160	√	√	√
北欧海	BB06	2017-08-19	20:22	73°40.21′	4°29.61′ E	3 138	√	√	√
北欧海	BB05	2017-08-20	00:33	73°20.35′	5°28.37′ E	2 192	√		
北欧海	BB04	2017-08-21	00:20	73°0.02′	6°29.80′ E	2 299	√	√	√
北欧海	BB03	2017-08-21	04:23	72°30.32′	7°31.58′ E	2 548	√	√	√
北欧海	BB02	2017-08-21	09:07	72°10.19′	8°19.59′ E	2 567	√	√	√
北欧海	AT01	2017-08-21	13:41	71°41.66′	6°59.74′ E	2 873	√	√	√
北欧海	AT02	2017-08-21	20:07	71°11.90′	5°59.99′ E	3 045	√	√	√
北欧海	AT03	2017-08-22	00:43	70°42.07′	4°59.53′ E	3 153	√		
北欧海	AT04	2017-08-22	05:18	70°12.00′	4°0.57′ E	3 179	√	√	√
北欧海	AT05	2017-08-22	13:12	69°41.89′	3°0.30′ E	3 226	√	√	√
北欧海	AT06	2017-08-22	19:33	69°12.22′	2°0.56′ E	3 230	√	√	√
北欧海	AT07	2017-08-23	00:04	68°41.74′	1°0.69′ E	2 923	√	√	√

续表15-2

测区	站位	日期	时间	纬度（N）	经度	水深（m）	DO	DIC/TA	Ca^{2+}
加拿大海盆区	P09	2017-09-08	01:30	74°59.97′	138°26.27′ W	3 563	√	√	√
加拿大海盆区	P08	2017-09-08	11:04	75°0.01′	142°32.79′ W	3 719	√	√	√
加拿大海盆区	P07	2017-09-08	21:22	74°59.92′	146°43.32′ W	3 780	√		
加拿大海盆区	P06	2017-09-09	06:29	74°59.94′	151°11.33′ W	3 835	√	√	
加拿大海盆区	P05	2017-09-09	20:26	74°59.96′	155°29.48′ W	3 842	√	√	
加拿大海盆区	P04	2017-09-10	06:50	74°59.58′	160°12.24′ W	1 821	√	√	
加拿大海盆区	P03	2017-09-10	12:19	75°17.96′	162°35.77′ W	2 047	√		
加拿大海盆区	P02	2017-09-10	19:18	75°34.69′	165°16.31′ W	572	√	√	
加拿大海盆区	P01	2017-09-10	23:53	75°52.66′	168°02.25′ W	235	√	√	√
楚科奇海	R11	2017-09-20	13:29	73°44.04′	168°49.26′ W	146	√	√	√
楚科奇海	R10	2017-09-20	18:58	72°50.96′	168°47.49′ W	62	√	√	√
楚科奇海	R09	2017-09-20	23:30	72°00.45′	168°54.96′ W	51	√	√	√
楚科奇海	R08	2017-09-21	04:37	71°09.23′	168°51.84′ W	48	√	√	√
楚科奇海	R07	2017-09-21	08:38	70°20.88′	168°50.90′ W	40	√	√	√
楚科奇海	R06	2017-09-21	13:45	69°34.59′	168°47.33′ W	53	√	√	√
楚科奇海	R05	2017-09-22	03:37	68°48.55′	168°49.32′ W	54	√	√	√
楚科奇海	R04	2017-09-22	07:16	68°12.55′	168°47.15′ W	59	√	√	√
楚科奇海	CC5	2017-09-22	11:19	68°10.97′	167°18.81′ W	50	√	√	√
楚科奇海	CC4	2017-09-22	12:14	68°06.87′	167°30.88′ W	52	√	√	√
楚科奇海	CC3	2017-09-22	13:29	68°00.40′	167°53.48′ W	52	√	√	√
楚科奇海	CC2	2017-09-22	14:38	67°53.48′	168°14.70′ W	57	√	√	√
楚科奇海	CC1	2017-09-22	15:53	67°46.63′	168°37.44′ W	50	√	√	√
楚科奇海	R03	2017-09-22	16:59	67°40.13′	168°54.36′ W	51	√	√	√
楚科奇海	R02	2017-09-22	20:54	66°51.34′	168°53.87′ W	48	√	√	√
楚科奇海	R01	2017-09-23	01:00	66°11.37′	168°50.85′ W	55	√	√	√
白令海	BS06	2017-09-24	03:06	64°19.63′	166°59.79′ W	32	√	√	√
白令海	BS05	2017-09-24	05:39	64°18.13′	167°48.24′ W	35	√	√	√
白令海	BS04	2017-09-24	08:19	64°19.53′	168°35.92′ W	43	√	√	√
白令海	BS03	2017-09-24	10:14	64°19.44′	169°23.86′ W	43	√	√	√
白令海	BS02	2017-09-24	12:15	64°19.77′	170°11.76′ W	41	√	√	√
白令海	BS01	2017-09-24	14:09	64°19.79′	170°59.41′ W	41	√	√	√

15.8 数据处理与分析

15.8.1 酸化相关指标处理与分析

中国第八次北极科学考察区域涉及楚科奇海、北欧海、西北航道（巴芬湾）和北极高纬海区，本报告选取受太平洋入流水影响的N01站位和大西洋入流水的N03和N04站位进行酸化指标（文石饱和度和pH值）初步对比分析。

中国第八次北极科学考察期间，在受太平洋入流水影响的楚科奇海陆坡区，观察到表层低Ω文石和pH值，分别为0.65和7.83，显著低于马克洛夫海盆和加科尔海脊站位（图15-3）。夏季西北冰洋发生快速海冰融化，酸性融冰水稀释作用，以及大气CO_2快速入侵，导致表层水Ω文石和pH值显著下降，酸化加剧。

此外，在 200 m 次表层，楚科奇海 N01 站位，再次观察到 Ω 文石和 pH 值的极小值，分别为 0.70 和 7.82，同样显著低于马克洛夫海盆和加科尔山脊站位。前期研究结果表明，冬季北太平洋次表层冷水团（PWW，酸化海水）入侵楚科奇海陆架区域导致陆架次表层水体溶解氧浓度低，酸化严重的现象，而在中心海盆区站位次表层海水主要是来自大西洋水入侵，水体酸化相对较弱（图 15-3）。

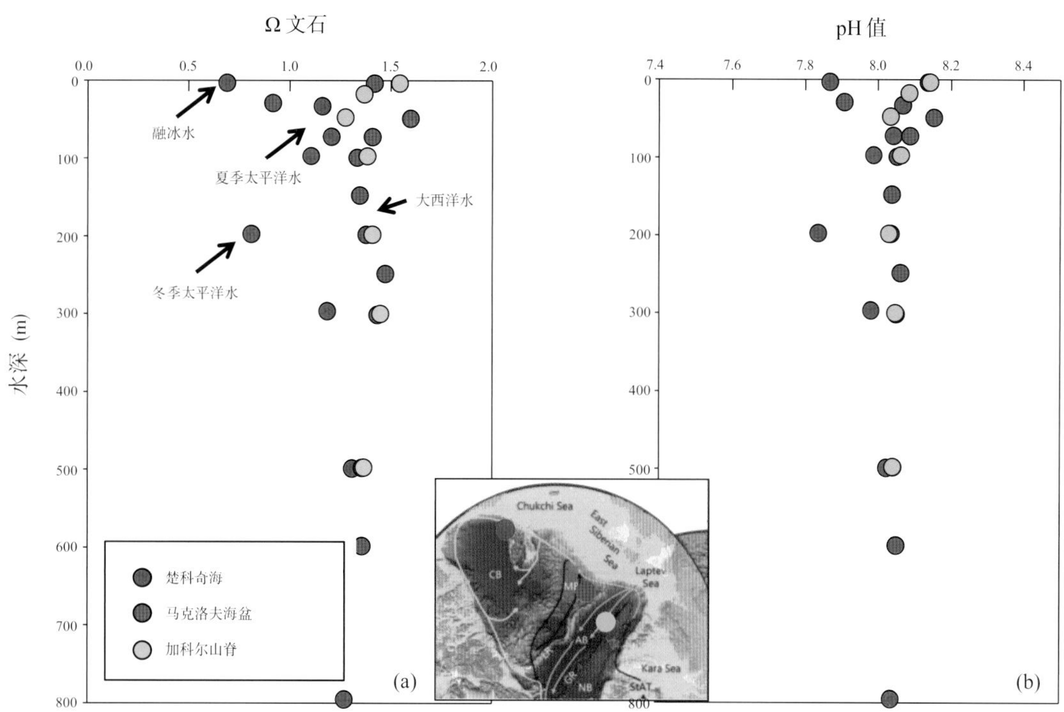

图 15-3 北冰洋 Ω 文石和 pH 值的分布

Fig. 15-3 Distribution of Ω-aragonite and pH in the Arctic Ocean

15.8.2 溶解氧处理与分析

中国第八次北极科学考察区域涉及楚科奇海、北欧海、西北航道（巴芬湾）和北极高纬海区，本报告选取各太平洋入流水的 R 断面和大西洋入流水的 AT 断面溶解氧（DO）进行分析。

1）楚科奇海R断面

中国第八次北极科学考察期间，楚科奇海DO调查主要集中在陆架区，观察到明显的表层低，底层高的现象。表层到20 m以浅水体中DO浓度范围为320～400 μmol/kg，20 m以深，DO浓度范围为157～275 μmol/kg [图15-4 (a)]，同时相对应营养盐高值。前期研究结果表明，冬季北太平洋次表层冷水团（PWW）涌升到高生产力的白令海和楚科奇海陆架区域，夏季，受控于季节性“浮游植物—溶解氧”相互作用，表层海冰消退，大量浮游植物生产导致溶解氧显著升高，来自表层的有机物输送到底层，好氧细菌再矿化过程消耗有机物和溶解氧，导致陆架底层水体溶解氧浓度低，溶解氧表观耗氧量（AOU）增加的现象 [图15-4 (b)]。

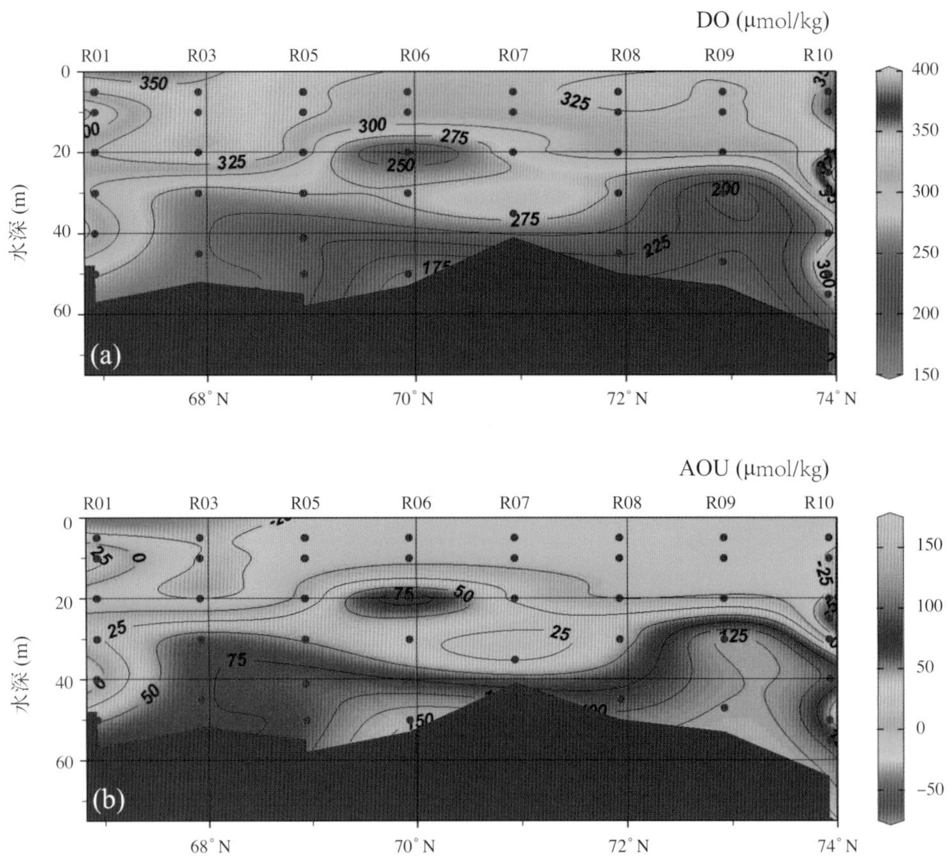

图 15-4　楚科奇海陆架区 DO 和 AOU 分布

Fig.15-4　Distribution of DO and AOU in the shelf of Chukchi Sea

2）北欧海AT断面

北欧海 AT 断面溶解氧浓度和表观耗氧量相对楚科奇海陆架均较低。溶解氧最高值出现在中层水（500 ~ 1 000 m），浓度范围为 310 ~ 315 μmol/kg；最低值出现在表层水体，浓度范围为 280 ~ 310 μmol/kg，2 000 m 以深 DO 浓度趋于稳定 [图 15-5 (a)]。北欧海位于北大西洋高纬区域，是北冰洋和大西洋的主要物质和能量交换通道，同时也是大西洋深层水形成的源头。与楚科奇海相比，该海区营养盐补给少，生物生产力低，表层表现为低溶解氧现象，而北大西洋中层水向北输送，北欧海中层水溶解氧相对较高。由于北欧海是深层水形成的源泉，整个水层稳定性相对差，生物活动弱，表观耗氧量低 [图 15-5 (b)]。

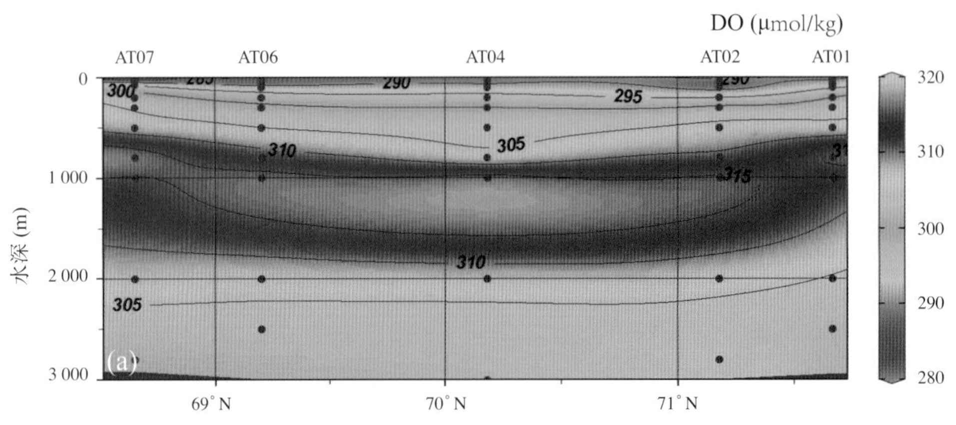

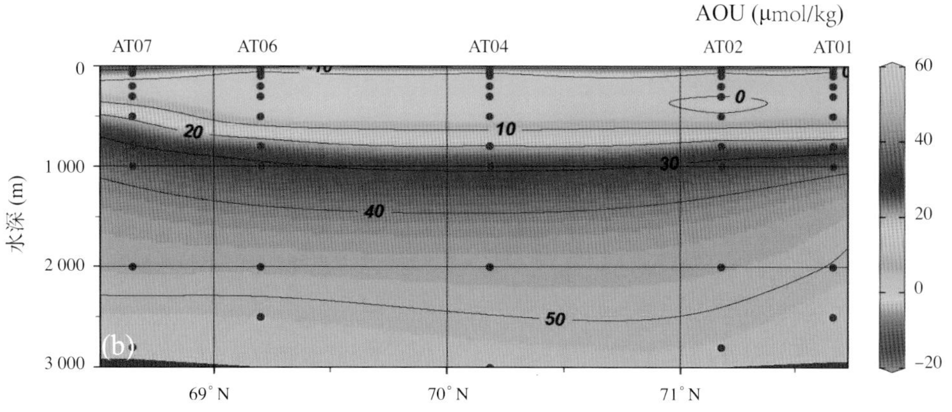

图 15-5 北欧海区 DO 和 AOU 分布
Fig. 15-5 Distribution of DO and AOU in Nordic Sea

15.9 环境评价

15.9.1 海洋酸化调查

15.9.1.1 表层海洋酸化

从 1994 年到 2017 年期间，西北冰洋表层海水 Ω 文石 <1 的区域已经显著扩张，程度加深的同时还自西北北延伸到纬度更高、更广的海域。所占的比例从 1994 年的 0%，一直扩张到 2000 — 2006 年的 5%，2008 — 2010 年的 15% 到 2011 — 2017 年的 24%，平均每年增长 1%。

20 世纪 90 年代，在 1994 — 1999 年，北冰洋海盆表层海水 Ω 文石在 1.1 ~ 1.9 之间，多数水体 Ω 文石处于过饱和状态 [图 15-6 (a)]。至 20 世纪 90 年代北冰洋表层海洋仍然有利于钙化生物形成外壳或者骨骼。

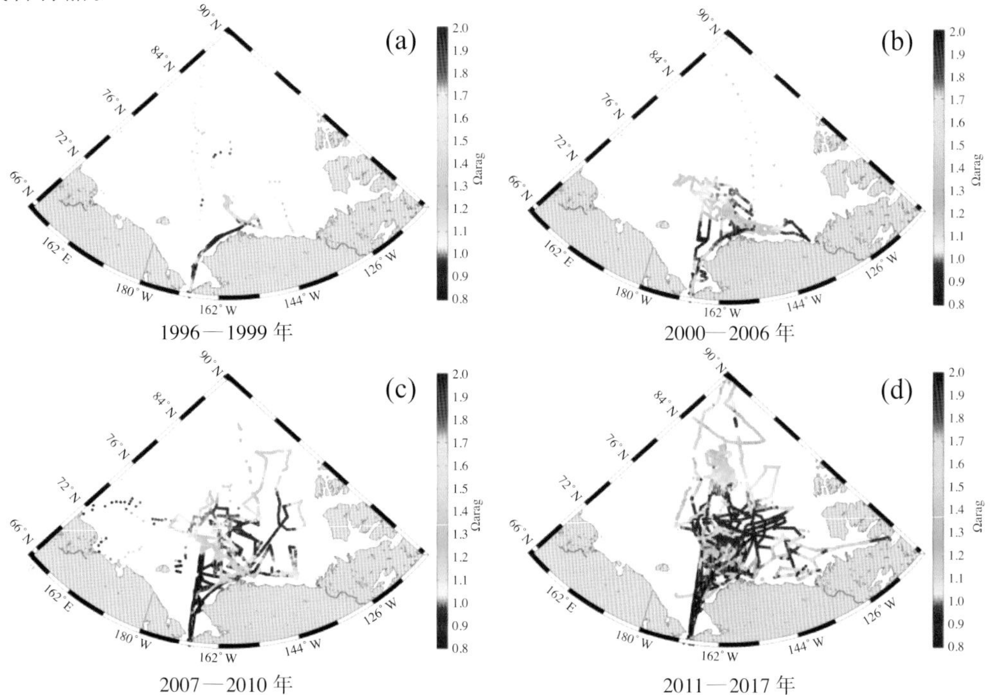

图 15-6 中国第八次科学考察（2017 年）以及 1994 — 2016 年间历史航次调查所获取的北冰洋表层海水文石饱和度（Ω 文石）平面分布
Fig. 15-6 Distributions of aragonite mineral saturation state (Ωarag) in the western Arctic Ocean from multiple cruises during 1994–2016

2000 年初中期，2002 — 2005 年，酸化海水出现在位于 140° W 和 150° W 之间的麦肯齐河口（Mackenzie）波弗特海域（Beaufort Sea），以及部分南部加拿大海盆，海盆区域 Ω 文石在 0.9 ～ 1.6 之间。其北部边界停在 76° N，经度位于 160° W 附近 [图 15-6 (b)]。

2007 — 2010 年，伴随着北冰洋海冰开始出现大范围退缩，加拿大南部海盆开始大范围出现，并向高纬度北部海盆扩张，扩张到加拿大海盆和部分北部加拿大海盆，酸化程度也逐渐加深，海盆区域 Ω 文石在 0.8 ～ 1.3 之间 [图 15-6 (d)]。

2011 — 2017 年，酸化海水从东南方向的波弗特海和南部加拿大海盆向西北方向的楚科奇海台北部海盆大范围扩张，纬度延伸到 82.5° N 酸化程度也加深，文石不饱和度值从 2000 年初的 1.0 左右下降到 2015 — 2017 年的 0.8，海水呈现出较强的“腐蚀性”[图 15-6 (d)]。

15.9.1.2 次表层海洋酸化

从 1990 年到 2010 年，低文石饱和度水体向北扩张了 5°，延伸到 85° N，深度也加深了 100 m，延伸到 250 m。基于多个航次横跨西北冰洋数据表明，Ω 文石 <1 海水在 250 m 以浅海洋，从原来 70° N 以北总面积的 5% 一直扩张到 31%。

20 世纪 90 年代，西北冰洋酸化海水很大程度上仅限于 50 ～ 150 m，且其北部边界局限于 80° N 以南（图 15-7）。

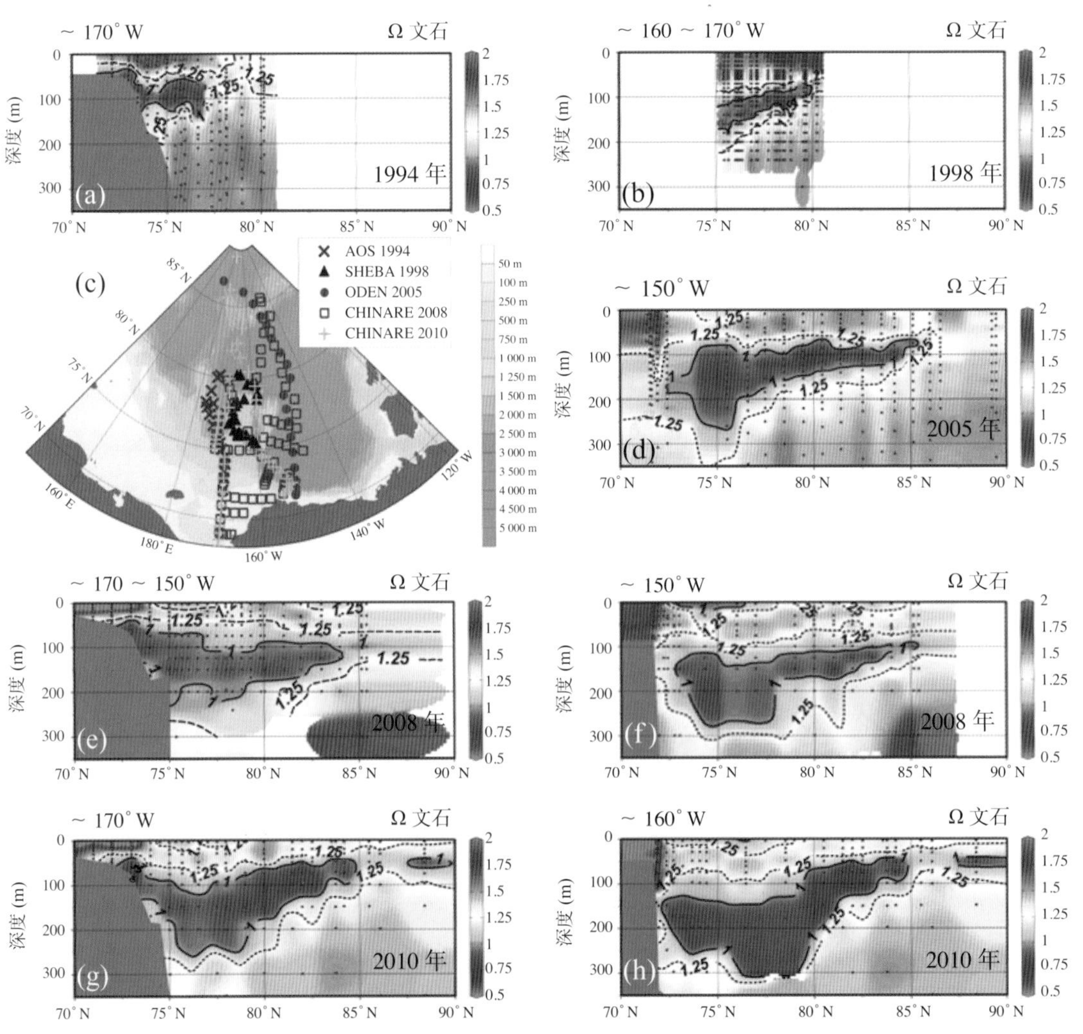

图 15-7 西北冰洋文石饱和度（Ω 文石）断面分布

Fig. 15-7 Latitudinal distributions of aragonite mineral saturation state (arag) in the western Arctic Ocean

2010 年前后，沿着西断面（大约 170° W），酸化海水在楚科奇海深海平原和南部加拿大海盆 75°～ 80° N 之间出现在 0 ～ 30 m 和 50 ～ 250 m 深度范围内，在北部加拿大海盆 80°～ 85° N 之间出现在 50 ～ 150 m，而在马克洛夫海盆 85° N 以北则扩张到了 50 m。东断面（160° W）也显示了相似的 Ω 文石分布规律（图 15-7）。

15.9.1.3 西北冰洋酸化比东北冰洋更严重

中国第八次北极科学考察期间，在西北冰洋表层海水 Ω 文石和 pH 值，分别为 0.65 和 7.83，显著低于东北冰洋 (图 15-8)。我们认为表层水 Ω 文石和 pH 值显著下降，酸化加剧是由于融冰水稀释和大气人为 CO_2 大量快速入侵的结果。在西北冰洋 200 m 次表层，观察到 Ω 文石和 pH 值的极小值，分别为 0.70 和 7.82，在相同的层位，这种现象并未在东北冰洋观测到。前期研究结果表明，冬季北太平洋次表层冷水团（PWW，酸化海水）入侵楚科奇海陆架区域，这是导致海盆次表层水体溶解氧浓度低，酸化现象严重的主要原因。然而东北冰洋次表层海水主要是来自大西洋水入侵，水体酸化相对较弱（图 15-8）。综上所述，我们认为西北冰洋酸化比东北冰洋，影响范围更广，程度更深。

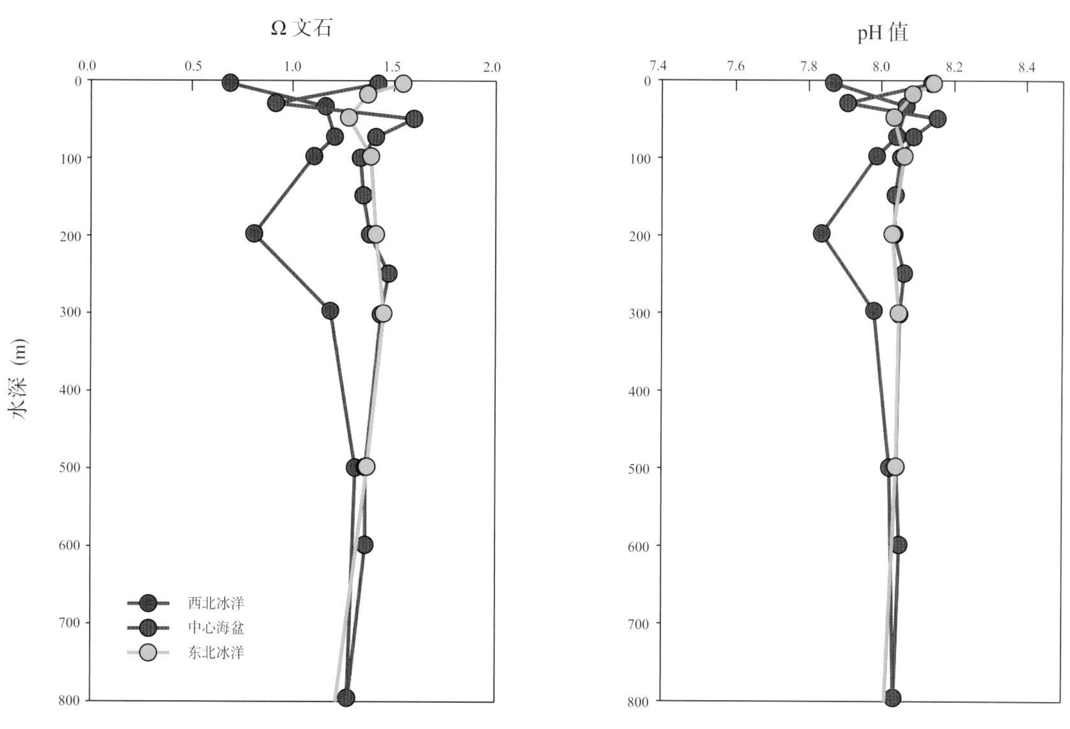

图 15-8 中国第八次北极科学考察北冰洋 Ω 文石和 pH 值分布

Fig. 15-8 Distributions of aragonite mineral saturation state (arag) in the Arctic Ocean during CHINARE 2017

15.9.2 西北冰洋水体脱氧

（1）陆架。中国第八次北极科学考察期间，楚科奇海 DO 调查主要集中在陆架区，观察到明显的表层低，底层高的现象。表层到 20 m 以浅水体中 DO 浓度范围为 320 ～ 400 μmol/ kg，20 m 以深，DO 浓度范围为 157 ～ 275 μmol/ kg（图 15-9），夏季，受控于季节性“浮游植物—溶解氧”相互作用，表层海冰消退，产生的大量浮游植物导致溶解氧含量显著升高，来自表层的有机物输送到底层，好氧细菌再矿化过程消耗有机物和溶解氧，导致陆架底层水体溶解氧浓度低，溶解氧表观耗氧量（AOU）增加的现象（图 15-9）。

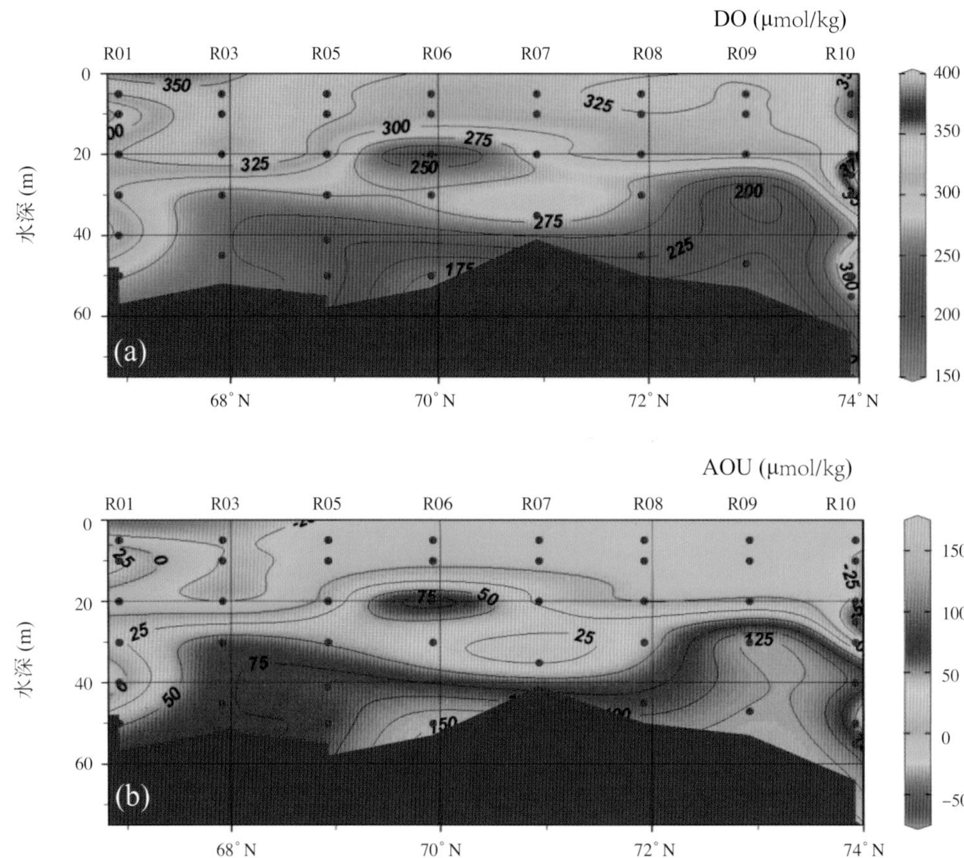

图 15-9　中国第八次北极科学考察楚科奇海 R 断面 DO 和 AOU 分布

Fig. 15-9　Vertical distribution of DO (a) and AOU (b) in the Chukchi sea shelf R section during CHINARE 2017

（2）**海盆**。中国第八次北极科考 P 断面 DO 浓度范围为 264 ～ 415 μmol/kg，AOU 变化范围为 −75 ～ 100 μmol/kg。从图 15-10 中可以看出，表层海水 DO 浓度最高，随着深度的增加而降低，在次表层出现 DO 最低值，2 000 m 以深，DO 浓度趋于稳定，AOU 的分布特征与 DO 相对应。DO 最低值位于 300 m 左右，这主要是由于楚科奇海陆架底层低 DO、高营养盐水体，随着太平洋冬季水北向输送引起的。

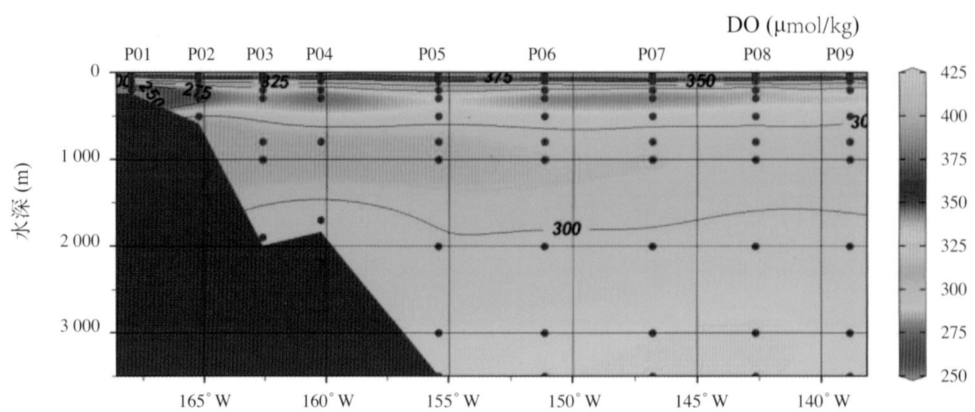

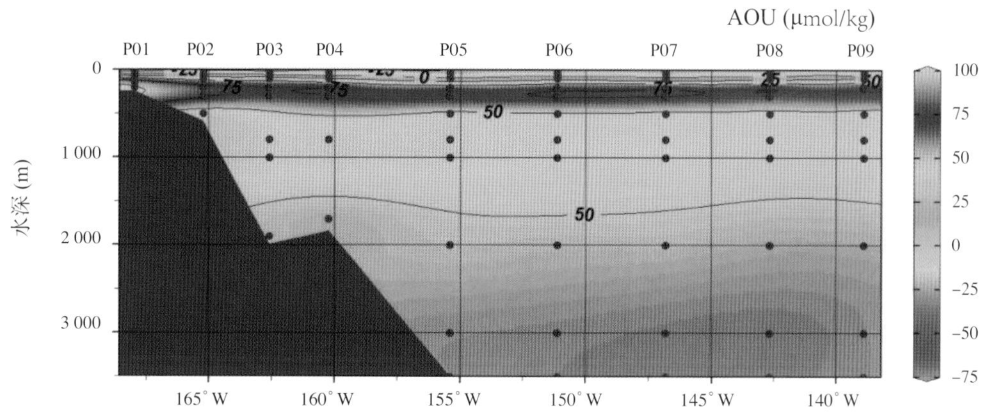

图 15-10 中国第八次北极科学考察 P 断面 DO 和 AOU 分布

Fig.15-10 Vertical distribution of DO (a) and AOU (b) in P section during CHINARE 2017

15.9.3 总体评价

通过对中国八次北极科学考察数据，美国和加拿大近 25 年的网上碳数据库，总计 23 年来 32 个北冰洋航次数据进行的精细分析，发现全球气候变化引起了北冰洋海冰覆盖面积快速后退驱动着北冰洋表层酸化水体快速扩张，太平洋扇区的西北冰洋酸化程度和范围显著强于大西洋扇区的东北冰洋，预估到 2030 年整个北冰洋表层海水将被酸化水所覆盖！西北冰洋陆架底层水和海盆次表层水发生严重脱氧现象。西北冰洋快速海洋酸化和脱氧现象对海洋生物具有重要影响，尤其是蛤蚌、贻贝、海螺等钙质外壳生物，在快速酸化的水体中，它们将更难形成或维持其外壳。此外，翼足目类海螺是北冰洋食物链中重要的一环，其总量下降将对北冰洋生态系统造成严重影响。

15.10 小结

这次北极科学考察的目的与历次北极科学考察一样：积累航行轨迹上的海水表层 pCO_2 和大气 pCO_2 测量数据。从白令海到楚科奇海表层海水 pCO_2 总体低于大气 pCO_2 与前几次北极考察测量值趋势大致一致，开阔水域增加等有利于生物生长增加碳吸收，pCO_2 下降，减缓温室效应，对全球变暖形成负反馈作用，表现为大气 CO_2 的吸收区。有数据表明，在海冰覆盖下的高纬度地区（80°N 以上），由于冰下生物生长吸收碳，表现为大气 CO_2 潜在源区。这次北极考察通过的中央航道区域就是高纬度区块，首次获得了宝贵的表层海水 pCO_2 测量数据和 8 个定点 CTD 深水垂直站位的海水样品。从巴芬湾，经过格陵兰岛经加拿大北部北极群岛到阿拉斯加北岸的西北航道，也首次获得了表层海水 pCO_2 测量数据。这些数据都为进一步深入分析和验证海洋酸化研究提供了大量数据。国内外相关研究也表明，由于近年来海冰快速融化，次表层水分层严重，阻止下层营养盐进入表层混合层，生物吸收碳下降，而海水快速从大气吸收 CO_2，促使表层水 pCO_2 升高，最终导致表层海水吸收 CO_2 能力下降。这次发现从斯瓦尔巴群岛到北欧（挪威海）海和格陵兰岛经加拿大北部北极群岛到阿拉斯加北岸，这片海域表层海水有大量藻类存在，是不是有利于增加碳吸收 CO_2 的吸收区还有待进一步分析得出结论。出了加拿大北部北极群岛，进入阿拉斯加北岸的航行和 P 断面的航行藻类呈现正常水平，奇怪地观察到在 P 断面末端地球物理测量区，在开始的前两天还是正常。当遇到一次大风极端天气的过程大概 2 d 左右时，发现了大量藻类出现。随着大风的减弱，又减少到正常水平。这一现象有待进一步数据分析。通过 CTD 采样各站位的垂直断面的海水样品还需要进行分析，在获得的数据经过处理后才能得出变化的关系。

雪龍
XUE LONG
CHINARE

冰区航道航海技术 第5篇

- 第 16 章　冰区航道航海技术
- 第 17 章　主要成果、体会及建议

第 16 章　冰区航道航海技术

16.1　中央航道

16.1.1　概述

北冰洋表面绝大部分地区终年被海冰覆盖，冰盖面积约占总面积的 67%，其中中央冰盖已经持续存在 300 万年，属于永久海冰，且海冰区域性差异较大。当海水向南流进大西洋时，瓦解的冰山和海冰会给航运带来巨大威胁。夏季出现持续的白昼、潮湿、多雾和弱暴风天气，常有降雨和降雪，最暖的 8 月平均气温只有 –8℃，北冰洋水文的最大特点是水温低，大部分海域水温在 0℃以下。北极地区每年 4—10 月为白昼，其能见度多受日照时间、降水、吹雪和大雾影响，其中雾是造成北极海域能见度低的主要原因，夏季云雾天居多，一般每个月会有 15 ～ 20 d 的雾天。平均风速为 4 ～ 6 m/s，沿岸的平均风速为 10 m/s，其中北大西洋海域、巴芬湾、白令海和楚科奇海因为经常性的气旋活动风力最强。

北极中央航道是指从白令海峡出发，直接穿越北冰洋中心区域到达格陵兰海或挪威海的航道（图 16-1）。这条航道位于 200 n mile 专属经济区之外的公海上，无须经过俄罗斯和加拿大主张内水化的“历史性”航道水域。由于北冰洋中心区域被多年累积的海冰所覆盖，海冰最为密集和厚实，因此，此航道很少被开通和利用。

“雪龙”船于北京时间 2017 年 8 月 2 日完成在楚科奇海台的潜标回收后，开始往西北方向穿越中央航道，至 8 月 16 日到达挪威渔业保护区，顺利完成了北极中央航道的穿越。此次穿越中央航道历时 14.5 天，航程 1 700 n mile（图 16-2）。

“雪龙”船依次经过西伯利亚群岛、北地群岛、法兰士约瑟夫地群岛、斯瓦尔巴群岛四座群岛的北部地区，沿俄罗斯专属经济区以外海域航行，其中最北抵达 85°45′N，此后“雪龙”船向西和西南航行，于斯瓦尔巴群岛以西的弗拉姆海峡进入北欧海作业区开展调查作业。

8 月 2 日，考察队决定“雪龙”船在 S01 站完成潜标回收后向西北方向航行，目标到 78°N，170°W 附近进行第一个短期冰站作业。“雪龙”船按照考察队的要求向西北航行，于当日下午 17 时开始进入浮冰区。在随后的 3 日至 9 日期间，在“雪龙”船继续向西北挺进的同时，保障了每日开展一个冰站的作业任务，共完成了 7 个短期冰站的作业。在此期间，随着纬度的不断增加，冰情也越来越严重，浮冰的密集度增大、多年冰增多、小面积的浮冰逐渐由方圆几平方千米的大面积浮冰所替代，可航水道越来越狭窄。“雪龙”船只能以平均 5 kn 的速度，在密集冰区中艰难地蜿蜒前行。

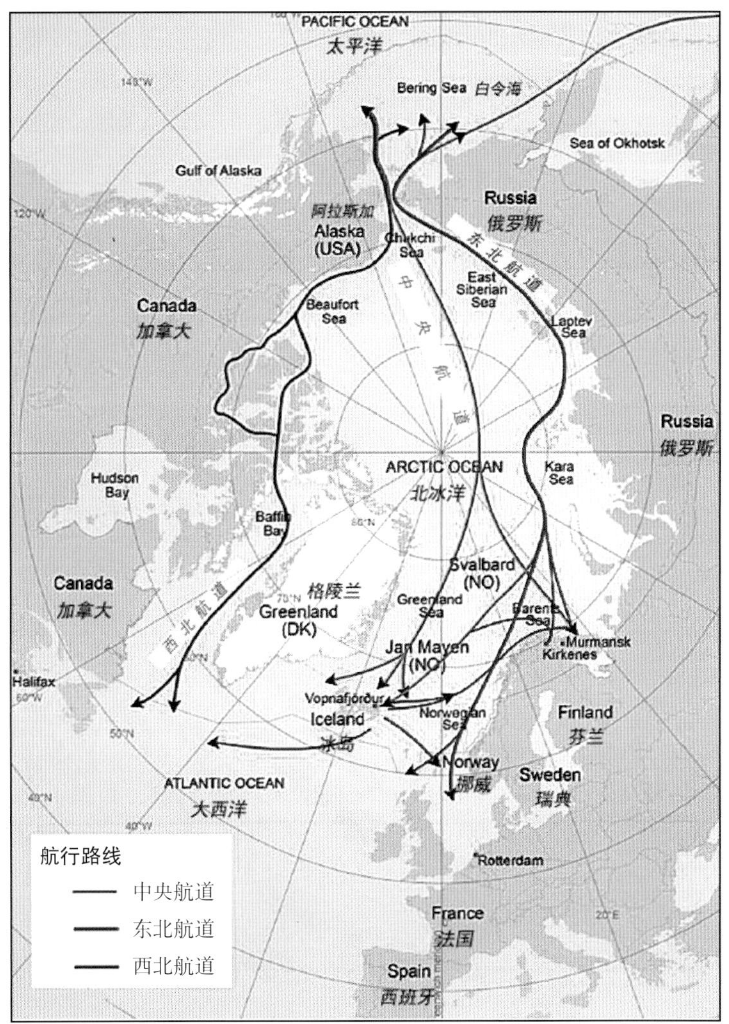

图 16-1 北极东北、西北和中央航道示意图
Fig.16-1 The Northeast, Northwest and central Passages in the Arctic Ocean

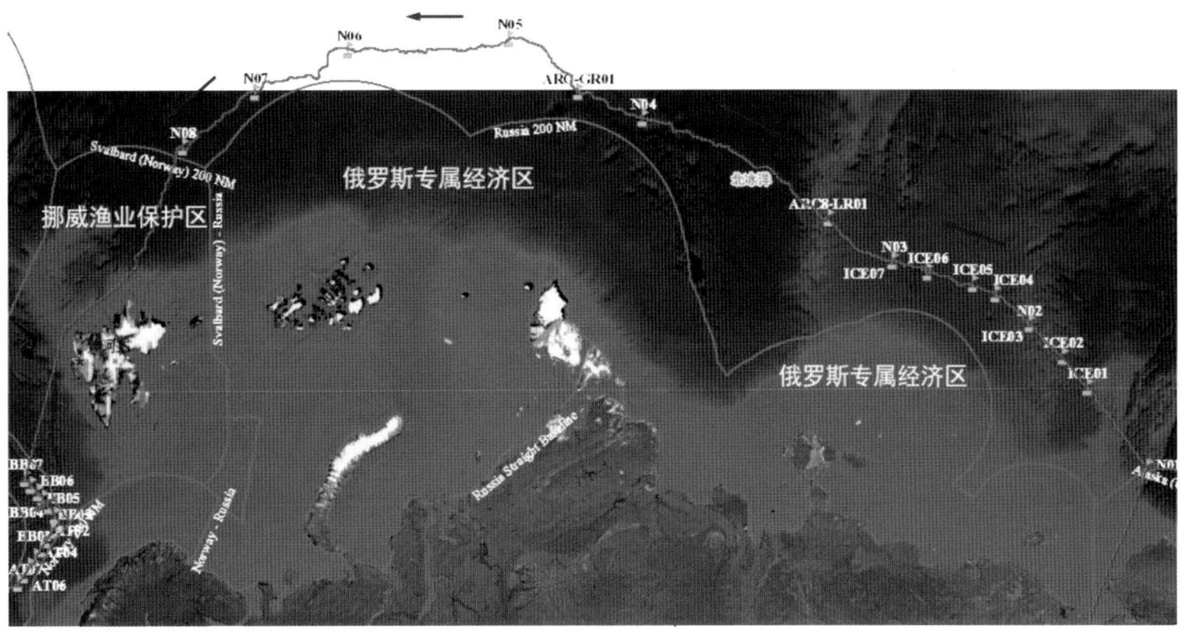

图 16-2 “雪龙”船穿越中央航道航线
Fig.16-2 The track of Xuelong accorring the Central Passage

此时，关于之后的航线考察队有 3 种选择（图 16-3）。最为保险的是向西南行驶，离开冰区进入东北航道；折中方案是一路向西，尝试着沿岛屿的北侧航线穿越中央航道；最有挑战的是向西北方向航行，在俄罗斯 200 n mile 专属经济区外穿越北冰洋。但对冰况图认真分析后发现，如果继续向西北航行，航线上浮冰密集度将不会有太大的变化，且可以始终航行于俄罗斯专属经济区以外的公海区，同时可开展相关的调查工作。8 月 10 日，综合考虑冰情、考察效率等方面，考察队决定启用《实施方案》中的中央航道备选航线，从俄罗斯 200 n mile 专属经济区外海域穿越北冰洋，并进行沿途科考作业。8 月 11 日，航线上已有少量冰山出现。

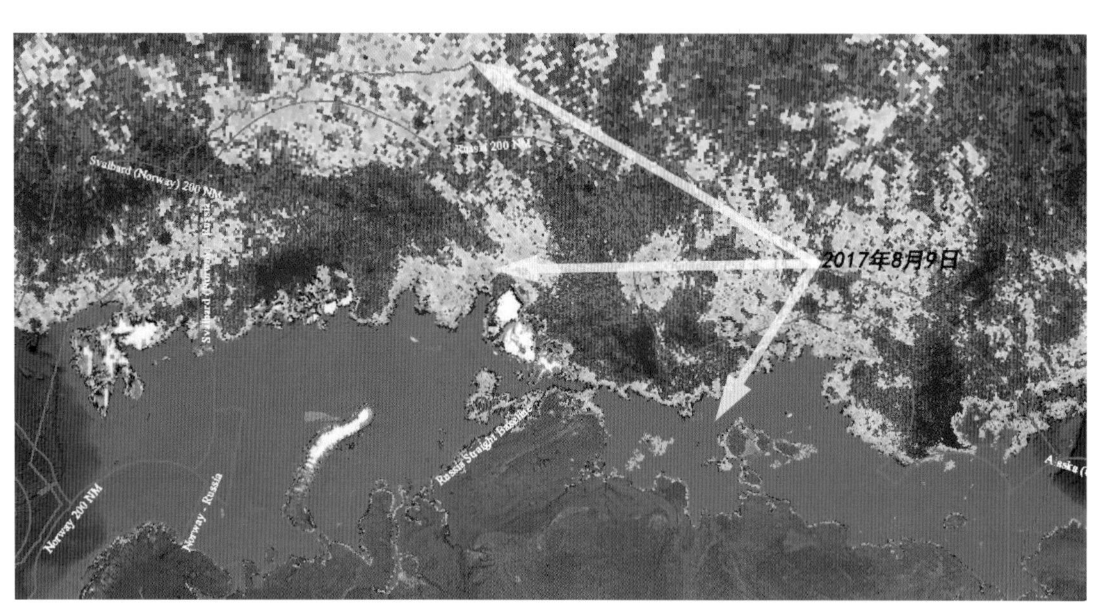

图 16-3 “雪龙”船穿越中央航道航过程中的 3 种选择
Fig.16-3 The possble choice for Xuelong during accorring the Central Passage

由于中央航道处于较高纬度海域，卫星信号弱，“雪龙”船在高纬度行进过程中难以及时获取冰情信息，加上航行期间以大雾天气居多，能见度较差、冰情变化快、冰山开始出现等诸多不利因素给“雪龙”船航行带来了相当大的难度。“雪龙”船只能凭着过期的冰情资料判断大致可航行的路线，值班驾驶员和水手须在低能见度下全力瞭望，寻找可航水道及避让冰山和大块浮冰，同时须全程手动操作舵盘和俥钟，以保证航行方向和速度，并确保船舶航行安全。在频繁使用俥舵的情况下，机舱值班人员也加强了对主机、副机、舵机等重要动力设备和辅助设备巡视检查和维护保养工作，确保各设备安全运行，给“雪龙”船冰区航行提供稳定和足够的破冰动力。

8 月 16 日，“雪龙”船从高纬海域绕过俄罗斯专属经济区，由公海区进入挪威渔业保护区，顺利完成了此次北极中央航道的穿越。8 月 18 日 11 时，经过 16 天，1 995 n mile 的冰区航行，“雪龙”船终于完全脱离了浮冰区的围困，进入了北欧海清水水域。

本航首次成功穿越北冰洋中央航道，同时沿途开展了业务化调查，开辟了我国北极科学考察的新领域，增加了对北极高纬海域的新认识，为利用北极积累了珍贵的环境数据和航行经验。

16.1.2 具体航行困难及对策

船时 8 月 2 日（使用东 8 区时间），13:36 在完成 S01 潜标及 CTD 作业后，“雪龙”船开始穿越中央航道。受弱低压底部的影响，西北风 4 ~ 5 级，平均风速均不超过 7 m/s，伴随 0.5 ~ 1.0 m 的涌浪，以阴天为主，能见度较好，在 12 ～ 16 km 之间，气温逐渐降低，由 0℃降到 –1℃。17 时位于 75° 13.83′ N，160° 57.67′ W，开始进入浮冰区，海冰为 3 成，冰厚 50 ～ 70 cm，至 76° 14.82′ N，164° 01.26′ W，密集度基本在 6 成以下，冰厚多为 50 ～ 70 cm，冰面多融透融洞（图 16-4）。在 75.5° ～ 76.7° N，164.5° ～ 166° W 区域，交替出现腐化冰区带，冰厚 2 ～ 2.5 m，但表面和内部多已腐化，结构疏松（图 16-5），当年冰厚多为 1 ～ 1.2 m。根据“雪龙”船的破冰等级和驾驶员冰区航行经验，在 6 成冰的水域，减速至 12 kn 左右，并采用随时变速和手动操舵，避让大块浮冰。船速仍能维持高速，平均航速在 12.8 kn。

船时 8 月 3 日（使用东 8 区时间），凌晨转为西南风 4 ～ 5 级，风速低于 5 m/s，伴随 0.1 ～ 0.5 m 的涌浪。由于暖湿气流流经较冷的海面形成平流冷却雾，造成航线能见度较差，08 ～ 14 时能见度低于 5 km，之后能见度逐渐提高，20 时之后，能见度在 10 km 以上。气温在 –3 ～ –4℃之间。海冰密集度变化较大，3 ～ 9 成，时多时少，有较多冰脊，冰面较杂乱，冰厚多为 1.0 ～ 1.5 m。在 77.5° ～ 78° N，168.5° ～ 170° W 区域，海冰密集度 8 ～ 10 成，冰厚多为 1.2 ～ 1.5 m，融池表面重新冻结。浮冰虽密集，但融池多，单块浮冰面积小，“雪龙”船可维持在 8 ～ 10 kn 的航速航行。15 ～ 23 时在 77° 59′ N，170° 03′ W 附近完成了第一个冰站的作业。之后“雪龙”船继续向西北方向航行。

图 16-4 融透融洞

Fig.16-4 The melting ponds connected with undering water

图 16-5 腐化海冰

Fig.16-5 Corrosion sea ice

船时 8 月 4 日（使用东 8 区时间），“雪龙”船位于气旋前部暖锋区，由于气旋强度较弱且与东部高压配合的形势不显著，等压线较松散，并没有造成较强的偏南风。“雪龙”船实况风力为偏南风 5 ～ 6 级，最大风速为 10 m/s，涌浪 0.1 ～ 0.5 m，伴随降水和雾（08 ～ 14 时），局地能见度较差，不足 1 km。由于受到偏南暖湿气流的影响，气温逐渐上升，在 0℃左右。78°N 以北融池表面重新冻结，冰面有新雪覆盖，陈冰（二年冰或多年冰）和当年冰（图 16-6）冻结在一起，较难分辨，在 78° ～ 79°N，170° ～ 174.5°W 区域，海冰密集度 5 ～ 8 成，以中等当年冰为主（冰厚 70 ～ 120 cm，图 16-5），其次为厚当年冰（130 ～ 150 cm），夹杂少量陈冰（200 ～ 250 cm）。在 79° ～ 79.5°N，174.5° ～ 178°W 区域，海冰密集度 8 ～ 10 成，为较厚冰区，以厚当年冰（130 ～ 200 cm）为主，其次为中等当年冰（80 ～ 120 cm），陈冰（200 ～ 300 cm）明显增多，融池表面冻结较厚（图 16-7），见大片上部已融化冰脊区，冰脊宽度达 7 ～ 8 m。由于能见度差，看不清前方的水道，只能通过雷达进行判别，为避免与大块浮冰剧烈碰撞，采用低速航行，速度控制在 6 ～ 8 kn。09:05 ～ 17:45 到达第 2 个冰站位置（78°59′N，174°28′W），并完成冰站作业。

图 16-6 当年冰
Fig.16-6 First-year ice

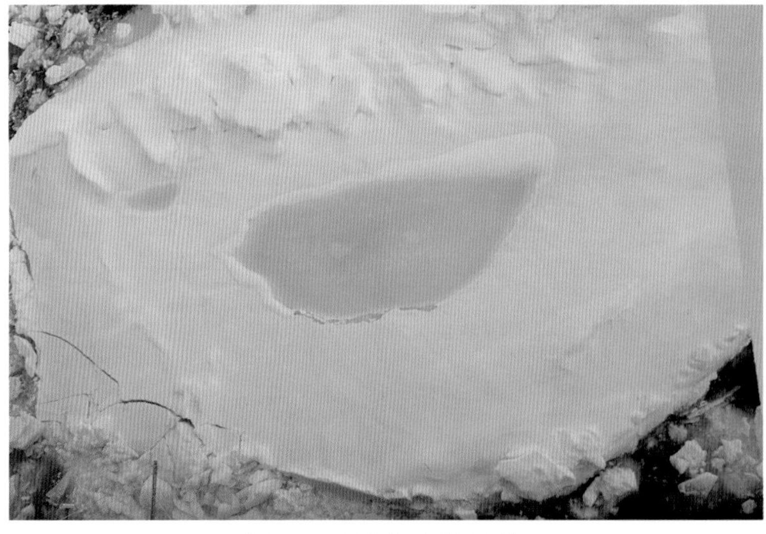

图 16-7 融池表面重新冻结
Fig.16-7 Refrozing of melting pond

船时 8 月 5 日（使用东 8 区时间），“雪龙”船位于气旋后部，实况风力为偏北风 4 ~ 5 级，最大风速为 9 m/s，涌浪 0.1 ~ 0.5 m，由于仍然受气旋冷锋锋面云系的影响，“雪龙”船所在海域有阵雪和轻雾（08 ~ 14 时），局地能见度低于 10 km，转为偏北风之后，气温逐渐降低，在 –1 ~ –2℃之间。12 ~ 19 时完成第 3 个冰站（80°02′N，179°33′E）的作业。在 80° ~ 80.8°N，180° ~ 174°E 区域，海冰密集度 9 ~ 10 成，以厚当年冰（130 ~ 150 cm）为主，其次为中等当年冰（100 ~ 120 cm），陈冰（200 ~ 300 cm）越来越多，多时占 2 ~ 3 成，海冰硬度明显增强。因冰情加重，“雪龙”船只能挤开浮冰向前航行，航速基本在 5 ~ 6 kn，能见度不良造成驾驶员未能及时发现可航水道，使“雪龙”船误入密集冰中，在“雪龙”船被阻停滞不前时，只能被迫倒车另寻他路。

图 16-8 融洞及其表面线状融通
Fig.16-8 Melting ponds on the pack ice

船时 8 月 6 日（使用东 8 区时间），受北冰洋气旋后部冷空气的影响，“雪龙”船遭遇 6 级，阵风 7 级的西北风，风速最大达 12 m/s。由于在浮冰区内，只有 0.5 m 左右的风浪，对船舶航行没有影响，天气以阴天天气为主。由于受偏北大风的影响，能见度较好，为 20 km，气温持续下降，在 –2℃左右。11:25 ~ 18:20 完成第 4 个冰站（80°53′N，173°23′E）的作业。在 80.8° ~ 81.3°N，174° ~ 165.5°E 区域，海冰密集度 3 ~ 9 成，空间变化较大，海冰时多时少，局部水域较多，冰厚减小，以中等当年冰（80 ~ 120 cm）为主，其次为厚当年冰（130 ~ 150 cm），夹杂陈冰。在这样的冰情下，浮冰密集度低的水域很少，可供“雪龙”船快速航行的机会不多，“雪龙”船只能时而加速时而减速，平均速度也只有 6 kn 左右。

船时 8 月 7 日（使用东 8 区时间），03:30 ~ 16:35“雪龙”船在第 5 个短期冰站作业区（81°10′N，169°06′E）作业，一直受到气旋影响。“雪龙”船位于气旋底部，出现 6 ~ 7 级的西—西南风，最大风速 12 m/s，并伴有降雪和轻雾（14 ~ 20 时），能见度在 5 ~ 10 km 之间，由于“雪龙”船位于浮冰区，没有涌浪产生，气温在 –1 ~ 3℃。在 81.3° ~ 81.5°N，164.5° ~ 160°E 区域，海冰密集度多为 7 ~ 9 成，局部 4 ~ 5 成，冰厚增加，以厚当年冰（130 ~ 150 cm）为主，其次为中等当年冰（100 ~ 120 cm），海冰较硬。“雪龙”船通常绕开大冰找冰缝隙航行，航速在 6 kn 左右。

船时 8 月 8 日（使用东 8 区时间），“雪龙”船持续受气旋底部的影响，持续有 6 ~ 7 级的西—西南风，最大风速 11 m/s，天气为阴有阵雪、轻雾（08 ~ 14 时）转多云，能见度在 5 ~ 10 km

之间。由于“雪龙”船位于浮冰区，没有涌浪产生，气温在 –2℃左右。07:20 ～ 23:50 完成第 6 个冰站（81°28′N，161°09′E）的作业及 11 个多小时的声学实验。此区域海冰较少，海冰密集度多为 1 ～ 4 成，多水域，局部 6 ～ 7 成。融池多被新雪覆盖，陈冰增多，偶见 4 m 厚陈冰。“雪龙”船主要进行调查作业，航行时间少，绕冰航行时速度在 7 kn 左右。

船时 8 月 9 日（使用东 8 区时间），“雪龙”船受北冰洋强气旋与高压配合的影响，“雪龙”船所在海域有北—西北风 7 ～ 8 级，最大风速 15 m/s，同样位于浮冰区，并没有产生显著的涌浪，由于受气旋后部偏北的干冷气流影响，天气以多云—阴天气为主，能见度较好，能见度在 12 ～ 20 km 之间。气旋强度较强加上“雪龙”船位于锋区位置，此次过程持续时间较长。由于持续受干冷的偏北气流影响，气温逐渐下降，最低温度为 –4℃。海冰和水域交替，一会儿 2 ～ 3 成冰，一会儿 6 ～ 7 成，海冰以厚当年冰（130 ～ 150 cm）为主。水区冰区突变更为明显，1 成冰突然增至 7 ～ 8 成，随后又变为 1 成，冰厚减小，多为中等当年冰（100 ～ 120 cm），融池被新雪覆盖，有些区域冰面平整，有些区域冰脊纵横交错，有多年冰脊和当年冰脊。12:00 ～ 18:30“雪龙”船完成第 7 个冰站的作业及 CTD 作业。航行时，对于无法突破的冰脊只能绕行，盲目快速冲破冰脊有可能发生船被卡住的危险。由于清水区和密集浮冰分布不均，船速在 4 ～ 10 kn 范围内波动。

船时 8 月 10 日（使用东 8 区时间），“雪龙”船持续受气旋的与高压配合的影响，有偏北风 7 ～ 8 级，最大风速达 16 m/s，出现在 10 日 06 时。其余时间的风速均在 13 m/s 以上，天气多云，能见度 20 km，气温在 –3 ～ –1℃。在 82.6° ～ 83.1°N，143.5° ～ 138°E 区域海冰 4 ～ 7 成，能见度较好，多为厚当年冰（130 ～ 15 cm）；在 83.1° ～ 83.7°N，138° ～ 133.5°E 区域海冰增多增厚，密集度 7 ～ 9 成，以厚当年冰（130 ～ 180 cm）为主，其次为陈冰（200 ～ 300 cm），陈冰明显增多。在 83.7° ～ 83.8°N，133° ～ 130°E 区域海冰突然减少，开始出现 6 ～ 7 座冰山。冰山对船舶造成一定的威胁，在能见度不良时须正确使用雷达，通过 6 ～ 12 n mile 档量程远距离锁定冰山的动态，有利于接近时正确避让。在冰山距船 6 n mile 以内时，冰山的影像与浮冰混在一起难以区分。因此冰山在远距离时便要进行雷达影像跟踪。

船时 8 月 11 日（使用东 8 区时间），伴随着影响“雪龙”船的气旋东移，航线所在海域有西北风 6 ～ 7 级，最大风速达 14 m/s，天气多云，能见度 15 km，气温在 –3 ～ –1℃之间。在 83.8° ～ 84.5°N，130° ～ 111.5°E 区域，进入了较严重冰区，较多冰山出现，海冰密集度 6 ～ 9 成，多为 8 ～ 9 成，以厚当年冰（150 ～ 200 cm）和陈冰（200 ～ 300 cm）为主（图 16-9），局部能见度差。22 时，“雪龙”船在 84°22.92′N，118°50.16′E 再次被多年冰阻挡，难以前行，只能倒退，选择其他路线前行。此区域冰厚且密集，能见度差，航行条件极其不利，为了绕开大块浮冰，不得已须大角度转向，蜿蜒而行，虽然“雪龙”船航速在 5 ～ 7 kn，但实际向前的直线速度仅为 3 ～ 4 kn。

船时 8 月 12 日（使用东 8 区时间），“雪龙”船受弱高压控制，位于高压的北部，“雪龙”船所在海域的实况风力为偏西风 4 ～ 5 级，风速均小于 8 m/s，涌浪依然很小，白天以多云天气为主，能见度 15 km。12 日后半夜，伴随着航线西侧的弱低压东移，空气湿度不断上升，航线海域出现局地轻雾，能见度低于 5 km，温度在 –1 ～ –3℃之间。在 84.3° ～ 85°N，111.5° ～ 100°E 区域，能见度时好时坏，雾较多，能见度曾低至几百米，海冰密集度多为 5 ～ 7 成，局部 8 ～ 9 成，或 2 ～ 3 成，浮冰水平尺度较大，多为千米级，以厚当年冰（150 ～ 180 cm）和陈冰（200 ～ 300 cm）为主。越往北航行，冰情越严重，大尺度的厚冰不断出现，且越来越密集，“雪龙”船不得不挤开大冰向前航行，航速一度低于 4 kn。

图 16-9 多年冰
Fig. 16-9 Multi-year ice

船时 8 月 13 日（使用东 7 区时间），“雪龙”船受东移的弱低压影响，位于气旋北部，“雪龙”船所在海域的实况风力西—西南风 4 ~ 5 级，风速均低于 5 m/s，涌浪 0.1 ~ 0.3 m。持续偏暖气流的输送，天气由多云转阴有轻雾（08 时开始），能见度逐渐降低由 10 km 逐渐降低到 5 km，温度在 –1 ~ –3℃之间。在 85.5°N，93.5° ~ 77°E 区域，局部区域能见度极差，不到百米，严重影响航行。因看不清前方的浮冰和水道，“雪龙”船曾暂时停止航行，待能见度稍好一些才动船继续航行。13 时许，随着“雪龙”船向西北航行，到达了本航次的最高纬度 85°45.53′N，越过俄罗斯 200 n mile 专属经济区的最北端，随后向西和西偏南方向航行。

船时 8 月 14 日（使用东 6 区时间），受弱低压前部偏南暖湿气流的影响，“雪龙”船所在海域有西南风 4 ~ 5 级，转偏南风 5 ~ 6 级，最大风速为 10 m/s。天气以多云—阴天气为主，能见度较好，均在 15 km 以上，气温在 –2℃左右。在 85.5° ~ 85.2°N，58° ~ 50.5°E 区域，能见度较好，海冰密集度 7 ~ 8 成，以厚当年冰（130 ~ 180 cm）为主。浮冰密集度有所降低，航速提高到 8 kn 左右。

船时 8 月 15 日（使用东 5 区时间），“雪龙”船位于绕极气旋的北侧，航线海域有东北风 4 ~ 5 级，风速均不超过 8 m/s，由于“雪龙”船位于冷锋云系内，所在海域在 12 ~ 18 时有阵雪和轻雾，能见度较差以 1 ~ 6 km 为主，温度在 0 ~ –3℃之间。凌晨，在 85.2° ~ 85°N，50.5° ~ 43°E 区域，能见度较好，多为水域，海冰密集度 2 ~ 3 成，出现清水区，船速提高到 13 kn。在 85° ~ 84.6°N，43° ~ 37.5°E 区域，大部分区域能见度较差，雾较多，海冰密集度再次增加到 7 ~ 8 成，以厚当年冰（130 ~ 180 cm）为主，浮冰尺寸较大，多为千米级。平均航速减至 6 kn。

船时 8 月 16 日（使用东 4 区时间），“雪龙”船持续受气旋北侧偏东气流的影响，航线海域有偏东风 4 ~ 5 级，风速均不超过 8 m/s，有持续的降雪和轻雾，能见度最差时不足 1 km，气温在 –1℃左右。在 84.6° ~ 83.1°N，37.5° ~ 26.5°E 区域，持续降雪，海冰密集度 8 ~ 9 成，以厚当年冰（130 ~ 180 cm）为主，浮冰尺寸较大，多为千米级，表面融池较多。浮冰密集、能见度差，航速在 5 kn 左右。15:53“雪龙”船在 83°58′N，029°3.7′E 由北向南进入挪威渔业保护区，完成了北冰洋中央航道的穿越，共航行 1 700 n mile，用时 14. 5 天。

16.2 西北航道

16.2.1 概述

北极西北航道大部分航段位于加拿大北部北极群岛海域，东起巴芬湾，由东向西，经过北极群岛一系列海峡，至阿拉斯加北面的波弗特海。主要海峡水深 300 多米，部分航段浅滩分布复杂，水道曲折，航道内岛屿、暗礁和浅水点星罗棋布。该区域全年平均气温较低，气候恶劣，风向随着气压系统的过境而多变，浪向随着风向而变化。由于受到北冰洋海水通过加拿大北冰洋群岛内的各条水道向东流入巴芬湾和戴维斯海峡的影响，西北航道平均流速 0.5 kn。受到风和地形的影响，巴芬湾和戴维斯海峡的流向和流速出现较大的变化。该海区的海雾很频繁，尤其是西南风和东南风时产生高浓度的平流雾，持续时间长，出现频率密集，此外航道中夹杂着成片浮冰和零星的冰山给航行造成一定的困难。

此次，“雪龙”船自北京时间 2017 年 8 月 30 日 14:10 至 9 月 6 日 17:40 穿越西北航道，依次经过戴维斯海峡（Davis Strait）、巴芬湾（BAaffin Bay）、兰开斯特海峡（Lancaster Sound）、巴罗海峡（Barrow Strait）、皮尔海峡（Peel Sound）、富兰克林海峡（Franklin Strait）、拉森海峡（Larsen Sound）、维多利亚海峡（Victoria Strait）、毛德皇后湾（Queen Maud Gulf）、德阿瑟海峡（Dease Strait）、科罗内申湾（Coronation Gulf）、多芬联合海峡（Dolphin and Union Strait）、阿蒙森湾（Amundsen Gulf），到达波弗特海（Beaufort Sea），总航程为 2 293 n mile，航时 171.5 h。

8 月 30 日至 9 月 1 日，“雪龙”船自进入加拿大专属经济区后，一直沿巴芬岛东侧沿岸航行，途中进行了相关的地形调查和区块测线作业，海面时有 1 ～ 2 成浮冰和零星冰山出现。

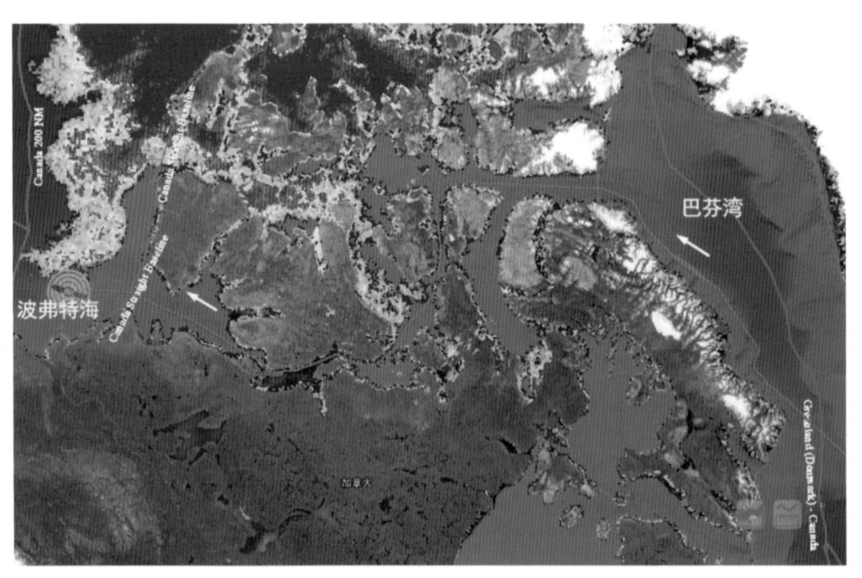

图 16-10 “雪龙”船穿越北极西北航道航线

Fig.16-10 The track of Xuelong accorring the Arctic Northwest Passage

16.2.2 具体航行困难及对策

9 月 2 日“雪龙”船开始进入兰开斯特海峡东入口。在兰开斯特海峡中向西航行时，“雪龙”船距北侧岸边约 14 n mile，距南侧岸边约 25 n mile，能见度好，水面开阔，无冰。经巴罗海峡向南进入皮尔海峡时，由于皮尔海峡入口的东侧有密集浮冰区，“雪龙”船向西绕过浮冰区进入皮尔海峡，在海峡内向南航行。

9月3日上午，“雪龙”船航行于富兰克林海峡和拉森海峡，航道内遇到密集浮冰区（图16-11），航速因此减至5 kn，并向东改向，沿着海峡东部浮冰稀疏的岸边航行，最近距岸1.1 n mile向南慢速通过。下午，海面开始浓雾弥漫，能见度200 m左右，海面仍有2～3成冰。此时只能参照海图水深资料，通过雷达探测浮冰，在浓雾中慢速摸索航行。夜间，能见度转好，但天黑看不清海面，用探照灯扫射海面进行避让浮冰，至维多利亚海峡时，已通过了密集浮冰区。

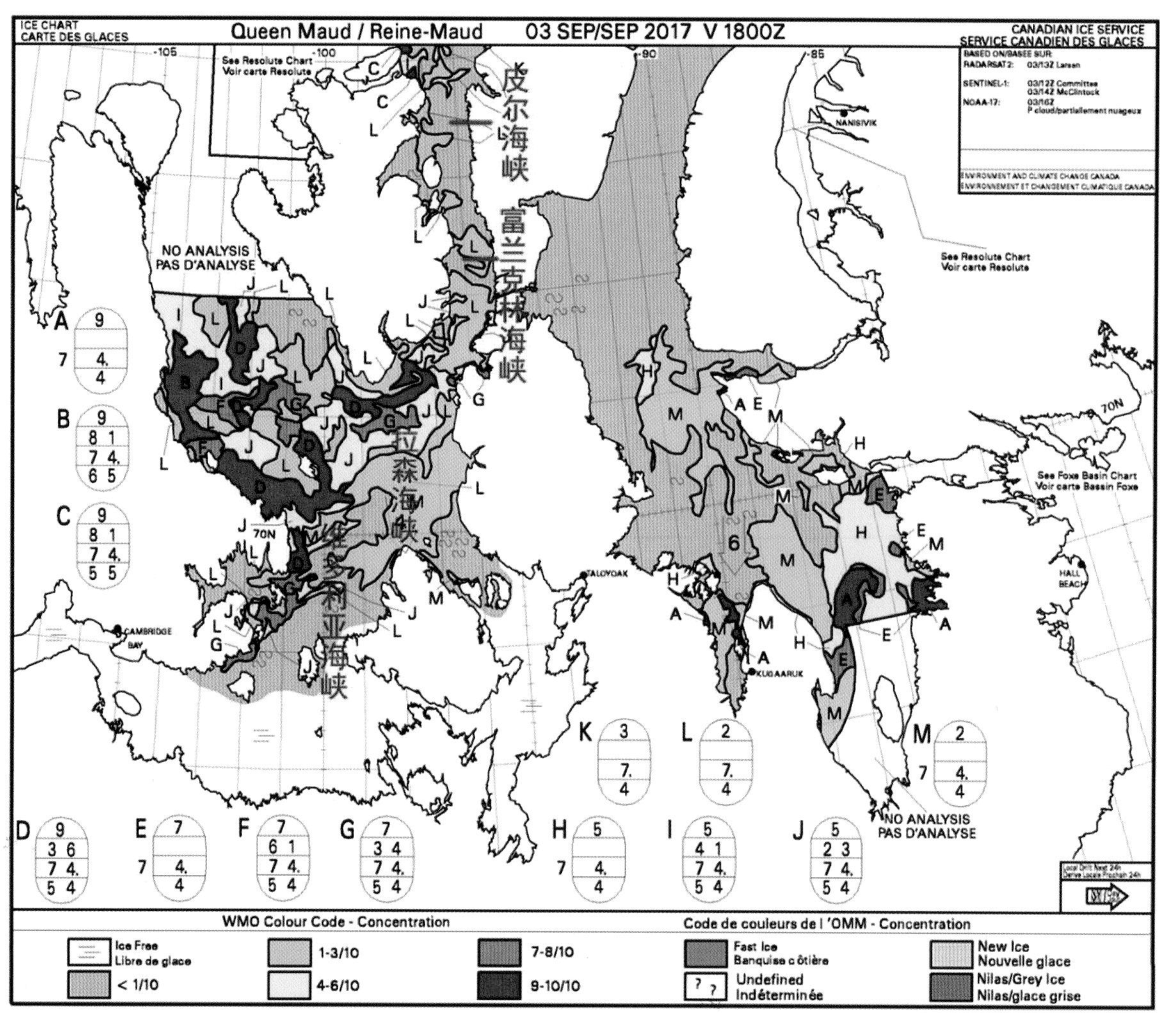

16-11 “雪龙”船穿越期间北极西北航道海冰分布
Fig.16-11 The distribution of pack ice duging the accorring the Arctic Northwest Passage of Xuelong

9月4日上午，“雪龙”船因詹尼·林德岛（JENNY LIND ISLAND）北侧水道有密集浮冰堵塞航道（图16-12），只得改变航线，从南侧绕过此岛，经南侧的毛德皇后湾向西航行。

9月5日零点时分，“雪龙”船航行于科罗内申湾，穿过爱丁堡水道（EDINBURGH CHANNEL）时，经过了此次西北航道航行的最窄区域（图16-12）。“雪龙”船位于68°27.72′N，111°00.34′W时，离左右侧岛屿仅0.5 n mile。当时天色黑暗，为保证航行安全，提前减速，慢速通过。凌晨至上午，“雪龙”船穿过多芬联合海峡。科罗内申湾与多芬联合海峡为水深较为复杂的水域，岛礁密布，浅滩多，浅滩间最窄航道仅2 n mile。水面看似正常，但水下形势复杂，必须严格沿着既定的航线航行，不得有偏差。夜间进入阿蒙森湾后，大雾再次袭来，能见度不足百米。

图 16-12 9 月 5 日“雪龙”船穿过爱丁堡水道
Fig.16-12 Xuelong accorred the Edinburgh Channel on 5th September

9 月 6 日凌晨（北京时间 6 日 17:40），“雪龙”船终于由阿蒙森湾驶入波弗特海，安全顺利地完成了西北航道的穿越。

此次西北航道的航行为“雪龙”船的首航，船员们缺乏此航道的航行经历，且存在航道长而曲折、可航通道狭窄、水深情况复杂、水文资料不全、航道内浮冰密集、能见度不良、需要夜航等实际航行难度。针对这些问题，“雪龙”船反复制定并优化航线，加强瞭望，谨慎操作，并制定各种防范措施（包括在危险航行水域，主机、舵机突然失灵时的应急反应），保证了船舶的航行安全。

“雪龙”船完成了中国船舶首次对北极西北航道的穿越，开辟了北美经济圈（大西洋沿岸）至东北亚经济圈海上新通道，为未来中国船只穿行西北航道积累了丰富的航行经验。至此，“雪龙”船作为中国北极航道的开路先锋，对北极三大航道均实现了首次成功穿越，直接推动了我国船舶对北极航道的商业利用。试航西北航道期间，考察队还实施了海底地形勘测，收集了气象和海冰相关数据，采集了生物多样性分析样品，获取到第一手的海洋环境数据资料，填补了我国在该海域的调查空白。这将推动我国对北极西北航道适航性的系统评估。

第 17 章　主要成果、体会及建议

17.1　成果亮点

本次考察紧紧围绕建立长期观 / 监测的北极业务化调查要求，以满足国家战略需求与国际海洋治理话语权为指导方针，克服天气、海况、海冰等不利因素，开展了多学科海洋断面立体协同观测。考察队开展了大气、冰区海冰、海洋公海区和经所属国批准的专属经济区全程走航观测，实施了 7 个冰站调查，完成了 8 条海洋断面共 58 个站位的海洋调查作业，在冰区布放了 9 套各型冰浮标和 1 套漂移自动气象站，回收并布放了 2 套深水潜标和 1 套浅水潜标，布放了 7 套海洋表面漂流浮标，同时获取了大量的北冰洋海水 / 海冰环境第一手观测数据、样品和影像资料，包括：采集了总计 2.08 TB（3.6 亿条）的各类观测分析数据及逾 5 000 份各类样品，作为北极考察新增项目累计完成 17 760 km 的海底地形地貌数据采集，初步构建了北极及亚北极海域的业务化监测体系。主要成果亮点包括：

（1）首次开展北极业务化调查和环北冰洋考察，在北冰洋公海区增设了跨越马克洛夫海盆 - 阿蒙森海盆—南森海盆以及加拿大海盆—楚科奇海台 2 条大断面，海洋站位总数为 18 个；

（2）历史性穿越北极中央航道，在北冰洋公海区全程开展综合科学调查完成 7 个冰站和 8 个海洋站位的数据和样品采集，并布放了 9 套各型冰浮标、1 套漂移自动气象站和 1 套海洋潜标；

（3）首航北极西北航道，开展中加西北航道环境联合调查，在巴芬湾西侧陆坡区完成 1 400 km^2 的海底地形地貌调查；

（4）首次在北极地区开展多波束海底地形地貌测量，共采集 17 760 km 多波束资料，并完成 3 个区块总面积达 1.6 $x10^4$ km^2 的地形地貌测量；

（5）首次将海洋塑料垃圾和人工核素监测拓展到北极和亚北极地区，合计采集了 74 个走航和 39 个定点海洋调查站位的样品；

（6）加强了成果的凝练与总结，共完成 6 份专报和 2 份专报素材，编制了北极冰区和无冰区 2 份调查技术规程，编写了《中国第八次北极科学考察报告》。

17.2　体会

17.2.1　考察成果的取得离不开局党组高瞻远瞩的谋划和指导

中国第八次北极科学考察作为我国首次北极业务化调查，与之前的历次考察相比，责任更重、面临的困难也更多。国家海洋局党组对本次考察的高度重视，不仅体现在对总体方案内容进行了审议，逐条明确了业务化调查内容，同时对《中国第八次北极科学考察业务化调查实施方案》进行了审议，这在北极考察历史上均属首次。而在行前动员及出征仪式上，国家海洋局党组成员、副局长林山青明确指出："这次我们出去比以往的任务更重、责任更大，北极的航道问题，北极的生态环境问题，北极的资源问题，对我们国家的战略安全问题，都具有重要的意义。这个时候我们的科学考察给我们提出了更高的要求，围绕着国家的战略利益的问题和国家的重大需求，目的性目标性更强，我们有责任有义务给党中央国务院汇报清楚，这是我们的职责。"正是由于局党组高瞻远瞩的谋划和指导，为本次考察指明了努力的方向，才会有本次考察一系列历史性的突破：首次穿越北极中央航道；首次试航西北航道；首次环北冰洋航行以及首次业务化调查。

17.2.2 本次考察有一个坚强的领导集体、一支特别能战斗的队伍

不同于以往，本次考察遇到的困难是之前历次北极科学考察所不能比拟的：①人数最少，本次考察人数不超过 100 人，一线科考人员比之前少了约 20 人，约占总人数的 30%，这意味着不少专业的现场考察队员由于没有可以轮班之人而更为辛苦；②组队较晚，部分单位从未涉足极地，考察队新人较多，在人数本来就少的情况下，人手更加捉襟见肘；③由于本次考察不安排长期冰站作业，因而没有直升机支撑，这为冰区航行、特别是北极中央航道的航行增加了不少难度；④本次考察首次定性为业务化调查，在极地为首次，同时新增了微塑料和人工核素等调查内容，从方案到现场实施，没有经验可循，只能边摸索边前行；⑤本次考察新增了深水多波束系统等关键设备，在极地首次使用，操作人员需要临时熟悉，并且是否适合极地环境不得而知；⑥本次考察 7 名临时党委成员中，有 3 名为北极"新人"。但考察队临时党委在党委书记、领队兼首席科学家徐韧的带领下，团结协作、履职尽责，克服重重困难，顺利、超额完成了考察任务。而本次考察尽管人员少、新人多，但业务素质强，能快速适应新的岗位并与团队融合，是本次考察能取得成功的基础。

17.2.3 我们的北极考察任重而道远

主要体现在以下几个方面：①北极国家对北冰洋的关注日益增强，对专属经济区的管理日益趋紧。本次考察我们给美方提供的申请时间为 6 月 12 日，但美国是在我们计划进入其专属经济区的最后一天（9 月 20 日，美国时间 9 月 19 日）才批准，并首次没有允许"雪龙"船在其 12 n mile 领海内作业。②在极地安全纳入国家战略的大背景下，正如国家海洋局党组成员、副局长林山青在本次考察行前动员暨出征大会上所说的：国家给我们的北极考察提出了更高的要求。③本次考察为我国的首次极地业务化调查，但从业务化要求而言，我们的业务化体系尚未建立，有待进一步摸索和完善；缺乏针对极地的调查技术规程；并且由于之前的考察其重点主要是围绕探索性科学研究，从本次考察就可以明显感觉到一线考察队员有一定的惯性思维。④本次考察在冰站上布放了 9 套各型冰浮标，但如物质平衡浮标等综合浮标仅有 4 套，同时布放了 2 套深水潜标和 1 套浅水浮标，但对于整个北冰洋而言根本无法形成观测体系，对系统了解和掌握北冰洋变化特征和开展综合评价贡献有限。

如何尽快完成业务化体系建设，开展长期、连续的业务化调查；对北极考察进行系统布局，构建北冰洋立体化观测系统，获取长期、连续观测数据；推进国际合作，进一步拓展考察区域和内容，是我们北极考察所面临的主要挑战。

17.3 建议

17.3.1 把握北极国际局势，尽早完成对北冰洋监测与调查的布局

在北极环境快速变化、北极海冰储量急剧减少、北极利用可行性不断增大、国际社会关注度不断提高、北极国家行动不断增多的大背景下，我国的北极考察力度亟须进一步加强，才有可能确保我们在北极的权益和话语权。而我国新建极地科考破冰船已于 2017 年 9 月 28 日开始连续开动建造，预期 2019 年可投入使用。为此，建议尽快构建完成对北冰洋监测与调查进行宏观布局，具体包括：①围绕国家重大需求和业务化工作的要求，在已有的 8 次北极科考的基础上，制定 5 ～ 10 年期的考察计划，并提前 1 ～ 2 年编制现场实施方案；②把我国原有的调查重点从白令海和楚科奇海美国专属经济区转移到北冰洋中心区，并设立“北冰洋环境调查专项”，以期引领北冰洋公海区的立体观测和调查；③加大投入，构建北冰洋“海—冰—空基立体观测网”，获取长期连续数据；④今后可考虑多船合作的模式，以提高考察效率。

17.3.2 坚持已有改革，尽快完成业务化体系建设

本次考察是我国在极地实施的首次业务化调查，考察队按照业务化调查的要求，临时制定了《中国第八次北极科学考察业务化调查质量管理办法》《极地海洋无冰区调查技术规程》《极地海洋冰区调查技术规程》等材料，确保了调查任务的顺利实施。但对照业务化的要求，仍有较大的差距，具体表现在尚无针对极地海洋环境条件的调查技术规程和培训体系、尚未对业务化调查区域和站位进行规范、未纳入管理研究项目等。为此，建议尽快完成业务化体系建设，具体包括：①对冰区调查技术规程和评价标准等进行行标立项编制，对科考人员进行严格的行前业务培训；②进一步明确项目分工和承担任务，并对所有项目进行规范管理；③发挥国家海洋局标准计量中心在技术规程编制上的作用，并对航次考察质量进行宏观管理，具体管理应纳入考察队管理；④在数据和样品管理上要出台数据质量控制办法，以确保数据质量；⑤要对船舶进行适当的改造，以符合业务化调查的新要求。

17.3.3 加强和引领我国在北极地区的国际合作

国家海洋局作为我国海洋和极地事务主管部门，应充分发挥在北极事务上的科研引领和后勤保障优势，协调统筹国际合作，同步推进在北冰洋公海区和沿岸国管辖水域的国际合作，为认知北极、保护北极和利用北极，维护我国极地安全和权益做出积极贡献。而作为低政治层级和低敏感度的议题，科考合作可以扩大我国在北冰洋的活动范围、获取更为全面的数据。为此，建议：①在北冰洋中心区积极推进与德国等北极域外国家以及美国等北极国家的合作，推进长期观测系统的建立；②在东北航道和西北航道沿线合作建设观测或考察站，推进联合调查航次，拓展在他国管辖水域的科考活动空间；③积极推进我国引领的北极大型国际合作项目在国际北极科学委员的立项。

附件　中国第八次北极科学考察人员名录

（共96人）

徐　韧

临时党委书记/领队/首席科学家
中国极地研究中心

陈永祥

临时党委副书记/党办主任
中国极地研究中心

何剑锋

副领队/首席科学家助理
中国极地研究中心

沈　权

副领队
中国极地研究中心

张 蔚

党办秘书
中国极地研究中心

牛牧野

行政秘书
国家海洋局极地考察办公室

刘 健

数据管理员
中国极地研究中心

邓贝西

航道研究
中国极地研究中心

敖 雪

遥感卫星系统维护
国家卫星海洋应用中心

陈志昆

气象保障
国家海洋环境预报中心

刘 凯

气象保障
国家海洋环境预报中心

吴 琼

记者
中国海洋报社

郁琼源

记者
新华社

牛巧刚

记者
中央电视台

袁 帅

记者
中央电视台

陈国庭

医生
上海市东方医院

龚洪清

安全员
中国极地研究中心

杨清华

队长/海冰和气象观测
国家海洋环境预报中心

李春花

海冰观测
国家海洋环境预报中心

郝光华

海冰观测
国家海洋环境预报中心

王江鹏

海冰观测
国家海洋技术中心

高金耀

队长/地球物理
国家海洋局第二海洋研究所

张　涛

地球物理
国家海洋局第二海洋研究所

杨春国

地球物理
国家海洋局第二海洋研究所

李文俊

地球物理
中国极地研究中心

孙　毅

地球物理
国家海洋信息中心

施兴安

地球物理
宁波海洋环境监测中心站

于　涛

临时党委委员/队长
国家海洋局第三海洋研究所

杨燕明

水声环境考察
国家海洋局第三海洋研究所

黄德坤

放射性核素水平调查
国家海洋局第三海洋研究所

文洪涛

水声环境考察
国家海洋局第三海洋研究所

林　奇

大气科学
国家海洋局第三海洋研究所

林红梅

海洋科学
国家海洋局第三海洋研究所

穆景利

队长/海洋微塑料监测
国家海洋环境监测中心

李扬杰

海洋化学
国家海洋环境监测中心

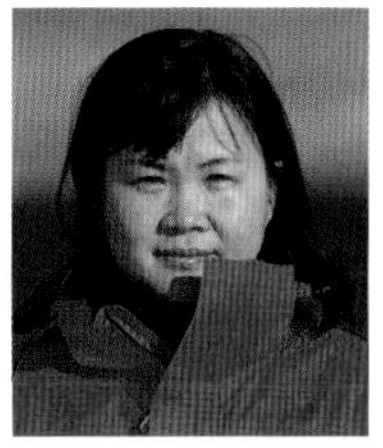

赵香爱

海洋化学
国家海洋局第二海洋研究所

乐凤凤

海洋化学
国家海洋局第二海洋研究所

蓝木盛

海洋生态
中国极地研究中心

崔丽娜

海洋环境水质监测
国家海洋局东海环境监测中心

陆　茸

海洋酸化
国家海洋局南海分局

马新东

有机污染物监测
国家海洋环境监测中心

李　群

队长/海洋科学
中国极地研究中心

章向明

海洋科学
国家海洋局第二海洋研究所

林丽娜

物理海洋与海洋气象
国家海洋局第一海洋研究所

马小兵

海洋科学
国家海洋局第一海洋研究所

彭景平

海洋科学
国家海洋局第一海洋研究所

吴浩宇

海洋科学
国家海洋局第一海洋研究所

周鸿涛

极地海洋声学考察
国家海洋局第三海洋研究所

白有成

海洋化学
国家海洋局第二海洋研究所

李　伟

大气科学
国家海洋局第三海洋研究所

钱伟鸣

后勤
中国极地研究中心

刘焱光

临时党委委员/队长
国家海洋局第一海洋研究所

宋普庆

底栖生物考察
国家海洋局第三海洋研究所

李　海

海洋生物
国家海洋局第三海洋研究所

王荣元

海洋放射性监测
国家海洋局北海分局

方　超

微塑料污染调查
国家海洋局第三海洋研究所

朱　兵

临时党委委员/船长
中国极地研究中心

袁东方

副政委兼实验室主任
中国极地研究中心

顾德龙

轮机长
中波船员公司

肖志民

大副
中国极地研究中心

王建涛

大副
中国极地研究中心

邢　豪

二副
中国极地研究中心

陈冬林

三副
中国极地研究中心

陈晓东

大管轮
中国极地研究中心

李文明

二管轮
中国极地研究中心

郭青云

机动管轮
中国极地研究中心

董　恒

三管轮
中国极地研究中心

夏寅月

实验室副主任
中国极地研究中心

马　骏

事务主任
中国极地研究中心

李英旭

网络通信
中国极地研究中心

肖永琦

系统工程师
中国极地研究中心

丁　峰

电工
中国极地研究中心

沈　悦

实验员
中国极地研究中心

谭　琦

实验员
中国极地研究中心

潘礼锋

水手长
中国极地研究中心

祝鹏涛

实习三副兼水手
中国极地研究中心

唐飞翔

水手
中国极地研究中心

王　强

水手
中国极地研究中心

盛　华

水手
中国极地研究中心

何　群

水手
中国极地研究中心

方　正

机匠长
中国极地研究中心

王彩军

机工
中国极地研究中心

汤建国

机工
中国极地研究中心

丁佳伟

机工
中国极地研究中心

陈峰孚

机工
中国极地研究中心

孙云飞

机工
中国极地研究中心

许　浩

木匠
中国极地研究中心

郑培良

铜匠
中国极地研究中心

秦冬雷

大厨
中国极地研究中心

李顶文

厨师
中国极地研究中心

张堪升

厨师
中国极地研究中心

徐理鹏

厨师
中国极地研究中心

王　飞

厨师
中国极地研究中心

吴建生

服务员
中国极地研究中心

李东辉

服务员
中国极地研究中心

张方根

服务员
中国极地研究中心